湖南省示范性（骨干）高等职业院校建设项目规划教材
湖南水利水电职业技术学院课程改革系列教材

继电保护应用与设计

主　编　李文进　仇新艳　向　敏
副主编　杨　明　胡文花　黄亚健
主　审　李付亮

黄河水利出版社
·郑州·

内 容 提 要

本书是湖南省示范性(骨干)高等职业院校建设项目规划教材、湖南水利水电职业技术学院课程改革系列教材之一,根据高职高专教育继电保护应用与设计课程标准及理实一体化教学要求编写完成。

全书包括9个学习情境,面向继电保护工岗位,主要内容包括继电保护的认识、中低压线路保护调试、中低压线路保护设计、中高压线路保护调试、中高压线路保护设计、电力变压器保护调试、电力变压器保护设计、发电机保护调试、发电机保护设计。

本书可作为高职高专院校水电站与电力网、电力系统自动化技术、供用电技术等相关专业的教学用书,也可供相关专业工程技术人员参考。

图书在版编目(CIP)数据

继电保护应用与设计/李文进,仇新艳,向敏主编.—郑州:黄河水利出版社,2019.1 (2021.1 重印)
湖南省示范性(骨干)高等职业院校建设项目规划教材
ISBN 978-7-5509-1631-9

Ⅰ.①继… Ⅱ.①李… ②仇… ③向… Ⅲ.①电力系统-继电保护-应用-高等职业教育-教材②电力系统-继电保护-设计-高等职业教育-教材 Ⅳ.①TM77

中国版本图书馆CIP数据核字(2016)第317939号

组稿编辑:简 群 电话:0371-66026749 E-mail:931945687@qq.com

出 版 社:黄河水利出版社
网址:www.yrcp.com
地址:河南省郑州市顺河路黄委会综合楼14层
邮政编码:450003
发行单位:黄河水利出版社
发行部电话:0371-66026940、66020550、66028024、66022620(传真)
E-mail:hhslcbs@126.com
承印单位:河南承创印务有限公司
开本:787 mm×1 092 mm 1/16
印张:17
字数:393千字
印数:1 501—3 000
版次:2019年1月第1版
印次:2021年1月第2次印刷

定价:42.00元

前 言

按照“湖南省示范性(骨干)高等职业院校建设项目”规划要求,水电站与电力网专业是该项目的重点建设专业之一,由湖南水利水电职业技术学院负责组织实施。按照子项目建设方案和任务书,通过广泛深入的行业、市场调研,与行业、企业专家共同研讨,不断创新基于职业岗位能力的“岗位牵引、工作导向、三轮交替、三次提高”的人才培养模式,以水电站与电力网一线的主要技术岗位核心能力为主线,兼顾学生职业迁徙和可持续发展需要,构建基于职业岗位能力分析的教学做一体化课程体系,优化课程内容,进行优质核心课程的建设。经过三年的探索和实践,已形成初步建设成果。为了固化骨干建设成果,进一步将其应用到教学之中,最终实现让学生受益,经学院审核,决定正式出版系列课程改革教材。

本书在内容选取及安排上具有以下特点:

(1)通过校企合作,对继电保护工岗位进行调研后,归纳出了从事继电保护工作的岗位要求,依据岗位要求进行了教学内容的选取;

(2)为方便学生自主学习,每个学习任务开始都提出了学习目标,包括知识目标、专业能力、方法能力和社会能力;

(3)为进一步突出技能培养目标,每个学习任务的内容先安排基础理论,后安排技能培养,并给出了较为详细的技能培养评价要点;

(4)书中加“*”号的部分为选讲内容,各学校可根据实际教学需要选学。

本书由湖南水利水电职业技术学院负责编写和审读,具体编写人员及编写分工如下:李文进编写学习情境1、学习情境2;仇新艳编写学习情境3、附录;向敏编写学习情境4;杨明编写学习情境5;胡文花编写学习情境6;黄亚健编写学习情境7;赵楠、张国荣编写学习情境8;艾茂华、熊格格编写学习情境9。本书由李文进、仇新艳、向敏担任主编,其中李文进负责全书的统稿和整理;由杨明、胡文花、黄亚健担任副主编;赵楠、张国荣、艾茂华、熊格格参与编写;由李付亮担任主审。

在本书编写过程中,李付亮教授给予了许多宝贵的意见;同时,许继电气股份有限公司等单位也给予了大力支持,在此一并表示衷心感谢!

由于编写者水平有限,加上时间仓促,书中的错误及疏漏之处难免,欢迎广大读者批评指正。

编 者

2016年8月

目 录

学习情境1　继电保护的认识

1.1　岗位认知

(1)岗位名称:继电保护工。

(2)职业定义:从事继电保护及自动装置工作的人员。

(3)职业道德:热爱本职工作,刻苦钻研技术,遵守劳动纪律,爱护工具、设备,安全文明生产,诚实团结协作,艰苦朴素,尊师爱徒。

(4)职业环境:室内、室外作业。部分季节设备检修、维护时高温作业和有一定噪声及灰尘。

(5)职业能力特征:能够根据值班记录以及信号、表计、保护动作情况、动作报告、故障录波报告等分析判断保护装置异常情况并能正确处理,有领会、理解和应用技术文件的能力,具有用精练语言进行联系和交流的能力,并能准确而有目的地运用数字知识进行运算,具有凭思维想象几何形体和懂得二维及三维物体表现方法的能力及识绘图能力。

(6)继电保护工现场工作照片(见图1-1)。

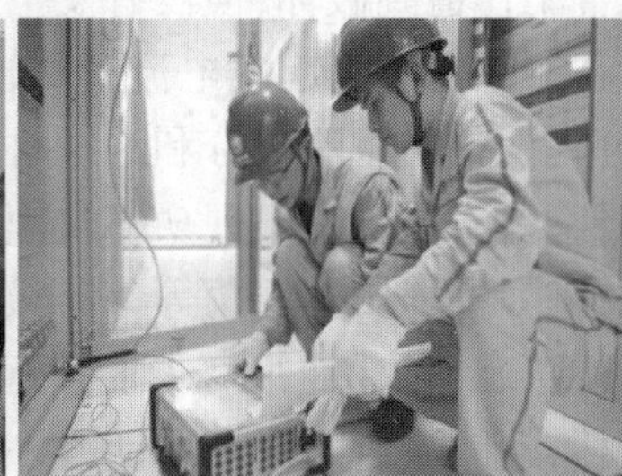

图1-1　继电保护工现场工作照片

1.2　学习目标

【知识目标】　掌握继电保护的任务和作用;掌握继电保护的基本原理及构成;掌握电磁式继电器的基本原理;掌握继电保护的基本要求;理解微机保护装置硬件基本结构;了解微机保护装置软件基本原理。

【专业能力】　培养学生初步识别保护装置的能力和岗位的感性认知。

【方法能力】　培养学生自主学习的能力、分析问题与解决问题的能力、组织与实施的能力、自我管理能力和沉着应变能力。

【社会能力】　热爱本职工作,刻苦钻研技术,遵守劳动纪律,爱护工具、设备,安全文明生产,诚实团结协作,艰苦朴素,尊师爱徒。

1.3 基础理论

1.3.1 继电保护的任务和作用

电力系统在运行中可能发生各种故障和不正常运行状态,最常见同时也是最危险的故障是各种类型的短路。各种类型的短路包括三相短路、两相短路、两相接地短路和单相接地短路。不同类型短路发生的概率是不同的,不同类型短路电流的大小也不同,一般为额定电流的几倍到几十倍。发生短路时可能产生以下后果:

(1)数值较大的短路电流通过故障点时,产生电弧,使故障设备损坏或烧毁。

(2)短路电流通过非故障元件时,使电气设备的载流部分和绝缘材料的温度超过散热条件的允许值而不断升高,造成载流导体熔断或加速绝缘老化和损坏,从而可能发展成为故障。

(3)电力系统中部分地区的电压大大下降,破坏用户工作的稳定性或影响产品的质量。

(4)破坏电力系统中各发电厂并列运行的稳定性,引起系统振荡,从而使事故扩大,甚至导致整个系统瓦解。

电力系统中电气元件的正常工作遭到破坏,但没有发生故障,这种情况属于不正常运行状态。如因负荷超过供电设备的额定值引起的电流升高,称过负荷,就是一种常见的不正常工作状态。在过负荷时,电气设备的载流部分和绝缘材料过度发热,从而使绝缘加速老化,甚至损坏,引起故障。此外,电力系统中出现功率缺额而引起的频率降低,发电机突然甩负荷而产生的过电压,以及电力系统发生振荡等,都属于不正常运行状态。

电力系统中发生不正常运行状态和故障时,都可能引起系统事故。系统事故是指系统全部或部分正常运行遭到破坏,电能质量下降到不能容许的程度,以致造成对用户的停止供电或少供电,甚至造成人身伤亡和电气设备的损坏。

系统事故的发生,除了自然条件的因素(如雷击、架空线路倒杆等)外,一般都是设备制造上的缺陷、设计和安装的错误、检修质量不高或运行维护不当而引起的。因此,只有充分发挥人的主观能动性,正确地掌握客观规律,加强对设备的维护和检修,就可以大大减少事故发生的概率。

在电力系统中,除应采取各项积极措施消除或减少事故发生的可能性外,还应能做到设备或输电线路一旦发生故障,尽快地将故障设备或线路从系统中切除,保证非故障部分继续安全运行,缩小事故影响范围。

由于电力系统是一个整体,电能的生产、传输、分配和使用是同时完成的,各设备之间都有电或磁的联系,因此当某一设备或线路发生短路故障时,在很短的时间内就影响到整个电力系统的其他部分,为此要求切除故障设备或输电线路的时间必须很短,通常切除故障的时间小到十分之几秒到百分之几秒。显然要在这样短的时间内由运行人员及时发现

并手动将故障切除是绝对不可能的。因此,只有借助于装设在每个电气设备或线路上的自动装置,即继电保护装置才能实现。这种装置到目前为止,有一部分仍然由单个继电器或继电器与其附属设备的组合构成,故称为继电保护装置。

在数字式保护装置出现以后,虽然继电器多已被电子元件或计算机取代,但仍沿用此名称。在电业部门常常用继电保护一词泛指继电保护技术或由各种继电保护装置组成的继电保护系统。

继电保护装置就是指能反映电力系统中电气元件发生故障或不正常运行状态,并动作于断路器跳闸或发出信号的一种自动装置。它的基本任务是:

(1)自动、迅速、有选择性地将故障元件从电力系统中切除,使故障元件免于继续遭到破坏,保证其他无故障部分迅速恢复正常运行。

(2)反映电气元件的不正常运行状态,并根据运行维护的条件(如有无经常值班人员)而动作于信号,以便值班员及时处理,或由装置自动进行调整,或将那些继续运行就会引起损坏或发展成为事故的电气设备予以切除。此时一般不要求保护迅速动作,而是根据对电力系统及其元件的危害程度规定一定的延时,以免短暂的运行波动造成不必要的动作和干扰而引起误动。

由此可见,继电保护在电力系统中的主要作用是通过预防事故或缩小事故范围来提高系统运行的可靠性,并最大限度地保证向用户安全连续供电。因此,继电保护是电力系统的重要组成部分,是保证电力系统安全可靠运行的必不可少的技术措施之一。在现代的电力系统中,如果没有专门的继电保护装置,要想维持整个电力系统的正常运行是根本不可能的。

1.3.2　继电保护的基本原理、构成及发展史

1.3.2.1　继电保护的基本原理及构成

为了完成继电保护所担负的任务,要求它能够正确区分电力系统正常运行状态、故障状态和不正常运行状态。因此,继电保护装置是以电力系统发生故障或不正常运行状态前后电气量或非电气物理量变化的特征为基础来构成的。

例如,短路时故障点与电源之间的电气设备和输电线路上的短路电流将大大超过负荷电流,据此可构成过电流保护;发生短路时,功率的方向会发生变化,据此可以构成方向保护;对任意正常运行电气元件,根据基尔霍夫定律,其流入电流应该等于流出电流,但元件内部发生故障时,其流入电流就不再等于流出电流,据此可构成差动保护。还有距离保护、负序保护等都是根据故障或不正常运行状态前后电气物理量变化的特征来构成保护的。此外,除上述反映工频电气量的保护外,还有反映非工频电气量的保护,如电力变压器的瓦斯保护及反映电动机绕组温度升高的过热保护等。

从功能上来看,继电保护装置由测量比较元件、逻辑判断元件和执行输出元件三部分组成,如图1-2所示,现分述如下。

1. 测量比较元件

测量比较元件通过测量被保护的电气元件的物理参量,并与给定的值进行比较,根据比较的结果,给出“是”或“非”“0”或“1”性质的一组逻辑信号,从而判断保护装置是否应

该启动。启动是指保护的测量比较元件发出有效信号。根据需要，继电保护装置往往有一个或多个测量比较元件。常用的测量比较元件有：被测电气量超过给定值动作的过量继电器，如过电流继电器等；被测电气量低于给定值动作的欠量继电器，如低电压继电器等；被测电压、电流之间相位角满足一定值而动作的功率方向继电器等。

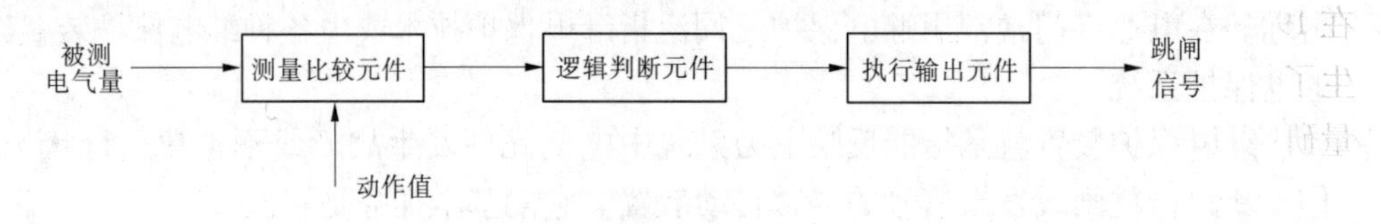

图 1-2　继电保护装置的组成方框图

2. 逻辑判断元件

逻辑判断元件根据测量比较元件输出逻辑信号的性质、先后顺序、持续时间等，使保护装置按一定的逻辑关系判定故障的类型和范围，最后确定是否应该使断路器跳闸、发出信号或不动作，并将对应的指令传给执行输出元件。

如图 1-3 所示，保护投入并且 KA 测量到的电流大于其动作值，与门才开放，此处与门就是逻辑判断元件。又例如，被保护设备一般会配置主保护和后备保护，后备保护是当主保护失去作用时才动作，所以一般后备保护的动作时间比主保护的动作时间要长。被保护设备发生故障时，主保护和后备保护都会启动，但由于后备保护动作时间长，主保护先形成出口，所以由主保护去跳闸。主保护和后备保护动作时间的长短也构成了逻辑判断元件。出口是指保护逻辑判断元件发出有效信号，可以知道，保护启动不一定会形成出口，只有经过逻辑判断元件发出有效信号才会形成出口。

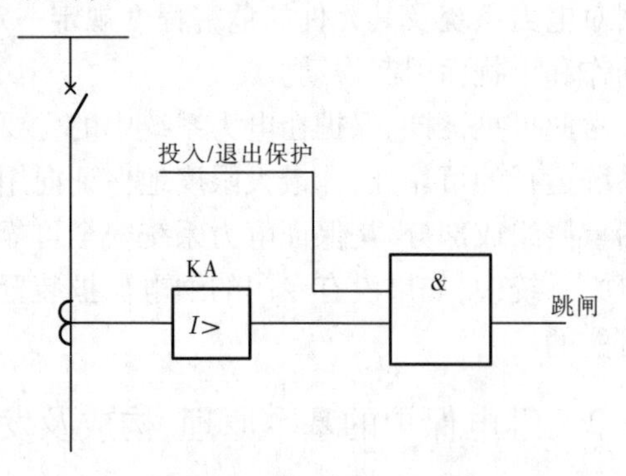

图 1-3　电流保护逻辑框图

3. 执行输出元件

执行输出元件根据逻辑判断元件传来的指令，发出跳开断路器的跳闸脉冲及相应的动作信息、发出警报或不动作，当执行输出元件发出跳闸或告警等有效信号时称为保护动作。

1.3.2.2　继电保护的发展史

继电保护科学和技术是随电力系统的发展而发展起来的。电力系统发生短路是不可避免的，伴随着短路，电流增大。为避免发电机被烧坏，最早采用熔断器串联于供电线路中，当发生短路时，短路电流首先熔断熔断器，断开短路的设备，保护发电机。这种保护方式，由于简单，时至今日仍广泛应用于低压线路和用电设备。由于电力系统的发展，用电设备的功率、发电机的容量增大，电力网的接线日益复杂，熔断器已不能满足选择性和快速性的要求，于 1890 年后出现了直接装于断路器上反映一次电流的电磁型过电流继电器。19 世纪初，继电器才广泛用于电力系统的保护，被公认为是继电保护技术发展的开端。

1901 年出现了感应型过电流继电器。1908 年提出了比较被保护元件两端电流的电流差动保护原理。1910 年方向性电流保护开始应用,并出现了将电流与电压相比较的保护原理,促使了 1920 年后距离保护装置的出现。随着电力线载波技术的发展,在 1927 年前后,出现了利用高压输电线载波传送输电线两端功率方向或电流相位的高频保护装置。在 1950 年稍后,就提出了利用故障点产生的行波实现快速保护的设想,在 1975 年前后诞生了行波保护装置。1980 年左右反映工频故障分量(或称工频突变量)原理的保护被大量研究,1990 年后该原理的保护装置被广泛应用。

与此同时,随着材料、器件、制造技术等相关学科的发展,继电保护装置的结构型式和制造工艺也发生着巨大的变化,经历了机电式、静态继电保护装置和数字式继电保护装置三个发展阶段。

机电式保护装置由具有机械传动部件带动触点开、合的机电式继电器,如电磁型、感应型和电动型继电器所组成,由于其工作比较可靠,不需要外加工作电源,抗干扰性能好,使用了相当长的时间,特别是单个继电器目前仍在电力系统中广泛使用。但这种保护装置体积大、动作速度慢、触点易磨损和粘连,难于满足超高压、大容量电力系统的需要。

20 世纪 50 年代,随着晶体管的发展,出现了晶体管式继电保护装置。这种保护装置体积小,动作速度快,无机械传动部分,无触点。经过 20 余年的研究与实践,晶体管式保护装置的抗干扰问题从理论和实践上得到了满意的解决。20 世纪 70 年代,晶体管式保护在我国被大量采用。集成电路技术的发展,可以将众多的晶体管集成在一块芯片上,从而出现了体积更小、工作更可靠的集成电路式继电保护装置,并成为静态继电保护的主要形式。

20 世纪 60 年代末,已有了用小型计算机实现继电保护的设想,但小型计算机当时价格昂贵,难以实际采用。由此开始了对继电保护计算机算法的大量研究,为后来微型计算机式保护的发展奠定了理论基础。随着微处理器技术的快速发展和价格的急剧下降,在 20 世纪 70 年代后期,出现了性能比较完善的微机保护样机并投入系统试运行。80 年代微机保护在硬件和软件技术方面已趋于成熟,进入 90 年代,微机保护已在我国大量应用,主运算器由 8 位机、16 位机,发展到目前的 32 位机;数据转换与处理器件由模数转换器(A/D)、电压频率转换器(VFC),发展到数字处理器(DSP)。这种由计算机技术构成的继电保护称为数字式继电保护。这种保护可用相同的硬件实现不同原理的保护,使制造大为简化,生产标准化、批量化,硬件可靠性高;具有强大的存储、记忆和运算功能,可以实现复杂原理的保护,为新原理保护的发展提供了实现条件;除实现保护功能外,还可兼有故障录波、故障测距、事件顺序记录和保护管理中心计算机以及调度自动化系统通信等功能,这对于保护的运行管理、电网事故分析以及事故后的处理等有重要意义。另外,它可以不断地对本身的硬件和软件自检,发现装置的异常情况并通知运行维护中心,工作的可靠性很高。

20 世纪 90 年代后半期,在数字式继电保护技术和调度自动化技术的支撑下,变电所自动化技术和无人值守运行模式得到迅速发展,融测量、控制、保护和数据通信为一体的变电所综合自动化设备,已成为目前我国绝大部分新建变电所的二次设备,继电保护技术与其他学科的交叉、渗透日益深入。

1.3.3　电磁式继电器

1.3.3.1　电磁式继电器的工作原理

电磁式继电器主要有三种不同的结构型式,即螺管线圈型、吸引衔铁型和转动舌片型,如图1-4所示。

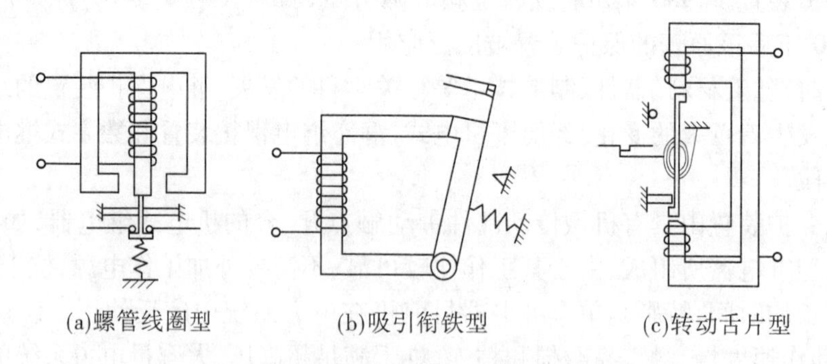

(a)螺管线圈型　(b)吸引衔铁型　(c)转动舌片型

图1-4　电磁式继电器的工作原理结构图

不管哪种结构型式的继电器,都由电磁铁、可动衔铁、线圈、触点、反作用弹簧和止挡组成。

绕组通入电流时所产生的电磁转矩正比于输入继电器的电流 I_K 的平方,而与其电流的方向无关,所以根据电磁原理可以制成直流或交流继电器。

1.3.3.2　电磁式电流继电器(KA)

电流继电器是反映电流超过整定值而动作的继电器。其线圈导线较粗、匝数少,串接在电流互感器的二次侧,作为测量或启动元件,用以判断被保护对象的运行状态。

1. 动作电流

动作电流是指能使得继电器动作的最小电流(I_{op})。

当线圈电流 $I_K=0$ 或较小时继电器不动作,若 $I_K>I_{op}$ 则继电器动作。

继电器线圈分成两组,采用串联或并联连接方式可改变继电器动作电流。

2. 返回电流

返回电流是指能使继电器返回原位的最大电流(I_r)。

当线圈电流 I_K 减小到一定数值,即 $I_K<I_r$ 时,继电器刚好能返回。所谓继电器的返回是指继电器由动作后状态改变至释放状态的过程。

3. 返回系数

返回系数是指返回电流与动作电流之比,即

$$K_r=\frac{I_r}{I_{op}}$$

一般 K_r 取0.85~0.90。由于剩余力矩和摩擦力矩的作用,过电流继电器的返回系数恒小于1。

4. 继电特性

无论动作与返回,继电器从起始位置到最终位置是突发性的,即它的动作都明确干

脆,不可能停留在中间的某个位置。继电特性有两个特点:永远处于动作或返回状态,无中间状态;I_{op}不等于I_r,使触点无抖动,见图1-5。

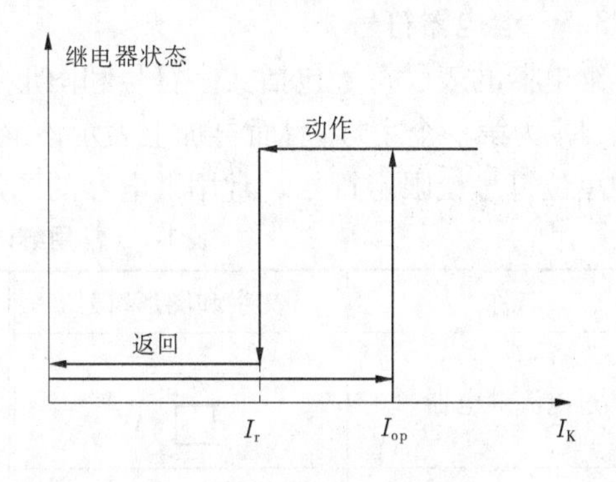

图1-5　继电器继电特性

1.3.3.3　电磁式电压继电器(KV)

电磁式电压继电器工作原理与电流继电器基本相同。由于它接于电压互感器二次侧,因此线圈的匝数多、导线细、阻抗大。

电压继电器的动作与否,取决于继电器的输入电压。电压继电器分过电压继电器和低电压继电器两种。

过电压继电器是反映电压升高而动作的继电器。它与过电流继电器的动作、返回概念相同。其返回系数$K_r=0.85$(动合触点)。

低电压继电器是反映电压降低而动作的继电器。它与过电流继电器的动作、返回概念相反。其中动作电压是指能使低电压继电器动作,即使其动断触点闭合的最大电压;返回电压是指能使低电压继电器返回,即使其动断触点打开的最小电压。低电压继电器的返回系数$K_r>1$,一般不大于1.2(动断触点)。

1.3.3.4　辅助继电器

1. 时间继电器(KT)

时间继电器是一种利用不同原理实现延时控制的继电器。它在继电保护中作为时间元件,按照所需时间间隔来建立保护装置的动作延时。因此,它是按整定时间长短进行动作的控制电器。

时间继电器的种类很多,按构成原理分,有电磁型、空气阻尼型、电动型和数字型等;按延时方式分,有通电延时型和断电延时型。

2. 中间继电器(KM)

中间继电器的工作原理是将一个输入信号变成一个或多个输出信号。它的输入信号为线圈的通电或断电,输出是触点的动作。它的触点接在其他控制回路中,触点的变化导致控制回路发生变化(如导通或截止),从而实现既定的控制或保护的目的。

在继电保护装置中,中间继电器主要有两个作用:一是增加触点的数量及容量,二是隔离作用,它可以同时接通或断开几条独立回路和代替小容量触点或者带有不大延时来满足保护的需要。

电磁式中间继电器一般采用吸引衔铁式结构。为保证在直流操作电源电压降低时,仍能可靠动作,要求中间继电器可靠动作电压不大于额定电压的70%。其动作和返回可带不大延时、可以构成自保持回路。

3. 信号继电器(KS)

信号继电器在继电保护和自动装置中用来表示动作指示,同时接通灯光、音响信号,并对保护装置的动作情况起记忆作用,以便运行维护人员能够方便地分析电力系统故障性质和统计保护装置正确动作次数。

1.3.3.5 继电器符号

继电器的表示符号包括文字符号和图形符号两种。在新国标中,继电器的文字符号均以“K”为第一个字母,后面再加上表示该继电器用途的英语词汇字头,或者用其在电工中的单位符号或限定符号。常用继电器的图形符号详见表1-1。

表1-1 常用继电器图形符号表

名称	文字和图形符号	名称	文字和图形符号
过电流继电器	I> KA	过电压继电器	U> KV　U< KV
功率方向继电器	KW	时间继电器	t KT
中间继电器	KM	动断触点	
信号继电器	KS	延时动合触点	
动合触点		延时动断触点	
线圈		信号继电器的动合触点	

1.3.4 继电保护的基本要求

动作于跳闸的继电保护,在技术上一般应满足四条基本要求,即选择性、速动性、灵敏性和可靠性。这四条基本要求之间,紧密联系,既矛盾又统一,必须根据具体电力系统运行的主要矛盾和矛盾的主要方面,配置、配合、整定每个电力元件的继电保护。充分发挥和利用继电保护的科学性、工程技术性,使继电保护为提高电力系统运行的安全性、稳定性和经济性发挥最大效能。

1.3.4.1 选择性

选择性是指继电保护装置动作时,仅将故障元件从电力系统中切除,保证系统中非故障元件仍然继续运行,尽量缩小停电范围。

图1-6所示为单侧电源网络,母线A、B、C、D代表相应变电所,在各断路器处都装有继电保护装置1~7。当线路A—B上k_1点短路时,应由离短路点k_1最近的保护装置1、2跳开断路器QF_1和QF_2,故障被切除。而在线路C—D上k_3点短路时,应由离短路点k_3最近的保护装置6跳开断路器QF_6,变电所D停电。故障元件上的保护装置如此有选择性地切除故障,可以使停电的范围最小,甚至不停电。

对继电保护动作有选择性要求,还必须考虑继电保护装置或断路器由于自身故障等

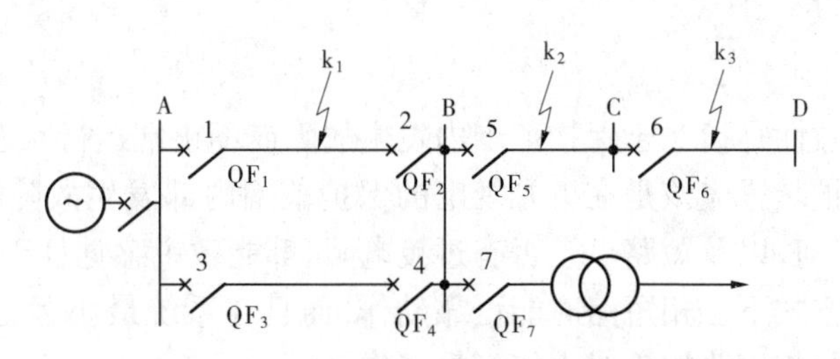

图1-6　单侧电源网络中有选择性动作的说明图

原因而拒绝动作（简称拒动）的可能性，因而需要考虑后备保护的问题。如图1-6所示，当k_3点发生短路时，应由继电保护装置6动作跳开断路器QF_6，将故障线路C—D切除，但由于某种原因造成断路器QF_6跳不开，相邻线路B—C的保护装置5动作跳开断路器QF_5，将故障切除，相对的停电范围也是较小的，保护的动作也是具有选择性的。

一般地，把反映被保护元件严重故障，快速动作于跳闸的保护装置称为主保护，而把在主保护系统失败时备用的保护装置称为后备保护。把下级电力元件的后备保护安装在上级（近电源侧）元件的断路器处，称为远后备保护。

在复杂的高压电力系统中，如果实现远后备保护有困难，则可采用近后备保护方式。即当本元件的主保护拒动时，由本元件另一套保护装置作为后备保护。当断路器拒绝动作时，由同一发电厂或变电所内有关断路器动作，实现后备保护。为此，在每一元件上装设单独的主保护和后备保护，并装设设备的断路失灵保护。由于这种后备保护作用是在保护安装处实现的，故又称它为近后备保护。由于远后备保护是一种完善的后备保护方式，它对相邻元件的保护装置、断路器、二次回路和直流电源引起的拒动，均能起到后备保护作用，同时它又实现简单、经济，因此应优先采用。只有当远后备保护不能满足要求时，才考虑采用近后备保护方式。

1.3.4.2　速动性

快速地切除故障可以提高电力系统并列运行的稳定性，减少用户在电压降低的情况下的工作时间，以及缩小故障元件的损坏程度。因此，在发生故障时，应力求保护装置能迅速动作，切除故障。

动作迅速而同时又满足选择性要求的保护装置，一般结构都比较复杂，价格也比较贵。在一些情况下，允许保护装置带有一定时限切除发生故障的元件。因此，对继电保护速动性的具体要求，应根据电力系统的接线以及被保护元件的具体情况来确定。下面列举一些必须快速切除的故障：

（1）根据维持系统稳定的要求，必须快速切除高压输电线路上发生的故障。

（2）使发电厂或重要用户的母线电压低于允许值（一般为0.7倍额定电压）的故障。

（3）大容量的发电机、变压器以及电动机内部发生的故障。

（4）1～10 kV线路导线截面过小，为避免过热不允许延时切除的故障等。

（5）可能危及人身安全，对通信系统或铁路信号系统有强烈电磁干扰的故障等。

故障切除的总时间等于保护装置和断路器动作时间之和。一般快速保护的动作时间为0.06～0.12 s，最快的可达0.02～0.04 s；一般断路器动作时间为0.06～0.15 s，最快的可达0.02～0.06 s。

1.3.4.3 **灵敏性**

继电保护的灵敏性是指对于保护范围内发生故障或不正常运行状态的反映能力。满足灵敏性要求的保护装置应该是在事先规定的保护范围内部发生故障时，不论短路点的位置，短路的类型如何，以及短路点是否有过渡电阻，都能敏锐感觉且正确反应，即要求不但在系统最大运行方式下三相短路时能可靠动作，而且在系统最小运行方式下经过较大的过渡电阻两相或单相短路故障时也能可靠动作。

所谓系统最大运行方式就是指发生短路故障时，系统等效阻抗最小，通过保护装置的短路电流最大的运行方式；系统最小运行方式是指发生短路故障时，系统等效阻抗最大，通过保护装置的短路电流最小的运行方式。

保护装置的灵敏性，通常用灵敏系数(K_{sen})来衡量，它决定于被保护元件和电力系统的参数和运行方式。在《继电保护和安全自动装置技术规程》(GB/T 14285—2006)中，对各类保护的灵敏系数的要求都做了具体规定。关于灵敏系数这个问题以后将分别进行讨论。

1.3.4.4 **可靠性**

保护装置的可靠性是指在其规定的保护范围内发生了它应该动作的故障时，它不应该拒绝动作，而在任何其他该保护不应该动作的情况下，则不应该错误动作。

继电保护装置误动和拒动都会给电力系统造成严重的危害。但提高其不误动的可靠性和不拒动的可靠性措施常常是互相矛盾的。由于电力系统的结构和负荷性质的不同，误动和拒动的危害程度有所不同，因而提高保护装置可靠性的重点在不同情况下有所不同。例如，当系统中有充足的旋转备用容量(热备用)、输电线路很多、各系统之间以及电源与负荷之间联系很紧密时，若继电保护装置发生误动使某发电机、变压器或输电线路切除，给电力系统造成的影响可能不大；但如果发电机、变压器或输电线路故障时继电保护装置拒动，将会造成设备损坏或破坏系统稳定运行，造成巨大损失。在此情况下，提高继电保护装置不拒动的可靠性比提高不误动的可靠性更加重要。反之，系统旋转备用容量较少，以及各系统之间和电源与负荷之间的联系比较薄弱时，继电保护装置发生误动使某发电机、变压器或某输电线路切除，将会引起对负荷供电的中断，甚至造成系统稳定性的破坏，造成巨大损失；而当某一保护装置拒动时，其后备保护仍可以动作，并切除故障。在这种情况下，提高保护装置不误动的可靠性比提高其不拒动的可靠性更为重要。由此可见，提高保护装置的可靠性要根据电力系统和负荷的具体情况采取适当的对策。

可靠性主要针对保护装置本身的质量和运行维护水平而言，一般来说，保护装置的组成元件的质量越高，接线越简单，回路中继电器的触点数量越少，保护装置的可靠性就越高。同时，正确的设计和整定计算，保证安装、调整实验的质量，提高运行维护水平，对于提高保护装置的可靠性也具有重要作用。对于一个确定的保护装置在一个确定的系统中运行而言，在继电保护的整定计算中用可靠系数来校核是否满足可靠性的要求。在国家或行业制定的继电保护运行整定计算规程中，对各类保护的可靠性系数都做了具体规定。

以上四条是继电保护的基本要求，是分析研究继电保护性能的基础，也是贯穿全课程的一个基本线索。继电保护的科学研究、设计、制造和运行的绝大部分工作是围绕着如何处理好这四条基本要求之间的辩证统一关系而进行的。在学习这门课程时应注意学习和

运用这样的分析方法。

选择继电保护方式时除应满足上述四条基本要求外，还应考虑经济条件。应从国民经济的整体利益出发，按被保护元件在电力系统中的作用和地位来确定其保护方式，而不能只从保护装置本身投资考虑，因为保护不完善或不可靠而给国民经济造成的损失，一般都超过即使是最复杂的保护装置的投资。但要注意对较为次要的数量多的电气元件（如小容量电动机等），则不应装设过于复杂和昂贵的保护装置。

1.3.5　微机保护装置硬件基本结构

微机继电保护硬件系统如图1-7所示，一般包括五个基本部分，即数据采集系统、CPU系统、开关量输入/输出系统、人机接口与通信系统及电源系统。

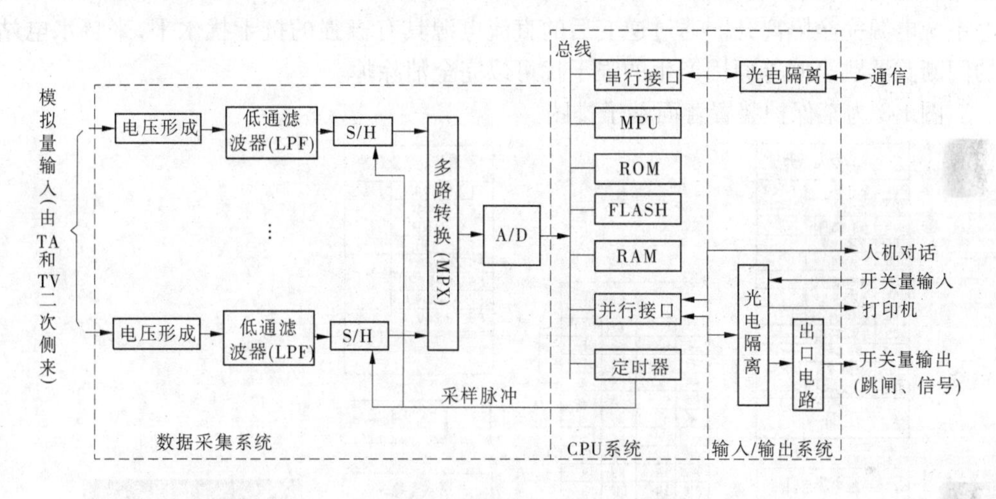

图1-7　微机继电保护硬件系统示意框图

1.3.5.1　数据采集系统（或称模拟量输入系统）

模拟量输入系统包括电压形成、低通滤波器（LPF）、采样保持（S/H）、多路转换（MPX）以及模数转换（A/D）等功能块。该系统完成将模拟输入量准确地转换为所需的数字量。

1.3.5.2　CPU系统

CPU系统包括微处理器（MPU）、只读存储器（一般用EPROM）、随机存取存储器（RAM）以及定时器等。MPU执行存放在EPROM中的程序，将数据采集系统输入至RAM区的原始数据进行分析处理，以完成各种继电保护的功能。

一般为了提高保护装置的容错水平，目前大多数保护装置已采用多CPU系统。尤其是较复杂的保护装置，其主保护和后备保护都是相互独立的微机保护系统。它们的CPU是相互独立的，任何一个保护的CPU或芯片损坏均不影响其他保护正常工作，此外各保护的CPU线均不引出；输入及输出的回路均经光隔离处理；各保护具有自检与互检功能，能将故障定位到插件或芯片，从而大大地提高了保护装置运行的可靠性。但是对于比较简单的微机保护，为了简化保护结构，大都采用单CPU系统。

1.3.5.3 开关量(或数据量)输入/输出系统

开关量输入/输出系统包括若干个并行接口适配器、光电隔离器件及有接点的中间继电器等。该系统完成各种保护的出口跳闸、信号警报、外部接点输入等功能。

1.3.5.4 人机接口与通信系统

在许多情况下,CPU 系统必须接受操作人员的干预,如整定值输入、工作方式的变更、对 CPU 系统状态的检查等都需要人机对话。这部分工作在 CPU 控制之下完成,通常可以通过键盘、汉化液晶显示、打印机及信号灯、音响或语言告警等来实现人机对话。

1.3.5.5 电源系统

微机保护系统对电源要求较高,通常这种电源是逆变电源,即将直流逆变为交流,再把交流整流为微机系统所需要的直流电压。它把电站的强电系统的直流电源与微机的弱电系统电源完全隔离开。通过逆变后的直流电源具有极强的抗干扰水平,来自水电站中的因断路器跳合闸等原因产生的强干扰可以完全消除掉。

图 1-8 为某保护装置背面端子排图。

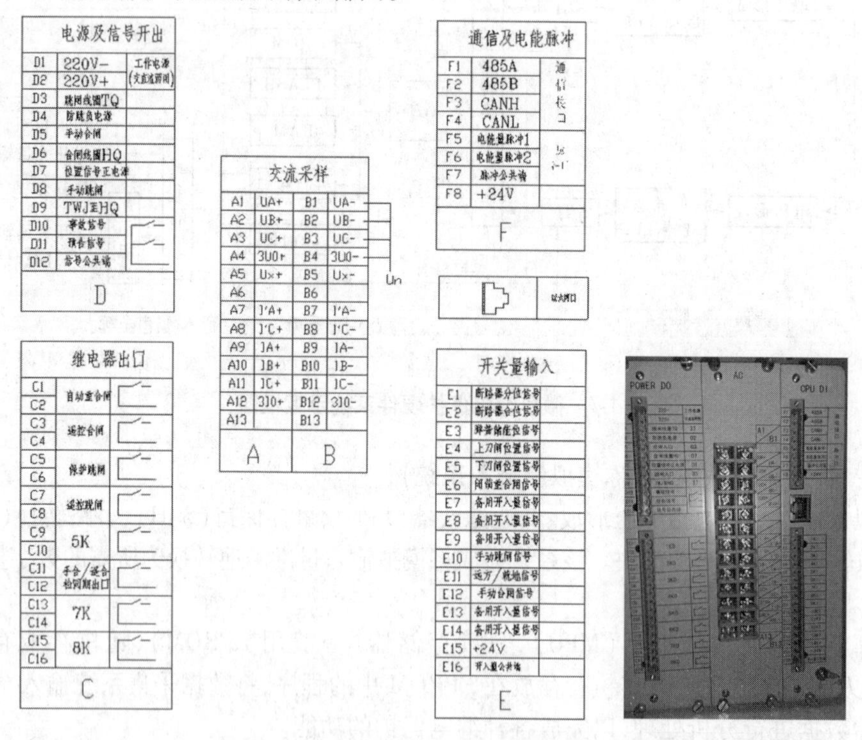

图 1-8 某保护装置背面端子排图

目前,微机保护装置均按模块化设计,也就是说,成套的微机保护都是由上述五个部分的模块电路组成的。所不同的是,软件系统及硬件模块化的组合与数量不同。不同的保护用不同的软件来实现,不同的使用场合按不同的模块化组合方式构成,这样的微机成套保护装置,给设计、运行及维护、调试人员都带来极大方便。

1.3.6* 微机保护装置软件系统程序流程

1.3.6.1 微机保护装置软件系统的结构

微机保护装置的软件通常可分为监控程序和运行程序两部分。执行哪一部分程序，由主菜单显示后选择决定。在主菜单下选择“退出”，则进入监控程序。选择“运行”，则进入运行程序。

监控程序包括对人机接口的键盘命令处理程序及为CPU插件调试、整定预设等配置的程序。所谓运行程序，简单地说就是在运行状态下执行的保护主程序、中断服务程序和故障处理程序。一般在主程序中要完成初始化、装置全面自检、开放及等待中断。当电源上电或按EXIT键时，程序自动回到主程序的开始部分，从初始化开始执行程序。

在保护主程序中通常配置有三个中断服务程序：键盘中断服务程序、采样中断服务程序和串行口中断服务程序。

(1)键盘中断服务程序。在运行保护主程序时，为了随时准备接受值班人员的查询等工作，设置了键盘中断服务程序。当工作人员按下键盘某一键时，就由人机接口装置对CPU提出中断申请。当中断响应时，就转入执行键盘中断服务程序。在该程序中主要也是键盘命令处理程序，可以在运行中完成各种查询和部分预设等功能，如此时发生保护动作事件，装置将自动退出原显示窗口，立即显示保护动作事件。

(2)采样中断服务程序，又称定时器中断服务程序。因为一般保护总是定时采样，由CPU的定时器定时发出采样中断请求。当中断响应时，就转入采样中断服务程序。在采样中断服务程序中，除了采样计算外，往往还含有保护许多主要的软件在内。因此，该程序是微机保护的重要软件部分。

(3)串行口中断服务程序。它是该保护CPU插件与保护管理实验单元的管理CPU插件之间的串行通信程序。当管理CPU插件对保护CPU插件定时查询，或者水电站微机监控系统通过管理CPU对保护进行远方整定、复归、校对时间时，向保护CPU插件提出串行通信中断要求，当中断响应时就转入串行口中断服务程序。

1.3.6.2 主程序框图原理

主程序框图如图1-9所示。

1. 初始化

初始化工作是指保护装置在上电或按下复位键时首先执行的工作。它主要是设置CPU及可编程芯片的工作方式、参数，以便在后面程序中按预定方案工作。例如CPU的各种地址指针的设置，并行口、串行口及定时器等可编程芯片的工作方式和参数的设置。初始化有初始化(一)、初始化(二)及数据采集系统的初始化三个部分。

(1)初始化(一)是对单片微机及其扩展芯片的初始化。使输出开关量出口初始化，赋以正常值，以保证出口继电器均不动作。初始化(一)是运行与监控程序都需要用的初始化工作。初始化(一)完成后，通过人机接口液晶显示器显示主菜单，由工作人员选择运行或调试(退出运行)工作方式。如选择“退出运行”就进入监控程序，进行人机对话并执行调试命令。若选择“运行”，则开始初始化(二)。

(2)初始化(二)包括采样定时器初始化、控制采样间隔时间、对RAM区中所有运行

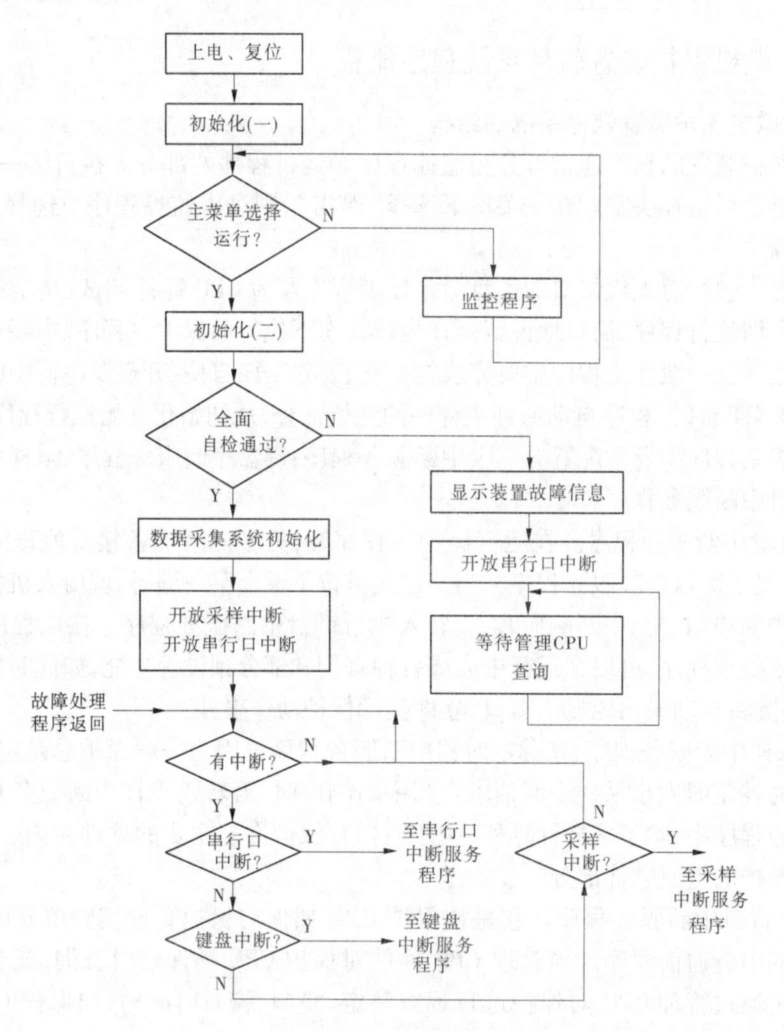

图1-9　主程序框图

时要使用的软件计数器及各种标志位清零等项目。初始化(二)完成后,开始对保护装置进行全面自检。如装置不正常则显示装置故障信息,然后开放串行口中断,等待管理系统CPU通过串行口中断来查询自检状况,向微机监控系统及调度传送各保护的自检结果。

(3)如装置自检通过,则进行数据采集系统的初始化。这部分的初始化主要是采样存放地址指针初始化。如果为VFC式采样方式,开放采样定时器中断和串行口中断,等待中断发生后转入中断服务程序。

2. 自检的内容和方式

在完成初始化(二)之后进入全面自检。全面自检包括对RAM、EPROM、EEPROM等回路的自检。

(1)RAM区的读写检查。对RAM的某一单元写入一个数,再从中读出,并比较两者是否相等。如发现写入与读出的数值不一致,说明随机存储器RAM有问题,则驱动显示器显示故障信号(故障字符、代码)和故障时间、故障类型说明“RAM故障”。显示故障的同时开放串行口中断并等待管理单元CPU查询。

(2)EPROM 求和自检。自检 EPROM 时,将 EPROM 中存放的程序代码从第一个字节加到最后一个字节,将求和结果与固化在程序末尾的和数进行比较。如发现自检和结果不符,则显示器显示相应故障字符、代码和故障时间、类型说明“EPROM 故障”。

(3)定值检查。每套定值在存入 EEPROM 时,都自动固化若干个校验码。若发现只读存储器 EEPROM 定值求和码与事先存放的定值和不一致,说明 EEPROM 有故障,则驱动显示故障字符、代码和故障时间、故障类型说明“EEPROM 故障”及故障范畴(定值区和参数区)。

3. 开放中断与等待中断

在初始化时,采样中断和串行口中断仍然被 CPU 的软开关关断,这时模/数转换和串行口通信均处于禁止状态。初始化之后,进入运行之前应开始模/数变换,并进行一系列采样计算。所以,必须开放采样中断,使采样定时器开始计时,并每隔 T_s 秒发出一次采样中断请求信号。

同样的道理,进入运行之前应开放串行口中断,以保证管理 CPU 对保护的正常管理。

在开放了中断后,主程序就进入循环状态(故障处理程序结束后将进入此循环状态)。它不断地等待采样定时器的采样中断请求信号、键盘中断请求信号和串行口通信中断请求信号。当保护 CPU 收到请求中断信号,允许中断后,程序就进入中断服务程序。每当中断服务程序结束后,又回到主程序并继续等待中断请求。应该指出,各种保护装置的主程序、中断服务程序、处理故障程序不可能完全相同,本情境所述的各种程序及其框图只能是一种典型的格式而已。

1.3.6.3　采样中断服务程序框图原理

采样中断服务程序框图如图 1-10 所示。

1. 采样计算

保护的采样计算就是采用某种适当的算法分别计算各相电压、电流的幅值、相位、频率及阻抗等。还可以根据需要分别计算各序电压、电流及各序功率方向,并分别存入 RAM 指定的区域,供后续的程序调用,用作逻辑判断及进一步做故障计算使用,使得保护实现复杂的动作特性变得十分简单灵活而方便。

进入采样中断服务程序,首先进行采样计算。在计算之前必须分别对三相电流、零序电流、三相电压、零序电压及线路电压的瞬时值同时采样。每隔一个采样周期采样一次,例如采样频率可取每周 12 次或 24 次。采样后将其瞬时值存入随机存储器 RAM 的某一地址单元内。

计算正弦交流量应按一定的算法,从某个模拟量的同一周期的一组瞬时值来计算其正弦交流量,其算法是多种多样的。例如两点乘积算法、导数算法、傅里叶算法等。

无论是运行还是调试工作方式都要进入采样中断服务程序,都要进行采样计算。因此,在采样中断服务程序中,完成采样计算后,需查询现在处于何种工作方式。

2. TV 断线的自检

在保护判断启动之前,必须先检查电压互感器 TV 二次侧是否断线。在小接地电流系统中,可简单地按以下两个判据检查 TV 二次侧是否断线。

(1)正序电压小于 30 V,而一相电流大于 0.1 A。

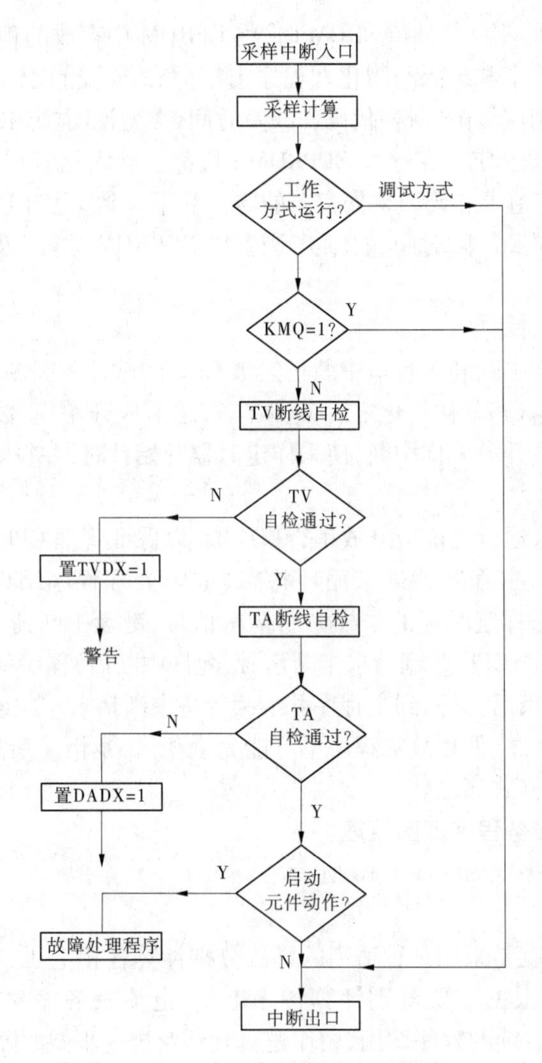

图 1-10　采样中断服务程序框图

(2)负序电压大于 8 V。

在系统发生故障时正序电压也会下降,负序电压会增大,因此当满足上述任一条件后还必须延时 10 s 才能报母线 TV 断线,发出运行异常"TV 断线"信号,待电压恢复正常后信号自动消失。在 TV 断线期间,通过程序安排闭锁自动重合闸。保护根据控制字选择是否退出与电压有关的保护。

3. TA 断线的自检

在 TA 二次回路断线或电流通道的中间环节接触不良时,有的保护(例如变压器差动保护)有可能误动作,因此对 TA 断线必须监视并报警。由于变压器保护中各侧引入电流均采用"Y"接线,因此 TA 断线的判断变得简单明了,对大接地电流系统可采用如下两个零序电流的判断。

(1)变压器"△"侧出现零序电流则判为该侧断线。

(2)"Y"接线侧,比较自产零序电流($I_A + I_B + I_C$)和变压器中性点侧 TA 引入的零序

电流($3I_0$),出现差流则判断TA断线。具体判据为:

$$\|\dot{I}_A+\dot{I}_B+\dot{I}_C|-|3\dot{I}_0\|>I_1$$

在系统发生接地故障时$3I_0$数值增大,因此TA断线还必须增加另一判据,即系统$3I_0$小于定值,即

$$|3\dot{I}_0|<I_2$$

式中　I_1、I_2——TA断线的两个电流定值。

以上判据比较复杂。对于中低压变电所也可选择较简单的判断方法。以下是变压器保护采用负序电流来判断TA断线的两个判据。

(1)TA断线时产生的负序电流仅在断线一侧出现,而在故障时至少有两侧会出现负序电流。

(2)为了防止变压器空载时发生故障,仅电源侧出现负序电流,误判TA断线,要求降压变压器低压侧三相都有一定的负荷电流。

在TA断线期间,软件同样要置标志位DADX=1,来标志TA断线,并根据整定控制字选择是否退出运行。

应该指出,并不是所有的保护都必须做TV和TA断线自检,应根据TV和TA断线对保护的影响来设计断线自检部分程序。

4.启动元件框图原理

为了提高保护动作的可靠性,保护装置的出口均经启动元件闭锁,只有在保护启动元件启动后,保护装置出口闭锁才被解除。在微机保护装置里,启动元件是由软件来完成的。启动元件启动后,启动标志位QDJ置1。

启动元件程序可采用多种方式来完成。目前系统中通常采用的方式是相电流突变量启动方式。具体做法是将每个采样点的相电流瞬时值与前一个工频周期的采样值进行比较,求出各相电流突变量差值Δi_A,Δi_C。如发现连续4次相电流突变量差值大于整定值,则启动元件动作。其逻辑框图见图1-11(a)。

相电流突变量启动方式程序较为简单,灵敏度高,但启动较为频繁,容易造成误启动。目前中低压变电所的线路保护采用常规保护的启动逻辑,即利用反映故障较灵敏的Ⅲ段电流超过整定值(L3)构成启动元件。启动元件的程序逻辑框图见图1-11(b)。为了配合低周减载的要求,在满足低周减载的条件(LF)时,保护也应启动,以保证低周波运行能可靠跳闸。启动元件还应满足重合闸的要求,在重合闸"充电"完好情况下CK=1,同时满足位置不对应的条件(KTP),启动元件应启动,以保证可靠重合闸。所以,Ⅲ段过电流、低周减载启动、重合闸启动,任一条件满足均记忆10 s启动继电器KMQ。

当采样中断服务程序的启动元件判保护启动,则程序转入故障处理程序。在进入故障处理程序后,CPU的定时采样仍不断进行。因此,在执行故障处理程序过程中,每隔采样周期T_s,程序将重新转入采样中断服务程序。在采样计算完成后,检测保护是否启动过,如KMQ=1则无须再进入TV、TA自检及保护启动程序部分,直接转到采样中断服务程序的出口,然后回到故障处理程序。

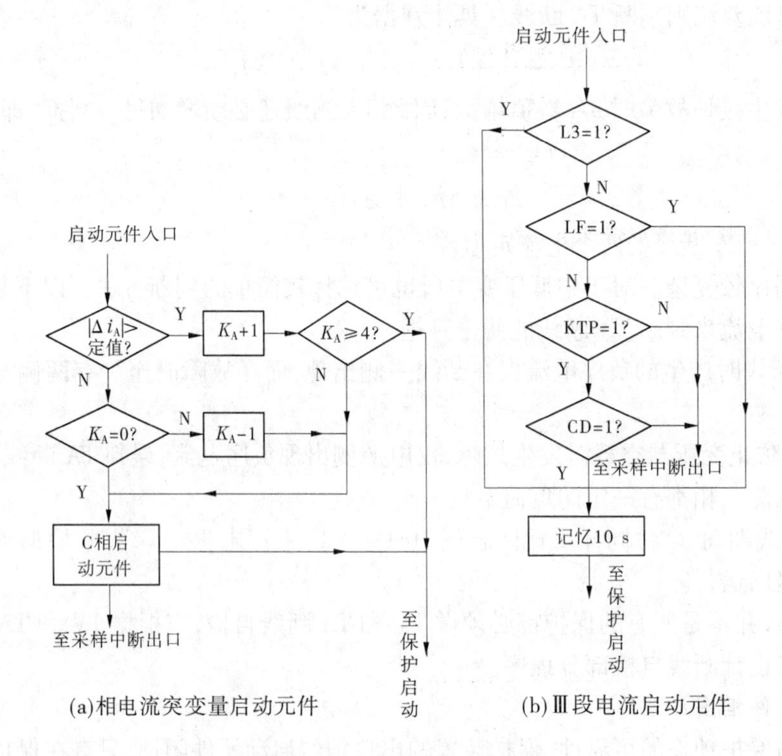

图1-11 保护启动元件逻辑图

1.3.6.4 故障处理程序框图原理

1.故障处理程序框图

故障处理程序包括保护软压板的投切检查、保护定值比较、保护逻辑判断、跳闸处理程序和后加速等部分,其框图如图1-12所示。

进入故障处理程序入口,首先置标志位KMQ为1,驱动启动继电器开放保护。

微机保护一般总是多种功能的成套保护装置,一个CPU有时要分别完成多个保护功能。例如电容器保护中要处理电流速断、欠电压、过电压及零序过流等保护。因此,在故障处理程序中要安排处理多个保护的逻辑程序。

显然各种不同的保护装置,因功能不同,其故障处理程序是不会相同的。但就其原理而言,都需先查询保护"软压板"(即开关量定值)是否投入,其数值型定值有否超限。如果软压板未投入则转入其他保护功能的处理程序;如果该保护软压板已投入并超过整定值,则进入该保护的逻辑判断程序。若逻辑判断保护动作,则先置该保护动作标志为"1",报出保护动作信号,然后进入跳合闸、重合闸及后加速的故障处理程序。在各保护逻辑判断中,如A相的数值型定值未超过整定值或逻辑判断程序未判保护动作则进入B相及C相的故障处理程序。

2.跳闸及后加速逻辑程序框图

跳闸及后加速的逻辑程序框图如图1-13所示。

1)跳闸逻辑程序

进入跳闸逻辑程序时,立即发三相跳闸命令。跳闸命令是通过CPU插件并行接口的

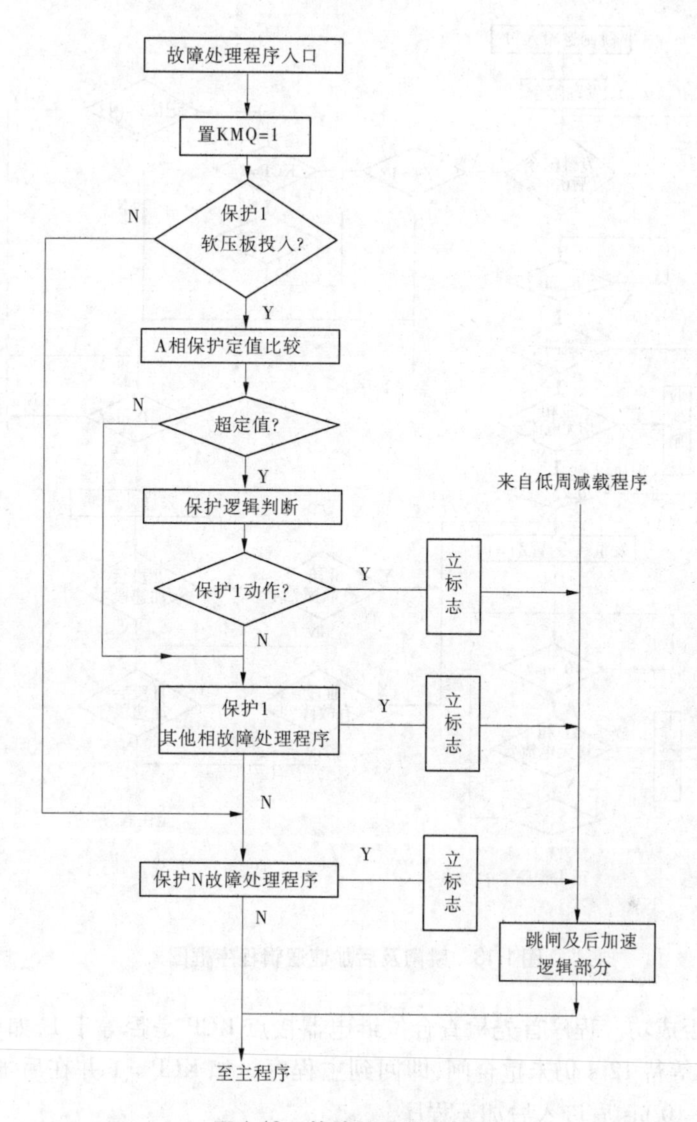

图1-12　故障处理程序框图

一个端口输出"1"态电平，紧接着执行延时0.4 s指令。0.4 s时间为跳闸和重合闸的时间。它是通过CPU内部定时器延时实现的，而程序只用于查询0.4 s延时时间是否已到。如0.4 s时间未到则执行40 ms延时。此时40 ms是断路器跳闸的时间，它是通过程序循环延时，靠软件实现的。此时40 ms后，程序检查是否已收回跳闸命令，如未收回则检查此时是否已无电流。其判据是当前采样值与"无流检查整定值"比较。如无电流表示已跳闸，则收回跳令，程序再转回查询0.4 s延时时间是否已到。若三相仍有电流，说明跳闸命令发出后断路器可能有故障，就再发一次重跳ZT命令。经5 s循环时仍未跳开，即报警。如果在某种情况下5 s内断路器跳闸成功，则收跳令后转回0.4 s延时检测。

2）后加速逻辑程序框图

发跳闸令经0.4 s延时后，正常情况下重合闸动作应当已完成。所以，程序接下去是

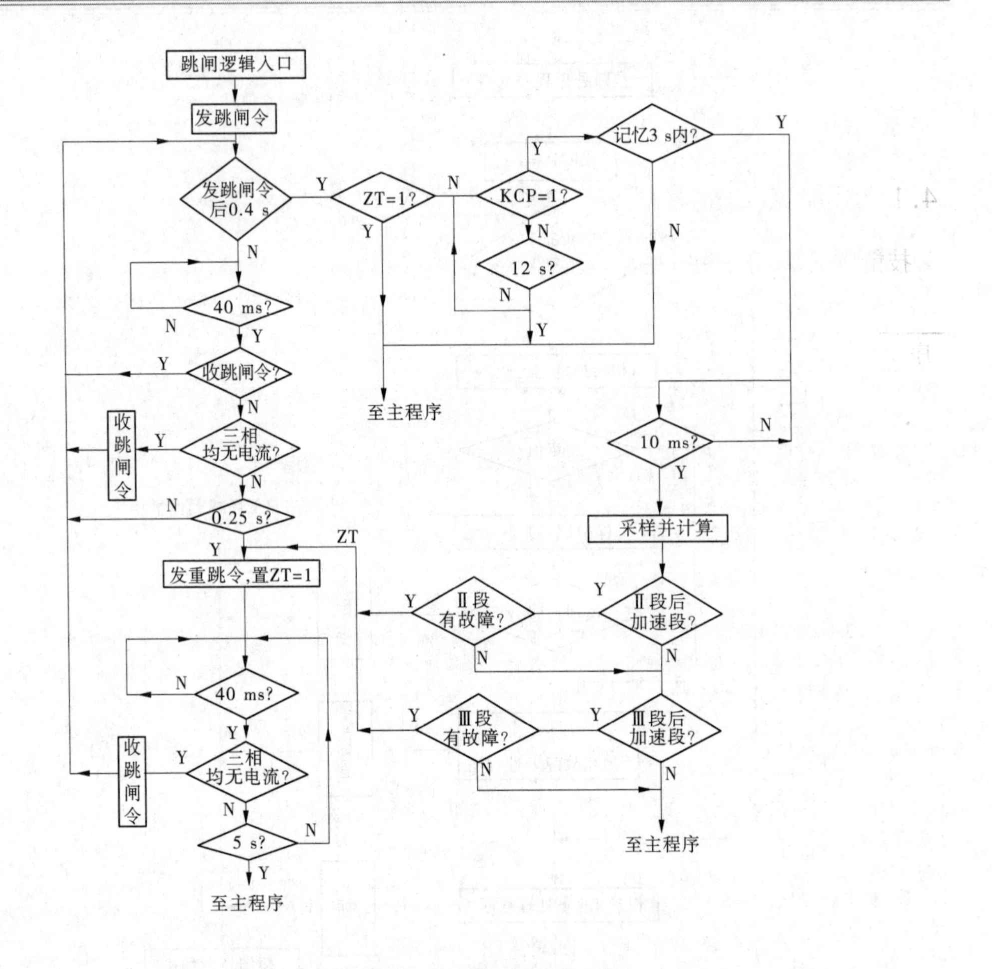

图 1-13　跳闸及后加速逻辑程序框图

检测重合闸是否成功。程序首先检查合位继电器接点 KCP 是否等于 1,如 KCP =0,说明未重合闸,继续等待 12 s 仍未重合闸,即回到主程序。如 KCP =1 并在后加速记忆的 3 s 时间内,则等待 10 ms 后进入后加速程序。

进入后加速程序后,用当前采样值重新计算各相电流、电压的幅值与相位。如后加速Ⅱ段软压板已投入并在Ⅱ段范围内仍然存在故障,则立即发重跳 ZT 命令,置标志位 ZT =1(即重跳后不再重合标志)。若Ⅱ段后加速压板未投入或在Ⅱ段范围内无故障,即进一步查询加速Ⅲ段软压板是否投入,在Ⅲ段范围内是否有故障。如Ⅲ段范围内也无故障,即重合闸成功,结束故障处理程序,回到主程序循环。若Ⅲ段范围内有故障,发重跳命令,置 ZT =1,即转入跳闸处理程序部分。重跳后,程序在检测 ZT =1 后,结束故障处理程序转至主程序。

1.4　技能培养

1.4.1　技能评价要点

技能评价要点见表1-2。

表1-2　技能评价要点

序号	技能评价要点	权重(%)
1	能正确分析继电保护工的职业道德、职业环境和职业能力特征	5
2	能正确说出继电保护的作用、基本原理和基本要求	30
3	能正确说出微机保护装置硬件基本结构和软件基本原理	5
4	能进行电磁式继电器检验	10
5	能进行微机保护装置基本项目检验	20
6	能使用继电保护测试仪	10
7	社会与方法能力	20

注:"继电保护的认识"占本门课程权重为5%。

1.4.2　技能实训

1.4.2.1　电磁式继电器调试(以DL－31型电流继电器为例)

1.检验目的

(1)观察DL－31型电流继电器的构造和动作原理。

(2)掌握该型继电器动作电流和返回电流的测试方法。

(3)掌握该型继电器动作电流和返回电流的调试方法。

(4)学会使用单相调压器和滑线变阻器。

2.检验接线

内部接线图如图1-14所示,动作电流与返回电流检验实验接线图如图1-15所示。

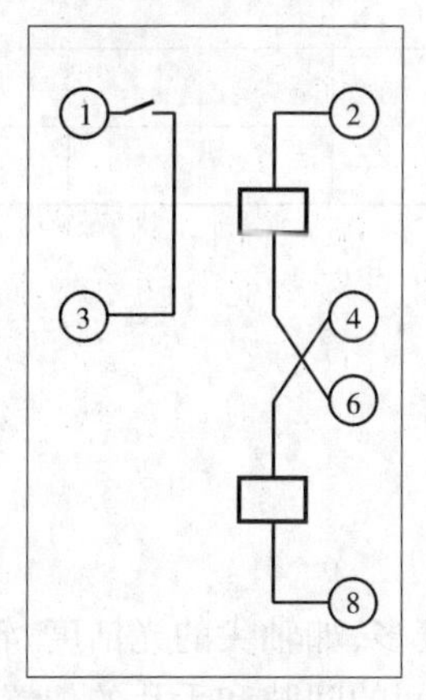

图1-14　内部接线图

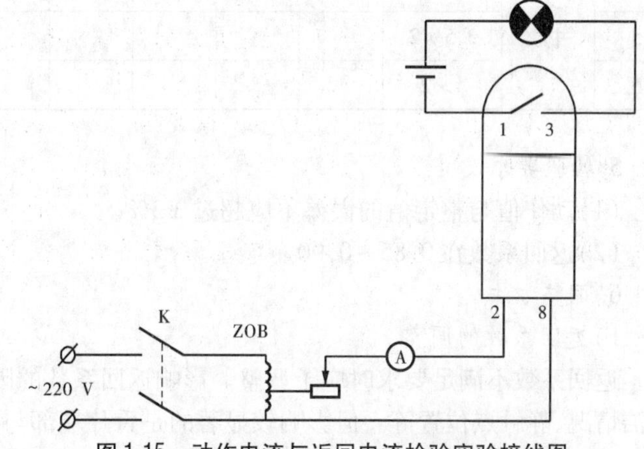

图1-15　动作电流与返回电流检验实验接线图

3. 所用仪器设备

(1)电流继电器　DL－31　1台

(2)单相调压器　TDGC－2　1台

(3)滑线变阻器　BX7D　1台(额定电流必须大于继电器的整定电流值)

(4)交流电流表　T19－A　1块

(5)起子　1把

(6)尖嘴钳　1把

4. 检验内容及步骤

(1)继电器的一般性检验。

(2)按图1-15接好线,调压器置零位,滑线变阻器置最大电阻值。

(3)将继电器的两个线圈串联,再将整定把手置标示盘2.5 A处(即标示盘最左边)。

(4)经检查接线正确,合上电源,调节调压器使其输出电压为100 V,然后调节滑线变阻器使电流均匀上升,直至红色信号灯亮,此电流即继电器动作电流 $I_{op.r}$,并记下读数。

然后调节滑线变阻器使电流均匀下降,当信号灯灭时的最大电流即返回电流 $I_{re.r}$,并记下读数。

(5)依此方法在该整定值上连做3次,记入表1-3内,并求出该继电器的返回系数 K_r。

(6)改变继电器的整定值至3.5 A、4 A,再重复步骤(4)、(5)。

(7)当继电器两个线圈并联时,再将整定把手置2.5 A处,重复步骤(4)、(5)。

电流继电器检验记录表见表1-3。

表1-3　电流继电器检验记录表

序号	线圈结构	刻度值(A)	动作电流 $I_{op.r}$(A)				返回电流 $I_{re.r}$(A)				K_{re}
			1	2	3	平均	1	2	3	平均	
1	串联	2.5									
2		3.5									
3		4									
4	并联	2.5×2									
5		3.5×2									
6		4×2									

5. 检验要求

(1)动作值与整定值的误差不应超过±3%。

(2)返回系数在0.85～0.90。

6. 调整方法

1)返回系数的调整

返回系数不满足要求时应予调整。影响返回系数的因素较多,如轴尖的光洁度、轴承清洁情况、静触点位置等。但影响较显著的是舌片端部与磁极间的间隙和舌片的位置。

返回系数的调整方法有:

(1)改变舌片的起始角和终止角。主要通过调整止挡螺杆进行。

(2)改变舌片两端的弯曲程度以改变舌片与磁极间的距离。距离越大返回系数越大,反之返回系数越小。

(3)适当调整触点压力也能改变返回系数,但应注意触点压力不宜过小。

2)动作值的调整

(1)继电器的调整把手在最大刻度值附近时,通过调整止挡螺杆来调整舌片的起始位置,改变动作值。

(2)继电器的调整把手在最小刻度附近时,主要调整弹簧,以改变动作值。

(3)适当调整触点压力也能改变动作值,但应注意触点压力不宜过小。

7.思考题

(1)当检验所得的动作值与整定值的误差超过要求时,如何调整?

(2)本次检验所得的返回系数是否符合要求?返回系数低于0.85或高于0.90可以吗?为什么?

(3)当过流保护的二次动作电流为5 A时,要求继电器动作,试选出继电器的规格,并绘出继电器线圈端子连接图?

8.检验中有无异常及事故分析

(略)

1.4.2.2　微机保护装置基本项目检验(以WXH-822微机线路保护装置为例)

微机保护装置基本项目检验内容如下:外观检查、绝缘电阻及介质实验、上电检查、开入量检查、开出量检测、精度及线性度检测。在完成基本项目检测后再进行保护功能测试、特殊功能检测、连续通电实验。

1.保护装置设备基本信息

保护装置设备基本信息见表1-4。

表1-4　保护装置设备基本信息

名称型号			
额定参数			
制造厂家			
出厂日期		出厂编号	

2.装置硬件常规检查

装置硬件常规检查见表1-5。

表 1-5　装置硬件常规检查

序号	检查内容	检查结果
1	检查二次设备外部是否完好无损，外观是否清洁，并对设备进行清扫	
2	检查保护装置的设备名称、屏上按钮压板名称、控制电缆编号、二次回路端子排号及端子号头是否正确、完整、清晰	
3	检查端子排的连线是否接触可靠、端子螺丝是否紧固	
4	检查二次回路接线是否正确	
5	检查交、直流电源是否正常，直流电源极性是否正确	
结论		

3. 绝缘电阻测试

绝缘电阻测试结果记录表见表 1-6。

表 1-6　绝缘电阻测试结果记录表

测试项目	绝缘电阻值(MΩ)	测试项目	绝缘电阻值(MΩ)
交流电流回路对地		信号回路对地	
交流电压回路对地		控制回路对地	
交流电流回路对交流电压回路		信号回路对控制回路	
装置电源对地		开入回路对地	
结论			

测试方法：各带电的导电电路分别对地（即外壳或外露的非带电金属零件）之间，交流回路和直流回路之间，交流电流回路和交流电压回路之间，用 500 V 摇表施加电压，时间不少于 5 s，待读数达到稳定时，读取绝缘电阻值，测试其绝缘电阻值不应小于 100 MΩ。

4. 装置软件常规检查

装置软件常规检查见表 1-7。

表 1-7　装置软件常规检查

序号	检查内容	检查结果
1	装置上电后有无异常	
2	装置面板上各个按键接触是否良好，各键功能符合厂家说明，按动按键可否进入菜单执行相应操作	
3	整定装置的时钟与实际时间是否一致，并检查装置时钟的失电保护功能，即装置在失电一段时间情况下，走时是否仍然准确	
4	定值及软压板是否可以修改并且可以保存，定值区号可否切换，装置掉电后是否可保存已经整定好的定值	
5	装置通信是否正常，通信地址是否可以修改并且可以保存，装置掉电后是否可保存已经修改的地址	
6	软件版本信息 CRC 校验码是否正确有效，检验程序是否正确	
结论		

5. 开关量输入检查

开关量输入检查见表1-8。

表1-8　开关量输入检查

序号	检查项目	开入矩阵位置	电源接入端子	接入电源	检查结果
1	正向有功脉冲	01	212	24V +	
2	正向无功脉冲	02	213	24V +	
3	负向有功脉冲	03	214	24V +	
4	负向无功脉冲	04	215	24V +	
5	遥信开入1	05	217	+ KM	
6	遥信开入2	06	218	+ KM	
7	遥信开入3	07	219	+ KM	
8	遥信开入4	08	220	+ KM	
9	遥信开入5	09	221	+ KM	
10	遥信开入6	10	222	+ KM	
11	遥信开入7	11	223	+ KM	
12	遥信开入8	12	224	+ KM	
13	同期合闸开入	13	225	+ KM	
14	遥信开入9	14	226	+ KM	
15	闭锁重合	15	227	+ KM	
16	检修状态	16	228	+ KM	
17	跳位	17	425	– KM	
18	合后	19	424(动作),427(返回)	+ KM	
19	合位	20	429	– KM	
20	复归	21	按面板复归按钮		
21	压力异常	22,23	415	+ KM	
22	弹簧未储能	23	416	+ KM	
	结论				

检查方法:依次连通开入量端子,从开入量菜单检查开入量及后台机报信,从而核对开入量接线是否正确。以上检测只有连续三次动作正确才算合格。断开端子排所有外部接线,从主菜单页2,选择“开入”图标,进入开入量状态显示,将装置的开入电源分别接入各开入端子,“0”表示开入未接通,“1”表示开入接通。开入矩阵位置18是遥控开入,属于内部开入,无需检查,开入矩阵位置24到32共9个开入属于未使用开入,可以作为备用。进行合后位置检验时,需断开合、跳闸回路。

6. 继电器开出检查

继电器开出检查见表 1-9。

表 1-9　继电器开出检查

序号	传动继电器	检测端子	检测内容	检查结果
1	保护跳闸继电器	422,423	传动前端子间电压为 0 V,传动后电压为 220 V(直流)	
2	保护合闸继电器	421,423	传动前端子间电压为 0 V,传动后电压为 220 V(直流)	
3	远方跳闸继电器	432,427	传动前端子间电压为 220 V,传动后电压为 0 V(直流)	
4	远方合闸继电器	432,424	传动前端子间电压为 220 V,传动后电压为 0 V(直流)	
5	告警继电器	425 或 429	跳位时,断开 425;合位时,断开 429 端子。面板上告警灯亮	
6	备用继电器 1	419,420	传动后万用表蜂鸣挡鸣叫	
7	闭锁备自投继电器	417,418	传动后万用表蜂鸣挡鸣叫	
8	备用继电器 3	303,304	传动后万用表蜂鸣挡鸣叫	
		303,305	传动前万用表蜂鸣挡鸣叫	
9	备用继电器 4	306,307	传动后万用表蜂鸣挡鸣叫	
		306,308	传动前万用表蜂鸣挡鸣叫	
10	备用继电器 5	309,310	传动后万用表蜂鸣挡鸣叫	
		309,311	传动前万用表蜂鸣档鸣叫	
11	失电告警继电器	312,313	传动后万用表蜂鸣挡鸣叫	
			传动前万用表蜂鸣挡鸣叫	
结论				

检查方法:采用软件强制将开出量置 ON,检测开关量输出是否正确。以上检测须连续三次动作正确方为合格。从主菜单页 2,选择“传动”图标,进行传动调试,每次传动前先复归。检验远方合、跳闸继电器时须断开合、跳闸回路。

7. 模拟量输入检查

1)交流采样检查

交流采样检查见表 1-10。

表1-10　交流采样检查

被检查量	I_A	I_B	I_C	U_A	U_B	U_C	U_X
输入值	5 A	5 A	5 A	57.74 V	57.74 V	57.74 V	100
显示值							
误差							
结论							

检查方法:在装置的交流电流、交流电压输入端加入额定值,在主菜单的“浏览”中,可查看各模拟量,显示值误差分别是保护电流不超过±2.5%、电压不超过±0.5%。如果误差过大,可选择“设置”菜单下的“刻度”项,对其进行刻度校准。电压必须用100 V校准,测量保护电流均用5 A校准。

2)相序检查

相序检查见表1-11。

表1-11　相序检查

被检查量		I_A	I_B	I_C	U_A	U_B	U_C
输入量	幅值	5 A	5 A	5 A	57.74 V	57.74 V	57.74 V
	角度	0°	120°	240°	45°	285°	165°
显示角度							
结论							

检查方法:选择菜单“设置”下的“角度”,可对各个通道模拟量的相序进行检查,并可以对其校准。电压必须用100 V校准,测量保护电流均用5 A校准。

学习情境2　中低压线路保护调试

2.1　学习目标

【知识目标】　掌握单侧电源网络相间短路时电流值特征；掌握阶段式电流保护；了解电流保护的接线方式；掌握双侧电源网络的方向电流保护；理解电流电压联锁保护；掌握小电流接地系统的单相接地保护。

【专业能力】　培养学生根据技术资料和现场情况拟订调试方案的能力、使用继电保护测试仪和电工工具的能力、调试中低压线路保护装置的能力、编制调试报告的能力。

【方法能力】　培养学生自主学习的能力、分析问题与解决问题的能力、组织与实施的能力、自我管理能力和沉着应变能力。

【社会能力】　热爱本职工作，刻苦钻研技术，遵守劳动纪律，爱护工具、设备，安全文明生产，诚实团结协作，艰苦朴素，尊师爱徒。

2.2　基础理论

2.2.1　单侧电源网络相间短路时电流值特征

如图2-1(a)所示为简单的单侧电源网络，系统S经A变电站向B变电站供电，因为在三相系统中，各相参数对称，所以该图用单相来代表三相，在很多情况下，我们都可以看到这种简化的图。在这里为了分析的方便，将三相线路全部画出来，如图2-1(b)所示，假设负荷侧采用星形接线，当然如果是三角形接线也可以通过电路转换将其转换为星形接线。由于网络中电阻远小于电抗，所以忽略电阻，图2-1中X_s为系统等值电抗，X_1为线路单位长度电抗，L为线路总长，X_L为负荷阻抗。

正常运行时，三相对称，如图2-1(b)所示，以A相为例，负荷电流的大小为：

$$I_m = \frac{E}{X_s + X_1 L + X_L} \tag{2-1}$$

正常运行时，负荷电流的大小，取决于用户负荷接入的多少，因为用电设备都是并联在电网中的，所以接入负荷越多，负荷阻抗就越小，由式(2-1)可知负荷阻抗越小负荷电流就越大，反之负荷电流越小。如图2-2所示，线路1给B变电站、C变电站的所有用户供电，线路2给C变电站所有用户供电，线路3给其他用户供电，因此各条线路中流过的负荷电流如图2-2中曲线1所示，呈阶梯状。

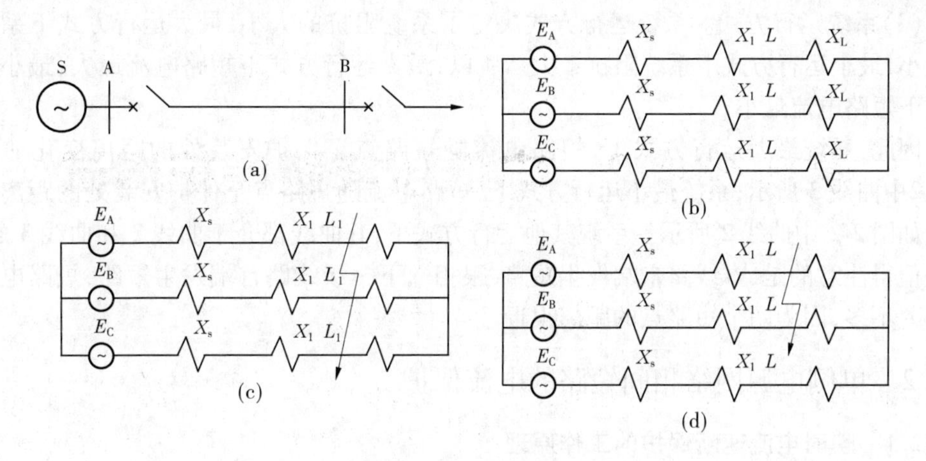

图 2-1　单侧电源网络

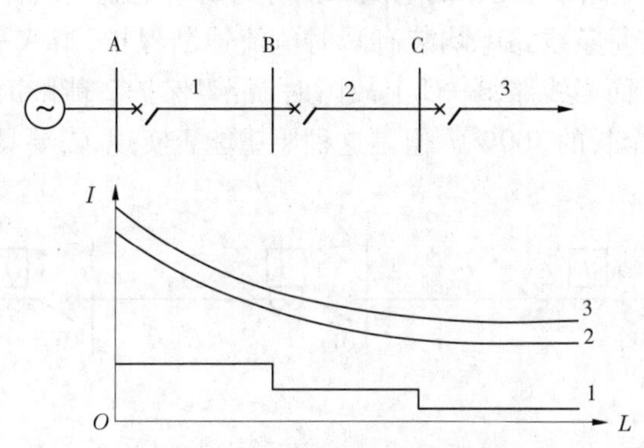

图 2-2　单侧电源供电网络相间
短路电流和负荷电流特性曲线

发生三相短路时，三相对称，如图 2-1(c)所示，L_1 为短路点至保护安装处的距离，以 A 相为例，短路电流的大小为：

$$I'_3 = \frac{E}{X_s + X_1 L_1} \tag{2-2}$$

发生两相短路时，以 A、B 短路为例，如图 2-1(d)图所示，短路电流的大小为：

$$I'_2 = \frac{\sqrt{3}}{2}\frac{E}{X_s + X_1 L_1} \tag{2-3}$$

系统等值电动势波动比较小，在此认为系统等值电动势不变，那么从以上两个短路电流计算式可以看出，影响短路电流大小的因素有三个：

(1)短路类型。假设系统运行方式不变，短路点的位置不变，比较三相短路和两相短路的短路电流计算式可以发现两相短路的短路电流要小于三相短路的短路电流。

(2)短路点的位置。无论是两相短路还是三相短路，短路点的位置决定了短路点至保护安装处的距离 L_1，从而能够影响短路电流的大小。短路点越靠近保护安装处，短路电流越大，反之短路电流越小。因此，短路电流特性曲线是一条下倾的曲线，如图 2-2 中的曲线 2 和曲线 3。

(3)系统运行方式。系统运行方式决定了系统阻抗的大小,最大运行方式下系统阻抗最小,最小运行方式下系统阻抗最大。所以,最大运行方式下短路电流最大,最小运行方式下短路电流最小。

因此,系统最大运行方式下,短路电流随短路点至保护安装处的距离变化曲线如图2-2中曲线3所示;系统最小运行方式下,短路电流随短路点至保护安装处的距离变化曲线如图2-2中曲线2所示。系统其他运行方式下,其曲线都介于曲线2和曲线3之间。另外值得注意的是,本线路末端发生短路,跟相邻下一级线路首端发生短路,短路电流的大小差不多,因为两个短路点的距离很近。

2.2.2 单侧电源网络相间短路的电流保护

2.2.2.1 瞬时电流速断保护的工作原理

反映电流幅值增大而瞬时动作的电流保护称为瞬时电流速断保护。以图2-3所示的网络接线为例,假定在每条线路上均装有瞬时电流速断保护,当A—B上发生故障时,希望保护1能瞬时动作,而当线路B—C上故障时,希望保护2能瞬时动作,它们的保护范围最好能达到本线路全长的100%。但是这种愿望能否实现,需要具体分析。

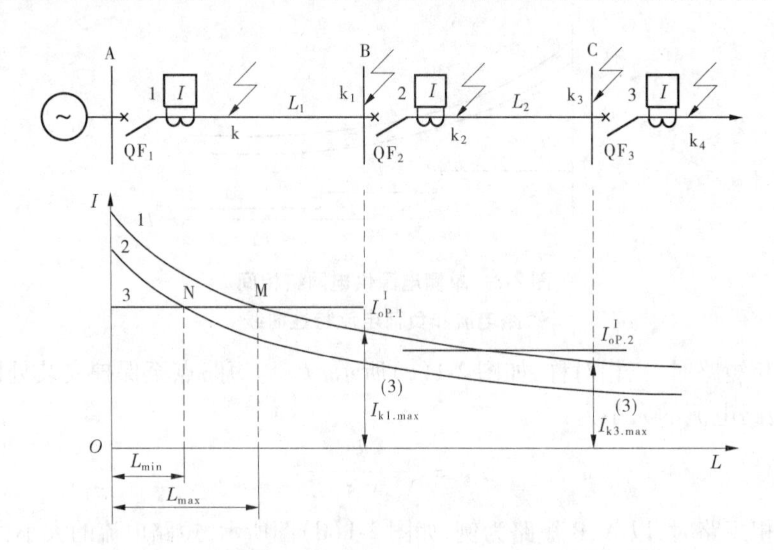

图2-3 单侧电源辐射形电网电流速断保护工作原理分析图

以保护1为例,当相邻线路B—C的始端k_2点短路时,按照选择性要求,速断保护1就不应该动作,因为该处的故障应由速断保护2动作,断开QF_2,切除故障。而当本线路末端k_1点短路时,希望速断保护1能够瞬时动作,断开QF_1,切除故障。但是实际上,k_1和k_2点短路时,从保护1安装处所流过的电流的数值几乎是一样的。因此,希望k_1点短路时速断保护1能动作,而k_2点短路时又不动作的要求不可能同时得到满足。同样地,保护2也无法区分k_3点和k_4点的短路。为解决这个矛盾,通常都是优先保证动作的选择性,即从保护装置启动参数的整定上保证下一条线路始端短路时不启动。例如,瞬时电流速断保护1的动作电流应大于k_1点短路时流过保护装置的最大短路电流。因此,瞬时电流速断保护的动作电流按大于本线路末端短路时流过保护装置的最大短路电流来整

定。

从图 2-3 可以看出,直线与曲线 1、曲线 2 分别有一个交点为 M 和 N 点,在交点到保护安装处的一段线路上短路时,保护 1 会动作。在交点以后的线路上短路时,保护 1 不会动作。因此,瞬时电流速断保护不能保护本线路的全长。从图 2-3 中还可看出,瞬时电流速断保护范围随系统运行方式和故障类型而变。在最大运行方式下三相短路时,保护范围最大;在最小运行方式下两相短路时,保护范围最小。通常认为最大保护范围大于被保护线路全长的 50% 时,有良好的保护效果,而在最小保护范围不小于被保护线路全长的 15% ~20% 时,才能装设瞬时电流速断保护。

考虑当线路上装有管型避雷器时,雷击线路使避雷器放电相当于发生瞬时短路,避雷器放电完毕,线路即恢复正常工作,在这个过程中,瞬时电流速断保护不应误动作。而避雷器放电的时间约为 0.01 s,也可延长到 0.02 ~0.03 s,所以电流速断保护可以设置一个小于 0.1 s 的固有动作时间,用来防止由于管型避雷器的放电而引起瞬时电流速断保护的误动作。由于电流速断保护动作时间非常短,通常认为电流速断保护的动作时间为零。瞬时电流速断保护的原理框图如图 2-4 所示。

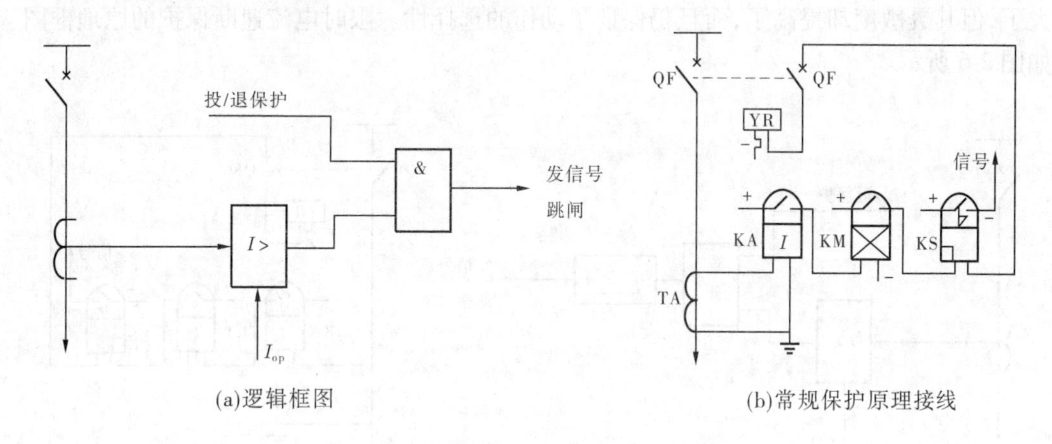

(a)逻辑框图　　(b)常规保护原理接线

图 2-4　瞬时电流速断保护的原理框图

2.2.2.2　限时电流速断保护的工作原理

瞬时电流速断保护虽然能实现快速动作,但却不能保护线路的全长。因此,必须装设限时电流速断保护,用以反映瞬时电流速断保护区外的故障。对限时电流速断保护,既要求能保护线路的全长,还要求动作时限尽可能短。

要求保护线路的全长,那么其保护区必然会延伸至下一线路,因为本线路末端短路时流过保护装置的短路电流与下一线路始端短路时的短路电流几乎相等。为尽量缩短保护的动作时限,通常要求限时电流速断保护延伸至下一线路的保护范围不能超出下一线路瞬时电流速断保护的范围,因此限时电流速断保护的动作电流应按大于下一线路瞬时电流速断保护的最大动作范围,即其动作电流来整定。例如在图 2-5 所示系统中,L_1 限时电流速断保护的动作电流应大于下一线路 L_2 瞬时电流速断保护的动作电流。

为了保证选择性,限时电流速断保护的动作时限应比下一线路的瞬时电流速断保护的动作时限大一个时限级差 Δt,Δt 一般取 0.3 ~0.5 s。限时电流速断保护的动作时限增

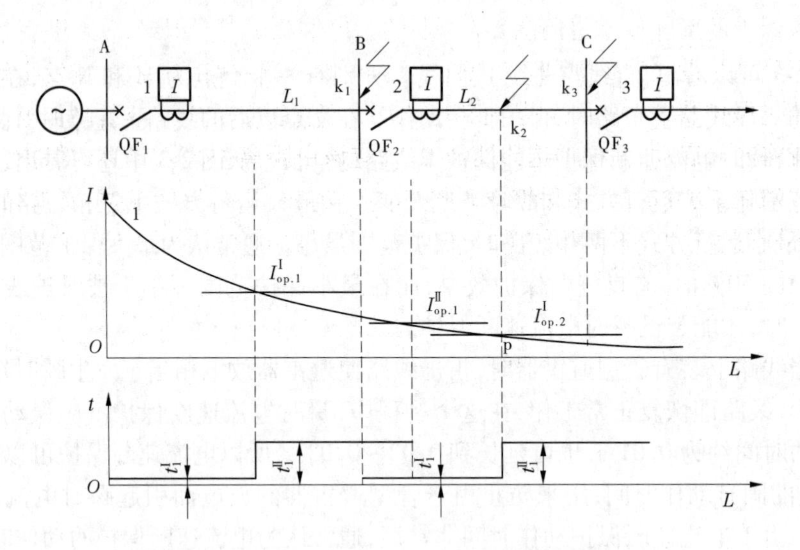

图 2-5　限时电流速断保护工作原理及时限特性

大了,但其灵敏度却提高了,而且仍保证了动作的选择性。限时电流速断保护的原理框图如图 2-6 所示。

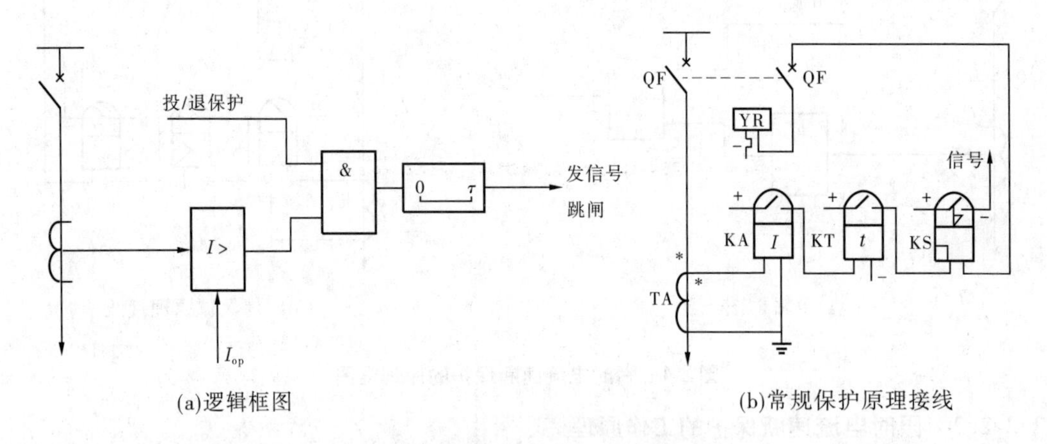

(a)逻辑框图　　(b)常规保护原理接线

图 2-6　限时电流速断保护的原理框图

2.2.2.3　定时限过电流保护的工作原理

瞬时电流速断保护和限时电流速断保护相配合能够保护线路全长,可作为线路的主保护用。为防止本线路的主保护发生拒动,必须给线路装设后备保护,作为本线路的近后备,同时可以作为下一线路的远后备,用以防止下一线路断路器拒跳。这种后备保护通常采用定时限过电流保护。

定时限过电流保护是指其动作电流按躲过流过保护安装处的最大负荷电流来整定,并以时限来保证选择性的一种保护。电网正常运行时它不动作,而在发生短路时,则能反映电流的增大而动作。由于一般情况下的短路电流比最大负荷电流大得多,所以该保护灵敏系数较高,不仅能够保护本线路的全长,作本线路的近后备保护,而且还能保护相邻线路、元件,作相邻线路、元件的远后备保护。

过电流保护的工作原理可用图2-7所示的单侧电源辐射形电网来说明。过电流保护装置1、2、3分别装设在线路L_1、L_2、L_3靠电源的一端。当线路L_3上k_3点发生短路时，短路电流将流过保护装置1、2、3，一般短路电流均大于保护装置1、2、3的动作电流，所以三套保护装置将同时启动，但根据选择性的要求，应该由距离故障点最近的保护3动作，使断路器QF_3跳闸，切除故障，而保护1、2则在故障切除后立即返回，这个要求只有依靠各保护装置不同的动作时限来保证。用t_1、t_2、t_3分别表示保护装置1、2、3的动作时限，则有：

$$t_1 > t_2 > t_3$$

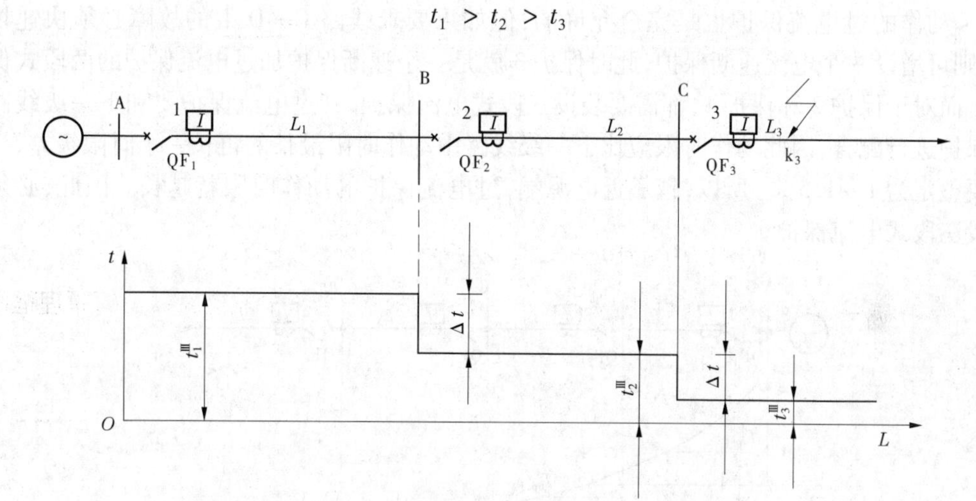

图2-7　定时限过电流保护工作原理及时限特性

写成等式可表示为：

$$t_1 = t_2 + \Delta t \tag{2-4}$$

$$t_2 = t_3 + \Delta t \tag{2-5}$$

图2-7示出了各保护装置动作时限特性。由图可知，各保护装置动作时限的大小是从用户到电源逐级增加的，越靠近电源，过电流保护动作时限越长，其形状好比一个阶梯，故称为阶梯形时限特性。由于各保护装置动作时限都是分别固定的，而与短路电流的大小无关，故这种保护称为定时限过电流保护。定时限过电流保护的原理框图跟限时电流速断保护一样。

2.2.3　阶段式电流保护

2.2.3.1　阶段式电流保护的配合

瞬时电流速断保护、限时电流速断保护和过电流保护都是反映于电流增大而动作的保护，它们之间的区别主要在于按照不同的原则来整定动作电流。瞬时电流速断保护是按照大于本线路末端的最大短路电流来整定的，它虽能无延时动作，但却不能保护本线路全长；限时电流速断保护是按照躲开下级线路各相邻元件电流速断保护的最大动作范围来整定的，它虽能保护本线路的全长，却不能作为相邻线路的后备保护；而定时限过电流保护则是按照躲开本线路最大负荷电流来整定的，可作为本线路及相邻线路的后备保护，但动作时间较长。为保证迅速、可靠而有选择性地切除故障,可将这三种电流保护,根据需要组合在一起构成一整套保护,称为阶段式电流保护。

现以图 2-8 为例来说明阶段式电流保护的配合。在电网最末端的线路上,负荷比较少,在系统中重要程度相对较低,所以保护 4 采用瞬时动作的过电流保护即可满足要求,其动作电流按躲过本线路最大负荷电流来整定,与电网中其他保护的定值和时限上都没有配合关系。在电网的倒数第二级线路上,保护 3 应首先考虑采用 0.5 s 动作的过电流保护;如果在电网中线路 C—D 上的故障没有提出瞬时切除的要求,则保护 3 只装设一个 0.5 s 动作的过电流保护也是完全允许的;但如果要求线路 C—D 上的故障必须快速切除,则可增设一个电流速断保护,此时保护 3 就是一个速断保护加过电流保护的两段式保护。而对于保护 2 和保护 1,都需要装设三段式电流保护,其过电流保护要和下一级线路的保护进行配合,因此动作时限应比下一级线路中动作时限最长的再长一个时限级差,一般要整定为 1 ~1.5 s。所以,越靠近电源端,过电流保护的动作时限就越长。因此,必须装设三段式电流保护。

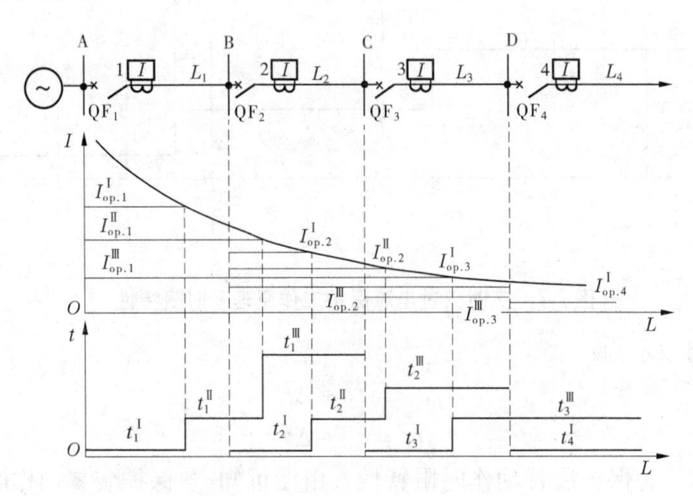

图 2-8　阶段式电流保护的配合说明图

2.2.3.2　阶段式电流保护的逻辑框图

阶段式电流保护逻辑框图如图 2-9 所示。假设此图为图 2-10 所示 A—B 线路上保护 1 的逻辑框图。如果线路 L_1 上 A—N 间某点发生相间短路,A—N 既在Ⅰ段保护范围内又在Ⅱ段保护范围内,所以Ⅰ段和Ⅱ段启动,或门 1、或门 2 输出“1”。则与门 1、与门 2 输出“1”,Ⅰ段保护经过或门 4 出口,跳开 QF_1 并发信号,Ⅱ段保护则要经过延时,延时时间没到,QF_1 已经断开,短路电流消失,或门 2 输出变为“0”,与门 2 输出变为“0”,延时元件 T2 返回,Ⅱ段保护不会出口。此过程中,Ⅰ段保护启动并形成出口,Ⅱ段保护虽然启动但未出口。如果 N—B 范围内发生相间短路,因为 N—B 在Ⅱ段保护范围内,不在Ⅰ段保护范围内,所以Ⅰ段保护不启动,Ⅱ段保护启动并出口。如果 B—P 范围内某点发生相间短路,保护 1 的Ⅰ段保护不启动,保护 1 的Ⅱ段保护启动但不出口,保护 2 的Ⅰ段保护启动并出口。后备保护动作读者可以类似进行分析。为了保证装置可靠性,主保护和后备保护由不同 CPU 系统控制,所以主保护和后备保护逻辑框图是分开的。

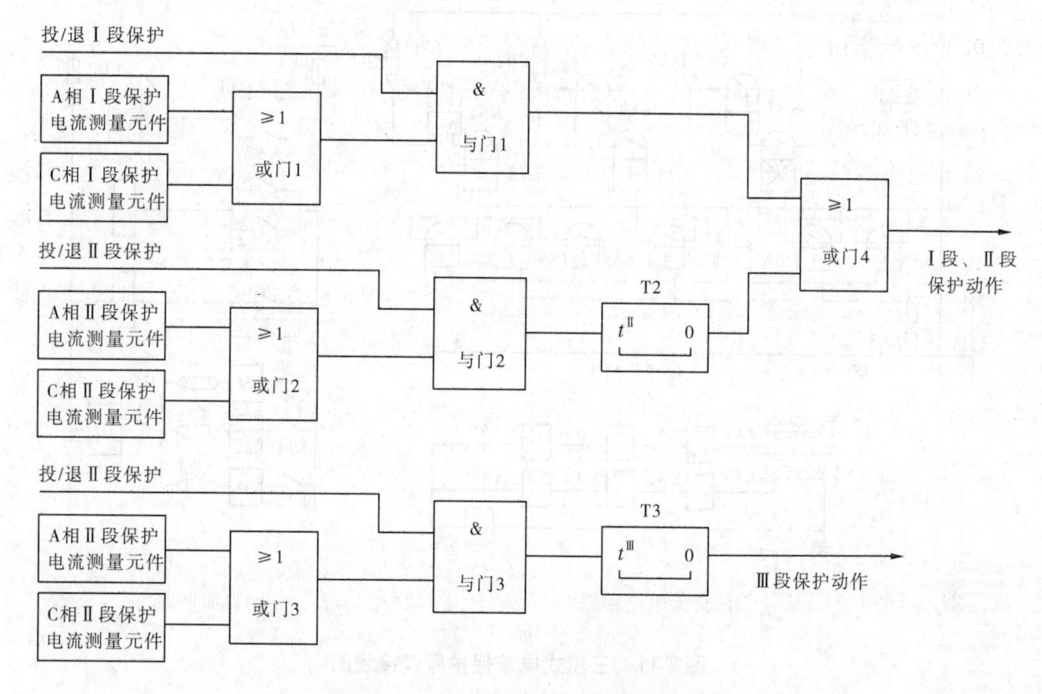

图 2-9　阶段式电流保护逻辑框图

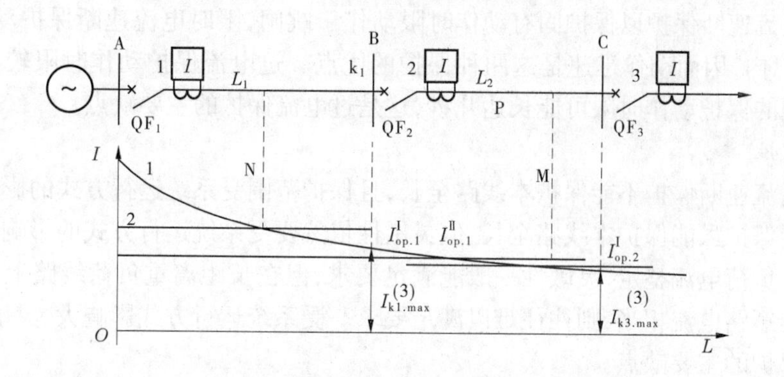

图 2-10　单侧电源输电线路

2.2.3.3　常规三段式电流保护原理接线图

三段式电流保护原理接线图见图 2-11。

2.2.3.4　阶段式电流保护的评价

对继电保护的评价，主要是从选择性、速动性、灵敏性和可靠性四个方面出发，看其是否满足电力系统安全运行的要求，是否符合有关规程的规定。

1. 选择性

在三段式电流保护中，瞬时电流速断保护的选择性是靠动作电流来实现的，限时电流速断保护和过电流保护则是靠动作电流和动作时限来实现的。它们在 35 kV 及以下的单侧电源辐射形电网中具有明显的选择性。

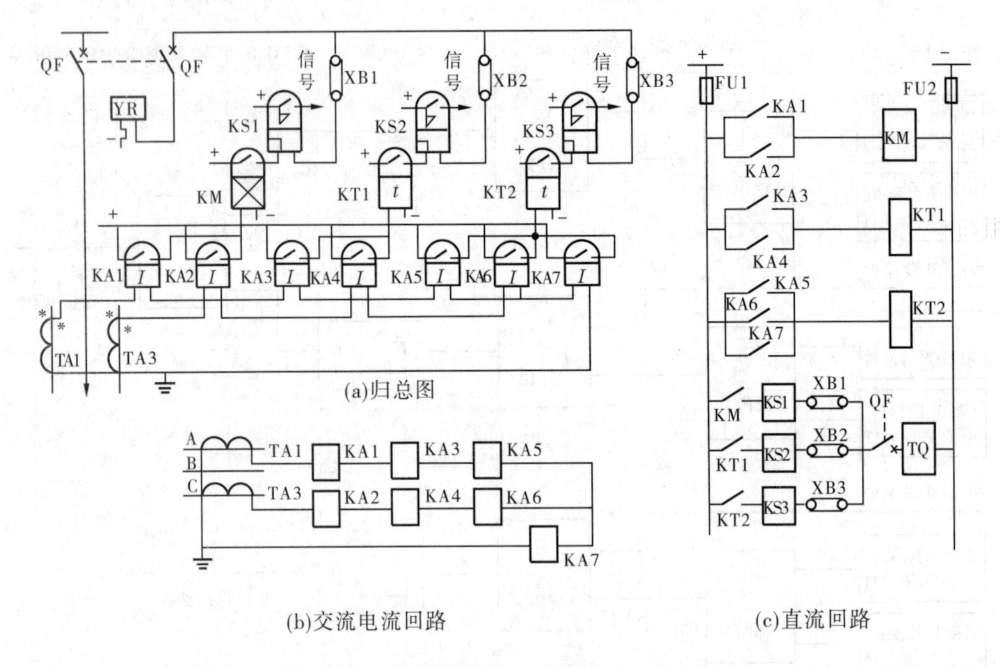

图 2-11 三段式电流保护原理接线图

2. 速动性

瞬时电流速断保护以保护固有动作时限动作于跳闸，限时电流速断保护动作时限一般在 0.5s 以内，因而动作迅速是这两种保护的优点。过电流保护动作时限较长，特别是靠近电源侧的保护动作时限可能长达几秒，这是过电流保护的主要缺点。

3. 灵敏性

瞬时电流速断保护不能保护本线路全长，且保护范围受系统运行方式的影响较大；限时电流速断保护虽能保护本线路全长，但灵敏性依然要受系统运行方式的影响；过电流保护因按最大负荷电流整定，灵敏性一般能满足要求，但在长距离重负荷线路上，由于负荷电流几乎与短路电流相当，则往往难以满足要求。受系统运行方式影响大、灵敏性差是三段式电流保护的主要缺点。

4. 可靠性

由于三段式电流保护原理简单，接线、调试和整定计算都较方便，不易出错，因此可靠性较高。

总之，使用一段、二段或三段而组成的阶段式电流保护，其最主要的优点就是简单、可靠，并且在一般情况下能满足快速切除故障的要求，因此在电网中特别是在 35 kV 及以下的单侧电源辐射形电网中得到广泛的应用；其缺点是受电网的接线及电力系统运行方式变化的影响，可能使其灵敏性和保护范围不能满足要求。

2.2.4 电流保护的接线方式

2.2.4.1 接线方式及接线系数

保护的接线方式是指测量元件与互感器二次绕组之间的连接形式。电流保护常见的

接线方式有三种，如图 2-12 所示。

如图 2-12(a)所示，三相完全星形接线，是将三个电流互感器与三个电流测量元件分别按相连接在一起，形成星形。三个测量元件输出信号构成“或”逻辑关系。该接线方式对各种短路故障(如三相短路、两相短路、单相接地短路)都能动作。

如图 2-12(b)所示，两相不完全星形接线方式，能够反映各种相间短路，也能够反映 A 相和 C 相的单相接地短路，但无法反映 B 相的单相接地短路。

如图 2-12(c)所示，两相电流差接线方式，能够反映各种相间短路，但保护的灵敏度不一样，这种接线方式主要用在 6～10 kV 中性点不接地系统中，作为馈电线和较小容量高压电动机的保护接线方式。

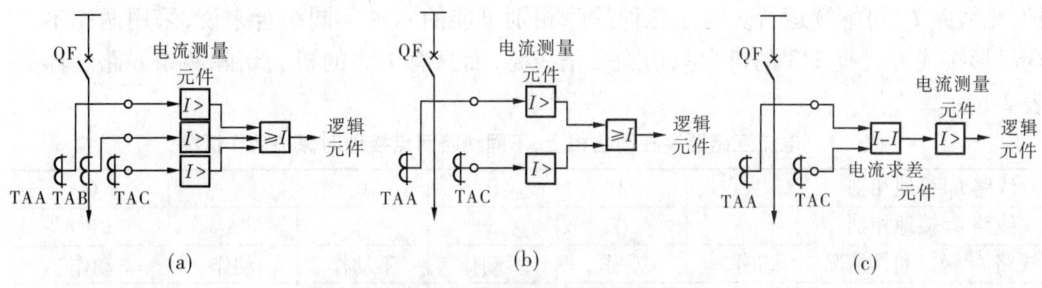

图 2-12　电流保护的接线方式

为了反映在不同短路类型下，流过测量比较元件的电流与电流互感器二次侧短路电流之间的不同关系，引入一个接线系数

$$K_{con} = \frac{I_r}{I_2} \tag{2-6}$$

式中　I_r——流过测量比较元件的电流；

I_2——电流互感器的二次侧电流。

对于三相和两相不完全星形接线方式，流过测量比较元件的电流与电流互感器的二次侧电流相等，所以任何短路形式均有接线系数 $K_{con}=1$。对于两相电流差接线方式，在正常运行状态和三相短路时，$K_{con}=\sqrt{3}$；在 A、C 两相短路时，$K_{con}=2$；在 A、B 和 B、C 两相短路时，$K_{con}=1$。

2.2.4.2　**三相完全星形接线方式和两相不完全星形接线方式比较**

对于各种相间短路，两种接线方式均能够正确反映，下面分析其特殊的地方。

中性点非直接接地电网，发生单相接地故障时，允许继续运行一段时间。故在这种电网中，在不同线路不同相别的两点同时发生接地而形成两点接地短路时，希望只切除一个接地点，以提高供电的可靠性。

对于并联接线的网络，如图 2-13 所示，当线路 L_1 的 B 相和线路 L_2 的 C 相同时发生两点接地，并且两线路保护的动作时间相等时，采用三相完全星形接线方式时，两条线路 L_1、L_2 将同时被切除，与只切除一个接地点的要求不相符合，不满足供电可靠性的要求。因此，三相完全星形接线不适合中性点非直接接地电网。

如果采用两相不完全星形接线方式，各线路上的电流互感器和相应的保护装置都装在同名相 A、C 相上时，由于线路 L_2 的 C 相有保护，线路 L_2 被切除；而线路 L_1 的 B 相无保

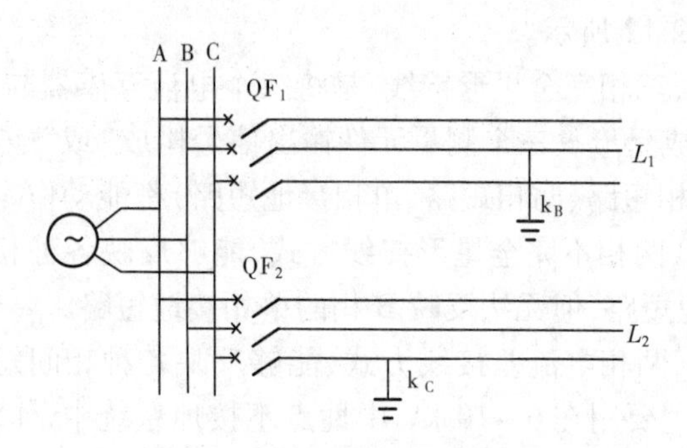

图 2-13 并联接线的网络

护，则线路 L_1 可继续运行。对于各种故障相别可能的六种不同组合来说，采用两相不完全星形接线方式有 2/3 的机会只切除一条线路，而只有 1/3 的机会切除两条线路。详见表 2-1。

表 2-1 电流互感器装在同名相上，不同线路两点接地时保护动作情况

线路 L_1 接地相别	A	A	B	B	C	C
线路 L_2 接地相别	B	C	A	C	A	B
线路 L_1 保护动作情况	动作	动作	不动作	不动作	动作	动作
线路 L_2 保护动作情况	不动作	动作	动作	动作	动作	不动作
停电线路数目	1	2	1	1	2	1

如果采用线路电流互感器不装在同名相上的两相不完全星形接线方式，将有 1/6 概率两套保护都不动作，这是不允许的，因此系统中同一电压母线上各线路的电流互感器要接在同名相上，习惯上规定为 A、C 相。

在串联接线网络中，如图 2-14 所示，如果采用两相不完全星形接线，且电流互感器装在同名相上，当发生不同线路不同相别的两点接地时，希望只切除距离电源较远的线路 L_2，而不切除线路 L_1，以保证 B 变电所的连续供电。通过分析可以知道，只能保证有 2/3 概率切除后一条线路 L_2，有 1/3 概率无选择性地切除线路 L_1，从而扩大了停电范围。如果采用三相完全星形接线，由于两保护之间在动作值和时限上都按选择性要求配合整定，因此能 100% 保证只切除线路 L_2。

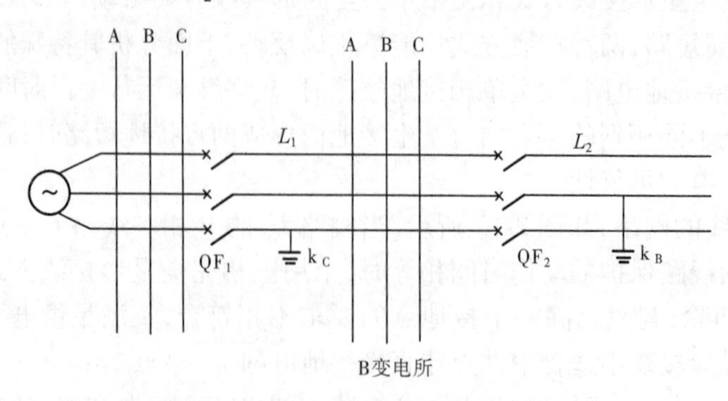

图 2-14 串联接线的网络

由以上分析可知，在中性点非直接接地电网中，采用三相完全星形接线方式和两相不完全星形接线方式，对上述串、并联线路接线各有优缺点，但考虑到两相不完全星形接线方式节省设备，电力系统中并联线路比串联线路多，并且在串联线路中两相不完全星形接线方式有2/3概率切除后一条线路，所以通常在这种网络中规定电流保护采用两相不完全星形接线。

2.2.4.3* 过电流保护接线方式需考虑的特殊问题

电力系统中最常用的是Y，d11接线的变压器，当Y，d11接线的变压器后发生两相短路，而变压器的保护装置或断路器拒绝动作时，作为其远后备保护的线路过电流保护装置应该动作。下面分析变压器d侧短路时，Y侧的电流分布情况。当在变压器d侧发生对称短路时，Y侧与d侧的短路电流相同，这里不讨论。下面主要讨论在变压器d侧发生A、B两相短路时，Y侧短路电流的分布，即已知变压器d侧A、B两相短路时的短路电流$\dot{I}_{a.d}$、$\dot{I}_{b.d}$，求变压器Y侧的短路电流$\dot{I}_{A.Y}$、$\dot{I}_{B.Y}$、$\dot{I}_{C.Y}$。为了简化问题的讨论，假设变压器的线电压比$n_T = 1$，且故障前是空载。当变压器d侧A、B两相短路时，C相为非故障相，短路电流为零，即$\dot{I}_{c.d} = 0$，根据序分量短路边界条件可知$\dot{I}_{c.1} + \dot{I}_{c.2} = 0$，即$\dot{I}_{c.1} = -\dot{I}_{c.2}$，这样就可以作出变压器d侧电压的相量图，如图2-15(c)所示。对于正序电流来说，变压器Y侧电流滞后d侧电流30°；而对负序电流来说，变压器Y侧电流超前d侧电流30°，经过Y，d11转换后，得变压器Y侧电流相量图，如图2-15(d)所示。如果d侧短路电流大小等于1，则Y侧A相和C短路电流为$\frac{1}{\sqrt{3}}$，只有B相短路电流为$\frac{2}{\sqrt{3}}$。d侧只有短路相有短路电流，Y侧三相都有短路电流，最大短路电流出现在短路的滞后相B相。

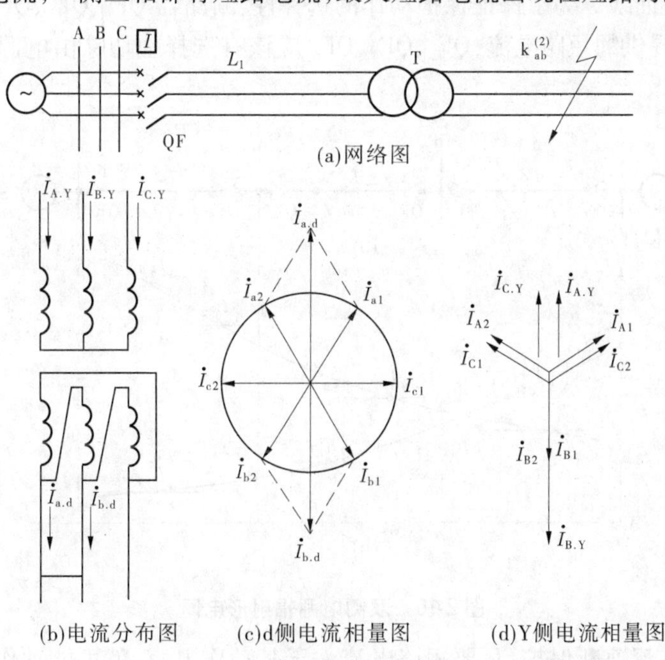

(b)电流分布图　　(c)d侧电流相量图　　(d)Y侧电流相量图

图2-15　Y，d11接线的变压器后发生两相短路时相量分析

从上面的分析可看出，当 Y，d11 接线变压器 d 侧发生两相短路时，Y 侧有一相短路电流等于其他两相短路电流的 2 倍，并且这一相短路电流的方向与其他的两相短路电流的方向相反。所以，若过电流保护采用三相完全星形接线，总有一个测量比较元件流过最大相的短路电流，保护装置的灵敏系数较高，可按最大相的短路电流来校验灵敏系数；如果采用两相不完全星形接线，由于 B 相未装电流互感器，只能由 A、C 两相保护来反映，而这两相电流刚好是 B 相电流的一半，保护装置的灵敏系数也将降低一半。为了克服两相不完全星形接线的这一缺点，可以增加一个元件来测量 $\dot{I}_r = \dot{I}_a + \dot{I}_c = -\dot{I}_b$，反映 B 相电流，这样，对 Y，d11 接线的变压器后两相短路来说，其灵敏系数同三相完全星形接线方式相同了。

2.2.5 双侧电源网络的方向电流保护

2.2.5.1 方向问题的提出

对于单侧电源辐射形供电的网络，每条线路上只在电源侧装设保护装置就可以了。当线路发生故障时，只要相应的保护装置动作于断路器跳闸，便可以将故障元件与其他元件断开，但却要造成一部分变电所停电。随着电力系统的发展和用户对供电可靠性要求的提高，出现了双侧电源辐射形电网和单侧电源环形网络。在这样的电网中，为了切除故障元件，应在线路两侧都装设断路器和保护装置。但是，这种电网也给继电保护带来了新的问题。

下面以图 2-16 所示的双侧电源辐射形电网为例进行分析。图中各断路器上分别装设与断路器编号 $QF_1 \sim QF_6$ 相同的保护装置 1 ~ 6，图中作出了由电源 S_{I} 和 S_{II} 分别提供的最大短路电流曲线。为了保证保护动作的选择性，断路器 QF_1、QF_3、QF_5 应该有选择地切除由电源 S_{I} 提供的短路电流，QF_2、QF_4、QF_6 应该有选择地切除由电源 S_{II} 提供的短路电流。

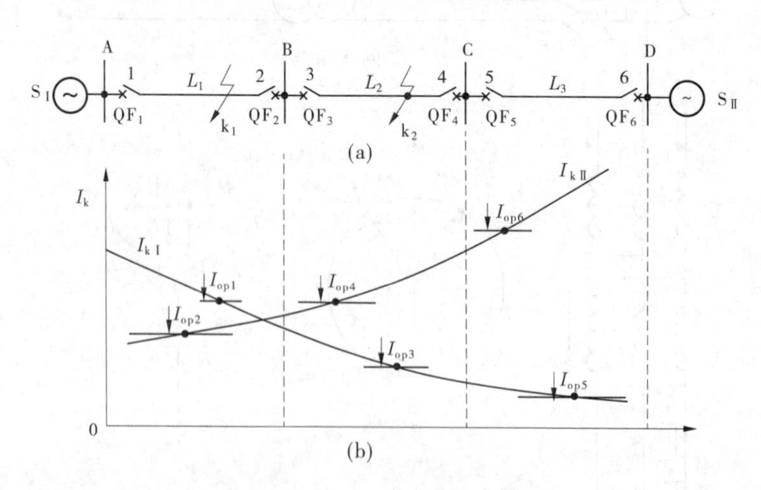

图 2-16 双侧电源辐射形电网

对于瞬时电流速断保护，只要短路电流大于其动作电流，就可能动作。当 k_1 点发生短路时，应该由保护 1、保护 2 动作，切除故障。而对保护 3 来说，k_1 点故障，通过它的短

路电流 $I_{k\text{II}}$ 是反方向电源 S_{II} 提供的。从曲线及保护3动作值 I_{op3} 可以看出，此时 $I_{k\text{II}} > I_{op3}$，保护3会无选择地动作，使B母线停止供电，从而扩大了停电范围。同样，在 k_2 点短路时，保护2和保护5也可能在反方向电源提供的短路电流下无选择地动作。所以，在这种电网中，当断路器流过反方向电源提供的短路电流时，瞬时电流速断保护可能会无选择地动作。对于限时电流速断保护可以类似进行分析，也可能会无选择地动作。

对于过电流保护，若不采取措施，同样会发生无选择性误动作。在图2-16中，对B母线两侧的保护2和保护3而言，当 k_1 点短路时，为了保证选择性，要求 $t_2 < t_3$；而当 k_2 点短路时，又要求 $t_2 > t_3$。显然，这两个要求是相互矛盾的。分析位于其他母线两侧的保护，也可以得出同样的结果。这说明过电流保护在这种电网中无法满足选择性的要求。

为了解决上述问题，必须进一步分析在双侧电源辐射形电网中发生短路时，流过保护的短路功率的方向。在图2-16所示电网中，当线路 L_1 的 k_1 点发生短路时，流经保护2的短路功率方向是由母线指向线路，保护2应该动作；而流经保护3的短路功率方向是由线路指向母线，保护3不应该动作。当线路 L_2 的 k_2 点发生短路时，流经保护2的短路功率方向是由线路指向母线，保护2不应动作；而流过保护3的短路功率方向是由母线指向线路，保护3应该动作。可看出，只有当短路功率方向从母线指向线路时，保护动作才是有选择性的。为此，我们只需在原有的电流保护的基础上加装一个功率方向测量元件，并且规定短路功率方向由母线指向线路为正方向。只有当线路中的短路功率方向与规定的正方向相同时，保护才动作，这样就解决了上述问题。加装方向元件的电流保护称为方向电流保护。当双侧电源网络上的电流保护装设方向元件以后，就相当于把它们拆开看成两个单侧电源网络的保护，其中，保护1、3、5反映于电源 S_{I} 供给的短路电流而动作，保护6、4、2反映于电源 S_{II} 供给的短路电流而动作，两组方向保护之间不要求有配合关系，其工作原理和整定计算原则与阶段式电流保护相同。

2.2.5.2　方向元件的基本原理

方向元件要解决的问题就是要判别短路功率的方向，只有当方向由母线指向线路时，才允许保护动作。

交流电流与电压的相位随着短路位置的不同而有不同的固定关系。如图2-17(a)所示，对保护3而言，在保护正方向 k_1 点短路时，其相量如图2-17(b)所示，短路功率为 $P_{k1} = U_{rsd}I_{k1}\cos\varphi_{k1} > 0$；当反方向 k_2 点短路时，相量图如图2-17(b)所示，短路功率为 $P_{k2} = U_{rsd}I_{k2}\cos\varphi_{k2} < 0$。因此，方向元件可以利用短路功率的正负或者短路阻抗角的大小来判断短路功率的方向。

一般方向元件会设置一个最大灵敏角，如图2-18所示，最大灵敏角为 φ_{sen}。为了保证正方向故障，即 φ_k 在 $0° \sim 90°$ 范围内变化时，方向元件都能可靠动作，通常取180°的动作区，即 $\varphi_{sen} \pm 90°$。阴影部分为动作区，非阴影部分为不动作区。动作方程用功率的形式可表示为：

$$P_r = U_r I_r \cos(\varphi_r - \varphi_{sen}) > 0 \tag{2-7}$$

或

$$P_r = U_r I_r \cos(\varphi_r + \alpha) > 0 \tag{2-8}$$

式中　P_r——方向元件的输入功率、测量功率或感受功率；

U_r——方向元件的输入电压、测量电压或感受电压；

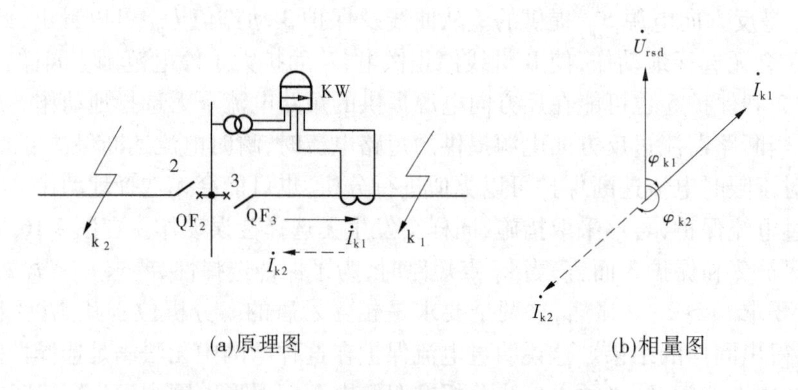

图 2-17　功率方向测量元件的工作原理

I_r ——方向元件的输入电流、测量电流或感受电流；

φ_r ——方向元件的输入阻抗角、测量阻抗角或感受阻抗角；

φ_{sen} ——方向元件的最大灵敏角；

α ——方向元件的内角，$\alpha = -\varphi_{sen}$，厂家一般只提供 30°和 45°两种内角。

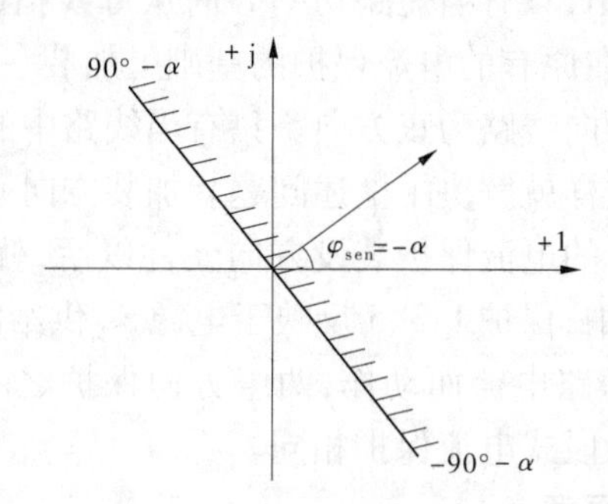

图 2-18　方向元件动作特性图

方向元件感受功率越大，动作越灵敏。当 U_r、I_r 大小不变时，余弦项越大，即 φ_r 越接近 φ_{sen}，P_r 值越大，方向元件越灵敏，因此把 φ_{sen} 称为最大灵敏角，对应最大灵敏角的相量所在射线称为最灵敏线，应该尽量使得方向元件工作在最灵敏线附近。功率方向元件的判据还可表示为：

$$-90° < \frac{\dot{U}_k e^{j\alpha}}{\dot{I}_k} < 90° \tag{2-9}$$

从理论上讲，当 $\dot{U}_k = 0$ 或 $\dot{I}_k = 0$ 时，方向元件不动。但由于装置可能存在误差或外部电磁干扰，会使得在仅有 $\dot{U}_k$ 或 $\dot{I}_k$ 时，方向元件动作，即潜动。仅有 $\dot{U}_k$ 时动作，称为电压潜动；仅有 $\dot{I}_k$ 时动作，称为电流潜动。促进方向元件动作的潜动称为正潜动，抑制方向元件动作的潜动称为负潜动。正潜动严重时，在反方向出口处短路，方向元件可能误动作；负潜动严重时，会使方向元件拒动或灵敏性降低。因此，当潜动问题比较严重时，应该对装置进行调整。另外，增大方向元件的动作功率，会降低其灵敏性。

2.2.5.3　90°接线

如果 U_r 取相电压，I_r 取同相相电流，在方向保护正方向出口附近发生三相短路，A、B 或 C、A 两相接地短路，由于 $U_A \approx 0$，方向元件不动作，称为方向元件的“电压死区”。当上述故障发生在死区范围内时，方向保护将要拒动，这是一个很大的缺点。

为了减小和消除死区，在实际应用中广泛采用 90°接线方式。所谓 90°接线方式是指在三相对称且功率因数 $\cos\varphi = 1$ 的情况下，各方向元件所加电流 I_r 和电压 U_r 的相位刚好相差 90°，其相位关系如图 2-19 所示。方向元件的输入电流和电压的关系如表 2-2 所示。

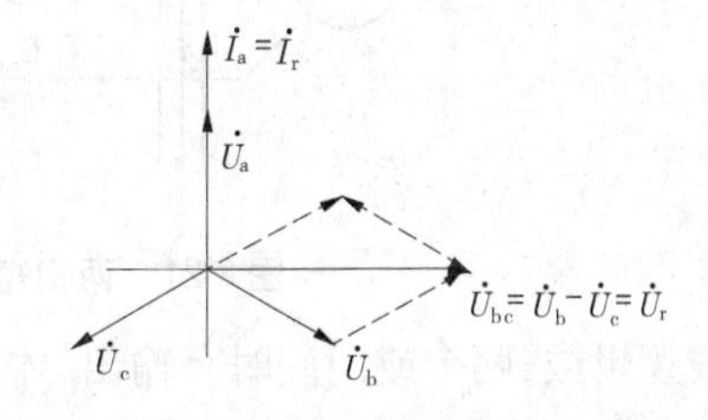

图 2-19　90°接线方式中电流、电压相位关系

表 2-2　90°接线方式各方向元件输入电流和电压

相别	$\dot{I}_r$	$\dot{U}_r$
A	$\dot{I}_a$	$\dot{U}_{bc}$
B	$\dot{I}_b$	$\dot{U}_{ca}$
C	$\dot{I}_c$	$\dot{U}_{ab}$

为进一步说明 90°接线，现以 A 相为例，如图 2-20 所示，方向元件加入 $\dot{U}_{bc}$ 和 $\dot{I}_a$，此时 $\varphi_r = \arg \dot{U}_{bc}/\dot{I}_a$，$\varphi_k$ 为短路阻抗角，正方向短路时 $\varphi_r = \varphi_k - 90°$；反方向短路时，$\varphi'_r = \varphi_k - 90° + 180°$。除正方向出口附近发生三相短路时，$\dot{U}_{bc} \approx 0$，方向元件有很小的电压死区外，在其他任何包含 A 相的不对称短路时，$\dot{I}_a$ 很大，$\dot{U}_{bc}$ 很高，因此方向元件不但没有死区，而且动作灵敏度很高。为减少和消除三相短路时的死区，可以适当采用电压记忆元件。

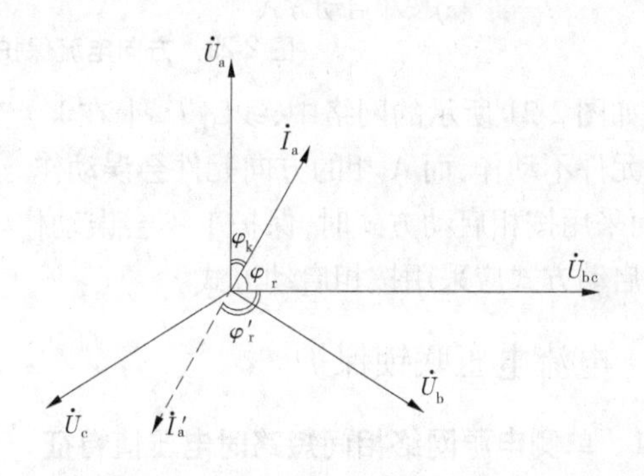

图 2-20　90°接线时测量阻抗和短路阻抗关系图

2.2.5.4　按相启动

在图 2-21 所示的网络中，线路 L_2 上在 k 点发生 B、C 两相短路，对保护 1 来说，是反方向短路，短路功率方向从线路指向母线，短路相的方向元件不动作。而非故障相 A 相中的电流为负荷电流 $\dot{I}_{LA}$（假定正常运行时负荷功率方向由 S_{II} 指向 S_I），功率方向由母线指向线路，因而 A 相的方向元件会动作，如果不按相启动，方向电流保护可能会误动作。

图 2-22(a)为方向电流保护的按相启动方式，即先把同名相的电流测量元件和方向元件的输出构成逻辑与，只要任何一个与门有输出，就会形成出口。图 2-22(b)为方向电流保护的不按相启动方式，即先把各相电流测量元件的输出构成逻辑或、各相方向元件的输出也

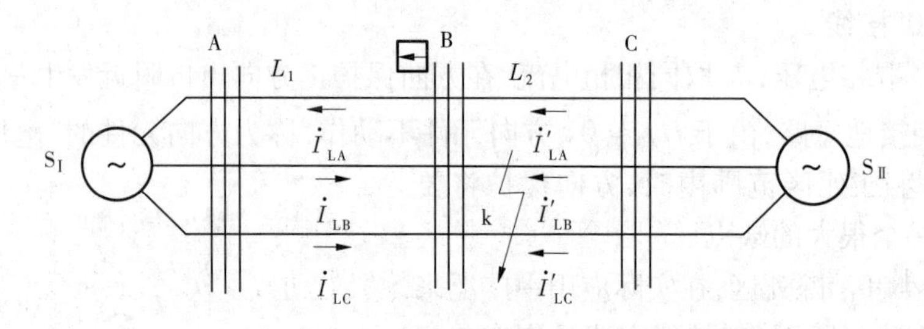

图 2-21　两相短路时，非故障相中负荷电流的影响

构成逻辑或，两个或门同时有输出，才形成出口。这两种启动方式虽然都带有方向元件，但对躲过非故障相电流影响的效果完全不同。

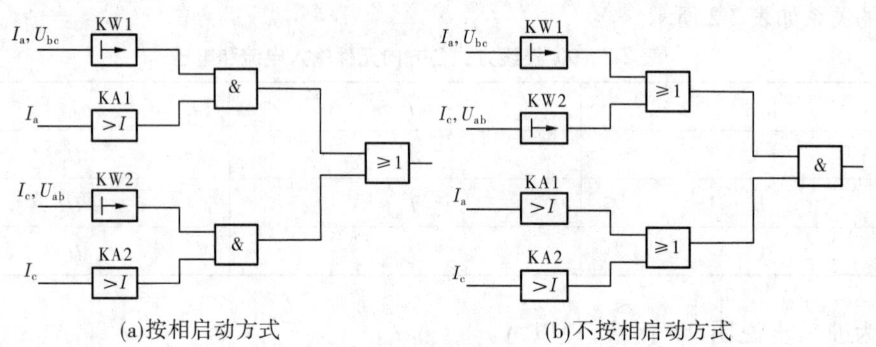

图 2-22　方向电流保护的启动方式

在如图 2-21 所示的网络中，线路 L_2 上在 k 点发生 B、C 两相短路，对保护 1 来说，C 相的方向元件不动作，而 A 相的方向元件会误动作。如果采用不按相启动方式，则保护 1 会误动作，而采用按相启动方式时，保护 1 不会误动作。为了躲过非故障相电流影响，方向电流保护的启动方式应采用按相启动方式。

2.2.6　电流电压联锁保护

2.2.6.1　单侧电源网络相间短路时电压值特征

根据欧姆定律和式(2-1)、式(2-2)、式(2-3)可得：

正常运行时，母线电压为：

$$U_m = \frac{\sqrt{3}E}{\dfrac{X_s}{X_1L + X_m} + 1} \tag{2-10}$$

三相短路时，母线残压为：

$$U'_3 = \frac{\sqrt{3}\ E_A}{\dfrac{X_s}{X_1L} + 1} \tag{2-11}$$

两相短路时，母线残压为：

$$U'_2=\frac{\sqrt{3}\,E_A}{\frac{X_s}{X_1L}+1} \tag{2-12}$$

注意,以上电压均是线电压。

由于 $X_m \gg X_1L$,所以正常运行时母线电压要大于短路时母线残压。

系统等值电动势波动比较小,在此认为系统等值电动势不变,那么从以上母线残压的计算式可以看出,影响母线残压大小的因素有两个:

(1)短路点的位置。无论是两相短路还是三相短路,短路点的位置决定了短路点至保护安装处的距离 L_1,从而能够影响母线残压的大小。短路点越靠近保护安装处,母线残压越小,反之母线残压越大,这点跟电流值特性相反。

(2)系统运行方式。系统运行方式决定了系统阻抗的大小,系统阻抗的大小影响母线残压。

系统最大运行方式下,母线残压随短路点至保护安装处的距离变化曲线如图2-23中曲线1所示。系统最小运行方式下,母线残压随短路点至保护安装处的距离变化曲线如图2-23中曲线2所示。系统其他运行方式下,其曲线都介于曲线1和曲线2之间。母线短路时母线残压为零。

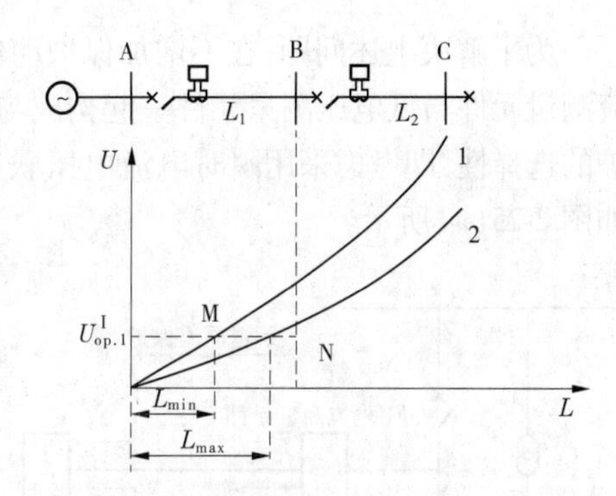

图2-23　单侧电源供电网络相间短路母线残压特性曲线

通过以上分析,可以发现单侧电源供电网络相间短路时电压值特征和电流值特征的区别:正常运行时母线电压要高于短路时母线残压,而负荷电流要小于短路电流;母线残压的高低随短路点到保护安装处的距离增大而增大,短路电流的大小随短路点到保护安装处的距离增大而减小,故母线残压特征曲线是一条上升的曲线,而短路电流曲线是一条下降的曲线。因此,电压保护是反映电压降低而动作的一种保护,属于欠量保护。需要注意的是电压保护一般不单独使用,因为电压互感器装有熔断器,从而使得单独的电压保护可靠性不高。

如图2-23所示,跟瞬时电流速断保护类似,瞬时电压速断保护也不能保护线路全长,$U^{I}_{op.1}$ 是 L_1 线路瞬时电压速断保护的动作值,其与曲线1、曲线2分别有一个交点为M点和N点,在交点到保护安装处的一段线路上短路时,$U_k < U^{I}_{op.1}$,保护1会动作。瞬时电压速断保护的保护范围随系统运行方式而变,最大运行方式下,保护范围最小,最小运行方式下,保护范围最大,正好与瞬时电流速断保护相反。

2.2.6.2　电流电压联锁速断保护的工作原理

在系统运行方式变化很大或线路很短时,瞬时电流速断保护在最小运行方式下将会没有保护范围。瞬时电流速断保护的灵敏性是用保护范围来衡量的,当瞬时电流速断保护不满足灵敏性要求时就不能使用,为提高其灵敏性必须降低动作电流,但在最大运行方式下降低动作电流有可能导致电流保护在区外故障时误动作,如图2-24所示。电压保护不能单独使用，为了分析方便，这里假设其单独使用，如果瞬时电压速断保护不满足灵敏性要求，就必须升高动作电压来提高灵敏性，但在最小运行方式下升高动作电压同样有可能导致电压保护在区外故障时误动作。

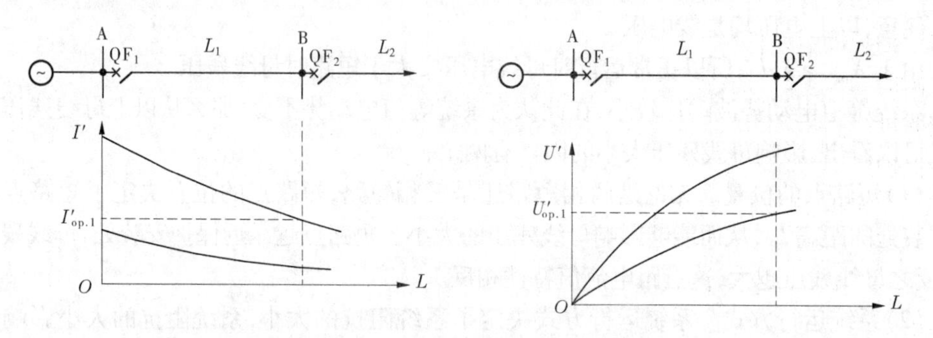

图 2-24 电流保护和电压保护保护范围分析

为了解决上述问题，在不增加保护动作时限的前提下，增加保护的保护范围，可让过电流测量元件与低电压测量元件一起构成与门，共同判别是区内故障或区外故障，便可保证保护的选择性，即考虑采用瞬时电流电压联锁速断保护作为保护的第Ⅰ段。其逻辑原理框图如图 2-25(a)所示。

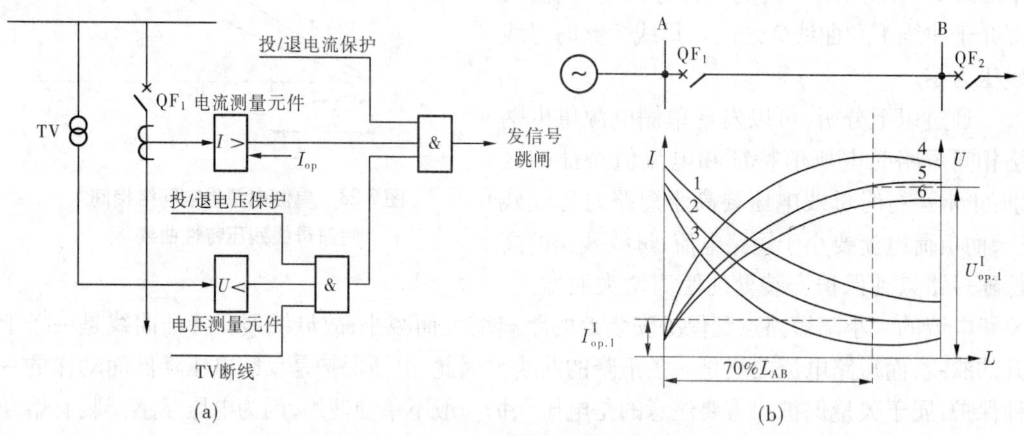

图 2-25 电流电压联锁速断保护工作原理

过电流测量元件和低电压测量元件的动作值，通常可按保护在正常运行方式下能保护本线路长度的 75% 计算。图 2-25(b)中，曲线 1、2、3 分别是保护在最大、正常和最小运行方式下线路 A—B 各点发生短路故障时的短路电流曲线，曲线 4、5、6 分别是保护在最大、正常和最小运行方式下线路 A—B 各点发生短路故障时母线上的残余电压曲线。保护在正常运行方式下的保护范围 $L = 70\% L_{AB}$ 与曲线 2、5 的交点，即为瞬时电流电压联锁速断保护过电流测量元件和低电压测量元件的动作值。由图可知，保护在最大运行方式下线路外部短路时，过电流测量元件可能启动，但低电压测量元件不启动，因此图 2-25(a)中的与门不开放，保护不动作；保护在最小运行方式下线路外部短路时，低电压测量元件可能启动，但过电流测量元件不启动，因此图 2-25(a)中的与门不开放，保护不动作。这说明在满足选择性的前提下，瞬时电流电压联锁速断保护的保护范围比单独的瞬时电流速断保护的保护范围要大，

提高了灵敏性。

由以上可知，在最大运行方式下，保护的选择性由低电压测量元件保证，保护范围也由低电压测量元件确定；在最小运行方式下，保护的选择性由过电流测量元件保证，保护范围也由过电流测量元件确定。

瞬时电流电压联锁速断保护除上述整定原则外，根据不同情况应考虑其他整定方法。如按躲过线路末端母线短路整定，按与变压器速动保护配合整定等。若瞬时电流电压联锁速断保护仍不满足灵敏性要求，则应考虑其他类型的保护，如距离保护。

2.2.6.3　低电压闭锁的方向电流速断保护逻辑框图

阶段式电流保护可选择带方向用于两端供电网络或者不带方向用于馈线保护。为了提高电流保护的灵敏性及可靠性，线路电流保护可经低压闭锁。这样看起来比较复杂，在常规保护中通常很少这样配置，但对微机线路保护设置电压闭锁不需要增加任何硬件，完全采用软件来实现，比较方便。

在微机保护中有两种定值，一种是开关型定值，一种是数值型定值。开关型定值常用定值控制字 KG 表示，KG =1 表示保护投入，KG =0 表示保护退出。

由于Ⅰ、Ⅱ、Ⅲ段电流保护的逻辑程序十分相似，下面以Ⅰ段电流保护的逻辑框图为例进行介绍。低电压闭锁方向电流速断保护逻辑框图如图 2-26 所示。

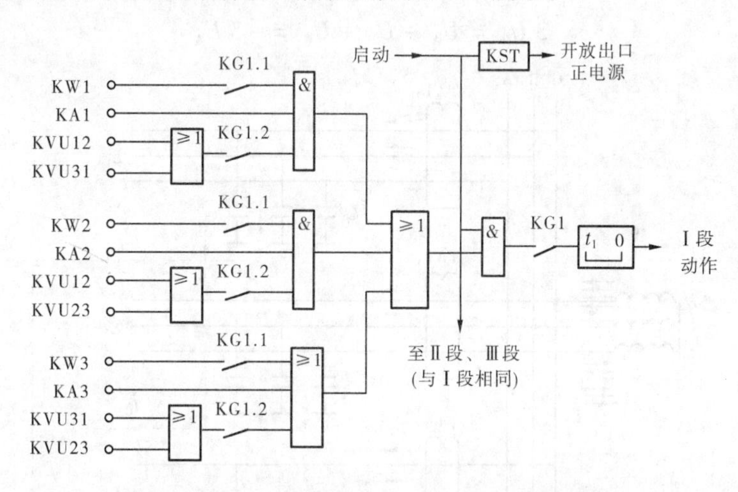

图 2-26　低电压闭锁方向电流速断保护逻辑框图

其中，KW1、KW2、KW3 为 A、B、C 相的方向元件，KG1.1 为方向元件投入和退出的控制字；KA1、KA2、KA3 为 A、B、C 相的电流元件（Ⅰ段，当 B 相无电流互感器时，就是两相式接线）；KVU12、KVU23、KVU31 为 AB、BC、CA 相的低电压元件，KG1.2 为低电压元件投入和退出的控制字。Ⅱ段、Ⅲ段的逻辑框图与Ⅰ段完全相同。

在图 2-26 中，当控制字 KG1.1、KG1.2、KG1 均为“1”时，就构成了带低电压闭锁的方向电流保护，其中低电压反映的是带有故障相的相间电压，即低电压元件在所在相（如 A 相）相关的低电压元件（KVU12、KVU31）任意一个动作时，解除闭锁。

2.2.7 小电流接地系统的单相接地保护

2.2.7.1 小电流接地系统单相接地特征

1. 小电流接地系统单相接地时零序电压的特征

图 2-27 所示的是小电流接地系统单相接地时的电容电流分布。图 2-27 中 A、B、C 三相电压大小相等，相位相差 120°，系统是对称、平衡的，中性点的电位和大地是一样的。当系统中 A 相金属性接地时，即相当于 A 相导线与大地用金属性导线连接起来，如图 2-25 所示。此时，A 相电位就是大地电位，而中性点的电位不再是零，相对地升高了一个相电压，B、C 两相对大地的电位与正常情况比较升高了 $\sqrt{3}$ 倍。A、B、C 三相电压不再对称，系统中出现了零序电压。但此时各相之间的相间电压仍然对称，所以相关规程规定：小电流接地系统发生一点接地情况时，允许运行 1 ~2 h。

各相对地电压和零序电压分别为：

$$\dot{U}_A = 0 \tag{2-13}$$

$$\dot{U}_B = \dot{E}_B - \dot{E}_A = \sqrt{3}\,\dot{E}_A\,e^{-j150°} \tag{2-14}$$

$$\dot{U}_C = \dot{E}_C - \dot{E}_A = \sqrt{3}\,\dot{E}_A\,e^{j150°} \tag{2-15}$$

$$3\dot{U}_0 = \dot{U}_A + \dot{U}_B + \dot{U}_C = -3\dot{E}_A \tag{2-16}$$

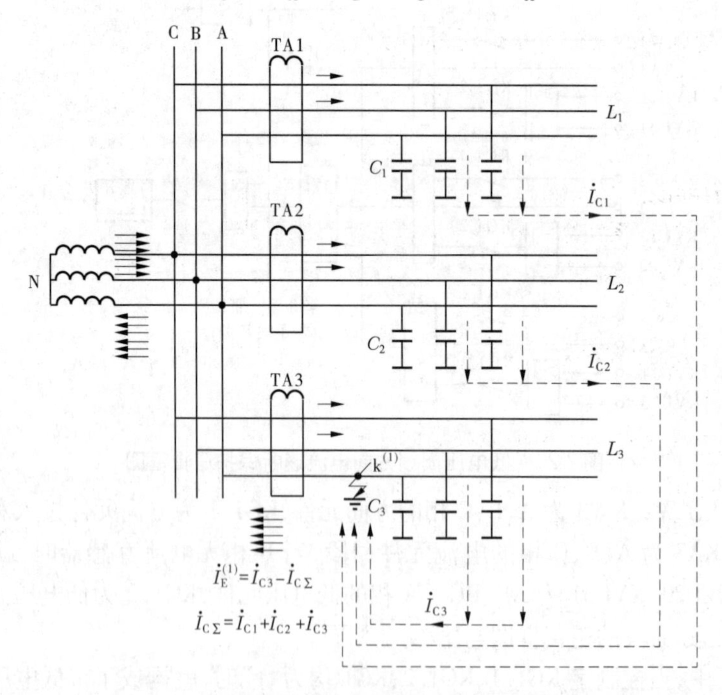

图 2-27 小电流接地系统单相接地时的电容电流分布

从以上分析可以得到以下结论：

(1)小电流接地系统发生单相接地时，各相之间的相间电压不变，因此可以继续向用户供电。

(2)发生接地后,中性点的电位升高为接地前的相电压,接地相对地电压为零,非接地相对地电压升高 $\sqrt{3}$ 倍。

(3)系统中出现了零序电压。

由于非接地相对地电压升高为正常时相电压的 $\sqrt{3}$ 倍,将威胁线路的绝缘,如果长期接地运行,可能引起非接地相线路对地绝缘击穿,造成两相接地故障。因此,要及时发现这种接地情况。

2. 小电流接地系统单相接地时零序电流的特征

图 2-27 所示供电网络中,当某一条线路的某相(如 A 相)发生金属性接地时,全系统该相对地电压都为零,所有流经该相的对地电容电流为零。各回线路上非故障相(B、C 相)的电容电流之和 $\dot{I}_{C1}$、$\dot{I}_{C2}$ 及 $\dot{I}_{C3}$ 都流过接地点并且通过故障线路构成回路。

单相接地时每回线路对地的电容电流分别为 $\dot{I}_{C1}$、$\dot{I}_{C2}$ 及 $\dot{I}_{C3}$,且有

$$\begin{cases} \dot{I}_{C1} = j\omega C_1(\dot{U}_B + \dot{U}_C) = 3\dot{U}_0 \times j\omega C_1 \\ \dot{I}_{C2} = j\omega C_2(\dot{U}_B + \dot{U}_C) = 3\dot{U}_0 \times j\omega C_2 \\ \dot{I}_{C3} = j\omega C_3(\dot{U}_B + \dot{U}_C) = 3\dot{U}_0 \times j\omega C_3 \end{cases} \tag{2-17}$$

式中,下标 1、2、3 表示线路编号。流过非故障线路 L_1、线路 L_2 保护安装处的电容电流分别是 $\dot{I}_{C1}$、$\dot{I}_{C2}$,电容电流的方向都是由母线指向线路。

流过故障线路 L_3 保护安装处的电容电流为 $I_E^{(1)}$,假定由母线流向线路为正方向,则有

$$\dot{I}_E^{(1)} = \dot{I}_{C3} - \dot{I}_{C\sum} = \dot{I}_{C3} - (\dot{I}_{C1} + \dot{I}_{C2} + \dot{I}_{C3}) = -(\dot{I}_{C1} + \dot{I}_{C2}) \tag{2-18}$$

$\dot{I}_E^{(1)}$ 是所有非故障线路的对地电容电流之和,方向由线路指向母线。

可见,小电流接地系统单相接地时电容电流有如下特征:

(1)流过非故障线路保护安装处的电容电流为本线路的对地电容电流,方向由母线指向线路。

(2)流过故障线路保护安装处的电容电流为所有非故障线路对地的电容电流之和,方向由线路指向母线。

2.2.7.2　小电流接地系统的单相接地保护

小电流接地系统中,单相接地保护主要有:①无选择性的绝缘监视装置,动作于信号;②零序电流保护(有选择性的单相接地保护),一般动作于信号,单相接地危及人身和设备安全时,则动作于跳闸;③零序方向保护,利用接地后流过故障和非故障线路的零序电流方向不同而构成,可实现故障选线。

1. 绝缘监视装置

绝缘监视装置利用系统接地后出现的零序电压给出信号。图 2-28 中,母线上装设一组三相五柱式的电压互感器,其中一个二次侧星形绕组接有三个电压表,分别测量各相的对地电压;另一个二次绕组接成开口三角形,接入零序电压测量元件,用来反映线路单相接地时出现的零序电压。一般情况下,三相五柱式电压互感器用在 6 ~ 10 kV 电压等级的母线上,35 kV 电压等级则采用三个单相电压互感器。

正常运行的时候,三相电压对称,不会出现零序电压,电压测量元件不动作。当任一回线路发生单相接地时,故障相对地电压为零,非故障相对地电压升高$\sqrt{3}$倍,根据电压表的读数可以判断出故障相别;同时出现零序电压,电压测量元件动作,发出接地故障信号。这种保护很简单,但给出的接地信号没有选择性,若要确定哪回线路接地,需依次短时断开各条线路查找;当断开某回线路断路器时,接地信号消失,三相电压对称,则该回线路就是接地线路。拉合断路器的一般顺序如下:

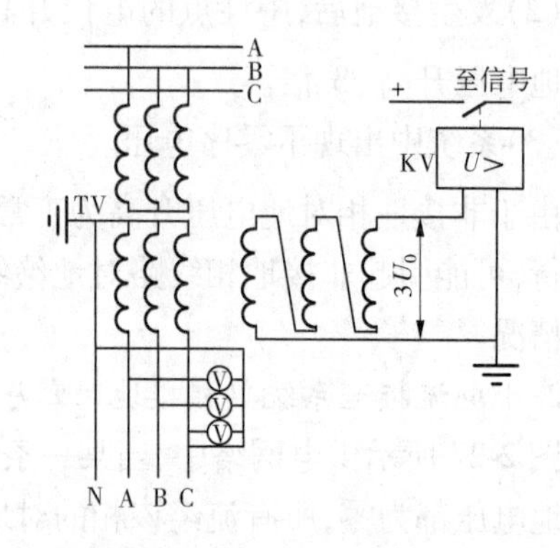

图 2-28　绝缘监视装置原理图

(1)拉合分段断路器,以区别接地点在哪一母线段上,但断开分段断路器以前,必须调整发电机负荷,使分段断路器回路中基本上不通过负荷电流。

(2)拉合绝缘性能较差、防雷性能较弱、不重要负荷的线路断路器。

(3)倒换厂用变压器或重要负荷线路,即用厂用备用变压器代替工作变压器运行,重要负荷线路改由备用线路供电。

(4)转移发电机负荷,解列发电机或停机检查。

具体的拉合顺序,还应根据电网接线情况、用户情况及接地时现场巡视情况而定。

在电网正常的运行中,由于电压互感器本身的误差和高次谐波电压影响,开口三角形绕组有不平衡电压输出。因此,电压测量元件的动作电压要躲过这一不平衡电压,一般整定为 15 V。

2. 零序电流保护

零序电流保护是利用单相接地时在故障线路上产生的零序电流较非故障线路大的特点,实现有选择地发信号。当单相接地危及人身和设备安全时,则有选择地动作于跳闸。

架空线路采用如图 2-29(a)所示的零序电流滤过器。零序电流保护的动作值$I_{op(E)}$需躲过正常负荷电流下产生的不平衡电流I_{unb}和其他线路接地时本线路的电容电流I_C。

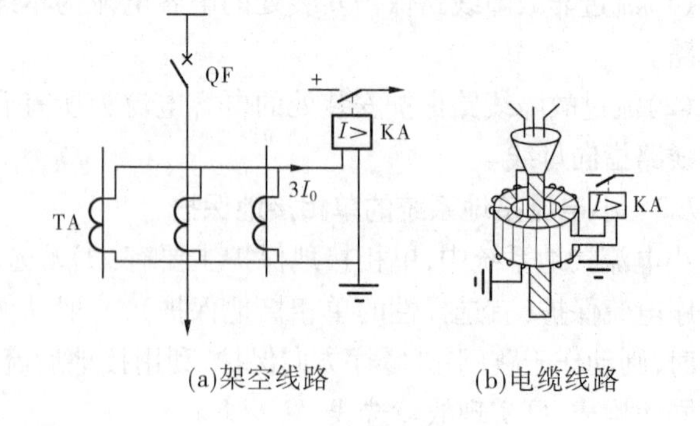

(a)架空线路　(b)电缆线路

图 2-29　零序电流保护

电缆线路采用如图 2-29(b)所示的专用零序电流互感器接线,保护的动作电流按躲过本线路的电容电流I_C整定。

3. 零序方向保护

利用故障线路和非故障线路零序功率方向不同的特点,可以构成有选择性的零序方向保护。它适用于母线上出线较少的场合。零序功率方向元件的原理接线如图 2-30 所示。零序功率方向元件的最大灵敏角为 90°。

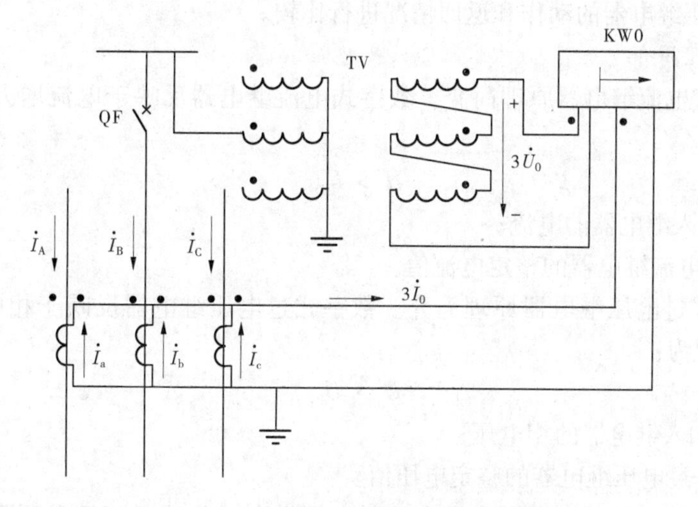

图2-30　零序功率方向元件的原理接线图

2.3　技能培养

2.3.1　技能评价要点

技能评价要点见表2-3。

表2-3　技能评价要点

序号	技能评价要点	权重
1	能正确说出阶段式电流保护的工作原理	20
2	能正确说出方向电流保护的工作原理	10
3	能正确说出电压电流联锁保护的工作原理	10
4	能正确说出小电流接地系统接地保护的工作原理	10
5	能读懂中低压线路保护装置技术资料	10
6	能编制中低压线路保护装置调试方案	10
7	能调试中低压线路保护装置	20
8	社会与方法能力	10

注:"中低压线路保护调试"占本课程权重为20%。

2.3.2　技能实训

2.3.2.1　数字式电流、过电压和低电压继电器实验

1. 实验目的

(1)了解数字式电流、过电压和低电压继电器的常用算法。

(2)测试数字式电流继电器、过电压和低电压继电器的动作和返回值,并与模拟式电

流继电器和电压继电器的动作和返回情况进行比较。

2. 实验原理简介

(1)数字式电流继电器原理简介。数字式电流继电器反映于电流增大而动作,其动作方程为:

$$I > I_{ZD}$$

式中 I——加入继电器的电流;

I_{ZD}——电流继电器的整定电流值。

(2)数字式过电压继电器原理简介。数字式过电压继电器反映于相电压升高而动作,其动作方程为:

$$U > U_{ZD}$$

式中 U——加入继电器的相电压;

U_{ZD}——过电压继电器的整定电压值。

(3)数字式低电压继电器原理简介。低电压继电器反映于相间电压降低而动作,其动作方程为:

$$U < U_{ZD}$$

式中 U——加入继电器的相间电压;

U_{ZD}——低电压继电器的整定电压值。

注意:

(1)由于数字式继电器的计算和动作判断均由微机程序自行判断,无外部机械元件,因此其返回系数均在1左右,在动作值附近,继电器反复动作、返回属正常现象。

(2)另外,本实验中的数字式电流、电压继电器均为单相继电器。数字式电流继电器只反映 I_a 的升高而动作;数字式过电压继电器只反映 U_a 的升高而动作;数字式低电压继电器只反映 U_{ab} 的降低而动作。

3. 实验接线

(1)集控台内部已连接线说明:为方便外部接线,本实验台内部已将微机保护实验装置的所有电流和电压输入端子引到实验台面上,将装置的跳闸出口接点连接到实验台面上"跳闸出口"接线端上,同时并接在测试仪第3组开入接点上。

(2)实验接线。将测试仪产生的各相电压和电流信号分别与实验台面上的微机保护实验装置各接线端一一对应按相连接。

4. 实验功能配置

在进行数字式继电器特性实验前,首先需要对多功能微机保护实验装置的功能进行配置,即下载相应的程序功能模块到实验装置中。例如要进行数字式电流继电器实验,则需要向装置中下载"电流继电器特性实验保护程序"和"电流继电器特性实验监控程序"。

下载程序步骤如下:

(1)关闭装置电源,按住装置面板上的"ESC"键,给装置上电3 s后再松开"ESC"键,此时装置液晶显示屏上显示"程序正在下载中……"的信息。

(2)在PC机上运行数字式继电器及微机保护软件,进入"在线下载继电保护程序"模块,见图2-31。

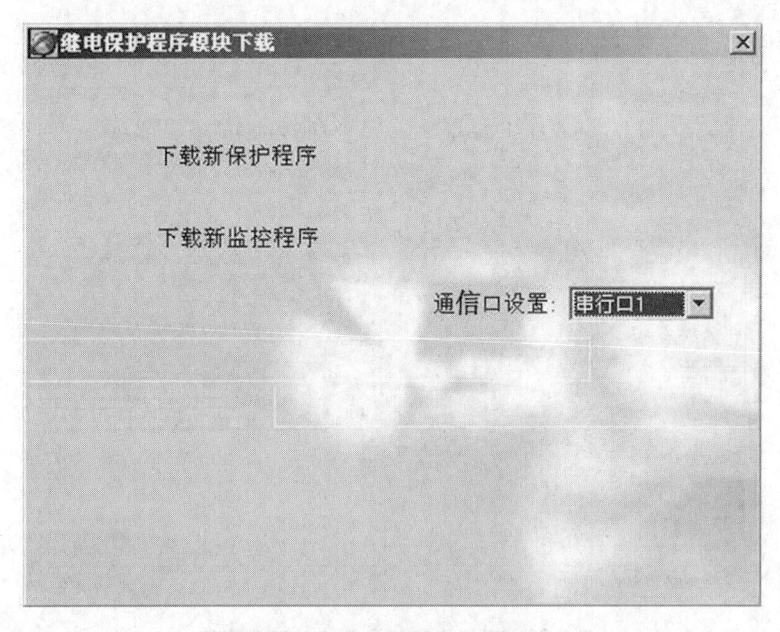

图2-31　继电保护程序下载界面

点击“通信口设置”对应的下拉框,选择与PC机相连的串行口,串行口正确打开后,才能进行程序下载。点击界面中的“下载新保护程序”按钮,选择下载程序的存放路径(路径为:“c:\Program Files\Tongqing\下载程序代码\数字继电器特性实验\微机继电器特性实验下载程序\”),选择“电流继电器保护侧程序.dat”文件后进行下载,下载需要1 min左右时间,下载时请勿在PC机上做其他操作。下载成功后,屏幕上将弹出“文件下载成功”的提示信息。点击“下载新监控程序”按钮,选择“电流继电器监控侧程序.dat”文件进行下载。

(3)下载成功后将装置重新上电,如果下载正确,装置液晶屏上将显示电流继电器特性实验界面。

注:将实验装置配置成其他数字式继电器只需要按同样方法下载相应的程序功能模块即可。

5.整定值设定方法

多功能微机保护实验装置保护整定值的设定方法有两种,任意选择一种均可。

(1)通过实验装置面板上的小按键输入定值。具体操作详见《TQDB－Ⅲ型多功能微机保护实验装置用户手册》,注意输入完毕后按提示保存。

(2)运行数字式继电器及微机保护软件,进入“继电保护特性实验”模块。微机电流继电器定值下载界面见图2-32。注意选择当前的有效继电器,例如做数字式电流继电器实验,则在下载电流继电器定值前,一定要同时选定“电流继电器”和“速动”2个选项,在文本框中输入定值后,点击“下载定值”按钮即可。数字式继电器及微机保护软件的使用方法详见《TQDB－Ⅲ型多功能微机保护实验装置用户手册》。

6.实验内容

本实验需使用TQWX－Ⅱ微机型继电保护实验测试仪和TQDB－Ⅲ型多功能微机保

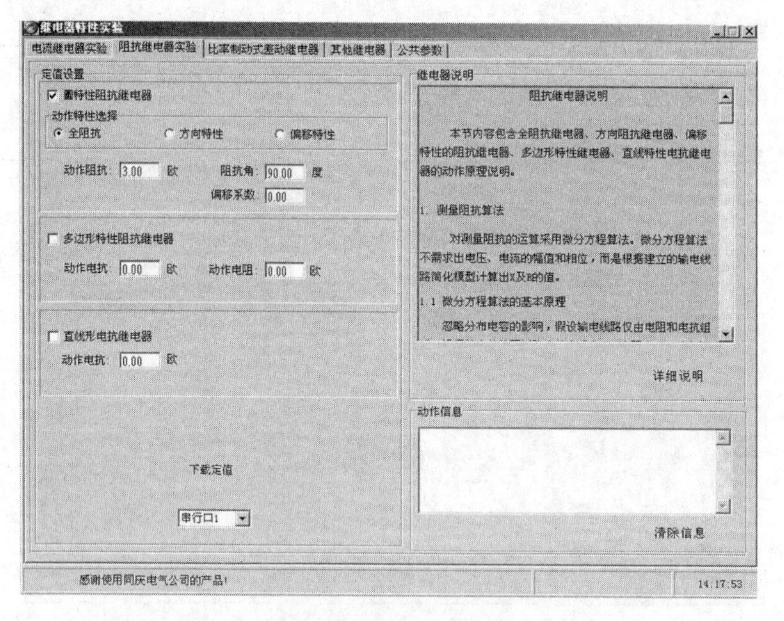

图 2-32　微机电流继电器定值下载界面

护实验装置，请仔细阅读《TQWX－Ⅱ微机型继电保护实验测试仪用户手册》（或继电保护信号测试系统软件帮助文件）和《TQDB－Ⅲ型多功能微机保护实验装置用户手册》中的有关内容。

1）测试数字式电流继电器的动作值和返回值

方法：

由测试仪发出电流信号测试数字式电流继电器的动作值和返回值。

步骤：

（1）按“3. 实验接线”中的方法接好连线。

（2）在 PC 机上运行数字式继电器及微机保护软件，进入“继电保护特性实验”模块。点击“电流继电器实验”页面。

注：有关数字电流继电器的实现原理和算法在本页面中“继电器说明”详细介绍。

（3）对数字式电流继电器进行整定（方法详见“5. 整定值设定方法”）。

（4）打开测试仪电源，在 PC 机上运行继电保护信号测试系统软件，进入“电压电流频率继电器动作特性测试”模块。

（5）按“DL－31 型电流继电器特性实验”同样的方法（手控或程控方式均可）测试数字式电流继电器的动作值和返回值，并将测试仪实验界面上显示的测试数据填入表 2-4，并与模拟式电流继电器的动作情况进行比较。

注意：

（1）控制变量应选择“I_a 幅值”。

（2）如果不另外接线，开入量动作接点应选择“接点 3”。

表2-4　数字式电流继电器动作值、返回值和返回系数实验数据

项目	动作值(A)	返回值(A)	返回系数
1			
2			
3			
4			
平均值(A)			
误差(%)			
变差(%)			
返回系数			
整定值(A)			

2)测试数字式过电压继电器的动作值和返回值

方法:

由测试仪发出电压信号测试数字式过电压继电器的动作值和返回值。

步骤:

(1)向多功能微机保护实验装置中下载过电压继电器特性实验程序。

(2)在“继电保护特性实验”模块“其他继电器实验”界面上查看“继电器说明”中数字式过电压继电器的实现原理和算法。

(3)对数字式过电压继电器进行整定。

(4)按“DY-36型电压继电器特性实验”同样的方法(手控或程控方式均可)测试数字式过电压继电器的动作值和返回值,并将测试仪实验界面上显示的测试数据填入表2-5,并与模拟式电压继电器的动作情况进行比较。

表2-5　数字式过电压继电器动作值、返回值和返回系数实验数据

项目	动作值(V)	返回值(V)	返回系数
1			
2			
3			
平均值(V)			
误差(%)			
变差(%)			
返回系数			
整定值(V)			

注意:

(1)控制变量应选择“U_a 幅值”。

(2)如果不另外接线,开入量动作接点应选择“接点3”。

3)测试数字式低电压继电器的动作值和返回值

方法:

由测试仪发出电压信号测试数字式低电压继电器的动作值和返回值。

步骤:

(1)向多功能微机保护实验装置中下载低电压继电器特性实验程序。

(2)在“继电保护特性实验”模块“其他继电器实验”界面上查看“继电器说明”中数字式低电压继电器的实现原理和算法。

(3)对数字式低电压继电器进行整定。

(4)按“DY-36型电压继电器特性实验”同样的方法(手控或程控方式均可)测试数字式低电压继电器的动作值和返回值,并将测试仪实验界面上显示的测试数据填入表2-6。

表2-6 数字式低电压继电器动作值、返回值和返回系数实验数据

项目	动作值(V)	返回值(V)	返回系数
1			
2			
3			
平均值(V)			
误差(%)			
变差(%)			
返回系数			
整定值(V)			

注意:

(1)因数字式低电压继电器只反映U_{ab}的降低而动作,因此应将B相电压设置为0 V,控制变量选择“U_a幅值”。与数字式过电压继电器不同,控制变量的变化初值应大于整定值,终值应小于整定值。

(2)如果不另外接线,开入量动作接点应选择“接点3”。

7. 思考题

(1)采用傅氏算法实现电流继电器时,所需的动作时间为多长?

(2)电流和电压有效值的常用算法有哪些?各有什么优缺点?

(3)比较数字式和模拟式电流、电压继电器的特性。

2.3.2.2 LG-11型功率方向继电器的调试

1. 实验目的

(1)了解常规功率方向继电器的工作原理。

(2)掌握功率方向继电器的动作特性实验方法。

(3)测试LG-11型功率方向继电器的最大灵敏角和动作范围。

(4)测试LG-11型功率方向继电器的角度特性和伏安特性,考虑出现“电压死区”的

原因。

(5)研究接入功率方向继电器的电流、电压的极性对功率方向继电器的动作特性的影响。

2. LG－11 型功率方向继电器简介

功率方向继电器是一种反映所接入的电流和电压之间的相位关系的继电器。当电流和电压之间的相位差为锐角时,继电器的动作转矩为正,使继电器动作,控制接点闭合,继电器跳闸;当电流和电压之间的相位差为钝角时,继电器的动作转矩为负,继电器不动作,从而达到判别相位的要求。

功率方向继电器根据其原理可分为感应型、整流型、晶体管型。本实验采用 LG－11 整流型功率方向继电器,它一般用于相间短路保护。这种继电器是根据绝对值比较原理构成的,由电压形成回路、比较回路和执行元件三部分组成,如图 2-33 所示。

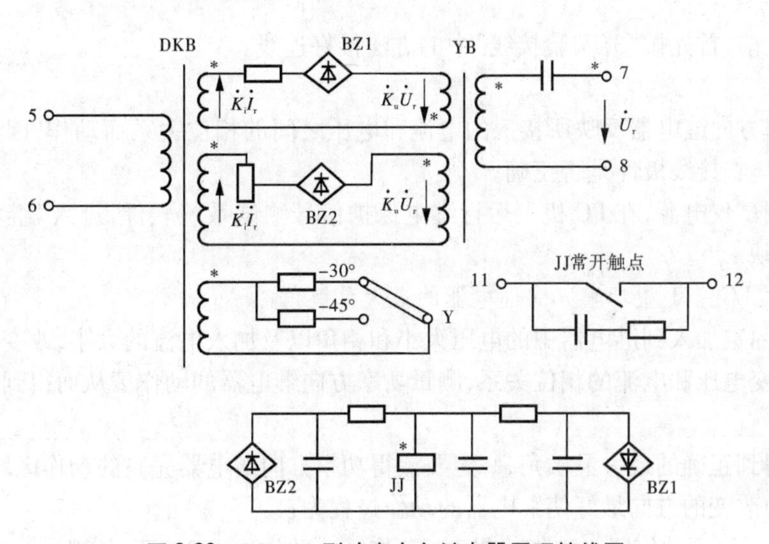

图 2-33　LG－11 型功率方向继电器原理接线图

图 2-33 中整流桥 BZ1 所加的交流电压为 $\dot{K}_u\dot{U}_r+\dot{K}_i\dot{I}_r$,称为工作电压;整流桥 BZ2 所加的交流电压为 $\dot{K}_u\dot{U}_r-\dot{K}_i\dot{I}_r$,称为制动电压。其中 U_r、I_r 分别为加入功率方向继电器的电压和电流;K_u 为电压变换器 YB 的匝比;K_i 为电抗变压器 DKB 的模拟电抗。JJ 为极化继电器。当电流从 JJ 的“*”端流入时,JJ 动作;反之 JJ 不动作。因此,LG－11 整流型功率方向继电器的动作条件是工作电压大于制动电压,其动作方程为:

$$|\dot{K}_u\dot{U}_r+\dot{K}_i\dot{I}_r|\geqslant|\dot{K}_u\dot{U}_r-\dot{K}_i\dot{I}_r|$$

功率方向继电器灵敏角的调整可通过更换面板上压板 Y 的位置来实现。

3. 实验接线

1)集控台内部已连接线说明

本实验台内部已将功率方向继电器的电压输入端子(⑦、⑧端子)、电流输入端子(⑤、⑥端子)和动作接点(⑪、⑫端子)引到实验台面上功率方向继电器的接线端子区,并以符号标示。

2）实验中应连接的线

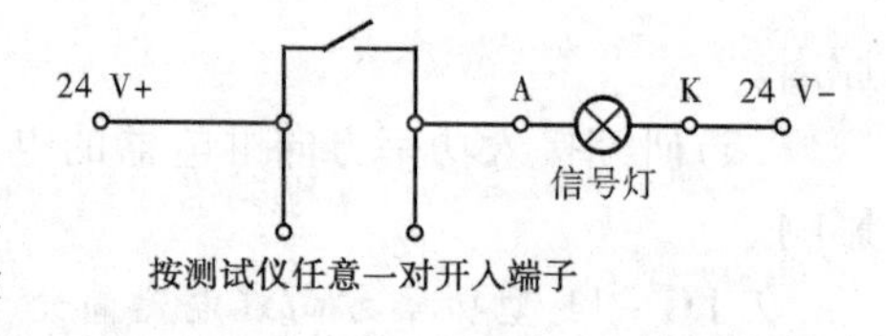

图 2-34　继电器动作接点的连接

将测试仪产生的 B 相电压和 C 相电压分别与功率方向继电器对应的 U、U_n 端子连接，A 相电流信号与电压继电器 I、I_n 端子连接。继电器动作接点的连接见图 2-34，即动作接点需要连接到信号灯的控制回路中，同时要接到测试仪的任意一对开入接点上（注意接线柱的颜色要相同）。其中 24 V+、24 V-、A、K 均为实验台上的连接点。

4. 实验内容

本实验需使用 TQWX－Ⅱ微机型继电保护实验测试仪，请仔细阅读《TQWX－Ⅱ微机型继电保护实验测试仪用户手册》或继电保护信号测试系统软件帮助文件中的有关内容。

实验之前，首先按"3. 实验接线"中的方法接好连线。

注意：

因功率方向继电器反映所接入的电流和电压之间的相位关系而动作，因此接线完毕后，一定要检查接线极性是否正确。

打开测试仪电源，在 PC 机上运行继电保护信号测试系统软件，进入"继电器特性通用测试"模块。

1）测试 LG－11 型功率方向继电器的最大灵敏角

方法：固定加入到继电器中的电压大小和相角以及加入电流的大小，改变加入电流的相角，即改变电压和电流的相位关系，测量功率方向继电器的动作区从而得到继电器的最大灵敏角。

为了得到正确的最大灵敏角，一定要测得功率方向继电器完整的动作区域，因此设置的电流相角改变的方向最好使继电器的动作过程为：

不动作区→动作边界 1→动作区→动作边界 2→不动作区

步骤：

（1）打开功率方向继电器面板前盖，改变"灵敏角"连接片，整定功率方向继电器的灵敏角为 $-30°$。

（2）固定参数设置。手动输入测试仪的输出参数：$U_b = 57.735\ \text{V}\angle -30°$，$U_c = 57.735\ \text{V}\angle -150°$，即 $U_{bc} = 100\angle 0°$（要改变输入继电器中的电流电压之间的夹角来测试功率方向继电器的动作范围，但是程序同时只能改变一个参量，所以要改变 I_a 与 U_{bc} 之间的夹角就可以先固定 U_{bc} 的角度，改变 I_a 的相角，为了便于计算将 U_{bc} 的相角设为 0°）。A 相电流大小固定为 5 A。建议未连线的信号有效值设为 0，如图 2-35 所示。

（3）变量设置。将当前变量设置为"I_a 相角"。I_a 相角的变化可采用程控方式，也可采用手控方式。为了使变化范围覆盖功率方向的整个动作区域，在确定电流 I_a 相角的变化范围前，首先估算理论上使继电器动作的 I_a 相角范围：$\varphi_{L1} \leqslant \varphi_{L_a} \leqslant \varphi_{L2}$。

如果采用手控方式，则在"输出参数"区输入的 I_a 相角初值应小于 φ_{L1}，可参见图 2-35。步长应设置为正值，然后点击"开始实验"按钮，并不断按"增加"按钮，按步长增

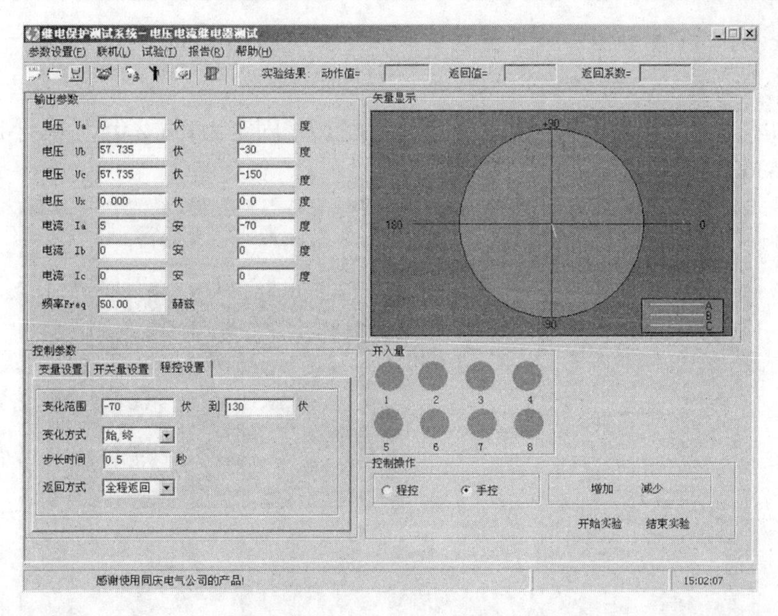

（注：图中 Ua、Ub、Uc、Ux、Ia、Ib、Ic 对应文中 Ua、Ub、Uc、Ux、Ia、Ib、Ic，因是软件自带字母未作修改，余同）

图 2-35

加 I_a 的相角直至继电器动作，此时得到继电器动作边界 1。仍然按“增加”按钮直至继电器返回，此时得到继电器动作边界 2。实验界面中“实验结果”区将显示使继电器动作的 I_a 相角始角度和终角度，将其分别记为 φ_1 和 φ_2。

如果采用程控方式，设置的 I_a 相角“变化范围”应覆盖使功率方向继电器动作的完整区域，因此初值应小于动作边界 1 - φ_{L1}，终值应大于动作边界 2 - φ_{L2}；“变化方式”应设置为“始，终”；“返回方式”应为“全程返回”（注意设置为动作返回则只能测得动作边界 1）。设置完成后点击“开始实验”按钮使测试仪开始按设置的方式发出电压和电流量。同样地，测试仪按步长增加 I_a 的相角至继电器动作时得到继电器动作边界 1，由于设置为“全程返回”方式，测试仪仍不断增加 I_a 的相角至继电器返回时得到继电器动作边界 2，对应的 I_a 相角始角度和终角度同样分别记为 φ_1 和 φ_2。

(4)计算最大灵敏角 φ_m。加入到功率方向继电器的 $\varphi_J = \varphi_U - \varphi_I$，根据设置：$\varphi_U = 0°$，则电流相角 φ_1 和 φ_2 对应的 φ_J 分别为：$\varphi_{J1} = -\varphi_1$ 和 $\varphi_{J2} = -\varphi_2$，最大灵敏角 φ_m 为：

$$\varphi_m = \frac{\varphi_1 + \varphi_2}{2}$$

(5)整定功率方向继电器的灵敏角为 -45°，重复步骤(2)～(4)，计算最大灵敏角，并将两次测量计算结果填入表 2-7。

表 2-7　最大灵敏角测试实验数据(保持电流为 5 A)

灵敏角	φ_{J1}	φ_{J2}	最大灵敏角 φ_m
-45°			
-30°			

2）测试 LG－11 型功率方向继电器角度特性 $U_{dz.J}=f(\varphi_J)$

方法：

整定功率方向继电器的灵敏角为－30°。设置 U_c 固定为0 V∠0°，I_a 大小固定为5 A，设置如图 2-36 所示。

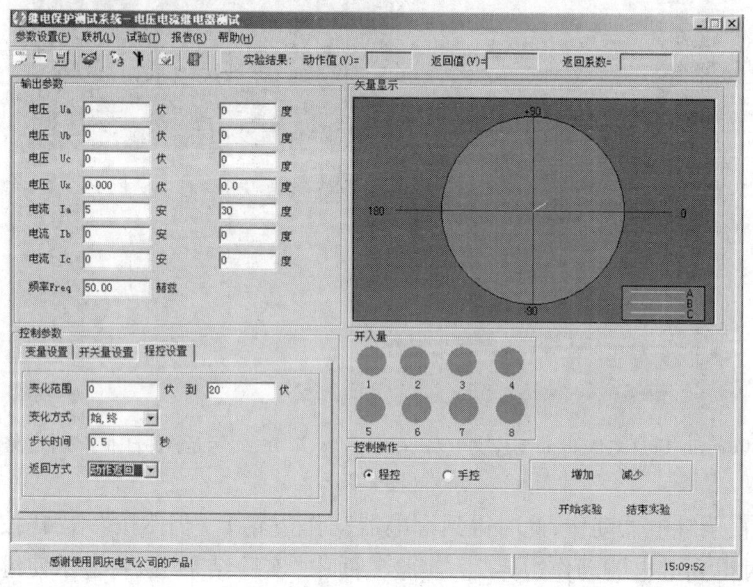

图 2-36

在功率方向继电器的动作区内设置不同的 φ_J，测出每一个 φ_J 下使继电器动作的最小启动电压 $U_{dz.J}$（每设置一个电流电压之间的夹角测量一个最小启动电压 U_{bc}，程序同时只能改变一个参量，为了便于测量 U_{bc}，将 U_c 固定为0 V∠0°，测量 U_b 即可），填入表 2-8，并根据测得的数据绘制功率方向继电器的角度特性 $U_{dz.J}=f(\varphi_J)$。

表 2-8　方向继电器角度特性测试数据

φ_J										
$U_{dz.J}$										

3）测试 LG－11 型功率方向继电器的伏安特性

方法：

固定加入到继电器中的电压和电流的相角，使 $\varphi_J=\varphi_m$，从 5 A 开始依次减小 I_J，测出每一个不同电流下使继电器动作的最小启动电压 $U_{dz.J}$（每设置一个电流测量一个最小启动电压 U_{bc}，程序同时只能改变一个参量，为了便于测量 U_{bc}，将 U_c 固定为 0 V∠0°，测量 U_b 即可），如图 2-37 所示。

将数据填入表 2-9，并根据测得的数据绘制功率方向继电器的伏安特性曲线 $U_{dz.J}=f(I_J)$。

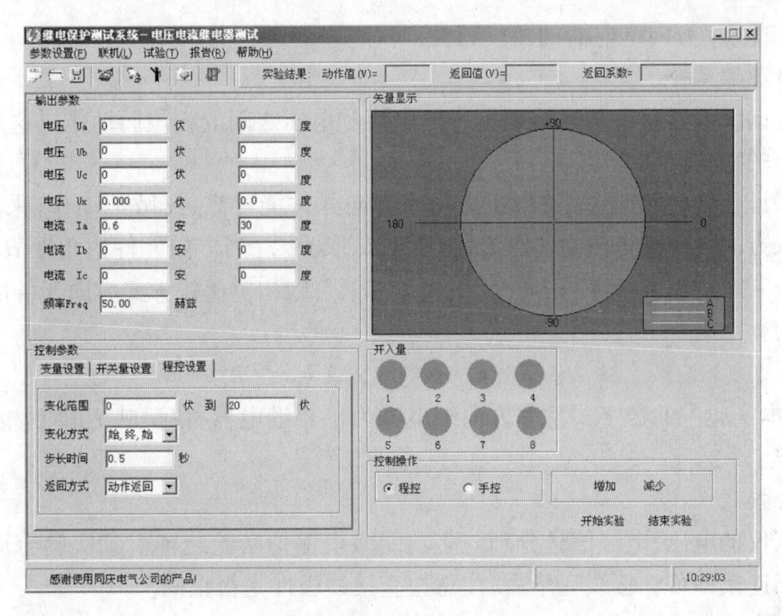

图 2-37

表 2-9 伏安特性实验数据(保持 φ_m 不变)

I_J (A)										
$U_{dz.J}$ (V)										

4)测试 LG－11 型功率方向继电器的电流潜动现象

方法:

固定加入到继电器中的电压和电流的相角,使 $\varphi_J = \varphi_m$,将加入到继电器的电压设置为0 V。在继电器电流线圈中突然加入 5 A 的额定电流,观察继电器是否动作。并分析可能引起电流潜动的原因。

5)测试 LG－11 型功率方向继电器的电压潜动现象

方法:

固定加入到继电器中的电压和电流的相角,使 $\varphi_J = \varphi_m$,将加入到继电器的电流设置为0 A。在继电器电压线圈中突然加入 70 V 电压,观察继电器是否动作,并分析可能引起电压潜动的原因。

5. 思考题

(1)LG－11 型功率方向继电器的动作区是否等于180°?为什么?

(2)为什么功率方向继电器提供了两个内角?

(3)功率方向继电器采用90°接线方式具有什么优点?

(4)用相量图分析加入功率方向继电器的电压、电流极性变化对其动作特性的影响。

2.3.2.3 数字式功率方向继电器的调试

1. 实验目的

(1)了解数字式功率方向继电器的算法。

(2)测试数字式功率方向继电器的最大灵敏角和动作范围。

(3)测试功率方向继电器的角度特性。

2. 实验原理简介

功率方向继电器反映加入继电器中的电流和电压之间的相位而动作。这里介绍的是正方向动作的功率方向继电器。

为了保证在各种相间短路故障时,功率方向元件能可靠、灵敏地动作,采用90°接线方式。加入方向元件的电流量I'_j取I'_a,电压量U'_j取U'_{bc}。当方向元件内角取α时,引入转移矢量$K'=e^{-j\alpha}$。设矢量$A'=I'_j e^{-j\alpha}$,矢量B'取U'_j,则相位比较方式方向元件的正方向动作方程式为:

$$-90° \leqslant \arg(B'/A') \leqslant 90°$$

注意:本实验中的数字式功率方向继电器为单相继电器,仅反映I_a和U_{bc}之间的相位关系而动作。

3. 实验接线

将测试仪的电压、电流信号分别与多功能微机保护实验装置引到实验台面上的各接线端子按相连接即可。接线完毕后,注意检查接线极性是否正确。

4. 实验内容

实验前,首先向多功能微机保护实验装置中下载功率方向继电器特性实验程序,并按要求接好连线。

1)测试数字式功率方向继电器的最大灵敏角

步骤:

(1)设置功率方向继电器内角α为30°,内角α与最大灵敏角φ_m之间的关系为:$\alpha=-\varphi_m$。

(2)按"LG-11型功率方向继电器特性实验"同样的方法(手控或程控方式均可)测试数字式功率方向继电器的最大灵敏角,唯一不同的是多功能微机保护实验装置的额定电流为5 A,则设置电流值时应输入5 A。将得到的数据填入表2-10,并与模拟式继电器的测试值进行比较。

表2-10 数字式功率方向继电器最大灵敏角测试实验数据(保持电流为5 A)

内角α	φ_{J1}	φ_{J2}	最大灵敏角φ_m
30°			
60°			

2)测试数字式功率方向继电器的角度特性$U_{dz.J}=f(\varphi_J)$

按"LG-11型功率方向继电器特性实验"同样的方法测试数字式功率方向继电器的角度特性,将数据记入表2-11,并绘出角度特性曲线$U_{dz.J}=f(\varphi_J)$。

表2-11 数字式方向继电器角度特性测试数据

φ_J	-180°	-150°	-120°	-110°	-100°	-90°	-80°	-70°	-60°	-50°	-40°	-30°	-20°	-10°
$U_{dz.J}$														
φ_J	0°	10°	20°	30°	40°	50°	60°	70°	80°	90°	120°	140°	160°	180°
$U_{dz.J}$														

3)测试数字式功率方向继电器的伏安特性 $U_{dz.J}=f(I_J)$

保持 $\alpha=30°$,按“LG－11 型功率方向继电器特性实验”同样的方法测试数字式功率方向继电器的伏安特性,将数据记入表 2-12,并绘出伏安特性曲线 $U_{dz.J}=f(I_J)$。

表 2-12　数字式功率方向继电器伏安特性实验数据(保持 $\alpha=30°$不变)

I_J(A)	0.1	0.2	0.3	0.4	0.5	0.6	0.7	0.8	0.9	1.0
$U_{dz.J}$(V)										

4)测试数字式功率方向继电器有无电流潜动和电压潜动现象

保持 $\alpha=30°$,按“LG－11 型功率方向继电器特性实验”同样的方法进行测试。

5.思考题

比较数字式功率方向继电器和常规功率方向继电器的动作范围和死区电压,说明数字式功率方向继电器有什么优点。

2.3.2.4　WXH－822 型微机线路保护装置调试

1.调试目的

(1)学习使用继电保护调试仪。

(2)掌握继电保护调试的基本步骤。

(3)熟悉中低压线路保护装置的调试方法。

2.装置端子排图、接线图和操作回路原理图

(1)装置端子排图如图 2-38 所示。

401	事故音响	301	24 V＋	201	RXD	117	UA	101	IA
402	事故音响	302	24 V 地	202	TXD	118	UB		
403	位置公共	303	备用出口 3－1	203	GND	119	UC	102	IA′
404	跳位	304	备用出口 3－2	204	1－485 ＋	120	UN		
405	合位	305	备用出口 3－3	205	1－485 －	121	U_X	103	IB
406	信号母线	306	备用出口 4－1	206	2－485 ＋	122	U_{XN}		
407	控制回路断线	307	备用出口 4－2	207	2－485 －	123		104	IB′
408	告警信号	308	备用出口 4－3	208		124			
409	保护跳闸	309	备用出口 5－1	209		125		105	IC
410	重合闸	310	备用出口 5－2	210		126			
411		311	备用出口 5－3	211	GPS	127		106	IC′
412		312	失电告警	212	正向有功脉冲	128			
413		313	失电告警	213	正向无功脉冲	129		107	3I0
414		314	保护电源＋	214	反向有功脉冲	130			
415	压力异常	315	保护电源－	215	反向无功脉冲	131		108	3I0′
416	弹簧未储能	316	大地	216	24 V 开入负	132			

图 2-38　装置端子排

417	闭锁备自投
418	闭锁备自投
419	备用出口1-1
420	备用出口1-2
421	
422	跳闸出口
423	控制电源-
424	手动合闸
425	跳位监视
426	合闸机构
427	手动跳闸
428	保护跳闸
429	跳闸机构
430	
431	控制电源+
432	遥控电源+

217	遥信开入1
218	遥信开入2
219	遥信开入3
220	遥信开入4
221	遥信开入5
222	遥信开入6
223	遥信开入7
224	遥信开入8
225	遥信开入9 * *
226	遥信开入10
227	闭锁重合闸
228	检修状态
229	
230	
231	
232	开入公共负

109	CIA
110	CIA′
111	CIC
112	CIC′
113	
114	
115	
116	

续图2-38

(2)装置接线图如图2-39所示。

(3)装置操作回路原理图如图2-40所示。

3.保护功能测试方法

1)二段式电流保护

二段式电流保护一般用于6~10 kV配电线路上,一段为主保护段,二段为备用保护段,作为线路相间短路的保护。

(1)定值整定。过流Ⅰ段定值整定为4 A,时限整定为0.5 s;过流Ⅰ段压板投入。

(2)接线方法。将继电保护测试仪的I_a,I_b,I_c,I_n,接至大屏本单元的保护TA对应的端子上,将模拟断路器的合、跳、负接至本单元的07,37,-KM上。

(3)实验方法。打开继电保护测试仪,按下“手动合闸”和“故障启动”按钮,逐渐升高电流至4 A保护应动作,断路器跳闸,面板上“跳闸”灯亮,查询事件为过流Ⅰ段动作,动作值与整定值误差不超过±2.5%。打开保护出口硬压板,加电流到动作值,保护应动作,但开关应不动作(验证出口回路)。将大屏的“远方/就地”按钮打到“远方”位置,转动KK把手,开关应不动作。重复上述实验过程3次,并记录实验结果(过流Ⅱ段同上)。

(4)二段式电流保护原理框图见图2-41。

2)三段式电流保护电压方向保护

三段式电流电压保护一般用于单电源出线上,对于双电源辐射线可以加入方向元件组成带方向的各段保护,反时限对于任何相间故障,包括接近电源的线路发生故障都可以在较短时间内切除,但保护的配合整定比较复杂,主要用于单电源供电的终端线路。

(1)定值整定。过流Ⅰ段定值整定为4 A,时限整定为0.5 s,电压定值整定为80 V,灵敏角整定为-45°,过流Ⅰ段电压投入,电流Ⅰ段方向投入,电流Ⅰ段压板投入。

(2)接线方法。将继电保护测试仪的I_a,I_b,I_c,I_n,接至大屏本单元的保护TA对应的端子上,将继电保护测试仪的U_a,U_b,U_c,U_n,接至大屏本单元的保护TV对应的端子上,将模拟

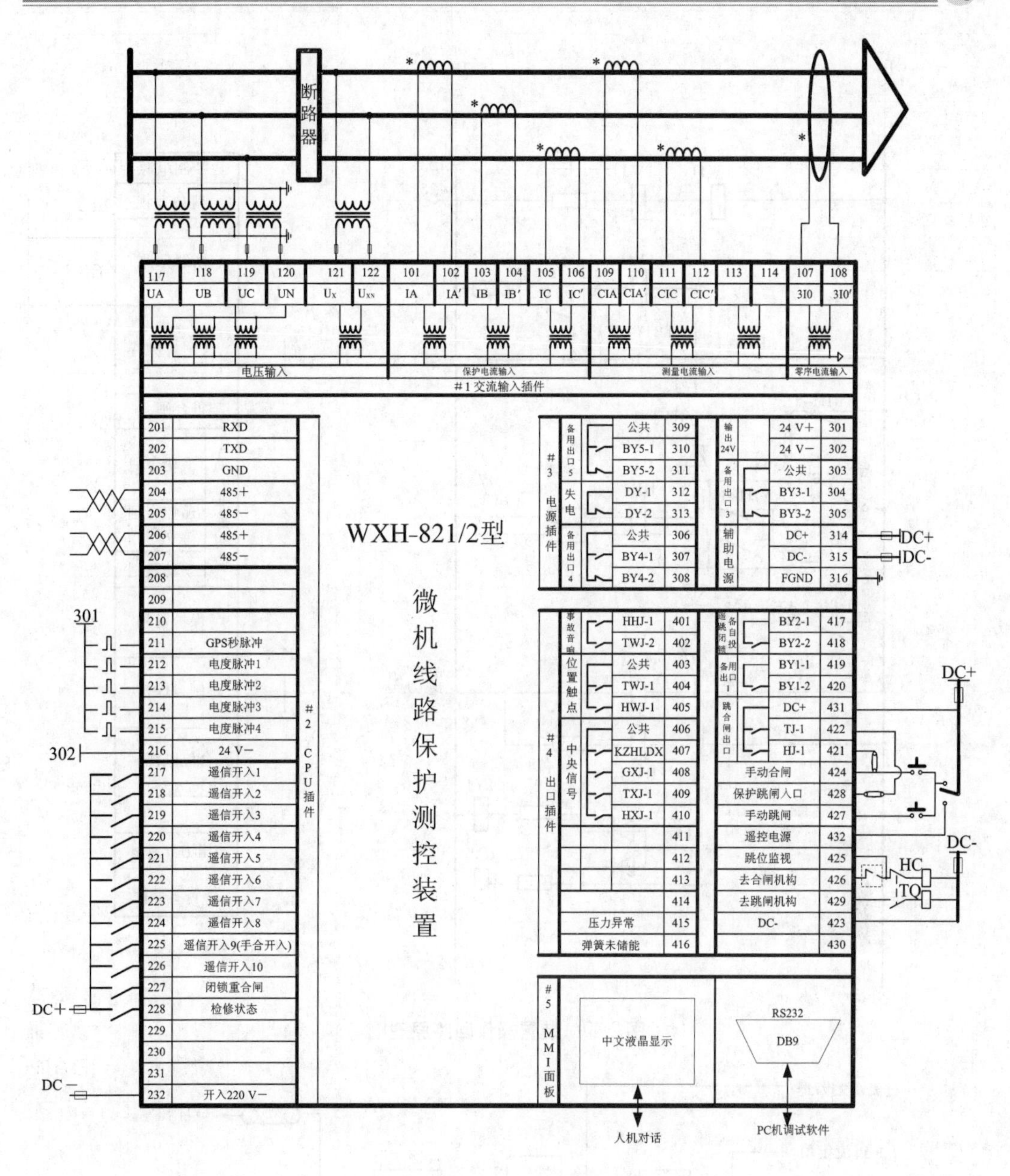

图2-39　装置接线图

断路器的合、跳、负接至本单元的07,37,－KM上,夹角选U_{bc}/I_a。

(3)实验方法。

①低电压过流:打开继电保护测试仪,先升高电压至100 V,按下“手动合闸”和“故障启动”按钮,升高电流至4.2 A,保证U_{bc}/I_a夹角在动作范围内(－135°～45°),然后逐渐降低电压至保护动作,断路器跳闸,面板上“跳闸”灯亮,查询事件为过流Ⅰ段动作,动作电压值与整定值误差不超过±2.5%。

②方向过流:打开继电保护测试仪,按下“手动合闸”和“故障启动”按钮,升高电压至70

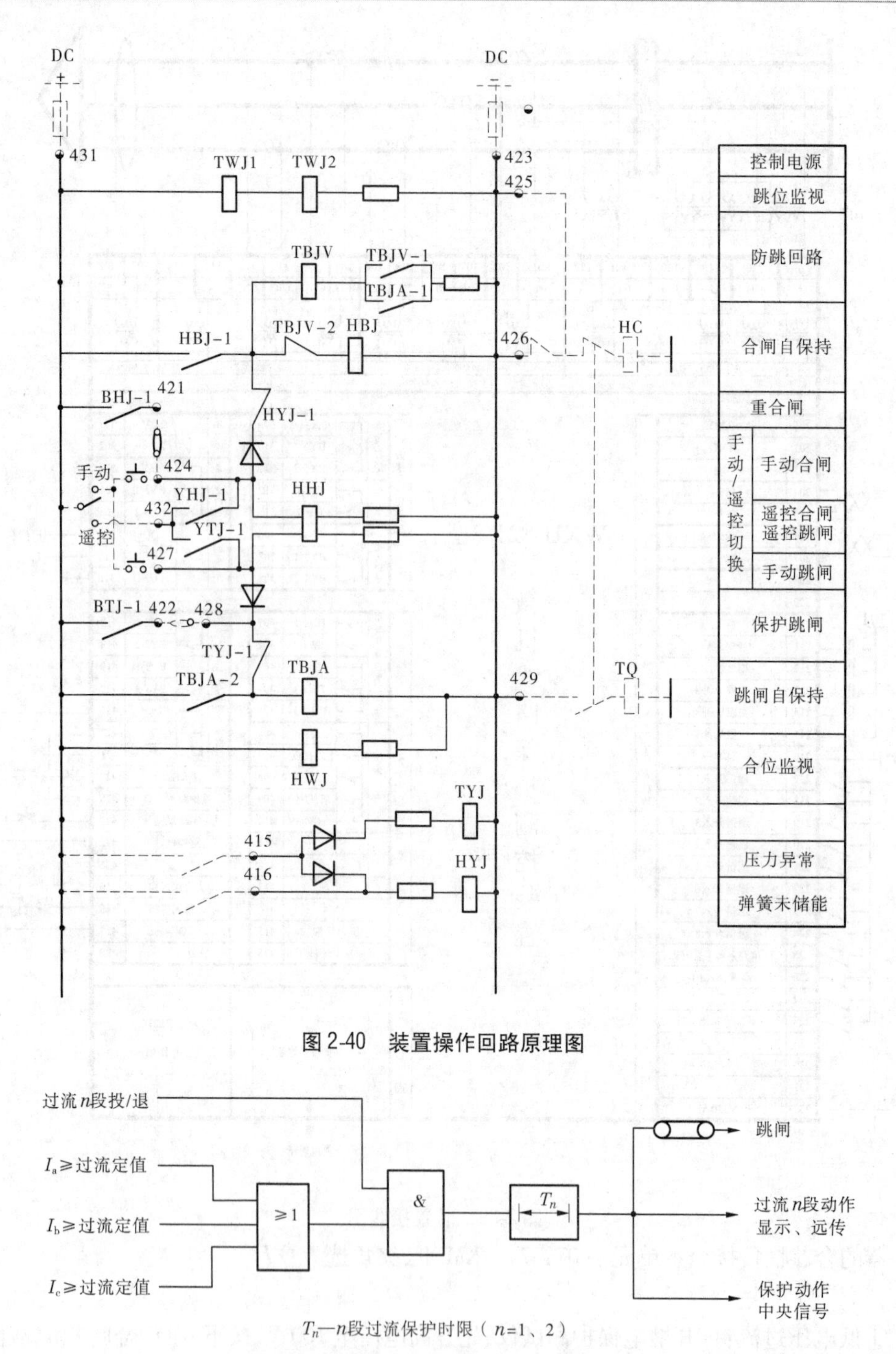

图 2-40　装置操作回路原理图

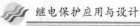

T_n—n段过流保护时限（n=1、2）

图 2-41　二段式电流保护原理框图

V,升高电流至 4.2 A, 调整 U_{bc}/I_a 的夹角,验证动作范围为 -135°~45°,误差为 ±2.5%(当灵敏角为 -30°时,动作范围为 -120°~60°)。

(4)三段式电流电压方向保护原理框图见图 2-42。

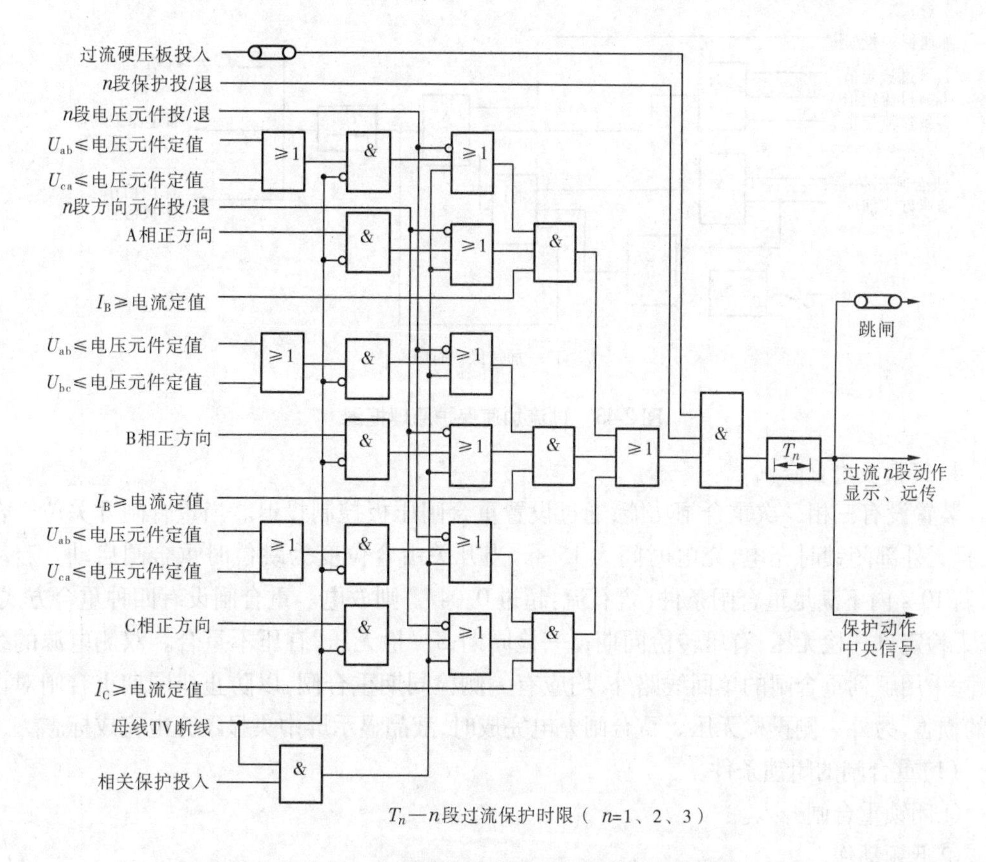

T_n—n段过流保护时限（ n=1、2、3）

图2-42　三段式电流电压方向保护原理框图

3)过流加速保护

装置设置了独立的加速保护段,可通过控制字选择合闸前加速或合闸后加速,合闸后加速保护包括手合于故障加速跳与自动重合于故障加速跳。前加速一般用于35 kV及以下的具有几段串联的辐射形线路上,能快速切除故障,然后靠重合闸纠正这种非选择性动作。当重合于故障或者手合于故障时,后加速保护不带时限无选择性的动作跳闸加速故障的切除。本保护(后加速)在断路器处于合位后开放3 s。

(1)定值整定。过流加速3 A,时限0.2 s,重合闸压板投入,过流加速压板投入。

(2)接线方法同过流保护。

(3)实验方法。

①前加速:加速控制字置"1",按下"手动合闸"和"故障启动",重合闸充满电以后,加突变电流至3 A,加速过流动作后重合闸。

②手合于故障后加速:加速控制字置"0",按下"手动合闸"和"故障启动", 加电流至3 A(3 s中内),后加速动作。

③重合于故障加速:电流Ⅰ段整定3 A,时限0.5 s,压板投入,加速控制字置"1",按下"手动合闸"和"故障启动",重合闸充满电以后,加突变电流至3 A(按下永久故障按钮),过流Ⅰ段动作后重合闸动作,然后后加速动作。

(4)过电流加速保护原理框图见图2-43。

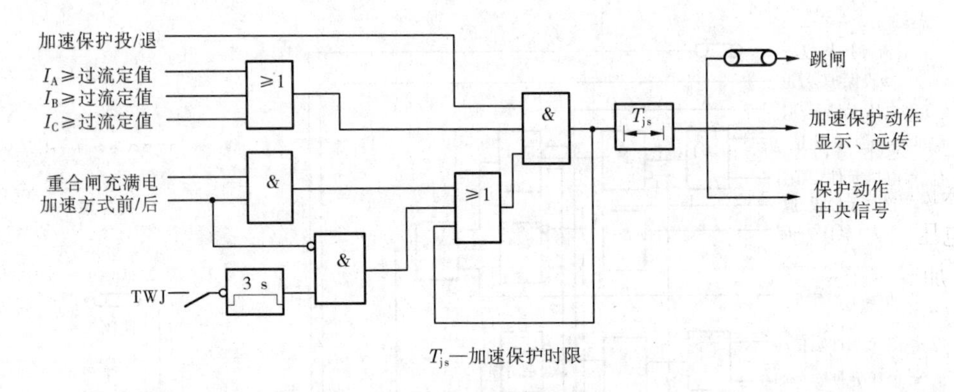

T_{js}—加速保护时限

图 2-43　过流加速保护原理框图

4）三相一次重合闸

装置设有三相一次重合闸功能，通过设置重合闸压板控制投退。当重合闸开关位于合位，且无外部闭锁时充电，充电时间为 15 s。当开关由合位变为跳位时重合闸启动。启动后，若 10 s 内不满足重合闸条件（含有流：超过 $0.04I_n$）则放电。重合闸设有四种重合方式：0—无检定；1—检无压，有压转检同期；2—检同期；3—检无压，有压不重合。双侧电源的线路，除采用解列重合闸的单回线路外，均应有一侧检同期重合闸，以防止非同期重合闸对设备的损害，另外一侧投检无压。重合闸充电完成时，液晶显示屏中央显示充电完成标志。

（1）重合闸的闭锁条件。

①闭锁重合闸开入。

②低频动作。

③过负荷跳闸。

④低电压保护动作。

⑤过流Ⅰ段动作（过流Ⅰ段闭锁重合闸控制字投入情况下）。

⑥遥控跳闸。

⑦控制回路断线。

⑧线路电压异常。

⑨压力异常。

⑩弹簧未储能。

⑪手跳（HHJ 返回）。

（2）定值整定。

过流Ⅰ段 2 A，时限 2 s，电流Ⅰ段压板投入，重合闸时限 0.5 s，重合闸无压值 30 V，重合闸同期角 5°，重合闸压板投入。

（3）接线方法。将继电保护测试仪的 I_a，I_b，I_c，I_n，接至大屏本单元的保护 TA 对应的端子上，将继电保护测试仪的 U_a，U_b，U_c，U_n，接至大屏本单元的保护 TV 对应的端子上，抽取电压 U_x、U_{xn} 并到 U_a、U_n（按下“母线 TV”按钮，防止动作后电压消失），将模拟断路器的合、跳、负接至本单元的 07，37，－KM 上。

（4）实验方法。

①无检定:重合闸方式置“0”,按下“手动合闸”和“故障启动”,等充电完成后,加电流至2 A,保护跳闸后重合,报告为“过流Ⅰ段动作”“重合闸动作”,“跳闸”“合闸”灯点亮(结论:在无检定方式下保护动作后应无条件重合)。

②检无压,有压转检同期:重合闸方式置“1”,不加电压或所加电压小于30 V,加电流至2 A,保护跳闸后应重合;抽取电压相别置“0”(U_a),加电压至40 V(相电压),在显示屏检查抽取电压应为40 V,同期角应为0°,加电流至2 A,保护跳闸后重合;抽取电压相别置“1”(U_b),加电压至40 V(相电压),在显示屏检查抽取电压应为40 V,同期角应大于5°,此时装置应报“线路电压异常”。加电流至2 A,保护跳闸后,重合闸不动作(结论:此种方式下,当抽取电压低于定值时,保护动作后应重合;当抽取电压高于定值时,检查是否与母线电压同期,当同期角小于定值时应重合,否则不应重合)。

③检同期:重合闸方式置“2”,加电流至2 A,不加电压或所加电压小于30 V,保护跳闸后,重合闸不动作;抽取电压相别置“0”(U_a),加电压至40 V(相电压),在显示屏检查抽取电压应为40 V,同期角应为0,加电流至2 A,保护跳闸后重合;抽取电压相别置“1”(U_b),加电压至40 V(相电压),在显示屏检查抽取电压应为40 V,同期角应大于5°,加电流至2 A,保护跳闸后,重合闸不动作(结论:此种方式下,当抽取电压低于定值时,保护动作后应不重合;当抽取电压高于定值时,检查是否与母线电压同期,当同期角小于定值时应重合,否则不应重合)。

④检无压,有压不重合:重合闸方式置“3”,加电压至40 V(相电压),加电流至2 A,保护跳闸后,重合闸不动作;退掉电压,加电流至2 A,保护跳闸后重合(结论:此种方式下,当抽取电压低于定值时,保护动作后应重合;当抽取电压高于定值时,应不重合)。

(5)三相一次重合闸原理框图见图2-44。

5)低频减载保护

在断路器处于合位时投入低频减载保护。低频减载设有电压闭锁、滑差闭锁。当系统发生故障、频率下降过快超过滑差闭锁定值时瞬时闭锁低频减载保护。低频减载保护动作同时闭锁线路重合闸。母线TV断线时闭锁低频减载保护。

首先,接好装置的操作回路并让开关处于合位,接入三相电压,接入任一相保护电流(不小于0.04I_n A)。

(1)滑差闭锁不投时,定值:

动作频率F:48 Hz　(范围45~49.5 Hz)。

作时限T_f:0.5 s　(范围0~100 s)。

动作电压U_{dzf}: 50 V(范围10~90 V)。

滑差定值d_{fdt}:0.3 Hz/s　(范围0.3~10 Hz/s)。

滑差闭锁D_f: 0(退出)。

低频减载软压板:投。

实加U_{ab}=55 V(90 V),频率50 Hz,滑差0.2 Hz/s, A相电流1 A。当频率降到48 Hz时,保护可靠动作。

实加U_{ab}=55 V(90 V),频率50 Hz,滑差0.5 Hz/s ,A相电流1 A。当频率降到48 Hz时,保护可靠动作。

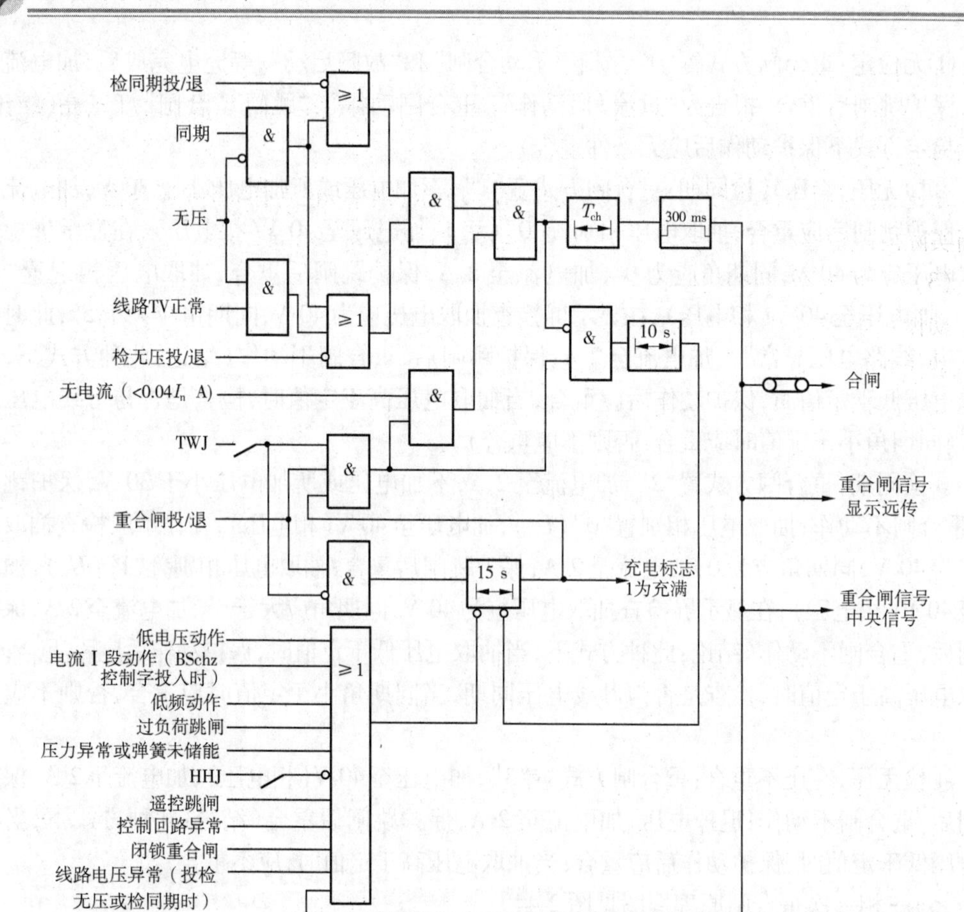

T_{ch}—重合闸时限

图2-44　三相一次重合闸原理框图

实加 U_{ab} 低于 50 V，频率 50 Hz，滑差 0.5 Hz/s，A 相电流 1 A。当频率降到 48 Hz 时，保护可靠不动作。

结论：①当滑差闭锁不投时，保护动作只与电压、频率、电流有关；②若要保护可靠出口，电压必须大于动作电压定值，同时频率低于动作频率值，保护电流大于 $0.04I_n$。

（2）滑差闭锁投入时，定值：

动作频率 F：48 Hz　（范围 45～49.5 Hz）。

动作时限 T_f：0.5 s　（范围 0～100 s）。

动作电压 U_{dzf}：50 V　（范围 10～90 V）。

滑差定值 d_{fdt}：0.3 Hz/s　（范围 0.3～10 Hz/s）。

滑差闭锁 D_f：1（投入）。

低频减载软压板：投。

实加 U_{ab} =55 V（90 V），频率 50 Hz，滑差 0.2 Hz/s，A 相电流 1 A。当频率降到 48 Hz 时，保护可靠动作。

实加 U_{ab} = 55 V（90 V），频率 50 Hz，滑差 0.5 Hz/s，A 相电流 1 A。当频率降到 48 Hz

时,保护可靠不动作。

实加 U_{ab} 低于 50 V, 频率 50 Hz,滑差 0.2 Hz/s ,A 相电流 1 A,开始实验。当频率降到 48 Hz 时,保护可靠不动作。

结论:①当滑差闭锁投入时,保护动作除与电压、频率、电流有关外,还与滑差值有关;②当实际滑差值小于滑差定值时,保护可靠动作;否则,保护不会动作。

(3)TV 断线不投时,定值:

动作频率 F:48 Hz　(范围 45 ~49.5 Hz)。

动作时限 T_f:0.5 s　(范围 0 ~100 s)。

动作电压 U_{dzf}:50 V　(范围 10 ~90 V)。

滑差定值 d_{fdt}:0.3 Hz/s　(范围 0.3 ~10 Hz/s) 。

滑差闭锁 D_f: 1(投入)。

低频减载软压板:投。

实验结果:实加 U_{ab} =55 V , 频率 50 Hz,滑差 0.2 Hz/s, A 相电流 1 A。当 F 变化到低于 48 Hz 时,保护应可靠动作。

(4) TV 断线及其相关保护均投入时,定值:

动作频率 F:48 Hz　(范围 45 ~49.5 Hz);

动作时限 T_f:0.5 s　(范围 0 ~100 s)。

动作电压 U_{dzf}:50 V　(范围 10 ~90 V)。

滑差定值 d_{fdt}:0.3 Hz/s　(范围 0.3 ~10 Hz/s)。

滑差闭锁 D_f: 1。

低频减载软压板:投。

实验结果:实加 U_{ab} =55 V , 频率 50 Hz,滑差 0.2 Hz/s, A 相电流 1 A。

开始实验后,先拔掉一相电压(A 或 B),装置报告 TV 断线。然后,让电压恢复正常,也即 U_{ab} 恢复到 55 V(注意这个过程的 F 一直是大于 48 Hz 的);当 F 变化到低于 48 Hz 时,保护不应动作。

(5)TV 断线及其相关保护均投入时,定值:

动作频率 F:48 Hz　(范围 45 ~49.5 Hz)。

动作时限 T_f:0.5 s　(范围 0 ~100 s)。

动作电压 U_{dzf}:50 V　(范围 10 ~90 V)。

滑差定值 d_{fdt}:0.3 Hz/s　(范围 0.3 ~10 Hz/s) 。

滑差闭锁 D_f: 1。

低频减载软压板:投。

实验结果:实加 U_{ab} =80 V(或 90 V), 频率 50 Hz,滑差 0.2 Hz/s, A 相电流 1 A。开始实验后,先拔掉一相电压(A 或 B),装置报告 TV 断线。然后,让电压恢复正常,也即 U_{ab} 恢复到 80 V(或 90 V)(注意这个过程的 F 一直是大于 48 Hz 的);当 F 变化到低于 48 Hz 时,保护应可靠动作。

结论:当 TV 断线闭锁投入时,TV 断线动作后会闭锁低频减载保护,直到电压恢复正常(线电压大于 80 V)后,低频减载保护才能再次自动开放。

(6)注意:

①每次做该项实验时,开关位置必须处于合位,才能保证该保护动作;②本次实验与下次实验之间需要间隔大约30 s的时间,这主要是使装置采集的数据恢复正常,也使系统处于正常状态。

(7)低频减载保护原理框图见图2-45。

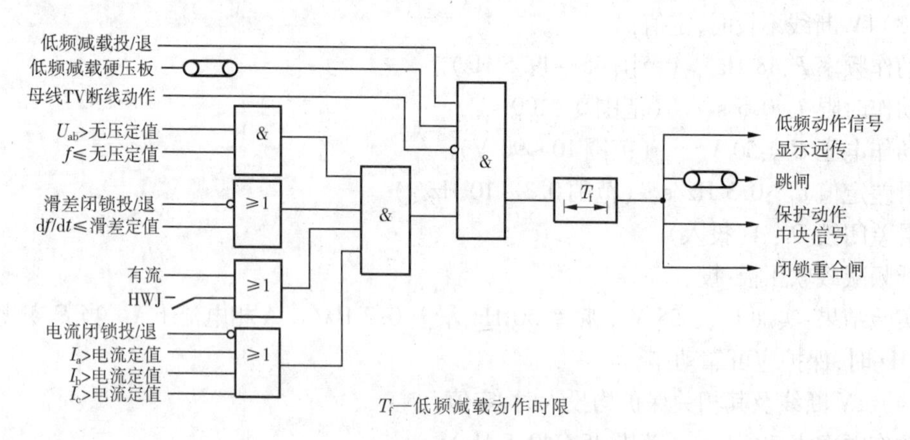

图2-45　低频减载保护原理框图

6)零序电流保护

装置设有一段零序电流保护,通过设置保护压板控制投退。在不接地或小电流接地系统中发生接地故障时,其接地故障点零序电流基本为电容电流,且幅值很小,用零序过流保护来检测接地故障很难保证其选择性。本装置通过网络互联,与其他装置信息共享,通过CBZ－8000综合自动化系统采用网络小电流接地选线的方法来获得接地间隔。在经小电阻接地系统中,接地零序电流相对较大,故采用直接跳闸方法,本装置中设一段零序过流保护(可整定为报警或跳闸)。在某些不接地系统中,电缆出线较多,电容电流较大,也可采用零序电流保护直接跳闸方式。

(1)定值整定。零序电流定值整定为1 A,时限整定为2 s,零序电流压板投入。

(2)接线方法。将继电保护测试仪的I_a、I_n,接至大屏本单元的零序TA对应的端子上,将模拟断路器的合、跳、负接至本单元的07,37,－KM上。

(3)实验方法。

①零序电流告警:零序电流跳闸控制字置“0”,加电流至1 A,装置告警。

②零序电流跳闸:零序电流跳闸控制字置“1”,加电流至1 A,保护跳闸。

(4)零序电流保护原理框图见图2-46。

7)过负荷保护

装置设有过负荷保护功能。过负荷可通过控制字定值选择动作于跳闸或告警。投跳闸时,跳闸后闭锁重合闸。投告警功能时,过负荷返回系数不小于0.95。

(1)定值整定。过负荷电流定值整定为1 A,时限整定为2 s,过负荷压板投入。

(2)接线方法。将继电保护测试仪的I_a,I_b,I_c,I_n,接至大屏本单元的保护TA对应的端子上,将模拟断路器的合、跳、负接至本单元的07,37,－KM上。

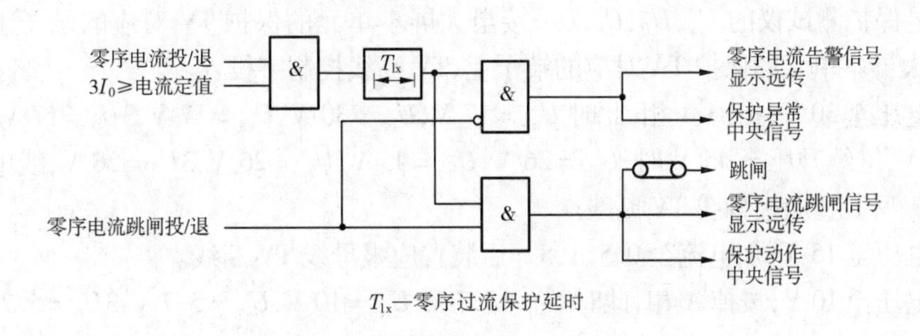

图2-46　零序电流保护原理框图

(3)实验方法。

①零序电流告警:零序电流跳闸控制字置“0”,加电流至1 A,装置告警。

②零序电流跳闸:零序电流跳闸控制字置“1”,加电流至1 A,保护跳闸。

(4)过负荷保护原理框图见图2-47。

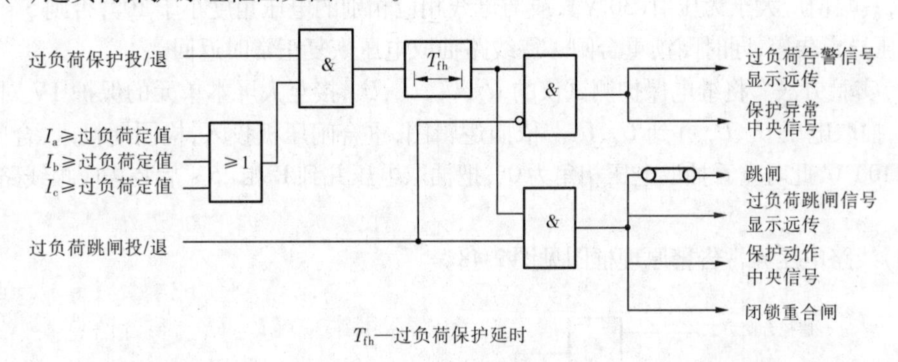

图2-47　过负荷保护原理框图

8)低电压保护

在系统故障时电压降低,可配置低电压保护来甩掉部分负荷。本保护在断路器处于合位时投入,母线TV断线时闭锁。

(1)定值整定。低电压定值整定为80 V(线电压),时限整定为0.5 s,低电压压板投入。

(2)接线方法。将继电保护测试仪的U_a,U_b,U_c,U_n,接至大屏本单元的保护TV对应的端子上,将模拟断路器的合、跳、负接至本单元的07,37,-KM上。

(3)实验方法。打开继电保护测试仪,先升高电压至100 V,按下“手动合闸”和“故障启动”按钮,后慢慢降至80 V,保护动作。

9)母线TV断线告警

(1)母线TV断线告警启动条件:

①最大线电压与最小线电压差大于18 V,且$3U_0$大于8 V,判为母线TV断线。

②三个线电压均小于18 V,且任一相有流($I > 0.04I_n$)。

③$3U_0$大于8 V,且最大线电压小于18 V。

控制字投入,满足以上任一条件,5 s后报母线TV断线。不满足以上情况,且线电压均大于80 V,0.5 s后母线TV断线返回。母线TV断线闭锁重合闸。

(2)实验方法。

将继电保护测试仪的 U_a,U_b,U_c,U_n,接至大屏本单元的保护 TV 对应的端子上,I_a,I_b,I_c,I_n 接至大屏本单元的保护 TA 对应的端子上,TV 断线控制字投入。

①加电压至 30 V,拔掉 A 相,此时 $U_{ab}=17$ V,$U_{bc}=30$ V,$U_{ca}=17$ V,$3U_0=17$ V,线电压压差为 13 V,继续升压至 45 V 时,$U_{ab}=26$ V,$U_{bc}=45$ V,$U_{ca}=26$ V,$3U_0=26$ V,线电压压差为 19 V,5 s 后装置应报母线 TV 断线。

②加电压至 15 V,加电流至 0.5 A,5 s 后装置应报母线 TV 断线。

③加电压至 10 V,拔掉 A 相,此时 $U_{ab}=5.7$ V,$U_{bc}=10$ V,$U_{ca}=5.7$ V,$3U_0=5.7$ V,继续升压至 14 V 时,$U_{ab}=8$ V,$U_{bc}=14$ V,$U_{ca}=8$ V,$3U_0=8$ V,满足 $3U_0$ 大于等于 8 V,且最大线电压小于 18 V 的条件,5 s 后装置应报母线 TV 断线。

10)线路(抽取)电压异常告警

(1)线路(抽取)电压异常告警条件。对于含检无压或检同期要求的线路,装置在断路器处于合位或有流(任一相 $I>0.04I_n$)时,检查在母线电压大于等于 80 V 情况下的线路抽取电压,其幅值应大于无压值(30 V),或与母线相应相别的电压角度小于 10°,否则 5 s 后报线路电压异常告警,同时闭锁重合闸。待线路抽取电压恢复正常时返回。

(2)实验方法。将继电保护测试仪的 U_a,U_b,U_c,U_n,接至大屏本单元的保护 TV 对应的端子上,抽取电压 U_x、U_{xn} 并到 U_a、U_n。依照逻辑图,重合闸压板投入,检同期投入,合闸,加电压至 100 V,此时查看抽取电压相角为 0°,把抽取电压并到 B 相,5 s 后装置应报线路电压异常。

(3)线路电压异常告警原理框图见图 2-48。

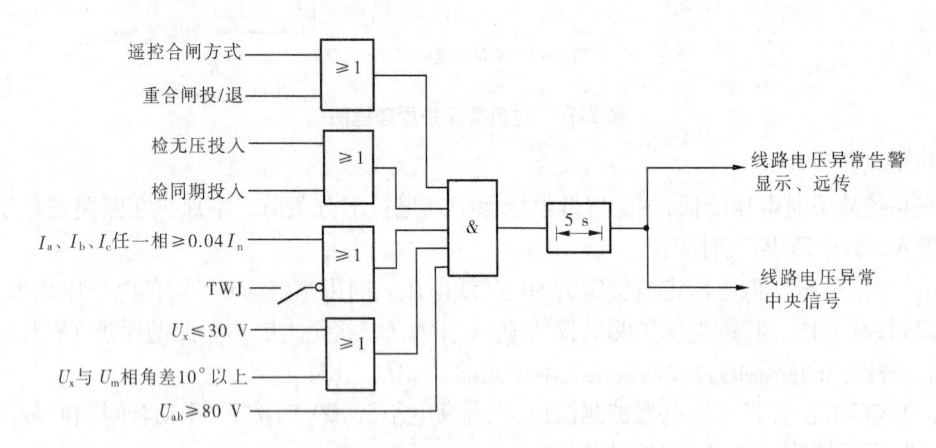

图 2-48 线路电压异常告警原理框图

11)控制回路异常告警

(1)控制回路异常告警。装置采集断路器的跳位和合位,当控制电源正常、断路器位置辅助接点正常时,必有且只有一个跳位或合位,否则,经 3 s 延时报控制回路异常告警信号,同时重合闸放电,但不闭锁保护。

(2)实验方法。将模拟断路器的合、跳、负接至本单元的 07,37,-KM 上,后拔掉其中任何一根线,装置应报控制回路异常。

12)弹簧未储能

(1)弹簧未储能。装置设有弹簧未储能开入,装置收到开入信号后延时25 s报弹簧未储能,发告警信号,闭锁重合闸。

(2)实验方法。用+220 V电压点弹簧未储能对应端子持续25 s,装置应报弹簧未储能。

13)失电告警

(1)失电告警。如果装置电源消失,装置失电,触点闭合,作为开入到FCK报警。

(2)实验方法。关掉装置电源,用万用表量装置失电对应端子(建议用电阻挡),应为通。

14)压力异常告警

(1)压力异常。

装置设有断路器压力异常开入,装置收到开入信号后延时1 s报压力异常,发告警信号,闭锁重合闸。

(2)实验方法。

用+220 V电压点压力异常对应端子持续1 s,装置应报压力异常。

学习情境3　中低压线路保护设计

3.1　学习目标

【知识目标】　掌握阶段式电流保护的整定计算；了解电流电压联锁保护的整定计算；理解小电流接地系统单相接地保护的整定计算。

【专业能力】　培养学生给中低压线路配置保护、整定计算、绘制原理图和安装图、编制计算书和说明书的能力。

【方法能力】　培养学生自主学习的能力、分析问题与解决问题的能力、组织与实施的能力、自我管理能力和沉着应变能力。

【社会能力】　热爱本职工作，刻苦钻研技术，遵守劳动纪律，爱护工具、设备，安全文明生产，诚实团结协作，艰苦朴素，尊师爱徒。

3.2　基础理论

3.2.1　阶段式电流保护的整定计算

3.2.1.1　电流速断保护的整定计算原则

1. 动作值整定计算的基本原则

为了保证电流速断保护动作的选择性，保护装置的启动电流必须整定得大于其保护线路范围内可能出现的最大短路电流，即

$$I_{set}^{I} = K_{rel}^{I} I_{k.max} \tag{3-1}$$

公式中引入的可靠系数 $K_{rel}^{I} = 1.2 \sim 1.3$。

启动电流与短路点位置无关，所以在图3-1上是一条直线，它与两条曲线各有一个交点，分别对应三相短路的最大保护范围和最小保护范围。在交点以前短路时，由于短路电流大于启动电流，保护装置都能动作。而在交点以后短路时，由于短路电流小于启动电流，保护装置将不能动作。

2. 保护范围的计算

电流速断保护对线路故障的反映能力(即灵敏性)，只能用保护范围的大小来衡量。一般需要校验保护的最小保护范围，要求在最小运行方式下两相短路时保护范围大于线路全长的15%～20%。最小保护范围的计算公式为

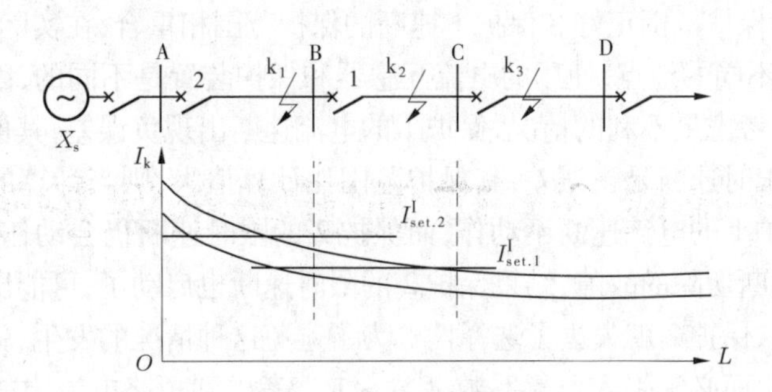

图 3-1 短路电流曲线

$$l_{min} = \frac{1}{Z_1}\left(\frac{\sqrt{3}}{2}\frac{E_\varphi}{I_{set}} - X_{s.max}\right) \tag{3-2}$$

$$l_{min}\% = \frac{l_{min}}{L} \times 100\% \tag{3-3}$$

式中 L——被保护线路的全长。

最大保护范围为

$$l_{max} = \frac{1}{Z_1}\left(\frac{E_\varphi}{I^{I}_{set}} - X_{s.min}\right) \tag{3-4}$$

$$l_{max}\% = \frac{l_{max}}{L} \times 100\% \tag{3-5}$$

电流速断保护的缺点是不可能保护线路的全长,并且保护范围直接受系统运行方式变化的影响。当系统运行方式变化很大,或者被保护线路的长度很短时,速断保护就可能没有保护范围,因而不能采用。但在个别情况下,有选择性的电流速断也可以保护线路的全长,例如当电网的终端线路上采用线路－变压器组接线方式时。

3.2.1.2 限时电流速断保护的整定计算原则

1. 动作值整定计算的基本原则

由于有选择性的电流速断不能保护本线路的全长,因此需增加一段新的保护,用来切除本线路上速断范围以外的故障,同时也能作为本线路速断保护的后备,这就是限时电流速断保护。对限时电流速断保护,首先要求在任何情况下都能保护本线路的全长,并具有足够的灵敏性;其次是在满足上述要求的前提下,力求具有最小的动作时限。正是由于它能以较小的时限快速切除全线范围内的故障,故称之为限时电流速断保护。

现以图 3-1 的保护 2 为例,来说明限时电流速断保护的整定原则。

设保护 1 装有电流速断,其启动电流按式(3-1)计算后为 $I^{I}_{set.1}$,它与短路电流变化曲线的交点之前的线路为其保护范围,交点处发生短路时,短路电流即为 $I^{I}_{set.1}$,速断保护刚好能动作。根据以上分析,保护 2 的限时电流速断不应超过保护 1 电流速断的范围,因此在单侧电源供电的情况下,它的启动电流应该整定为

$$I^{II}_{set.2} = K^{II}_{rel} I^{I}_{set.1} \tag{3-6}$$

式中 K^{II}_{rel}——可靠系数,一般取 1.1～1.2。

在式(3-6)中能否选取两个动作电流 $I^{I}_{set.1}$ 和 $I^{II}_{set.2}$ 相等呢?若选取相等动作值,就意味着

保护2限时速断的保护范围正好和保护1速断的保护范围相重合，在实际应用中，因为保护2和保护1安装在不同的地点，使用的电流互感器和保护装置是不同的，因此它们之间的特性很难完全一样。考虑最不利的情况，保护1的电流速断出现负误差，其保护范围比计算值缩小，而保护2的限时速断是正误差，其保护范围比计算值大，则当计算的保护范围末端短路时，就会出现保护1的电流速断不动作，而保护2的限时速断仍会动作的情况，使得本应由保护1的电流速断切除的故障，结果保护2的限时速断也启动了，可能出现两个速断同时动作于跳闸的情况，保护2就失去了选择性。为了避免这种情况的发生，就不能采用两个电流相等的整定方法，而必须引入可靠系数 $K_{\text{rel}}^{\text{II}} > 1$ 。考虑到短路电流中的非周期分量已衰减，故可选得比速断保护的可靠系数小一些，一般取为1.1～1.2。

2. 动作时限的选择

由以上分析可见，限时速断的动作时限应选择得比下一条线路速断保护的动作时限高出一个时间阶段 Δt，即

$$t_2^{\text{II}} = t_1^{\text{I}} + \Delta t \tag{3-7}$$

当线路上装设了电流速断和限时电流速断保护以后，两者的联合工作就可以保证线路全线路范围的故障都能够在0.5 s的时间内予以切除，在一般情况下都能够满足速动性的要求。具有这种性能的保护称为主保护。

3. 保护装置灵敏性的校验

为了能够保护线路的全长，在系统最小运行方式下，线路末端发生两相短路时，限时电流速断保护必须具有足够的反映能力，这个能力通常用灵敏系数 K_{sen} 来衡量。对于反映于数值上升而动作的过量保护装置，灵敏系数的含义是保护范围内发生金属性短路时故障参数的计算值与保护装置的动作参数之比，对限时电流速断保护

$$K_{\text{sen}} = \frac{I_{\text{k.min}}^{(2)}}{I_{\text{set}}^{\text{II}}} \tag{3-8}$$

式中　$I_{\text{k.min}}^{(2)}$——线路末端两相最小短路电流，实际应用中采用最不利于保护动作的系统运行方式和故障类型来选定，但不必考虑可能性很小的情况。

为了保证在线路末端短路时，保护装置一定能够动作，对限时电流速断保护应要求 $K_{\text{sen}} \geqslant 1.3 \sim 1.5$ 。这是因为考虑到线路末端短路时，可能会出现一些不利于保护启动的因素（例如过渡电阻等），为了使保护仍然能够灵敏动作，显然就必须留有一定的裕度。

3.2.1.3　定时限过流保护的整定计算原则

1. 工作原理和整定计算原则

为保证在正常运行情况下过电流保护绝不动作，显然保护装置的启动电流必须整定得大于该线路上可能出现的最大负荷电流 $I_{\text{L.max}}$ 。实际上确定保护装置的启动电流时，还必须考虑在外部故障切除后，保护装置是否能够返回的问题。例如，在图3-2所示的网络接线中，当 k_1 点短路时，短路电流将通过保护5、4、2，但是按照选择性的要求应由保护2动作切除故障，保护4和保护5由于故障切除后电流减小而立即返回。

实际上当外部故障切除后，流经保护4的电流仍然是继续运行中的负荷电流，必须考虑到，由于短路时电压降低，变电站B母线上所接负荷的电动机被制动，因此在故障切除后电压恢复时，电动机要有一个自启动的过程。电动机的自启动电流要大于它正常工作的电流，

引入一个自启动系数 K_{ss} 来表示自启动时最大电流 $I_{ss.max}$ 与正常运行时最大负荷电流 $I_{L.max}$ 之比，即

$$I_{ss.max} = K_{ss} I_{L.max} \tag{3-9}$$

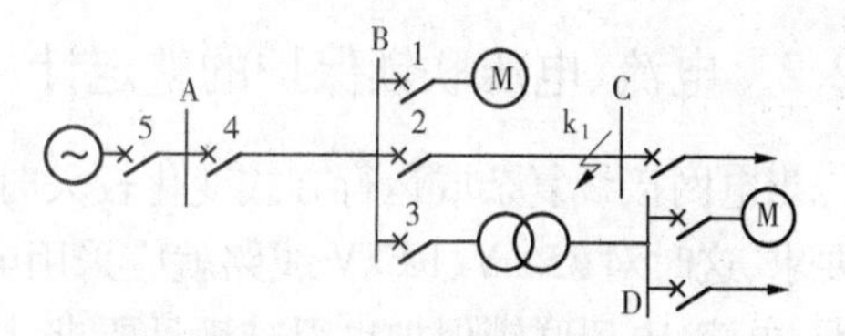

图 3-2　过电流保护整定原理说明图

保护 4 和保护 5 在这个电流的作用下必须立即返回。为此应使保护装置的返回电流 I_{re} 大于 $I_{ss.max}$。引入可靠系数 K_{rel}，则

$$I_{re} = K_{rel} I_{ss.max} \tag{3-10}$$

由于保护装置的启动与返回是通过电流元件来实现的，因此电流元件返回电流与启动电流之间的关系也就代表着保护装置返回电流与启动电流之间的关系，引入返回系数 K_{re}，则保护装置的启动电流即为

$$I_{set} = \frac{K_{rel} K_{ss}}{K_{re}} I_{L.max} \tag{3-11}$$

式中　K_{rel} ——可靠系数，一般采用 1.15 ~1.25；

K_{ss} ——自启动系数，数值大于 1，应由网络具体接线和负荷性质确定；

K_{re} ——电流元件的返回系数，一般取 0.85 ~0.95。

2. 过电流保护动作时限的选择

如图 3-3 所示，假定在每个电气元件上均装有过流保护，各保护装置的启动电流均按照躲开被保护元件上各自的最大负荷电流来整定，这样当 k_1 点短路时，保护 1 ~5 在短路电流的作用下都可能启动，但要满足选择性的要求，应该只有保护 1 动作，切除故障，而保护 2 ~5 在切除故障后应立即返回。这个要求只有依靠使各保护装置带有不同的时限来满足。

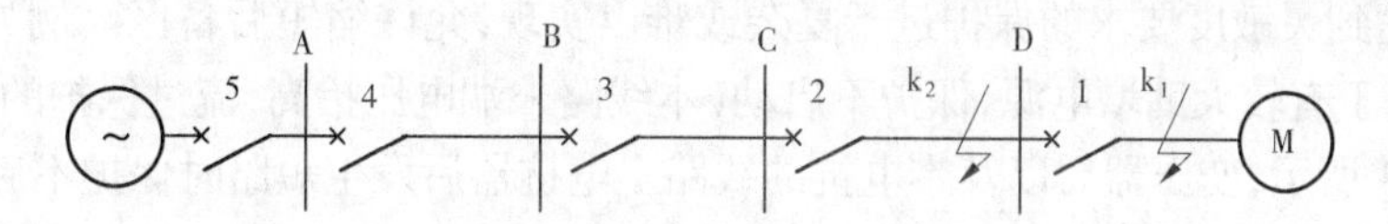

图 3-3　单侧电源线路过电流保护动作时限选择说明图

保护 1 位于电网的最末端，只要引出线或电动机内部故障，它就可以瞬间动作予以切除，t_1 即为保护装置本身的固有动作时间。对于保护 2 来讲，为了保证 k_1 点短路时动作的选择性，则应整定动作时限 $t_2 > t_1$。一般来说，任一过流保护的动作时限，应该比相邻各元件保护的动作时限均高出至少一个 Δt，只有这样才能保证动作的选择性。

由于过电流保护采用阶梯形时限配合，当故障越靠近电源端时，短路电流越大，而过电流保护动作切除故障的时限反而越长，因此有些地方采用反时限过电流保护。

3. 过电流保护灵敏系数的校验

当过电流保护作为本线路的保护时，应采用最小运行方式下本线路末端两相短路时的电流进行校验，要求 $K_{sen.1} > 1.3 \sim 1.5$；当作为相邻线路的后备保护时，则应采用最小运行方式下相邻线路末端两相短路时的电流进行校验，此时要求 $K_{sen.2} > 1.2$。

3.2.2 电流、电压联锁保护的整定计算

当电网接线复杂或运行方式变化较大时,三段式电流保护很难满足继电保护的四个基本要求,这时对35 kV、10 kV线路就应采用电流、电压联锁保护,对110 kV电压等级的复杂电网,电流、电压联锁保护也很难满足要求,则需采用距离保护。

电流、电压联锁保护的构成较复杂,有以下三种形式:

(1)电流闭锁电压测量的电流电压保护;

(2)电压闭锁电流测量的电流电压保护;

(3)电流电压均为测量元件的电流电压保护。

3.2.2.1 工作原理及适用范围

工作原理:同时反映短路故障后电流的增大和电压的降低,因而与简单电流保护相比受运行方式变化的影响较小。

适用范围:用于阶段式电流保护不能满足要求的电网。

构成:一般采用三段式配合方式,Ⅰ、Ⅱ段为主保护,Ⅲ段为后备保护。

Ⅰ段:电流、电压联锁速断保护,满足选择性要求,保护范围大于线路全长的15%~20%。瞬时或按照保护固有动作时间动作于切除保护范围内的故障。

Ⅱ段:延时电流、电压联锁速断保护,以较短动作时限切除线路全长范围内的故障。与相邻元件Ⅰ段配合,线路末端短路有足够的灵敏度。

Ⅲ段:低电压启动的过电流保护,按照选择性要求进行时限配合。既保护本线路全长也可保护相邻线路全长,保护本线路时灵敏度大于1.3~1.5,保护相邻元件(远后备)时灵敏度不小于1.2。远后备灵敏度不满足时,可按下述原则处理。

(1)若达到灵敏度要求的保护过于复杂或难以实现,允许缩短后备区。例如,相邻线路末端短路,由于有较大助增电源,保护不启动(本线路末端电压抬高,流过保护的短路电流减小),如图3-4所示,变压器后以及带电抗的线路上电抗器后发生短路时保护不启动。

(2)按常见运行方式及故障类型校验(不考虑最不利的情况)。

(3)非选择性动作,考虑重合闸配合。

实际应用中,可采用三段式保护,也可以只使用两段保护,能够满足运行要求即可。

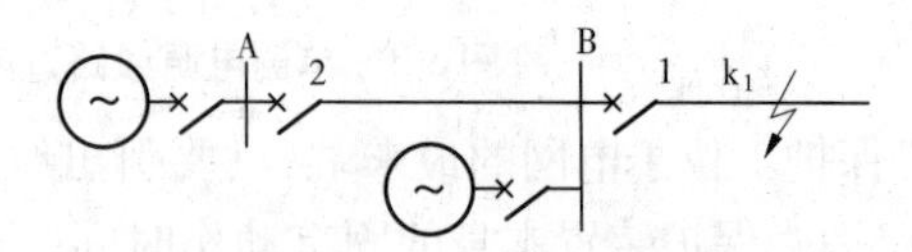

图3-4 有助增电流的线路

对10 kV电网,一般采用两段式保护,Ⅰ、Ⅲ段即可满足要求,应用中由于考虑线路配电变压器低压侧故障时保护不应误动,因此第Ⅲ段应带有时限,不能采用低压过流直接作为主保护,还应设置速断保护,以加快故障的切除。对于6 kV、10 kV配电线路或电动机可采用反时限电流保护,包括速断和反时限两部分,兼有主保护和后备保护的功能。

对35 kV电网,由于末端有相邻线路或变压器,为了实现保护配合,一般采用三段式保护。

由于35 kV及以下线路一般为小电流接地系统,发生单相接地时允许系统继续运行一段时间,保护通常采用两相式接线方式。

由于电压互感器断线时,反映电压降低的低电压继电器将会因加入的电压为零而误动

作,所以不能像电流保护一样采用单独的电压元件构成保护,反映电流增大而动作的电流保护则不会出现此类问题。

3.2.2.2　**电流、电压联锁速断保护的整定计算原则**

简单电流速断保护在运行方式变化很大或线路很短时,将会没有保护范围,此时若采用电流、电压联锁保护,可延长保护动作区。

(1)按躲过本线路末端母线短路故障整定,避免越级跳闸。

①电流元件为闭锁元件,按保护本线路末端故障有足够灵敏度整定。

②电压元件用于控制保护区,保证动作选择性,按躲过本线路末端短路故障整定。

以母线 A 处保护 2 为例(以图 3-5 为例说明整定原则):

$$I_{\mathrm{set.2}}^{\mathrm{I}} = \frac{I_{\mathrm{kB.min}}}{K_{\mathrm{sen.I}}} = \frac{\sqrt{3}}{2} \times \frac{U_{\varphi}/K_{\mathrm{sen.I}}}{X_{\mathrm{s.max}} + Z_{\mathrm{A-B}}} \tag{3-12}$$

$$U_{\mathrm{set.2}}^{\mathrm{I}} = \frac{U_{\mathrm{kB.min}}}{K_{\mathrm{rel}}} = \frac{U_{\mathrm{L}}}{K_{\mathrm{rel}}} \frac{Z_{\mathrm{A-B}}}{X_{\mathrm{s.max}} + Z_{\mathrm{A-B}}} \tag{3-13}$$

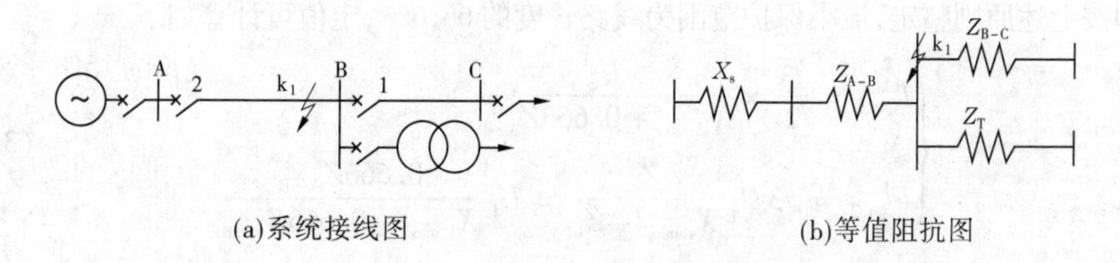

(a)系统接线图　　(b)等值阻抗图

图 3-5　按保证末端故障灵敏度整定

式中　U_{L}——线电压;

U_{φ}——相电压;

$X_{\mathrm{s.max}}$——系统最小运行方式对应的系统最大阻抗;

$K_{\mathrm{sen.I}} = 1.5$;

$K_{\mathrm{rel}} = 1.3$。

(2)按电流元件与电压元件保护范围相等整定。

当系统运行方式变化不大时,为了获得较大的保护范围,可按电流、电压元件的保护范围相等进行整定。

①按两相短路整定时,可得

$$I_{\mathrm{set.2}}^{\mathrm{I}} = \frac{\sqrt{3}}{2} \times \frac{U_{\varphi}}{X_{\mathrm{s.max}} + Z_{1}} = \frac{\sqrt{3}}{2} \times \frac{U_{\varphi}}{X_{\mathrm{s.max}} + Z} \tag{3-14}$$

$$U_{\mathrm{set.2}}^{\mathrm{I}} = \sqrt{3}\,U_{\varphi} \frac{Z_{\mathrm{u}}}{X_{\mathrm{s.max}} + Z_{\mathrm{u}}} = U_{\mathrm{L}} \frac{Z_{\mathrm{u}}}{X_{\mathrm{s.max}} + Z_{\mathrm{u}}} \tag{3-15}$$

从以上两式求出 Z、动作电流和动作电压的关系

$$U_{\mathrm{set.2}}^{\mathrm{I}} = 2I_{\mathrm{set.2}}^{\mathrm{I}} Z \tag{3-16}$$

②按三相短路整定时,可得

$$I_{\mathrm{set.2}}^{\mathrm{I}} = \frac{U_{\varphi}}{X_{\mathrm{s.max}} + Z} \tag{3-17}$$

$$U_{set.2}^{I}=\sqrt{3}U_{\varphi}\frac{Z_u}{X_{s.max}+Z_u}=U_L\frac{Z_u}{X_{s.max}+Z_u} \tag{3-18}$$

从以上两式求出 Z、动作电流和动作电压的关系为

$$U_{set.2}^{I}=\sqrt{3}I_{set.2}^{I}Z \tag{3-19}$$

为躲开本线路末端故障，保证动作选择性，电压元件还应满足

$$U_{set.2}^{I}=\frac{\sqrt{3}I_{set.2}^{I}Z}{K_{rel}} \tag{3-20}$$

由此可得，按两相短路整定时保护范围为

$$Z=\frac{0.866Z_{A-B}}{K_{rel}}=0.666Z_{A-B} \tag{3-21}$$

按三相短路整定时

$$Z=\frac{Z_{A-B}}{K_{rel}}=0.76Z_{A-B} \tag{3-22}$$

即按上述原则整定，最小保护范围为线路长度的66.6%，定值可计算如下

$$\begin{cases}I_{set.2}^{I}=\dfrac{\sqrt{3}}{2}\times\dfrac{U_{\varphi}}{X_{s.max}+0.666Z_{A-B}}\\ U_{set.2}^{I}=\sqrt{3}U_{\varphi}\dfrac{Z_u}{X_{s.max}+Z_u}=U_L\dfrac{0.666Z_{A-B}}{X_{s.max}+0.666Z_{A-B}}\end{cases} \tag{3-23}$$

(3)保护范围的计算。

①电流元件的保护范围。

可求出两相短路和三相短路时的最小保护范围。

$$Z_{I}^{(2)}=\frac{\sqrt{3}}{2}\times\frac{U_{\varphi}}{I_{set.2}^{I}}-X_{s.max} \tag{3-24}$$

$$Z_{I}^{(2)}=\frac{U_{\varphi}}{I_{set.2}^{I}}-X_{s.max} \tag{3-25}$$

②电压元件的保护范围。

三相短路和两相短路的保护范围相同。

$$U_{set.2}^{I}=U_L\frac{Z_u}{X_{s.min}+Z_u} \tag{3-26}$$

解得保护范围

$$Z_u=X_{s.min}\frac{U_{set.2}^{I}}{U_l-U_{set.2}^{I}} \tag{3-27}$$

即为最大运行方式下的最小保护区，求最大保护区时，按式(3-27)用 $X_{s.max}$ 代替 $X_{s.min}$。

(4)按电流电压元件灵敏度相等进行整定。

对线路变压器组接线和保护具备与线末数台变压器速动保护配合的条件时(速断有跳闸自保持，线路有自动重合闸)，可按末端短路时电流电压元件均保证灵敏度整定。

电流元件按最小运行方式下末端发生两相短路保证灵敏度整定。

$$I^{\mathrm{I}}_{\mathrm{set.2}} = \frac{\sqrt{3}}{2} \times \frac{U_{\varphi}}{K_{\mathrm{sen.I}}(X_{\mathrm{s.max}} + Z_{\mathrm{A-B}})} \tag{3-28}$$

电压元件按最大运行方式下线路末端两相或三相短路保证灵敏度整定。

$$U^{\mathrm{I}}_{\mathrm{set.2}} = K_{\mathrm{sen.U}} U_{\mathrm{re}} = K_{\mathrm{sen.U}} U_{\mathrm{L}} \frac{Z_{\mathrm{A-B}}}{X_{\mathrm{s.min}} + Z_{\mathrm{A-B}}} \tag{3-29}$$

取 $K_{\mathrm{sen.I}} = K_{\mathrm{sen.U}}$ 时,由以上两式可得

$$I^{\mathrm{I}}_{\mathrm{set.2}} = \frac{1}{2} \times \frac{U_{\mathrm{L}}}{(X_{\mathrm{s.max}} + Z_{\mathrm{A-B}})} \times \frac{U_{\mathrm{L}} Z_{\mathrm{A-B}}}{U^{\mathrm{I}}_{\mathrm{set.2}}(X_{\mathrm{s.min}} + Z_{\mathrm{A-B}})} \tag{3-30}$$

为避免变压器低压侧或中压侧短路时保护误动,应校核电压元件定值是否满足:

$$U^{\mathrm{I}}_{\mathrm{set.2}} = \frac{U_{\mathrm{re.min}}}{K_{\mathrm{rel}}} = \frac{U_{\mathrm{L}}(Z_{\mathrm{A-B}} + Z_{\mathrm{T}})}{K_{\mathrm{rel}}(X_{\mathrm{s.max}} + Z_{\mathrm{A-B}} + Z_{\mathrm{T}})} \tag{3-31}$$

式中　$U_{\mathrm{re.min}}$——变压器中低压侧短路的最小残压;

Z_{T}——变压器的等值阻抗。

(5)按与本线路末端变压器差动保护配合整定。

如线路末端只有变压器,变压器速动保护有选择性(差动保护和速断保护)且有跳闸自保持,线路保护配有自动重合闸,则瞬时电流闭锁电压速断保护也可与变压器差动保护或瞬时电流速断保护配合整定。下面以与变压器差动保护配合为例。

电流元件定值按保证线路末端故障灵敏度整定,以图3-5为例。

$$I^{\mathrm{I}}_{\mathrm{set.2}} = \frac{I_{\mathrm{kB.min}}}{K_{\mathrm{sen.I}}} = \frac{\sqrt{3}}{2} \times \frac{U_{\varphi}/K_{\mathrm{sen.I}}}{X_{\mathrm{s.max}} + Z_{\mathrm{A-B}}} \tag{3-32}$$

电压元件按与变压器差动保护配合,并躲过变压器低压侧故障整定,即

$$U^{\mathrm{I}}_{\mathrm{set.2}} = \frac{U_{\mathrm{re.min}}}{K_{\mathrm{rel.U}}} = \frac{U_{\mathrm{L}}(Z_{\mathrm{A-B}} + Z_{\mathrm{T}})}{K_{\mathrm{rel.U}}(X_{\mathrm{s.max}} + Z_{\mathrm{A-B}} + Z_{\mathrm{T}})} \tag{3-33}$$

式中　$K_{\mathrm{rel.U}}$——可靠系数,取1.3~1.4。

如果线路末端有两台变压器,式中变压器阻抗应取单台变压器阻抗的1/2。

3.2.2.3　限时电流、电压联锁速断保护整定计算原则

当采用限时电流速断保护对线路末端故障不能满足灵敏度要求时,可采用限时电流、电压联锁速断保护作为阶段式电流、电压保护的第Ⅰ段,该段保护应保护线路全长,并与相邻下一级线路(以下简称相线)保护Ⅰ段相配合。与限时电流速断保护相比,采用电流、电压联锁保护作为线路保护的第Ⅱ段,可以扩大保护范围,当灵敏度不满足要求时,定值和动作时限应与相邻线路的Ⅱ段相配合。

保护的整定原则根据相邻线路保护方式的不同而异,分别叙述如下。

1.与相邻线路瞬时电流速断保护配合整定

在图3-5中,设母线B处1号断路器保护Ⅰ段为瞬时电流速断,母线A处2号保护为要整定的延时电流闭锁电压速断保护,为保证选择性,其电流元件需按下式整定:

$$I^{\mathrm{II}}_{\mathrm{set.2}} = K_{\mathrm{rel}} K_{\mathrm{b.max}} I^{\mathrm{I}}_{\mathrm{set.1}} \tag{3-34}$$

式中　$K_{\mathrm{b.max}}$——最大分支系数;

K_{rel}——可靠系数,$K_{\mathrm{rel}} = 1.1 \sim 1.2$;

$I_{set.1}^{I}$ ——相邻元件的速断保护整定值。

电压元件按躲开线路末端变压器中低压侧故障整定，即

$$U_{set.2}^{II} = \frac{\sqrt{3} I_{set.2}^{I} (Z_{A-B} + Z_T / K_{b.max})}{K_{rel}} \tag{3-35}$$

式中 $K_{b.max}$ ——最大分支系数；

K_{rel} ——可靠系数，$K_{rel} = 1.3 \sim 1.4$。

保护动作时间整定为

$$t_2 = t_1 + \Delta t$$

电流、电压元件的灵敏度分别为

$$K_{sen.I} = \frac{I_{k.min}^{(2)}}{I_{set.2}^{II}} \tag{3-36}$$

$$K_{sen.U} = \frac{U_{set.2}^{II}}{U_{re.max}} \tag{3-37}$$

式中 $I_{k.min}^{(2)}$ ——本线路末端故障时最小两相短路电流；

$U_{re.max}$ ——本线路末端故障时，保护安装处母线的最大残压。

2. 按保证线路末端故障灵敏度整定

对电流保护的第Ⅱ段，应能保护线路全长，并有足够的灵敏度，故可按保证本线路末端故障有一定灵敏度整定。在图 3-5 中，保护 2 电流、电压元件整定值应为

$$I_{set.2}^{II} = \frac{I_{kB.min}^{(2)}}{K_{sen.I}} = \frac{1}{K_{sen.I}} \left(\frac{\sqrt{3}}{2} \times \frac{U_{\varphi}}{X_{s.max} + Z_{A-B}} \right) \tag{3-38}$$

$$U_{set.2}^{II} = K_{sen.U} U_{re.max} = K_{sen.U} \frac{U_L Z_{A-B}}{X_{s.max} + Z_{A-B}} \tag{3-39}$$

按上式整定后还应校核与相邻保护配合情况。

保护动作时间整定为

$$t_2 = t_1 + \Delta t \tag{3-40}$$

即与相邻元件的Ⅰ段动作时限相配合。

3. 与相邻瞬时电流闭锁电压速断保护配合整定

电流、电压元件与相邻线路的电流、电压保护元件相配合，计算公式为

$$I_{set.2}^{II} = K_{rel} K_{b.max} I_{set.1}^{I} \tag{3-41}$$

$$U_{set.2}^{II} = \frac{\sqrt{3} I_{set.1}^{I} Z_{A-B} + U_{set.1}^{I}}{K_{rel}} \tag{3-42}$$

式中 $K_{b.max}$ ——最大分支系数；

K_{rel} ——可靠系数，$K_{rel} = 1.1 \sim 1.2$；

$I_{set.1}^{I}$，$U_{set.1}^{I}$ ——相邻线路电流、电压联锁速断保护电流、电压元件定值。

保护动作时间整定同式(3-40)。

本线路末端故障灵敏度校核略。

3.2.2.4 电流、电压联锁保护的后备段保护整定原则

与三段式电流保护一样，前述的电流、电压联锁速断（Ⅰ段）和限时电流、电压联锁速断

（Ⅱ段）构成线路主保护，作为后备保护可以采用带低电压闭锁的定时限过电流保护，也可采用复合电压闭锁的定时限过电流保护。

1. 带低电压闭锁的定时限过电流保护

由于采用电压元件闭锁，电流元件可不考虑电动机自启动问题，仅躲过本线路正常情况下的最大复合电流 $I_{L.max}$，即

$$I_{set.2}^{Ⅲ} = \frac{K_{rel}}{K_{re}} I_{L.max} \tag{3-43}$$

电压元件按躲过母线最低运行电压整定，即

$$U_{set.2}^{Ⅲ} = \frac{U_{L.min}}{K_{rel} K_{re}} \tag{3-44}$$

式中　$U_{L.min}$——母线最低运行电压，$U_{L.min} = 0.9 \sim 0.95$ 额定电压；

K_{rel}——可靠系数，$K_{rel} = 1.15 \sim 1.25$；

K_{re}——返回系数，$K_{re} = 1.15 \sim 1.25$。

保护动作时间整定同简单过电流保护。

2. 复合电压闭锁的定时限过电流保护整定

目前新建电站 35 kV、10 kV 出线采用微机保护，一般使用复合电压闭锁的定时限过电流保护，保护由电流元件、低电压元件和负序电压元件三部分组成。由于利用了不对称短路时出现的负序电压，从而提高了保护装置的灵敏度。

电流元件、电压元件整定同带低电压闭锁的定时限过电流保护。

负序电压元件反映故障后负序电压的增大而动作，可按躲过正常运行中出现的最大不平衡电压整定，即

$$U_{set.2} = \frac{K_{rel} U_{2unb.max}}{K_{re}} \tag{3-45}$$

式中　K_{rel}——可靠系数，$K_{rel} = 1.5 \sim 2$；

K_{re}——返回系数，$K_{re} = 0.85 \sim 0.95$；

$U_{2unb.max}$——电压互感器二次侧负序最大不平衡电压。

当 $U_{2unb.max}$ 较小时，一般取 $U_{set.2} = 0.06 \sim 0.07$（标幺值），或 $U_{set.2} = 6 \sim 7$ V（二次定值）。保护动作时间整定同简单过电流保护。

3.2.3　小电流接地系统单相接地保护的整定计算

架空线路零序电流保护的动作值 $I_{op(E)}$ 需躲过正常负荷电流下产生的不平衡电流 I_{unb} 和其他线路接地时本线路的电容电流 I_C，即

$$I_{op(E)} = K_{rel}(I_{unb} + I_C) \tag{3-46}$$

式中　K_{rel}——可靠系数，其值与动作时间有关。瞬时动作，考虑到不稳定接地间歇电弧所产生的振荡涌流会使保护误动作，取 $K_{rel} = 4 \sim 5$；如延时 0.5 s 动作，$K_{rel} = 1.5 \sim 2$。

I_{unb}——正常运行时负荷电流在零序电流过滤器输出端出现的不平衡电流。

I_C——其他线路接地时本线路对地的电容电流。

电缆线路零序保护的动作电流按躲过本线路的电容电流 I_C 整定，则

$$I_{op(E)} = K_{rel}I_C \tag{3-47}$$

无论架空线路或电缆线路，当本线路发生单相接地时，在接地故障电流 $I_E^{(1)} = I_{C\Sigma} - I_C$ 的作用下，保护应可靠动作并满足灵敏度的要求。因此，式(3-46)和式(3-47)的整定动作电流值还要满足

$$I_{op(E)} \leqslant \frac{I_E^{(1)}}{K_{sen}} = \frac{1}{K_{sen}}(I_{C\Sigma} - I_C) \tag{3-48}$$

式中 K_{sen} ——零序电流保护的灵敏系数，对架空线路取 $K_{sen} = 1.5$，对电缆线路，取 $K_{sen} = 1.25$；

$I_{C\Sigma}$ ——发生单相接地时系统所有线路接地电容电流之和。

3.3 技能培养

3.3.1 技能评价要点

技能评价要点见表 3-1。

表 3-1 技能评价要点

序号	技能评价要点	权重
1	能进行短路电流计算	5
2	能正确配置中低压线路保护	20
3	能进行中低压线路保护整定计算	30
4	能绘制中低压线路保护原理接线图和安装接线图	20
5	能编制中低压线路保护计算书和说明书	10
6	社会与方法能力	15

注："中低压线路保护设计"占本课程权重为10%。

3.3.2 技能实训

【算例1】 在图 3-6 所示的 35 kV 单侧电源辐射形电网中，线路 L_1 和 L_2 均考虑装设三段式电流保护。已知线路 L_1 长 20 km，线路 L_2 长 55 km，均为架空线路，线路的正序电抗为 0.4 Ω/km。系统的等值电抗为：最大运行方式时 $X_{s.min} = 5.5\ \Omega$，最小运行方式时 $X_{s.max} = 7.5\ \Omega$。线路 L_1 的最大负荷电流为 150 A，负荷的自启动系数为 1.5。线路 L_2 的过电流保护的动作时限为 2 s。各短路点以 37 kV 为基准的三相短路电流数值见表 3-2。

表 3-2 例题以 37 kV 为基准的三相短路电流数值

短路点	k_1	k_2	k_3
最大运行方式下三相短路电流(A)	3 900	1 585.4	602.3
最小运行方式下三相短路电流(A)	2 836.4	1 375.7	569.3

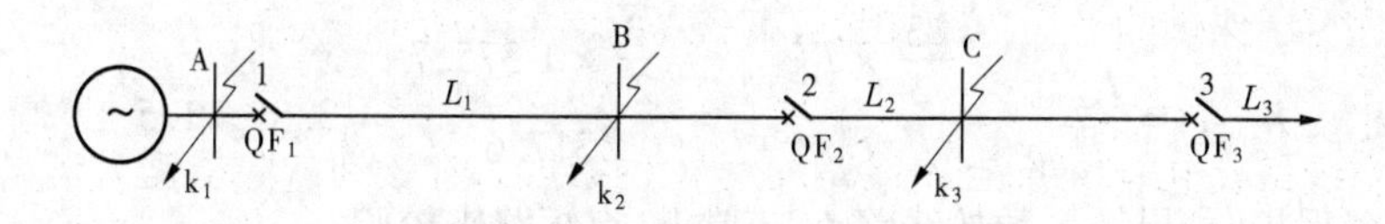

图3-6　三段式电流保护整定计算举例

试计算线路 L_1 三段式电流保护的动作电流、动作时限，并校验保护的灵敏系数。

解：(1)第Ⅰ段瞬时电流速断保护。保护装置的动作电流按躲过线路 L_1 末端 k_2 点短路时的最大短路电流整定，即

$$I_{op.1}^{\mathrm{I}} = K_{rel} I_{k2.max}^{(3)} = 1.3 \times 1\,585.4 = 2\,061(\mathrm{A})$$

动作时限为 $t_1^{\mathrm{I}} = 0\ \mathrm{s}$；

保护范围为

$$L_{max} = \frac{1}{X_1}\left(\frac{E_s}{I_{op.1}^{\mathrm{I}}} - X_{s.min}\right) = \frac{1}{0.4} \times \left(\frac{\frac{37\,000}{\sqrt{3}}}{2\,061} - 5.5\right) = 12.2(\mathrm{km})$$

$$\frac{L_{max}}{L_1} \times 100\% = \frac{12.2}{20} \times 100\% = 61\% > 50\%$$

$$L_{min} = \frac{1}{X_1}\left(\frac{\sqrt{3}}{2} \times \frac{E_s}{I_{op.1}^{\mathrm{I}}} - X_{s.max}\right) = \frac{1}{0.4} \times \left(\frac{\sqrt{3}}{2} \times \frac{\frac{37\,000}{\sqrt{3}}}{2\,061} - 7.5\right) = 3.7(\mathrm{km})$$

$$\frac{L_{min}}{L_1} \times 100\% = \frac{3.7}{20} \times 100\% = 18.5\% > 15\%$$

(2)第Ⅱ段限时电流速断保护。

要计算线路 L_1 的第Ⅱ段动作电流，必须首先算出线路 L_2 的第Ⅰ段动作电流。$I_{op.2}^{\mathrm{I}}$ 按躲过线路 L_2 末端 k_3 点短路时的最大短路电流整定，即

$$I_{op.2}^{\mathrm{I}} = K_{rel} I_{k3.max} = 1.3 \times 602.3 = 783(\mathrm{A})$$

$$I_{op.1}^{\mathrm{II}} = K_{rel} I_{op.2}^{\mathrm{I}} = 1.1 \times 783 = 861.3(\mathrm{A})$$

动作时限为　$t_1^{\mathrm{II}} = t_2^{\mathrm{I}} + \Delta t = 0.5(\mathrm{s})$

灵敏系数按线路 L_1 末端 k_2 点短路来校验。

$$K_{sen} = \frac{I_{k2.min}}{I_{op.1}^{\mathrm{II}}} = \frac{\frac{\sqrt{3}}{2} \times I_{k2.min}^{(2)}}{I_{op.1}^{\mathrm{II}}} = \frac{\frac{\sqrt{3}}{2} \times 1\,375.7}{861.3} = 1.4 > 1.3$$

(3)第Ⅲ段定时限过电流保护。

保护装置动作电流为

$$I_{op.1}^{\mathrm{III}} = \frac{K_{rel}K_{ss}}{K_{re}} I_{L.max} = \frac{1.2 \times 1.5}{0.85} \times 150 = 317.6(\mathrm{A})$$

动作时限为　$t_1^{\mathrm{III}} = t_2^{\mathrm{III}} + \Delta t = 2 + 0.5 = 2.5(\mathrm{s})$

作近后备保护时，灵敏系数按线路 L_1 末端 k_2 点短路来校验。

$$K_{sen.L}=\frac{I_{k2.min}}{I_{op.1}^{Ⅲ}}=\frac{\frac{\sqrt{3}}{2}\times I_{k2.min}^{(3)}}{I_{op.1}^{Ⅲ}}=\frac{\frac{\sqrt{3}}{2}\times 1\ 375.7}{317.6}=3.8>1.5$$

作远后备保护时,灵敏系数按线路 L_2 末端 k_3 点短路来校验

$$K_{sen.R}=\frac{I_{k3.min}}{I_{op.1}^{Ⅲ}}=\frac{\frac{\sqrt{3}}{2}\times I_{k3.min}^{(3)}}{I_{op.1}^{Ⅲ}}=\frac{\frac{\sqrt{3}}{2}\times 569.3}{317.6}=1.6>1.2$$

【算例2】 在如图3-7所示的双侧电源辐射形电网中,拟定在各断路器上装设过电流保护。已知时限级差 $\Delta t=0.5$ s。试确定过电流保护1~8的动作时限,并指出哪些保护应装方向元件。

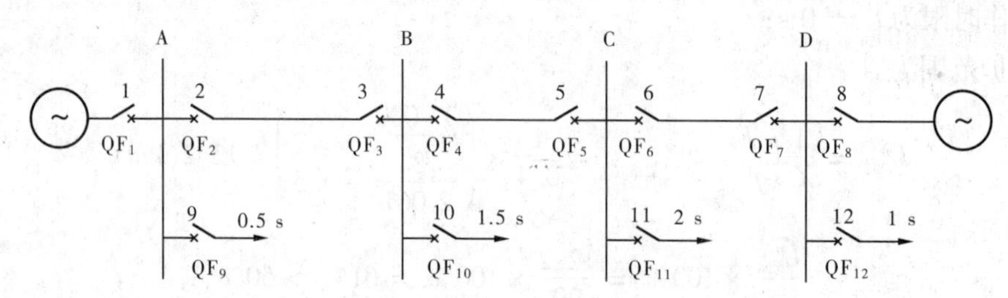

图3-7 双侧电源辐射形电网

解:计算各保护的动作时限。

考虑到发电机上均设有瞬时动作的纵联差动保护,则线路的过电流保护的动作时限无需与发电机过电流保护的动作时限相配合。

同一方向的保护有1、2、4、6,其动作时限为

$$t_1=t_2+\Delta t=3+0.5=3.5(\text{s})$$
$$t_2=t_{10}+\Delta t=1.5+0.5=2(\text{s})$$
$$t_4=t_{11}+\Delta t=2+0.5=2.5(\text{s})$$
$$t_6=t_{12}+\Delta t=1+0.5=1.5(\text{s})$$

同一方向的保护有8、7、5、3,其动作时限为:

$$t_3=t_9+\Delta t=0.5+0.5=1(\text{s})$$
$$t_5=t_{10}+\Delta t=1.5+0.5=2(\text{s})$$
$$t_7=t_5+\Delta t=2+0.5=2.5(\text{s})$$
$$t_8=t_7+\Delta t=2.5+0.5=3(\text{s})$$

确定应装设方向元件的保护。

观察A母线上,除发电机外,有两条引出线,由于 $t_9<t_2$,故保护2不需设方向元件。B母线上有三条引出线,由于 $t_3<t_4$,故保护3要设方向元件,保护4也需设方向元件。C母线上有三条引出线,由于 $t_6<t_5$,故保护6要设方向元件。D母线上除发电机外有两条引出线,由于 $t_{12}<t_7$,故保护7不需设方向元件。

从上面分析得出,要装方向元件的有保护3、保护4、保护6。

学习情境4　中高压线路保护调试

4.1　学习目标

【知识目标】　掌握距离保护的原理；掌握圆特性阻抗测量元件动作特性；掌握过渡电阻的影响及相应措施；了解振荡与振荡闭锁；理解阻抗测量元件的接线方式；理解大电流接地系统单相接地时零序分量的特点；掌握大电流接地系统的单相接地保护。

【专业能力】　培养学生根据技术资料和现场情况拟订调试方案的能力、使用继电保护测试仪和电工工具的能力、调试中高压线路保护装置的能力、编制调试报告的能力。

【方法能力】　培养学生自主学习的能力、分析问题与解决问题的能力、组织与实施的能力、自我管理能力和沉着应变能力。

【社会能力】　热爱本职工作，刻苦钻研技术，遵守劳动纪律，爱护工具、设备，安全文明生产，诚实团结协作，艰苦朴素，尊师爱徒。

4.2　基础理论

4.2.1　距离保护的基本原理及组成

4.2.1.1　距离保护的基本原理

随着电力系统的发展，出现了容量大、电压高、距离长、负荷重、结构复杂的网络。在高压长距离重负荷线路上，线路的最大负荷电流有时可能接近于线路末端的短路电流，所以在这种线路上过流保护是不能满足灵敏系数要求的；另外，对于电流速断保护，其保护范围受电网运行方式改变的影响，保护范围不稳定，有时甚至没有保护区。为了提高继电保护的灵敏性，并使其保护范围不受系统运行方式的影响，可采用性能更加完善的距离保护。

距离保护就是反映故障点至保护安装处的距离，并根据距离的远近确定动作时间的一种保护装置。测量故障点至保护安装处的距离，实际上就是用阻抗测量元件测量故障点至保护安装处的阻抗，因此距离保护又称为阻抗保护。

保护安装处母线电压与线路电流之比 $Z_r = \dfrac{\dot{U}_r}{\dot{I}_r}$，称为测量阻抗，故障时其反映了故障点到保护安装处的阻抗。将测量阻抗与整定阻抗 Z_{set}（Z_{set} 对应于预先整定的保护范围）进行比较，当 $Z_r < Z_{set}$ 时，说明故障点是在保护范围内，保护动作；当 $Z_r > Z_{set}$ 时，说明故障点在保护范围外,保护不动作。由于故障时,测量阻抗就等于短路阻抗,而短路阻抗只与故障点至保护安装处的距离成正比,基本上不受系统运行方式的影响,所以距离保护的保护范围基本上不随系统运行方式的变化而变化。

距离保护的动作时限 t 和测得的故障点与保护安装处的距离 l 的关系,称为距离保护的时限特性。目前广泛应用的是三段式阶梯形时限特性,它具有三个保护范围及相应的三段延时 t_1^{I} 、t_1^{II} 、t_1^{III} ,如图 4-1 所示。距离保护第Ⅰ、Ⅱ、Ⅲ段的整定计算原则与电流保护的第Ⅰ、Ⅱ、Ⅲ段相似,但根本区别是距离Ⅰ段的保护范围不受系统运行方式变化的影响,其他两段受到的影响也比较小,故距离保护的保护范围比较稳定。

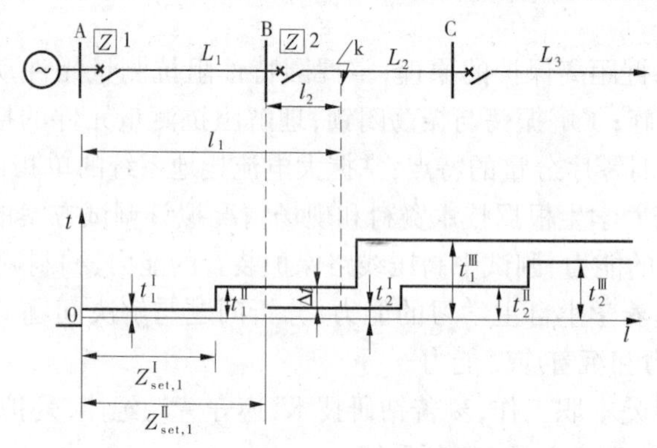

图 4-1 三段式距离保护的动作时限特性

为保证选择性,瞬时动作的距离Ⅰ段的保护范围为被保护线路全长的 80% ~85% ,动作时限为保护装置的固有动作时间,约 0.1 s。距离Ⅱ段的保护范围为被保护线路的全长及下一级线路的 30% ~40% ,动作时限要与下一级线路的距离Ⅰ段的动作时限配合,即 $t_1^{\mathrm{II}} = t_2^{\mathrm{I}} + \Delta t$ 。距离Ⅲ段为后备保护,其保护范围较长,一般包括本线路及下一级线路全长甚至更远,故距离Ⅲ段的动作时限应按阶梯原则整定,即 $t_1^{\mathrm{III}} = t_2^{\mathrm{III}} + \Delta t$ 。

在图 4-1 中可以看出,当 k 点发生短路时,从保护 2 安装处到 k 点的距离为 l_2 ,保护 2 将以 t_2^{I} 的时间动作;从保护 1 安装处到 k 点的距离为 l_1 ,保护 1 将要以 t_1^{II} 的时间动作,因为 $t_1^{\mathrm{II}} > t_2^{\mathrm{I}}$,保护 2 将先动作于跳闸,切除故障,满足了选择性要求。由于距离保护从原理上保证了离故障点近的保护的动作时间总是小于离故障点远的保护的动作时间,故障总是由距故障点近的保护首先切除。

4.2.1.2 距离保护的组成

三段式距离保护的单相原理框图如图 4-2 所示。它由启动元件、测量元件与逻辑回路三部分组成。

(1)启动元件。启动元件的主要作用是在被保护线路发生故障时,启动保护装置或进入故障计算程序。常采用负序电流及电流突变量元件作为启动元件。

(2)测量元件。测量元件完成保护安装处到故障点阻抗或距离的测量,并与事先确定好的整定值进行比较,当保护区区内故障时动作,区外故障时不动作。测量元件由Ⅰ、Ⅱ、Ⅲ段的阻抗测量元件 KI1、KI2、KI3 来完成。

(3)逻辑回路。逻辑回路一般由一些逻辑门与时间元件组成,用于判断保护区内或

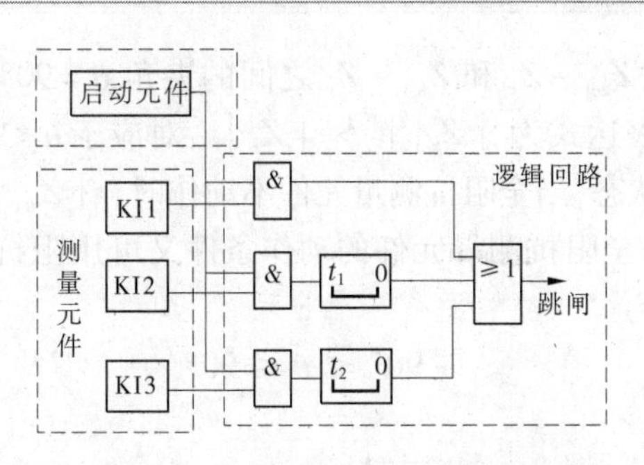

图 4-2　三段式距离保护的单相原理框图

区外故障,并在不同保护区区内故障时以相应的动作延时控制断路器的跳闸。

阻抗的变化包括幅值的变化和相角的变化,阻抗表示在复平面上为矢量,不同方向的矢量是不能比较大小的,所以阻抗保护不能简单仿照电流保护的动作特性,只要通过电流元件的电流大于动作电流就动作。阻抗测量元件要测量阻抗幅值和相位的变化,其动作特性为复平面上的"几何面积"(称为动作区),当测量阻抗落入动作区时动作,当测量阻抗落在区外时不动作。根据动作区的几何形状,有圆特性阻抗测量元件、四边形特性阻抗测量元件等。

4.2.2　圆特性阻抗测量元件

4.2.2.1　全阻抗测量元件

如图 4-3 所示,全阻抗测量元件的特性圆是一个以坐标原点为圆心,以整定阻抗的绝对值 $|Z_{set}|$ 为半径所作的一个圆。全阻抗测量元件在正前方和后背的保护范围是一样的,不论故障发生在正方向还是反方向,只要测量阻抗 Z_r 落在圆内,元件就动作,所以叫全阻抗测量元件。当测量阻抗落在圆周上时,元件处于临界状态,对应于此时的测量阻抗叫作阻抗测量元件的动作阻抗,以 $Z_{op.r}$ 表示。所以,对全阻抗测量元件来说,不论 $\dot{U}_r$ 与 $\dot{I}_r$ 之间的相位差 φ_r 如何,$|Z_{op.r}|$ 均不变,总为 $|Z_{op.r}|=|Z_{set}|$,即全阻抗测量元件无方向性。阻抗测量元件动作方程,可以用幅值表示,也可以用相位表示。

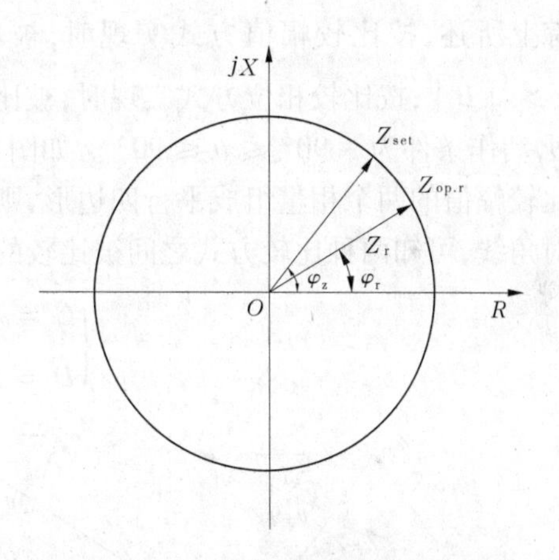

图 4-3　全阻抗测量元件的特性圆

1. 幅值比较方式

全阻抗测量元件的动作特性如图 4-3 所示,当测量阻抗落在圆内,全阻抗测量元件就能够启动,其动作方程可用阻抗的幅值表示,即

$$|Z_r| \leqslant |Z_{set}| \tag{4-1}$$

2. 相位比较方式

幅值比较方式的全阻抗测量元件其临界动作条件为 $|Z_{set}|=|Z_r|$,由图 4-4(a)

不难看出，此时合成阻抗 $Z_{set}-Z_r$ 和 $Z_{set}+Z_r$ 之间的夹角 $\theta=90°$，Z_r 位于圆周上；而全阻抗测量元件的动作条件表达式为 $|Z_{set}|>|Z_r|$，对应于 $\theta<90°$，此时元件的动作条件可表示为图4-4(b)所示状态；当全阻抗测量元件不动作时，$|Z_{set}|<|Z_r|$，对应于 $\theta>90°$，见图4-4(c)。可见，全阻抗测量元件的动作条件又可用阻抗 $Z_{set}-Z_r$ 与 $Z_{set}+Z_r$ 之间的夹角 θ 表示为

$$-90°\leqslant\theta\leqslant 90° \tag{4-2}$$

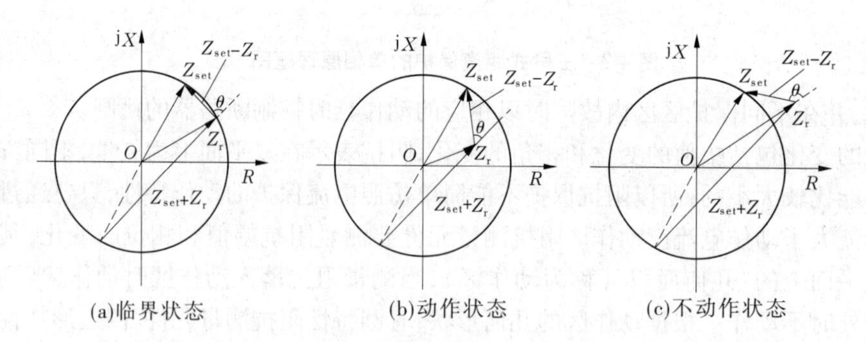

图4-4　全阻抗测量元件动作条件的表示方法

3. 幅值比较方式与相位比较方式之间的一般关系

综上所述，按比较幅值方式实现时，被比较幅值的两个矢量 $\dot{A}$ 和 $\dot{B}$，动作条件为 $|\dot{A}|>|\dot{B}|$；按比较相位方式实现时，被比较相位的两个矢量为 $\dot{C}$ 和 $\dot{D}$，$\dot{C}$、$\dot{D}$ 的相位差为 θ，动作条件为 $-90°\leqslant\theta\leqslant 90°$。如图4-5所示，由平行四边形和菱形的定则可知，如用比较幅值的两个相量组成平行四边形，则相位比较的两个相量就是该平行四边形的两个对角线，可知两种比较方式之间被比较的矢量的一般关系为：

$$\begin{cases}\dot{C}=\dot{A}+\dot{B}\\ \dot{D}=\dot{A}-\dot{B}\end{cases} \tag{4-3}$$

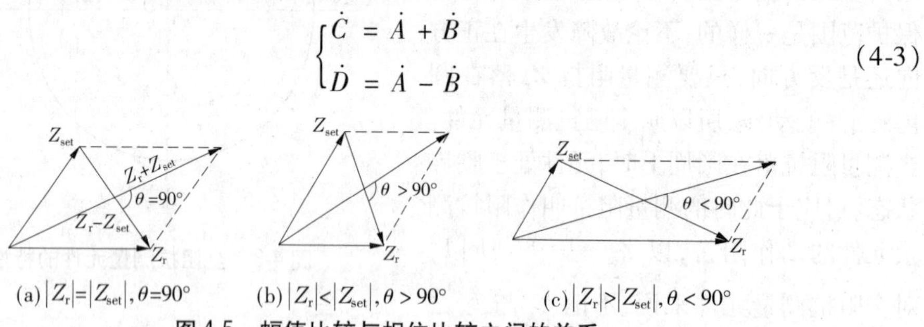

图4-5　幅值比较与相位比较之间的关系

由上述分析可知，幅值比较式和相位比较式之间具有互换性。同一动作特性的元件既可按幅值比较方式，也可按相位比较方式。但是必须注意：

(1)只适用于 $\dot{A}$、$\dot{B}$、$\dot{C}$、$\dot{D}$ 为同一频率的正弦交流电。

(2)只适用于相位比较方式动作范围为 $-90°\leqslant\theta\leqslant 90°$ 和幅值比较方式动作条件为 $|\dot{A}|>|\dot{B}|$ 的情况。

(3)对短路暂态过程中出现的非周期分量和谐波分量，以上的转换关系显然是不成立的，因此不同比较方式构成的元件受暂态过程的影响不同。

4.2.2.2　方向阻抗测量元件

全阻抗测量元件动作是无方向性的，不能判别短路故障的方向，若采用它作测量元件，有时尚须另加一个方向元件与之配合。而采用方向阻抗测量元件，既能测量短路点的远近，又能判别短路的方向。

方向阻抗测量元件的特性是以整定阻抗 Z_{set} 为直径，圆心位于$\frac{1}{2}Z_{set}$，而通过坐标原点的一个特性圆，半径为$\frac{1}{2}Z_{set}$。如图4-6所示，圆内为动作区，圆外为不动作区。方向圆特性对于测量阻抗 Z_r 的阻抗角不同时，动作阻抗 $Z_{op.r}$ 也是不同的。在整定阻抗的方向上，动作阻抗最大，正好等于整定阻抗；其他方向的动作阻抗都小于整定阻抗；在整定阻抗的反方向上，动作阻抗为0，反方向故障时不会动作，故该阻抗测量元件本身具有方向性。

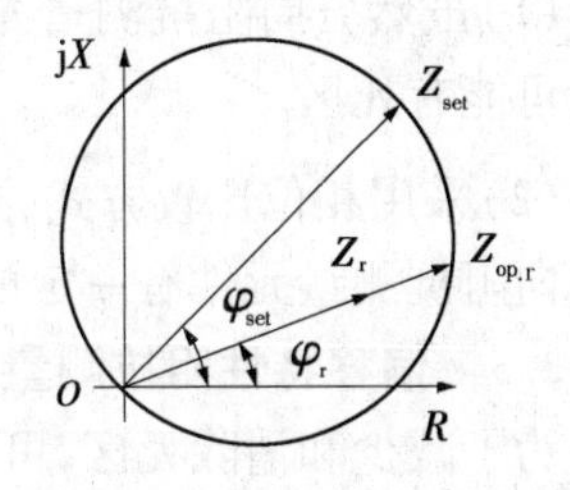

图4-6　方向阻抗测量元件特性圆

由于 φ_r 等于 Z_{set}的阻抗角时，元件的启动阻抗达到最大，等于圆的直径，此时，阻抗测量元件的保护范围最大，工作最灵敏，因此这个角度称为方向阻抗测量元件的最大灵敏角，通常用 φ_{sen} 表示。当被保护线路范围内故障时，测量阻抗角 $\varphi_r=\varphi_k$（线路短路阻抗角），为了使元件工作在最灵敏条件下，应选择整定阻抗角 $\varphi_{set}=\varphi_k$。若 φ_r 不等于 φ_{set}，则动作阻抗 $Z_{op.r}$将小于整定阻抗 Z_{set}，这时元件的动作条件是 $Z_r<Z_{op.r}$，而不是 $Z_r<Z_{set}$，这一点需特别注意。

方向阻抗测量元件也有幅值比较方式和相位比较方式两种，其分析结果如下所述。

1. 幅值比较方式

幅值比较方式如图4-7(a)所示，元件能够启动（即测量阻抗 Z_r 位于圆内）的条件是

$$\left|Z_r-\frac{1}{2}Z_{set}\right|\leqslant\left|\frac{1}{2}Z_{set}\right| \tag{4-4}$$

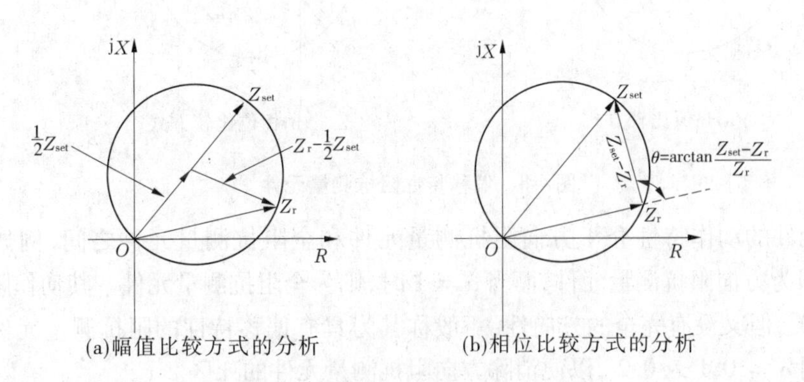

图4-7　方向阻抗测量元件动作特性

2. 相位比较方式

相位比较方式如图4-7(b)所示，当 Z_r 位于圆周上时，阻抗（$Z_{set}-Z_r$）与 Z_r 之间的相位差为 $\theta=90°$，类似于对全阻抗测量元件的分析，同样可以证明 $-90°\leqslant\theta\leqslant90°$ 是其能

够启动的条件。

3. 方向阻抗测量元件小结

方向阻抗测量元件的优点在于它具有明确的方向性，不会误动。但方向阻抗测量元件也存在以下缺点：

(1)虽然方向阻抗测量元件理论上过原点，但实际上由于存在误差，所以保护出口处附近可能有死区。

(2)采用相位比较方式，当在保护安装出口处短路时，其中 $\dot{U}_r \approx 0$，无法比较相位，所以方向阻抗测量元件有一定的死区，越接近出口处短路，该动作它反而越不动作。

4.2.2.3　偏移特性阻抗测量元件

为了减少和消除死区，可以采用偏移特性阻抗测量元件。偏移特性阻抗测量元件的特性是当正方向的整定阻抗为 Z_{set} 时，反方向偏移一个 αZ_{set}，α 叫作偏移度，其值在 0 ~ 1 之间。偏移特性阻抗测量元件的动作特性如图 4-8 所示，圆内为动作区，圆外为不动作区。偏移特性阻抗测量元件的特性圆向第Ⅲ象限作了适当偏移，使坐标原点落入圆内，则母线附近的故障也在保护范围之内，因而电压死区不存在了。由图 4-8 可见，圆的直径为 $|Z_{set} + \alpha Z_{set}|$，圆心坐标为 $Z_o = \frac{1}{2}(Z_{set} - \alpha Z_{set})$，圆的半径为 $|Z_{set} - Z_o| = \frac{1}{2}|Z_{set} + \alpha Z_{set}|$。

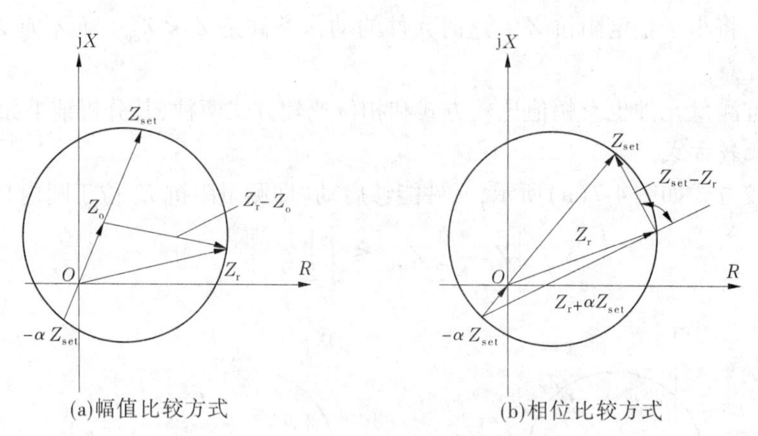

图 4-8　偏移特性阻抗测量元件

这种元件的动作特性介于方向阻抗测量元件和全阻抗测量元件之间，例如当采用 $\alpha = 0$ 时，即为方向阻抗测量元件，而当 $\alpha = 1$ 时，则为全阻抗测量元件。其动作阻抗 $Z_{op.r}$ 既与 φ_r 有关，但又没有完全的方向性，一般称其为具有偏移特性的阻抗测量元件。实用上通常采用 $\alpha = 0.1 \sim 0.2$，以便消除方向阻抗测量元件的死区。

偏移特性阻抗测量元件也有幅值比较方式和相位比较方式两种，分析如下。

1. 幅值比较方式

幅值比较方式如图 4-8(a)所示，元件能够启动的条件为

$$|Z_r - Z_o| \leqslant |Z_{set} - Z_o| \tag{4-5}$$

2. 相位比较方式

相位比较方式如图4-8(b)所示，当 Z_r 位于圆周上时，向量 $(Z_r + \alpha Z_{set})$ 与 $(Z_{set} - Z_r)$ 之间的相位差为 $\theta = 90°$，同样可以证明，$-90° \leqslant \theta \leqslant 90°$ 也是元件能够启动的条件。

最后，特别强调一下三个阻抗的意义和区别，以便加深理解：

(1) Z_r 是阻抗测量元件的测量阻抗，由加入阻抗测量元件中电压 $\dot{U}_r$ 与电流 $\dot{I}_r$ 的比值确定，Z_r 的阻抗角就是 $\dot{U}_r$ 和 $\dot{I}_r$ 之间的相位差 φ_r。

(2) Z_{set} 是阻抗测量元件的整定阻抗，一般取阻抗测量元件安装点到保护范围末端的线路阻抗作为整定阻抗。对全阻抗测量元件而言，就是圆的半径；对方向阻抗测量元件而言，就是在最大灵敏角方向上的直径；而对偏移特性阻抗测量元件，则是在最大灵敏角方向上由圆点到圆周的长度。

(3) $Z_{op.r}$ 是元件的动作阻抗，它表示当元件刚好动作时，加入元件中电压 $\dot{U}_r$ 和电流 $\dot{I}_r$ 的比值。除全阻抗测量元件以外，$Z_{op.r}$ 随着 φ_r 的不同而改变，当 $\varphi_r = \varphi_{sen}$ 时，$Z_{op.r}$ 的数值最大，等于 Z_{set}。

4.2.3　短路点过渡电阻的影响及相应措施

4.2.3.1　短路点过渡电阻的性质

短路点的过渡电阻 R_g 是指当相间短路或接地短路时，短路电流从一相流到另一相或从导线流入地的回路中所通过的物质的电阻，这包括电弧、中间物质的电阻、相导线与地之间的接触电阻、金属杆塔的接地电阻等。

(1) 在相间故障时，过渡电阻主要由电弧电阻（简称弧阻）组成。电弧电阻具有非线性特性，其大小与电弧弧道的长度成正比，而与电弧电流的大小成反比。根据实验证明，电弧实际上呈现的有效电阻，其值可按下式确定

$$R_g \approx 1\,050 \frac{L_g}{I_g} \tag{4-6}$$

式中　I_g ——电弧电流的有效值，A；

　　　L_g ——电弧长度，m。

电弧的长度和电流是随时间而变的，在一般情况下，短路初瞬间，电弧电流 I_g 最大，电弧长度 L_g 最短，弧阻 R_g 最小。经过几个周期后，在空气运动和电动力等作用下，电弧逐渐伸长，弧阻 R_g 有急速增大之势。在相间短路时，过渡电阻一般在数欧至十几欧之间。

(2) 在导线对杆塔放电的接地短路时，杆塔及其接地电阻构成过渡电阻的主要部分。杆塔的接地电阻与大地导电率有关。对于跨越山区的高压线路，铁塔的接地电阻可达数十欧。此外，当导线通过树木或其他物体对地短路时，过渡电阻更高，对于500 kV的线路，最大过渡电阻可达300 Ω，而对220 kV线路，最大过渡电阻约为100 Ω。

4.2.3.2　单侧电源线路上过渡电阻对距离保护的影响

如图4-9所示，在没有助增电流和外汲电流的单侧电源线路上，过渡电阻中的短路电流与保护安装处的电流为同一电流，这时短路点的过渡电阻 R_g 总是使元件的测量阻抗增大，使保护范围缩短。然而，由于过渡电阻对不同安装地点的保护影响不同，因而在某种

情况下，可能导致保护无选择性动作。

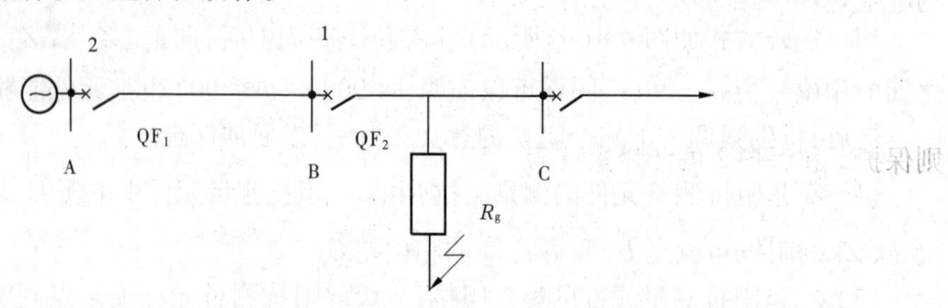

图 4-9　单侧电源线路经过渡电阻 R_g 短路的等效图

例如，当线路 B—C 的始端经过渡电阻 R_g 短路，则保护 1 的测量阻抗为 $Z_{r1}=R_g$，而保护 2 的测量阻抗为 $Z_{r2}=Z_{AB}+R_g$，Z_{r1} 和 Z_{r2} 均比同一点发生金属性短路时有所增大，但增大的情况有所不同，其中 Z_{r1} 增大较多，受 R_g 影响较大。由图 4-10 可见，当过渡电阻 R_g 的数值增大到落在断路器 QF_1 第Ⅱ段动作圆内和 QF_2 第Ⅰ段动作圆外时，如两处阻抗保护的第Ⅱ段的动作时间相等，即 $t_{set1}^{Ⅱ}=t_{set2}^{Ⅱ}$，将导致保护 1 和保护 2 以相同时限断开断路器 QF_1 和 QF_2，造成无选择性动作。若整定延时产生误差使 $t_{set1}^{Ⅱ}<t_{set2}^{Ⅱ}$，则断路器 QF_1 将无选择性跳闸，QF_2 不能跳闸。如过渡电阻增大超过 R，则保护 1 和保护 2 的第Ⅰ、Ⅱ段均不动作，只能由保护 1 和保护 2 的第Ⅲ段保护动作跳闸，使保护速动性变差，甚至发生无选择性动作。

由以上分析可见，保护装置距短路点越近时，受过渡电阻影响越大；同时保护装置的整定值越小，则相应地受过渡电阻的影响也越大。因此，对短线路的距离保护应特别注意过渡电阻的影响。

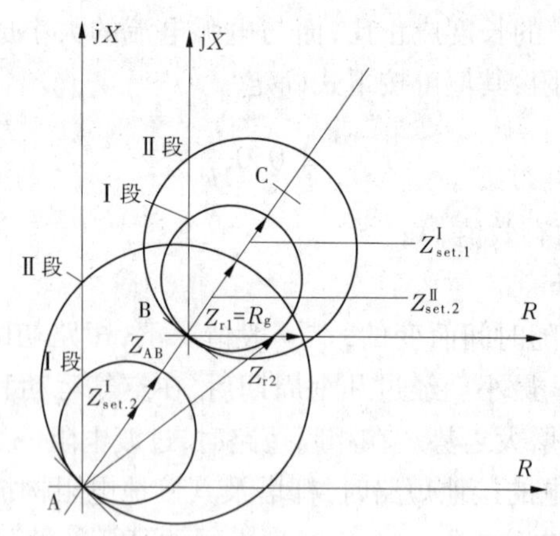

图 4-10　过渡电阻对不同安装地点距离保护影响分析

4.2.3.3　双侧电源线路上过渡电阻的影响

在如图 4-11 所示双侧电源线路上，过渡电阻中的短路电流不再是保护安装处的电流，短路点的过渡电阻可能使测量阻抗增大，也可能使测量阻抗减小。如在 B—C 线路的始端经过渡电阻 R_g 三相短路时，$\dot{I}_{KAB}$ 和 $\dot{I}_{KCB}$ 分别为两侧电源供给的短路电流，则流经 R_g

的电流 $\dot{I}_{K}=\dot{I}_{KAB}+\dot{I}_{KCB}$，此时变电所A和B母线上的残余电压为

$$\dot{U}_{B}=\dot{I}_{K}R_{g} \tag{4-7}$$

$$\dot{U}_{A}=\dot{I}_{K}R_{g}+\dot{I}_{KAB}Z_{AB} \tag{4-8}$$

则保护1和保护2的测量阻抗为

$$Z_{r1}=\frac{\dot{U}_{B}}{\dot{I}_{KAB}}=\frac{\dot{I}_{K}}{\dot{I}_{KAB}}R_{g}=\frac{I_{K}}{I_{KAB}}R_{g}e^{j\alpha} \tag{4-9}$$

$$Z_{r2}=\frac{\dot{U}_{A}}{\dot{I}_{KAB}}=Z_{AB}+\frac{I_{K}}{I_{KAB}}R_{g}e^{j\alpha} \tag{4-10}$$

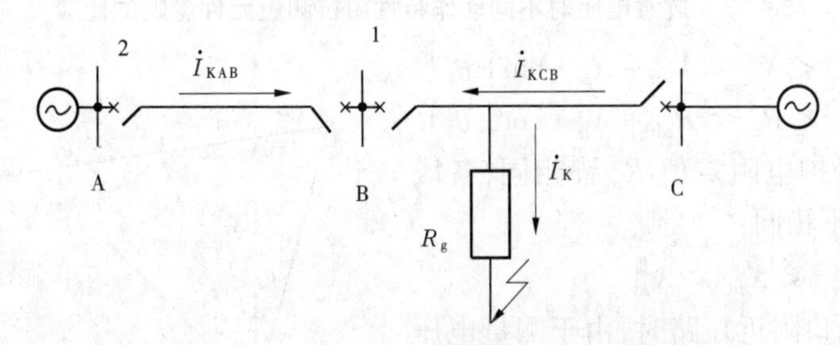

图4-11　双侧电源线路通过 R_g 短路的接线图

式中　α——$\dot{I}_{K}$ 超前 $\dot{I}_{KAB}$ 的角度。

当 α 为正时，测量阻抗的电抗成分增大，造成保护范围缩短。而 α 为负时，测量阻抗的电抗成分减小，则实际的保护区将要比整定值大，可能引起某些保护的无选择性动作。

4.2.3.4　过渡电阻对不同动作特性阻抗测量元件的影响

如图4-12(a)所示的网络中，假定保护2的距离保护Ⅰ段采用不同特性的阻抗测量元件，它们的整定值选择得都一样，为 $0.85Z_{AB}$。如果在距离Ⅰ段保护范围内，阻抗为 Z_k 处经过渡电阻 R_g 短路，则保护2的测量阻抗为 $Z_{r2}=Z_k+R_g$。由图4-12(b)可见，当过渡电阻 R_g 达到 R_{g1} 时，方向阻抗测量元件开始拒动；而达到 R_{g2} 时，全阻抗测量元件开始拒动。一般说来，阻抗测量元件在 $+R$ 轴方向所占的面积越大，则受过渡电阻 R_g 的影响越小。

4.2.3.5　防止过渡电阻影响的措施

(1)根据图4-12分析所得结论，采用能容许较大的过渡电阻而不致拒动的阻抗测量元件，可防止过渡电阻对元件工作的影响。微机保护中常采用多边形特性的阻抗测量元件，下面以图4-13所示四边形特性阻抗测量元件进行简单介绍。

定值：X_{zd}，R_{zd}（或：Z_{zd}，φ_{lm}，R_{zd}）。

θ_1（15°～30°）：保证出口经过渡电阻 R_g 短路时能可靠动作。

θ_2（15°）：保证高压线路金属性短路且有测量角误差时仍能可靠动作。

θ_3（$\leqslant\varphi_{lm}$，一般取45°或60°）：躲过区内短路的过渡电阻。

θ_4（7°～10°）：防末端区外经 R_g 短路时可能出现的超越误动。

动作判据：

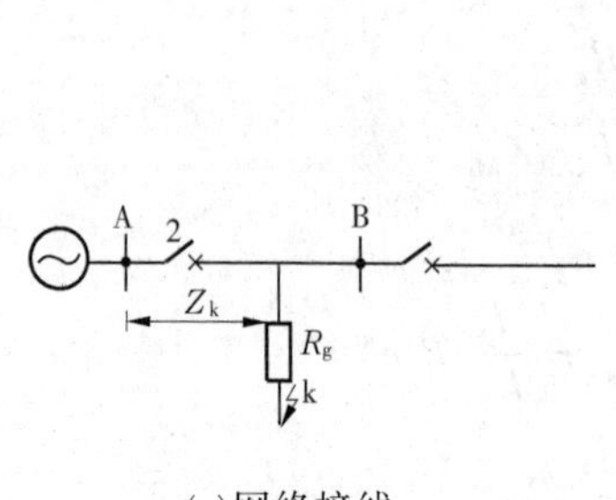

(a)网络接线

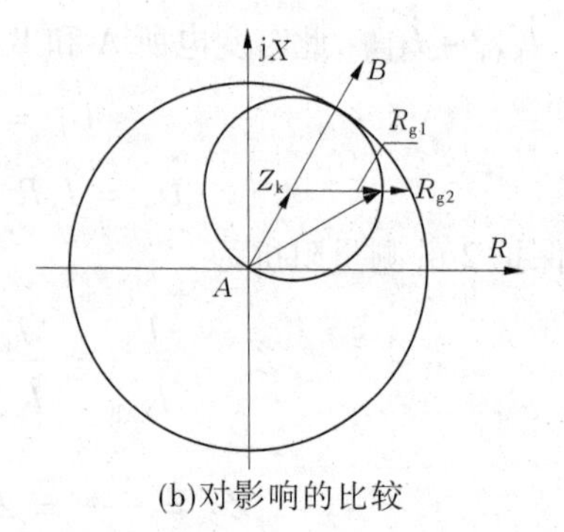

(b)对影响的比较

图 4-12　过渡电阻对不同动作特性阻抗测量元件影响的比较

$$-R_m \cdot \tan|\theta_1| < X_m < X_{zd} - R_m \cdot \tan|\theta_4|$$
$$-X_m \cdot \tan|\theta_2| < R_m < R_{zd} + X_m \cdot \cot|\theta_3|$$

三段距离保护电阻定值 R_{zd} 皆相同，各段电抗定值 X_{zd} 各不相同：

$$X_{zd}^{\mathrm{I}} < X_{zd}^{\mathrm{II}} < X_{zd}^{\mathrm{III}}$$

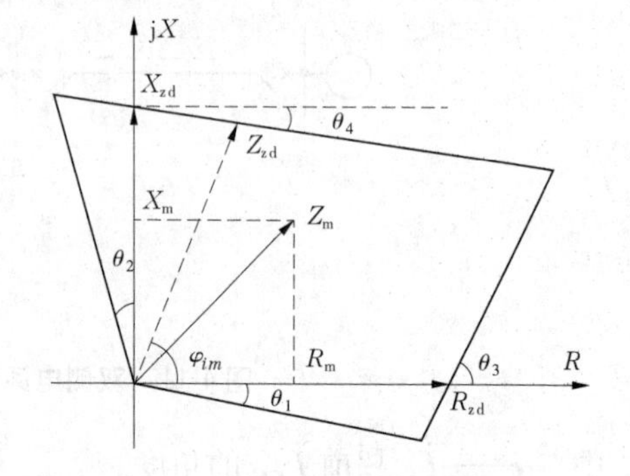

图 4-13　四边形特性阻抗测量元件

当本线路出口附近短路时，由于测量电压基本为 0，则测量阻抗基本为 0，导致测量阻抗落在动作特性的边界上，而对于实际阻抗测量元件，此时不能动作，导致保护拒动，即存在死区。为消除方向阻抗测量元件的死区，动作特性区域叠加偏移小矩形，如图 4-14 所示。

$$X_p = \min\{X_{zd}/2,\ 0.5\ \Omega\}$$
$$R_p = \min\{R_{zd}/2,\ 8X_p\}$$

为防止反方向出口短路时误动，在动作区判断前，先采用带记忆作用的方向元件判别方向(用故障前电压与故障后电流判方向。由于故障前电压与故障后电压同相位，故可用故障前电压代替故障后电压来与电流比相)，若为正方向则进入动作区判别，若为反方向则直接闭锁保护。

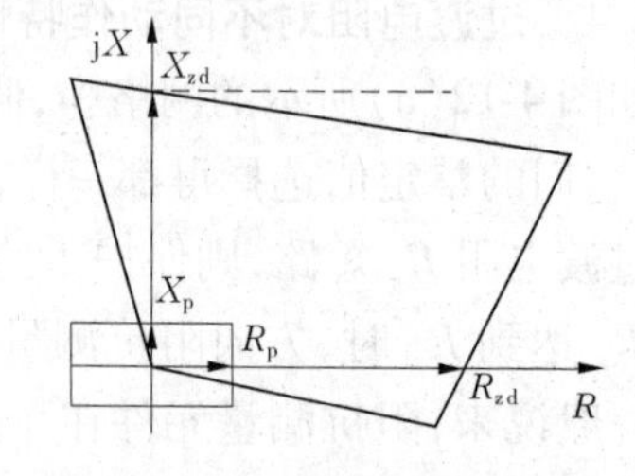

图 4-14　消除出口死区的四边形特性阻抗测量元件

(2)利用记忆元件来固定阻抗测量元件的动作。相间短路时，过渡电阻主要是电弧电阻，其数值在短路瞬间最小，经过 0.1 ~ 0.15 s 后就迅速增大。根据 R_g 的特点，可以将短路瞬间的测量电阻记忆下来，利用此电阻来进行比较。

4.2.4* 系统振荡与振荡闭锁

4.2.4.1 电力系统振荡的基本概念

电力系统未受扰动处于正常运行状态时，系统中所有发电机处于同步运行状态，发电机电势间的相位差 δ 较小，并且保持恒定不变，此时系统中各处的电压、电流有效值都是常数。当电力系统受到大的扰动或小的干扰而失去运行稳定时，机组间的相对角度随时间不断增大，线路中的潮流也产生较大的波动。在继电保护范围内，把这种并列运行的电力系统或发电厂失去同步的现象称为振荡。

电力系统发生振荡的原因是多方面的，归纳起来主要有以下几点：

(1)电网的建设规划不周，联系薄弱，线路输送功率超过稳定极限。

(2)系统无功电源不足，引起系统电压降低，没有足够的稳定储备。

(3)大型发电机励磁异常。

(4)短路故障切除过慢引起稳定破坏。

(5)继电保护及自动装置的误动、拒动或性能不良。

(6)过负荷。

(7)防止稳定破坏或恢复稳定的措施不健全及运行管理不善等。

电力系统振荡有周期与非周期之分。周期振荡时，各并列运行的发电机不失去同步，系统仍保持同步，其功角 δ 在 0°~120°内变化；非周期振荡时，各并列运行的发电机失去同步，称为发电机失去稳定，其功角在 0°~360°甚至 720°及无限增长的范围内变化。电力系统振荡是电力系统的重大事故。振荡时，系统中各发电机电势间的相角差发生变化，电压、电流有效值大幅度变化，以这些量为测量对象的各种保护的测量元件就有可能因系统振荡而动作，对用户造成极大的影响，可能使系统瓦解，酿成大面积的停电。但运行经验表明，当系统的电源间失去同步后，它们往往能自行拉入同步，有时当不允许长时间异步运行时，则可在预定的解列点自动或手动解列。显然，在振荡之中不允许继电保护装置误动，应该充分发挥它的作用，消除一部分振荡事故或减少它的影响。为此，必须对系统振荡时的特点及对继电保护的影响加以分析，并进而研究防止振荡对继电保护影响的措施。

为了使问题的分析简单明了，而又不影响结论的正确性，特作如下假设：

(1)将所分析的系统按其电气连接的特点简化为一个具有双侧电源的开式网络。

(2)系统发生全相振荡时，三相仍处于完全对称情况下，不考虑振荡过程中又发生短路的情况，因此可以只取一相来进行分析。

(3)系统振荡时，两侧系统的电势 $\dot{E}_M$ 和 $\dot{E}_N$ 的幅值相等，相角差以 δ 表示，δ 在 0°~360°内变化。

(4)系统各元件的阻抗角相等，总阻抗为

$$Z_{\Sigma} = Z_M + Z_N + Z_L \tag{4-11}$$

式中　Z_M ——M 侧系统的等值阻抗；

Z_N ——N 侧系统的等值阻抗；

Z_L ——联络线路的阻抗。

(5)振荡过程中不考虑负荷电流的影响。

4.2.4.2　系统振荡时电流、电压的变化规律

下面以图 4-15(a)所示的两侧电源网络为例，说明系统振荡时各电气量的变化。如在系统全相运行时发生振荡，由于总是对称状态，故可按单相系统来分析。

图 4-15(a)中给出了系统和线路的参数及电压、电流的参考方向。如以电动势 $\dot{E}_M$ 为

参考,使其相位为零,则 $\dot{E}_{\mathrm{M}} = E_{\mathrm{M}}$。在系统振荡时,可认为 N 侧系统等值电动势 $\dot{E}_{\mathrm{N}}$ 围绕 $\dot{E}_{\mathrm{M}}$ 旋转或摆动。因此,$\dot{E}_{\mathrm{N}}$ 落后于 $\dot{E}_{\mathrm{M}}$ 的角度 δ 在 0°~360°内变化,即

$$\dot{E}_{\mathrm{N}} = \dot{E}_{\mathrm{M}} \mathrm{e}^{-\mathrm{j}\delta} \tag{4-12}$$

由此电动势产生的由 M 侧流向 N 侧的电流(又称为振荡电流)为

$$\dot{I}_{\mathrm{M}} = \frac{\dot{E}_{\mathrm{M}} - \dot{E}_{\mathrm{N}}}{Z_{\Sigma}} = \frac{\Delta \dot{E}}{Z_{\Sigma}} = \frac{\dot{E}_{\mathrm{M}}(1 - \mathrm{e}^{-\mathrm{j}\delta})}{Z_{\Sigma}} \tag{4-13}$$

该电流滞后于 $\Delta \dot{E} = \dot{E}_{\mathrm{M}} - \dot{E}_{\mathrm{N}}$ 的角度为系统总阻抗 Z_{Σ} 的阻抗角 φ_{Z}

$$\varphi_{\mathrm{Z}} = \arctan \frac{X_{\mathrm{M}} + X_{\mathrm{L}} + X_{\mathrm{N}}}{R_{\mathrm{M}} + R_{\mathrm{L}} + R_{\mathrm{N}}} = \frac{X_{\Sigma}}{R_{\Sigma}} \tag{4-14}$$

由此可见,当 δ 在 0°~360° 内变化时,振荡电流的大小和相位都发生变化。振荡电流有效值随 δ 变化的曲线如图 4-16(a)所示。当 $\delta = 180°$ 时,振荡电流的有效值为

$$I_{\mathrm{Mmax}} = \frac{\Delta E}{Z_{\Sigma}} = \frac{2E_{\mathrm{M}}}{Z_{\Sigma}} \sin \frac{\delta}{2} = \frac{2E_{\mathrm{M}}}{Z_{\Sigma}} \tag{4-15}$$

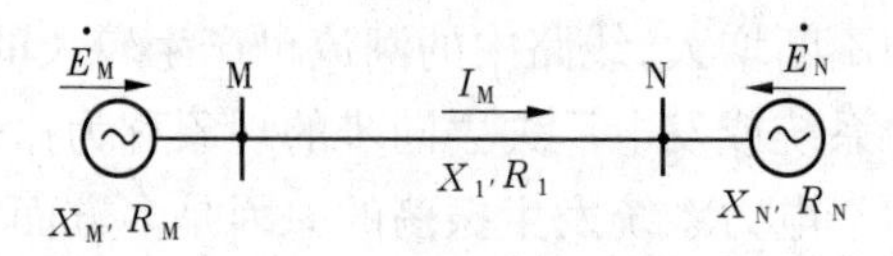

(a)一次系统图

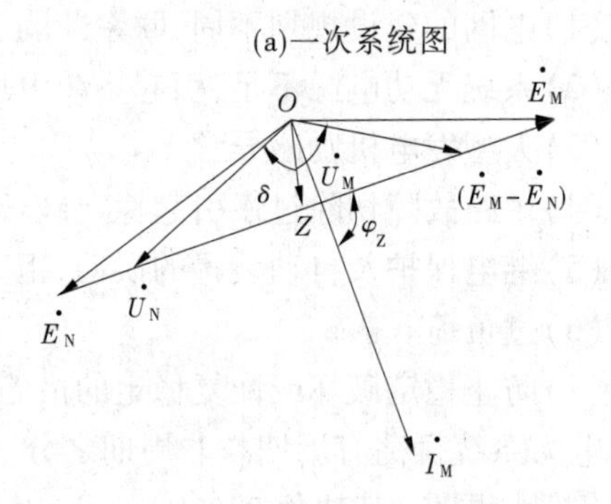

(b)系统阻抗角与线路阻抗角相等时的相量图

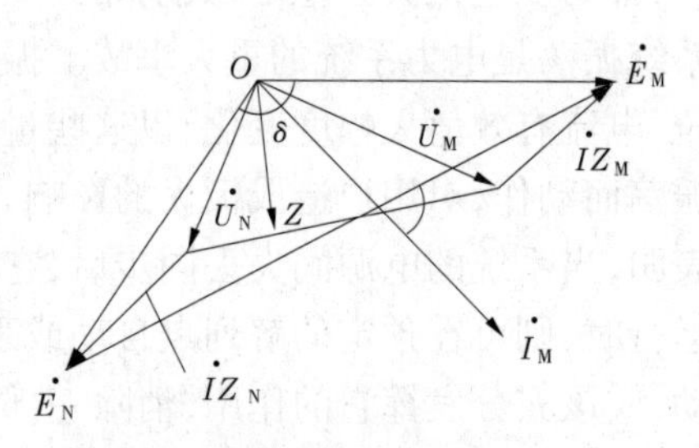

(c)阻抗角不等时的相量图

图 4-15　系统振荡时的分析图

系统振荡时,中性点的电位仍保持为零,故线路两侧母线的电压 $\dot{U}_{\mathrm{M}}$ 和 $\dot{U}_{\mathrm{N}}$ 分别为

$$\dot{U}_{\mathrm{M}} = \dot{E}_{\mathrm{M}} - \dot{I}Z_{\mathrm{M}} \tag{4-16}$$

$$\dot{U}_{\mathrm{N}} = \dot{E}_{\mathrm{M}} - \dot{I}(Z_{\mathrm{M}} + Z_1) = \dot{E}_{\mathrm{N}} + \dot{I}Z_{\mathrm{N}} \tag{4-17}$$

此时输电线路上的压降为

$$\dot{U}_{\mathrm{MN}} = \dot{U}_{\mathrm{M}} - \dot{U}_{\mathrm{N}} = \dot{I}Z_1 \tag{4-18}$$

当全系统的阻抗角相等时,按照上述关系式可画出相量图如图 4-15(b)所示。以 $\dot{E}_{\mathrm{M}}$ 为实轴,$\dot{E}_{\mathrm{N}}$ 落后于 $\dot{E}_{\mathrm{M}}$ 的角度为 δ。连接 $\dot{E}_{\mathrm{M}}$ 和 $\dot{E}_{\mathrm{N}}$ 相量端点得到电动势差 $\dot{E}_{\mathrm{M}} - \dot{E}_{\mathrm{N}}$。电流 $\dot{I}_{\mathrm{M}}$ 滞后于此电动势得角度为 φ_{Z}。从 $\dot{E}_{\mathrm{M}}$ 上减去 Z_{M} 上的压降 $\dot{I}_{\mathrm{M}} Z_{\mathrm{M}}$ 后得到 M 点电压 $\dot{U}_{\mathrm{M}}$。$\dot{E}_{\mathrm{N}}$ 加上 Z_{N} 上的压降 $\dot{I}_{\mathrm{M}} Z_{\mathrm{N}}$ 得到 N 点的电压 $\dot{U}_{\mathrm{N}}$。由于系统阻抗角等于线路阻抗角,也等于总阻抗的阻抗角,故 $\dot{U}_{\mathrm{M}}$ 和 $\dot{U}_{\mathrm{N}}$ 的端点必然落在直线($\dot{E}_{\mathrm{M}} - \dot{E}_{\mathrm{N}}$)上。相量($\dot{U}_{\mathrm{M}} - \dot{U}_{\mathrm{N}}$)代表输电线路上的电压降落。如果输电线路是均匀的,则输电线上各点电压相量的端点沿着直线($\dot{U}_{\mathrm{M}} - \dot{U}_{\mathrm{N}}$)移动。原点与此直线上任一点连线所作的相量即代表输电线

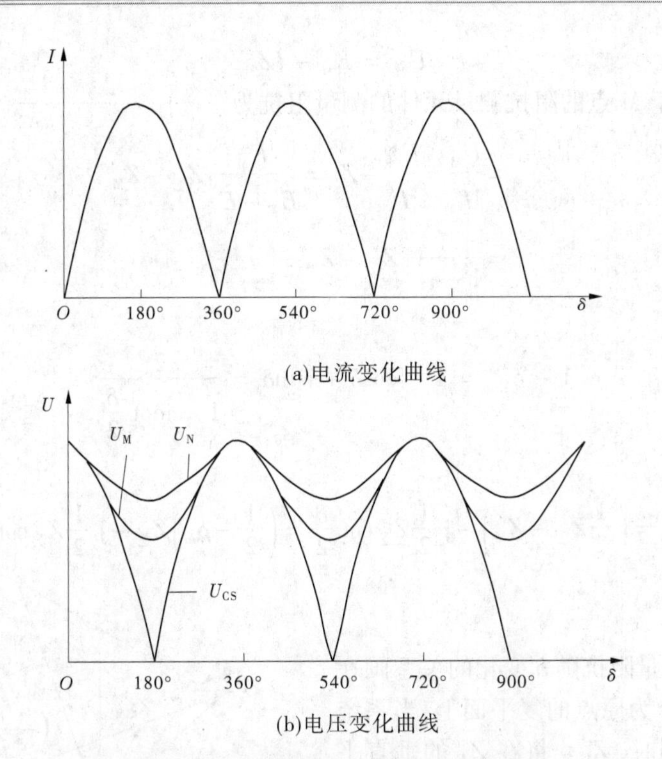

图 4-16　系统振荡时,电流、电压的变化曲线

路上该点的电压。从原点作直线（$\dot{U}_M - \dot{U}_N$）的垂线所得到的相量最短,垂足 Z 所代表的输电线路上那一点在振荡角度 δ 下的电压最低,该点称为系统在振荡角度为 δ 时的电气中心或振荡中心。此时电气中心不随 δ 的改变而移动,始终位于系统纵向总阻抗 $Z_M + Z_N + Z_L$ 之中点,电气中心的名称由此而来。

当 $\delta = 180°$ 时,振荡中心的电压将降至零。从电压、电流的数值看,这和在此点发生三相短路无异,但系统振荡属于不正常运行状态而非故障,继电保护装置不应该切除振荡中心所在的线路。因此,继电保护装置必须具备区别三相短路和系统振荡的能力,才能确保系统振荡时的正确工作。

图 4-15(c)为系统阻抗角与线路阻抗角不等时的情况。在此情况下,电压相量 $\dot{U}_M$ 和 $\dot{U}_N$ 的端点不会落在直线（$\dot{E}_M - \dot{E}_N$）上。如果线路阻抗是均匀的,则线路上任一点的电压相量的端点将落在代表线路电压降落的直线（$\dot{U}_M - \dot{U}_N$）上。从原点作直线（$\dot{U}_M - \dot{U}_N$）的垂线即可得到振荡中心的位置及振荡中心的电压。不难看出,在此情况下振荡中心的位置将随 δ 的变化而变化。

对于系统各部分阻抗角不同的一般情况,也可用类似的图解法进行分析,此处从略。

4.2.4.3　系统振荡对距离保护的影响

当系统振荡时,振荡电流为

$$\dot{I} = \frac{\dot{E}_M - \dot{E}_N}{Z_M + Z_L + Z_N} = \frac{\dot{E}_M - \dot{E}_N}{Z_\Sigma} \tag{4-19}$$

M 点的母线电压为

$$\dot{U}_{M} = \dot{E}_{M} - \dot{I}Z_{M} \tag{4-20}$$

因此,安装于 M 点的阻抗测量元件的测量阻抗为

$$Z_{K.M} = \frac{\dot{U}_{M}}{\dot{I}} = \frac{\dot{E}_{M}}{\dot{I}} - Z_{M} = \frac{\dot{E}_{M}}{\dot{E}_{M} - \dot{E}_{N}} Z_{\Sigma} - Z_{M}$$

$$= \frac{1}{1 - e^{-j\delta}} Z_{\Sigma} - Z_{M} \tag{4-21}$$

因

$$1 - e^{-j\delta} = 1 - \cos\delta + j\sin\delta = \frac{2}{1 - j\cot\dfrac{\delta}{2}} \tag{4-22}$$

所以

$$Z_{K.M} = \left(\frac{1}{2}Z_{\Sigma} - Z_{M}\right) - j\frac{1}{2}Z_{\Sigma}\cot\frac{\delta}{2} = \left(\frac{1}{2} - \rho_{m}\right)Z_{\Sigma} - j\frac{1}{2}Z_{\Sigma}\cot\frac{\delta}{2} \tag{4-23}$$

式中 $\rho_{m} = \dfrac{Z_{M}}{Z_{\Sigma}}$。

将此元件测量阻抗随 δ 变化的关系画在以保护安装处 M 为原点的复平面上,当系统所有阻抗角相同时,$Z_{K.M}$ 将在 Z_{Σ} 的垂直平分线 OO' 上移动,如图 4-17 所示。绘制此轨迹的方法是:先从 M 点沿 MN 方向作出相量 $(\frac{1}{2}Z_{\Sigma} - Z_{M})$,然后从其端点作出相量 $-j\frac{1}{2}Z_{\Sigma}\cot\frac{\delta}{2}$。

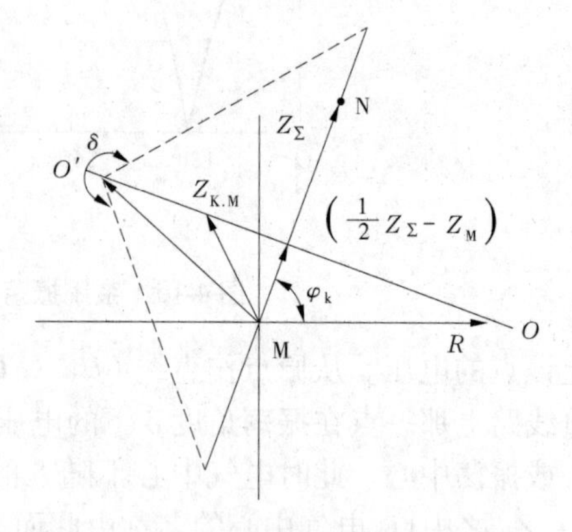

图 4-17 系统振荡时测量阻抗的变化

为了便于分析说明,现将部分表达式计算结果列于表 4-1 中。

表 4-1 $j\frac{1}{2}Z_{\Sigma}\cot\frac{\delta}{2}$的计算结果

δ(°)	$\cot\frac{\delta}{2}$	$j\frac{1}{2}Z_{\Sigma}\cot\frac{\delta}{2}$
0	∞	j∞
90	1	$j\frac{1}{2}Z_{\Sigma}$
180	0	0
270	−1	$-j\frac{1}{2}Z_{\Sigma}$
360	−∞	−j∞

由此可见，当 $\delta=0°$ 时，$Z_{K.M}=\infty$；当 $\delta=180°$ 时，$Z_{K.M}=\frac{1}{2}Z_{\Sigma}-Z_{M}$，即等于保护安装处到振荡中心之间的阻抗。这一分析结果表明，当 δ 改变时，不仅测量阻抗的数值在变，而且阻抗角也在变，其范围在（$\varphi_k-90°$）到（$\varphi_k+90°$）之间。

在系统振荡时，为了算出不同安装处距离保护测量阻抗的变化规律，在式(4-23)中可令 Z_X 代替 Z_M，并假定 $m=\frac{Z_X}{Z_{\Sigma}}$，m 为小于1的变数，则式(4-23)就可变为

$$Z_{K.M}=\left(\frac{1}{2}-m\right)Z_{\Sigma}-j\frac{1}{2}Z_{\Sigma}\cot\frac{\delta}{2} \tag{4-24}$$

当 m 取不同值时，测量阻抗变化的轨迹是平行于 OO' 线的一直线簇，如图4-18所示，当 $m=1/2$ 时，直线通过坐标原点，相当于保护装置安装在振荡中心处；当 $m<1/2$ 时，直线簇与 $+jX$ 轴相交，相当于图4-17所分析的情况，此时振荡中心位于保护范围的正方向；而当 $m>1/2$ 时，直线簇则与 $-jX$ 相交，振荡中心位于保护范围的反方向。

引用上述结论可分析系统振荡时距离保护所受到的影响。现仍以变电所M处的距离保护为例，其距离保护Ⅰ段启动阻抗整定为 $0.85Z_1$，在图4-19中，以长度MA表示，由此可以作出各种元件的动作特性曲线，其中曲线1为方向透镜型元件特性，曲线2为方向阻抗测量元件特性，曲线3为全阻抗测量元件特性。当系统振荡时，测量阻抗的变化如图4-19所示，找出各种动作特性与直线 OO' 的交点，其所对应的角度为 δ' 和 δ''，则在这两个交点的范围内元件的测量阻抗均位于动作特性圆内，因此元件就要启动，即在这段范围内，距离保护受振荡的影响可能误动。由图中可见，在同样整定值的条件下，全阻抗测量元件受振荡的影响最大，而透镜型元件所受的影响最小。一般而言，元件的动作特性在阻抗复平面上沿 OO' 方向所占的面积越大，受振荡的影响就越大。

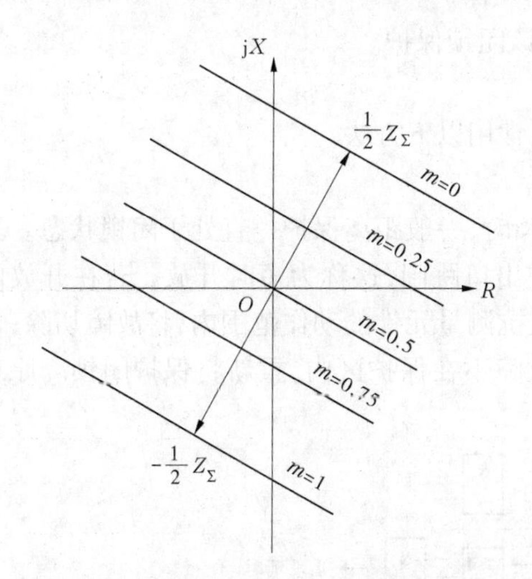

图4-18　系统振荡时不同点测量阻抗的变化

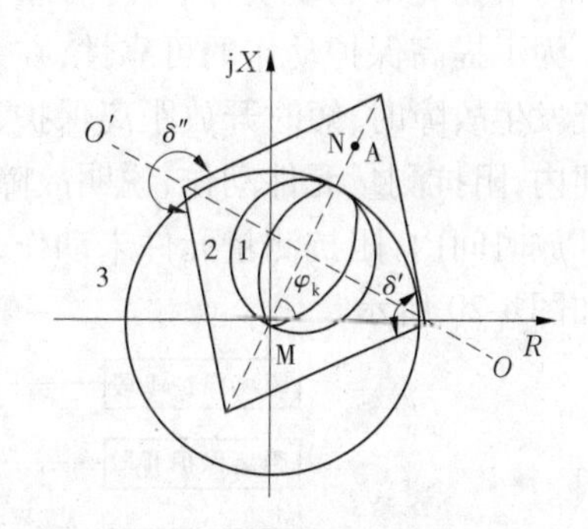

图4-19　系统振荡时M变电站测量阻抗的变化图

总之，电力系统振荡时，阻抗测量元件是否误动、误动的时间长短与保护安装处位置、保护动作范围、动作特性的形状和振荡周期的长短等有关。安装位置距振荡中心越近、整定值越大、动作特性曲线在与整定阻抗垂直方向的动作区越大时，越容易受振荡的影响，

振荡周期越长,误动的概率越高。并不是安装在系统中所有的阻抗测量元件在振荡时都会误动,但是在出厂时都要求阻抗测量元件配备振荡闭锁,使之具有通用性。

4.2.4.4 距离保护的振荡闭锁

既然电力系统振荡时可能引起距离保护的误动作,就需要进一步分析比较电力系统振荡与短路时电气量的变化特征,找出其间的差异,用以构成振荡闭锁元件,实现振荡时闭锁距离保护。

1. 振荡与短路时电气量的差异

(1)振荡时,三相完全对称,无负序和零序分量出现;短路时总要长时间(不对称短路过程中)或瞬间(三相短路初始时)出现负序分量或零序分量。

(2)振荡时,振荡电流和系统中各点的电压随 δ 的变化呈现周期性变化,其变化速度($\frac{dU}{dt}$、$\frac{dI}{dt}$、$\frac{dZ}{dt}$)与系统功角的变化速度一致,比较慢。当两侧功角摆开至180°时,相当于在振荡中心发生三相短路(此时 I 最大,其值为 $\frac{2E}{|Z_{\Sigma}|}$,大大超过负荷电流)。从短路前到短路后其值突然变化,速度很快,而短路后短路电流、各点的残余电压和测量阻抗在不计衰减时是不变的。

(3)振荡时,电气量呈周期性的变化,若阻抗测量元件误动作,则在一个振荡周期内动作和返回各一次;而短路时阻抗测量元件可能动作(区内短路),可能不动作(区外短路)。

2. 构成振荡闭锁回路的基本要求

(1)当系统只发生振荡而无故障时,应可靠闭锁保护。

(2)区外故障而引起系统振荡时,应可靠闭锁保护。

(3)区内故障,不论系统是否振荡,都不应该闭锁保护。

3. 振荡闭锁的措施

构成振荡闭锁的方法有多种,但在实际中,常用以下方法。

1)利用是否出现负序、零序分量实现闭锁

为了提高保护动作的可靠性,在系统无故障时,一般距离保护一直处于闭锁状态。当系统发生故障时,短时开放距离保护,允许保护出口跳闸,这称为短时开放。若在开放的时间内,阻抗测量元件动作,说明故障点位于阻抗测量元件的动作范围内,将故障切除;若在开放时间内,阻抗测量元件未动作,则说明故障不在保护区内,重新将保护闭锁。原理图如图4-20所示。

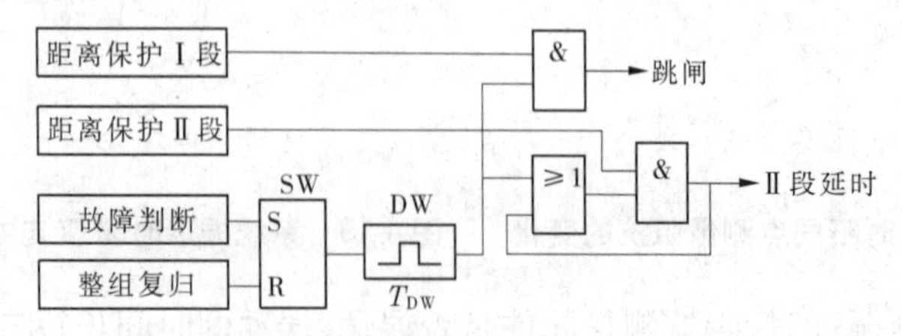

图4-20 利用故障时短时开放的方式实现振荡闭锁

图4-20中故障判断元件是实现振荡闭锁的关键元件。故障判断元件和整组复归元件在系统正常运行或静态稳定被破坏时都不会动作，这时双稳态触发器SW以及单稳态触发器DW都不会动作，保护装置的Ⅰ段和Ⅱ段被闭锁，无论阻抗测量元件本身是否动作，保护都不可能动作，即不会误动。电力系统发生故障时，故障判断元件立即动作，动作信号经双稳态触发器SW记忆，直到整组复归。SW输出的信号又经单稳态触发器DW，固定输出时间宽度为T_{DW}的脉冲，在T_{DW}时间内，若阻抗判断元件的Ⅰ段或Ⅱ段动作，则允许保护无延时动作或有延时动作（距离保护Ⅱ段被自动保持）。若在T_{DW}时间内，阻抗判断元件的Ⅰ段或Ⅱ段没有动作，保护闭锁直至满足整组复归条件，准备下次开放保护。T_{DW}称为振荡闭锁开放时间或允许动作时间，其选择需要兼顾两个原则：一是要保证在正向区内故障时，保护Ⅰ段有足够的时间可靠跳闸，保护Ⅱ段的测量元件能够可靠启动并实现自保持，因而时间不能过短，一般不应小于0.1 s；二是要保证在区外故障引起振荡时，测量阻抗不会在故障后的T_{DW}时间内进入动作区，因而时间又不能过长，一般不应大于0.3 s。所以，通常情况下取$T_{DW}=0.1\sim0.3$ s，现代数字保护中，开放时间一般取0.15 s左右。

整组复归元件在故障或振荡消失后再经过一个延时动作，将SW复归，它与故障判断元件、SW配合，保证在整个一次故障过程中，保护只开放一次。但是对于先振荡后故障的情况，保护将被闭锁，尚需要有故障判别元件。

故障判断元件又称为启动元件，其作用是仅判断系统是否发生故障，而不需要判断出故障的远近及方向，对它的要求是灵敏度高、动作速度快，系统振荡时不误动。目前距离保护中应用的故障判断元件主要有反映电压、电流中负序分量或零序分量的故障判断元件和反映电流突变量的故障判断元件两种。

(1)反映电压、电流中负序分量或零序分量的故障判断元件。电力系统正常运行或因静态稳定破坏而引发振荡时，系统均处于三相对称状态，电压、电流中不存在负序分量或零序分量。而当发生不对称短路时，故障电压、电流中都会出现较大的负序分量或零序分量。三相对称短路，一般由不对称短路发展而来，短时也会有负序、零序分量输出。利用负序分量或零序分量是否存在，作为系统是否发生短路的判断。

(2)反映电流突变量的故障判断元件。此元件是根据在系统正常或振荡时电流变化比较缓慢，而在系统故障时电流会出现突变这一特点来进行故障判断的。电流突变的检测，既可用模拟的方法实现，也可用数字的方法实现。

2)利用阻抗变化率的不同实现闭锁

系统短路时，测量阻抗由负荷阻抗突变为短路阻抗，而在振荡时，测量阻抗缓慢变为保护安装处到振荡中心点的线路阻抗，这样，根据测量阻抗的变化速度的不同就可构成振荡闭锁。其原理可用图4-21说明。

图中KZ1为整定值较高的阻抗测量元件，KZ2为整定值较低的阻抗测量元件。实质是在KZ1动作后先开放一个Δt的延时，如果在这段时间内KZ2动作，去开放保护，直到KZ2返回；如果在Δt的时间内KZ2不动作，保护就不会被开放。它利用短路时阻抗的变化率较大，KZ1、KZ2的动作时间差小于Δt，短时开放。但与前面短时开放不同的是，测量阻抗每次进入KZ1的动作区后，都会开放一定时间，而不是在整个故障过程中只开放一次。

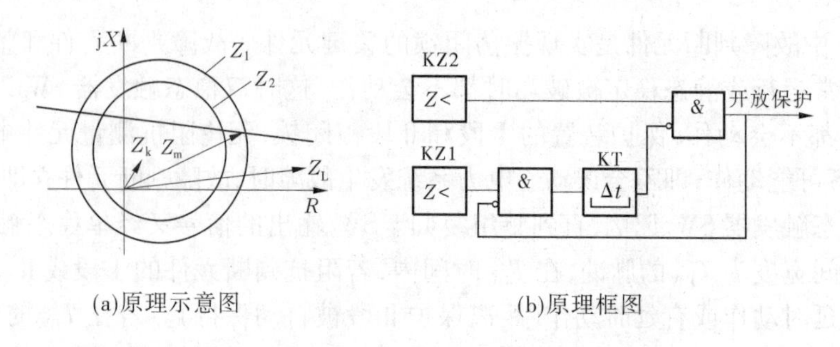

(a)原理示意图　　(b)原理框图

图4-21　利用电气量变化速度的不同构成振荡闭锁

由于对测量阻抗变化率的判断是由两个大小不同的圆完成的，所以这种振荡闭锁原理通常也称“大圆套小圆”振荡闭锁原理。

3）利用动作延时实现闭锁

系统振荡时，距离保护的测量阻抗是随δ角的变化而变化的，当δ变化到某一值时，测量阻抗进入到阻抗测量元件的动作区，而当δ角继续变化到另一角度时，测量阻抗又从动作区移出，测量元件返回。

分析表明，对于按躲过最大负荷整定的距离保护Ⅲ段阻抗测量元件，测量阻抗落入其动作区的时间小于一个振荡周期（1～1.5 s），只有距离保护Ⅲ段动作延时大于1～1.5 s，系统振荡时，保护Ⅲ段才不会误动作。

4.2.5　阻抗测量元件的接线方式

4.2.5.1　对阻抗测量元件接线方式的要求

阻抗测量元件的接线方式是指接入阻抗测量元件的电压和电流的相别组合方式。所谓阻抗测量元件的接线方式是沿用常规继电保护的说法，在微机保护中阻抗测量元件是用软件的算法来实现的，它的所谓接线方式取决于计算测量阻抗时所用到的电压和电流。不同的接线方式将影响阻抗测量元件的测量阻抗，因此阻抗测量元件的接线方式必须满足下列要求：

（1）阻抗测量元件的测量阻抗Z_r应正比于短路点到保护安装地点之间的距离，而与电网的运行方式无关。

（2）阻抗测量元件的测量阻抗Z_r应与故障类型无关，也就是保护范围不随故障类型而变化，以保证在不同类型故障时，保护装置都能正确动作。

常用的接线方式有两种，一种是反映相间短路故障的接线方式，它在各种相间短路情况下能满足上述要求；另一种是反映接地故障的接线方式，它在各类接地故障时和三相接地短路情况下能满足上述要求。

输入阻抗测量元件的电流$\dot{I}_r$应该是短路回路的电流，测量电压应该是短路在保护安装处的残余电压$\dot{U}_r$。为了便于讨论，假设为金属性短路，忽略负荷电流，并假定电流互感器和电压互感器的变比都为1。

4.2.5.2　反映相间故障的阻抗测量元件的0°接线方式

采用线电压和两相电流差的接线方式，称为0°接线方式，这是在距离保护中广泛采用的接线方式。为反映各种相间短路，0°接线方式需三个阻抗测量元件，在 AB、BC、CA 相各接入一只阻抗测量元件。三个阻抗测量元件所加电压与电流及反映故障类型如表 4-2所列。这种接线方式之所以称为0° 接线，是因为若假定同一相的相电压与相电流同相位（$\cos\varphi = 1$），则电压 $\dot{U}_r$ 与电流 $\dot{I}_r$ 的相位差为0°。现分析采用这种接线方式的阻抗测量元件，在发生各种相间故障时的测量阻抗。

1. 三相短路

如图 4-22 所示，三相短路是对称短路，三个阻抗测量元件 KI1 ~ KI3 的工作情况完全相同，因此可仅以 KI1 为例进行分析。接入阻抗测量元件的电压和电流如表 4-2 所示。设短路点至保护安装地点之间的距离为 L，线路每千米的正序阻抗为 Z_1，则进入 AB 相阻抗测量元件的电压和电流为

$$\dot{U}_r^{(3)} = \dot{U}_{AB} = \dot{U}_A - \dot{U}_B = \dot{I}_A Z_1 L - \dot{I}_B Z_1 L = (\dot{I}_A - \dot{I}_B) Z_1 L$$

$$\dot{I}_r^{(3)} = \dot{I}_A - \dot{I}_B$$

表 4-2　0°接线方式时，阻抗测量元件所加电压、电流与反映故障类型

元件编号	$\dot{U}_r$	$\dot{I}_r$	反映故障类型
KI1	$\dot{U}_{AB}$	$\dot{I}_A - \dot{I}_B$	$K^{(3)}$、$K_{AB}^{(2)}$、$K_{AB}^{(1.1)}$
KI2	$\dot{U}_{BC}$	$\dot{I}_B - \dot{I}_C$	$K^{(3)}$、$K_{BC}^{(2)}$、$K_{BC}^{(1.1)}$
KI3	$\dot{U}_{CA}$	$\dot{I}_C - \dot{I}_A$	$K^{(3)}$、$K_{CA}^{(2)}$、$K_{CA}^{(1.1)}$

因此，在三相短路时，阻抗测量元件的测量阻抗为

$$Z_{KI1}^{(1)} = \frac{\dot{U}_r^{(3)}}{\dot{I}_r^{(3)}} = \frac{\dot{U}_A - \dot{U}_B}{\dot{I}_A - \dot{I}_B} = Z_1 L \tag{4-25}$$

在三相短路时，三个阻抗测量元件的测量阻抗均为短路点到保护安装地点之间的阻抗，故三个元件均能动作。

2. 两相短路

如图 4-23 所示，设以 AB 两相短路为例，这时 $\dot{I}_A = -\dot{I}_B$，则故障相间的电压和电流分别为

$$\dot{U}_r^{(2)} = \dot{U}_{AB} = \dot{I}_A Z_1 L - \dot{I}_B Z_1 L = (\dot{I}_A - \dot{I}_B) Z_1 L = 2\dot{I}_A Z_1 L$$

$$\dot{I}_r^{(2)} = \dot{I}_A - \dot{I}_B = 2\dot{I}_A$$

因此，元件 KI1 的测量阻抗为

$$Z_{KI1}^{(2)} = \frac{\dot{U}_r^{(2)}}{\dot{I}_r^{(2)}} = \frac{\dot{U}_A - \dot{U}_B}{\dot{I}_A - \dot{I}_B} = \frac{2\dot{I}_A Z_1 L}{2\dot{I}_A} = Z_1 L \tag{4-26}$$

和三相短路时的测量阻抗相同，因此 KI1 能动作。

在 AB 两相短路的情况下，对元件 KI2 和 KI3 而言，由于所加电压为非故障相和故障

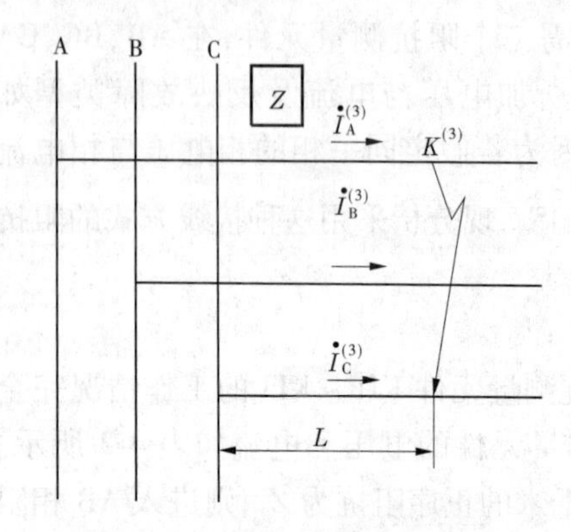

图 4-22　三相短路时测量阻抗的分析

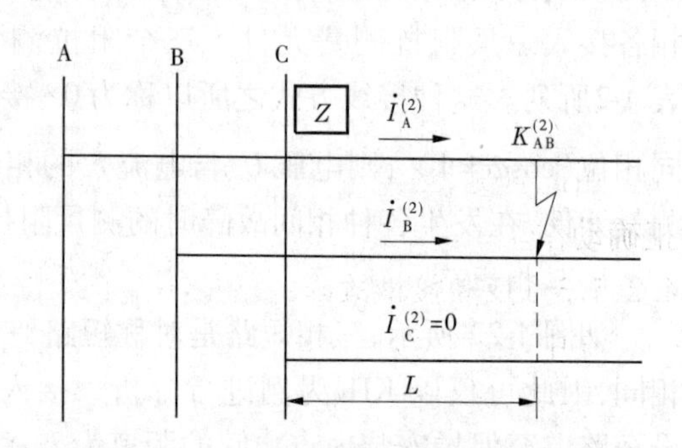

图 4-23　AB 两相短路时测量阻抗的分析

相的相间电压,数值比 $\dot{U}_{AB}$ 高,而电流又只有一个故障相的电流,数值比($\dot{I}_A - \dot{I}_B$)小,因此其测量阻抗必然大于式(4-26)的数值。也就是说,AB 两相短路时,KI2 和 KI3 不能正确地测量保护安装地点到短路点的阻抗,因此不能启动。

同理,分析 BC 或 CA 两相短路可知,相应地只有 KI2 或 KI3 能准确地测量到短路点的阻抗而动作。这就是为什么要用三个阻抗测量元件并分别接于不同相间的原因。

3. 中性点直接接地电网中两相接地短路

中性点直接接地电网中发生两相接地短路与两相短路不同之处在于此时地中有电流回路,因此,$\dot{I}_A \neq \dot{I}_B$。

仍以 AB 两相接地短路为例,如图 4-24 所示,此时若把 A 相和 B 相看成两个"导线—大地"的送电线路并互感耦合在一起,设 Z_L 表示输电线路每千米的自感阻抗,Z_M 表示每千米的互感阻抗,则保护安装地点的故障相电压为

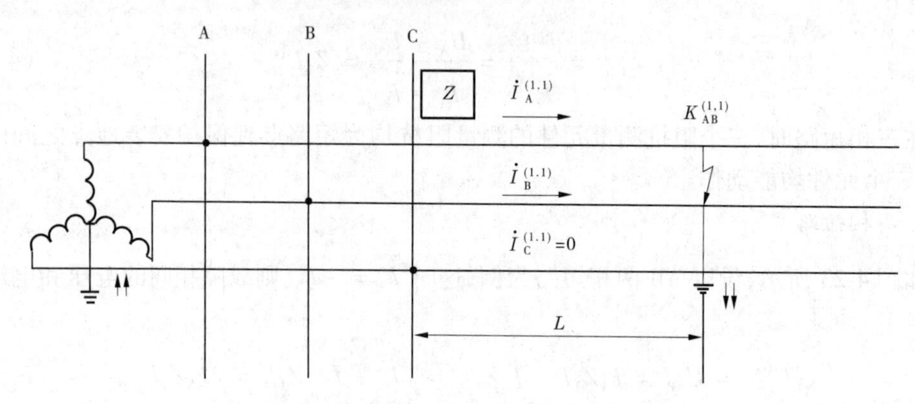

图 4-24　AB 两相接地短路时测量阻抗的分析

$$\dot{U}_A = \dot{I}_A Z_L L + \dot{I}_B Z_M L$$
$$\dot{U}_B = \dot{I}_B Z_L L + \dot{I}_A Z_M L$$

因此,元件 KI1 的测量阻抗为

$$Z_{KI1}^{(1.1)}=\frac{\dot{U}_A-\dot{U}_B}{\dot{I}_A-\dot{I}_B}=\frac{(\dot{I}_A-\dot{I}_B)(Z_L-Z_M)L}{\dot{I}_A-\dot{I}_B}$$
$$=(Z_L-Z_M)L=Z_1L \tag{4-27}$$

由此可见,当发生 AB 两相接地短路时,KI1 的测量阻抗与三相短路时相同,保护能够正确动作。

4.2.5.3　反映接地故障的阻抗测量元件接线方式

在中性点直接接地电网中,当采用零序电流保护不能满足要求时,一般考虑采用接地距离保护。接地距离保护元件的接入电压和电流如表4-3所示。由于接地距离保护的任务是反映接地短路,故需对阻抗测量元件接线方式作进一步的讨论。

表4-3　反映接地故障的阻抗测量元件所加电压与电流

元件编号	$\dot{U}_r$	$\dot{I}_r$	反映故障类型
KI1	$\dot{U}_A$	$\dot{I}_A+K3\dot{I}_0$	$K_A^{(1)}$、$K_{AB}^{(1.1)}$、$K_{AC}^{(1.1)}$
KI2	$\dot{U}_B$	$\dot{I}_B+K3\dot{I}_0$	$K_B^{(1)}$、$K_{BC}^{(1.1)}$、$K_{AB}^{(1.1)}$
KI3	$\dot{U}_C$	$\dot{I}_C+K3\dot{I}_0$	$K_C^{(1)}$、$K_{AC}^{(1.1)}$、$K_{CB}^{(1.1)}$

设A相发生单相接地,保护安装处A相母线电压$\dot{U}_A$、故障点处相电压$\dot{U}_{KA}$和短路电流$\dot{I}_A$分别用对称分量表示为

$$\left.\begin{aligned}\dot{U}_A&=\dot{U}_{A1}+\dot{U}_{A2}+\dot{U}_{A0}\\ \dot{I}_A&=\dot{I}_{A1}+\dot{I}_{A2}+\dot{I}_{A0}\\ \dot{U}_{KA}&=\dot{U}_{KA1}+\dot{U}_{KA2}+\dot{U}_{KA0}=0\end{aligned}\right\} \tag{4-28}$$

根据各序的等效网络,在保护安装地点母线上各对称分量的电压与短路点的对称分量电压之间,应具有如下的关系

$$\left.\begin{aligned}\dot{U}_{A1}&=\dot{U}_{KA1}+\dot{I}_{A1}Z_1L\\ \dot{U}_{A2}&=\dot{U}_{KA2}+\dot{I}_{A2}Z_1L\\ \dot{U}_{A0}&=\dot{U}_{KA0}+\dot{I}_{A0}Z_0L\end{aligned}\right\} \tag{4-29}$$

因此,将式(4-29)代入式(4-28)中得,保护安装地点母线上的A相电压为

$$\begin{aligned}\dot{U}_A&=\dot{U}_{A1}+\dot{U}_{A2}+\dot{U}_{A0}\\ &=\dot{U}_{KA1}+\dot{I}_{A1}Z_1L+\dot{U}_{KA2}+\dot{I}_{A2}Z_1L+\dot{U}_{KA0}+\dot{I}_{A0}Z_0L\\ &=Z_1L(\dot{I}_{A1}+\dot{I}_{A2}+\dot{I}_{A0}\frac{Z_0}{Z_1})=Z_1L(\dot{I}_A+\dot{I}_{A0}\frac{Z_0-Z_1}{Z_1})\end{aligned} \tag{4-30}$$

为了使元件的测量阻抗在单相接地时不受$\dot{I}_0$的影响,根据以上分析的结果,就应该给阻抗测量元件加入如下的电压和电流

$$\dot{U}_r=\dot{U}_A$$

$$\dot{I}_{r} = \dot{I}_{A} + \dot{I}_{A0}\frac{Z_0 - Z_1}{Z_1} = \dot{I}_{A} + K3\dot{I}_0 \tag{4-31}$$

式(4-31)中 $K = \frac{Z_0 - Z_1}{3Z_1}$。一般可近似认为零序阻抗角和正序阻抗角相等,因而 K 是一个实数,这样元件的测量阻抗将是

$$Z_{r} = \frac{Z_1 L(\dot{I}_{A} + K3\dot{I}_0)}{\dot{I}_{A} + K3\dot{I}_0} = Z_1 L \tag{4-32}$$

它能正确地测量从短路点到保护安装地点之间的阻抗,并与相间短路的阻抗测量元件所测量的阻抗为同一数值。

为了反映任一相的接地短路,接地距离保护也必须采用三个阻抗测量元件,每个元件所加的电压与电流及反映故障类型如表 4-3 所示。

这种接线方式同样能够反映两相接地短路和三相短路,此时接于故障相的阻抗测量元件的测量阻抗亦为 $Z_1 L$。所以,这种接线方式用于中性点直接接地电网作为接地距离保护中阻抗测量元件的接线方式;也广泛地用于单相自动重合闸中,作为故障相的选相元件的接线方式。

4.2.6 大电流接地系统单相接地时零序分量的特点

在大电流接地系统中,当正常运行和发生相间短路时,三相对地电压的相量和为零,三相电流的相量和也为零,无零序电压和零序电流。当发生单相接地短路时,将出现零序电压和零序电流,如图 4-25 所示。

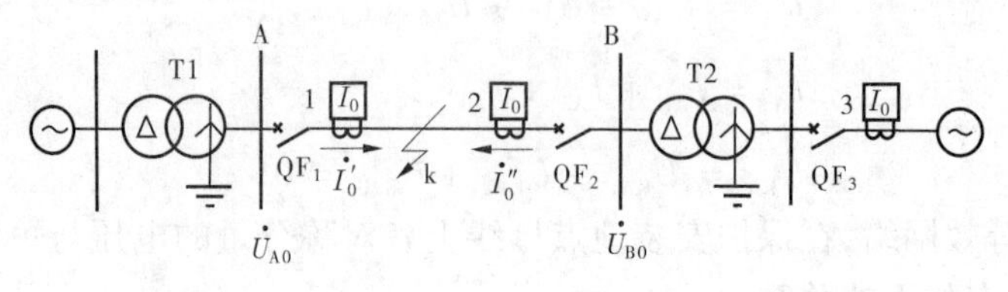

(a)系统接线图

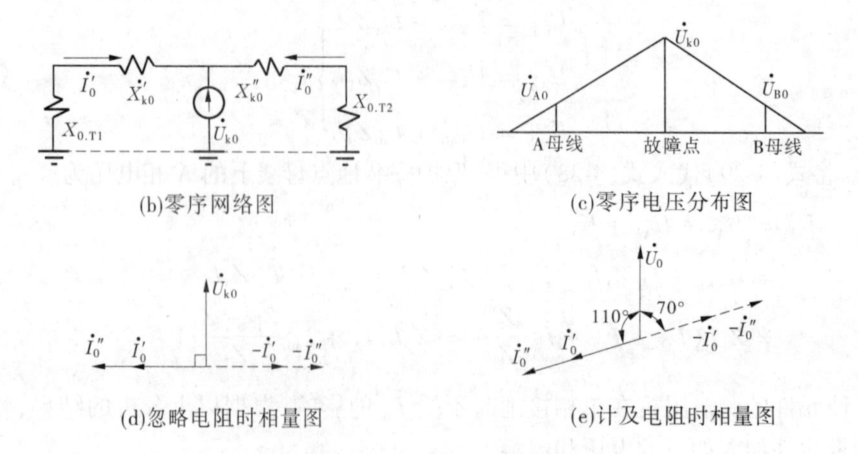

(b)零序网络图

(c)零序电压分布图

(d)忽略电阻时相量图

(e)计及电阻时相量图

图 4-25 单相接地时的零序网络

零序电流可以看成是在故障点出现一个零序电压 $\dot{U}_{k0}$ 而产生的,它必须经过变压器接地的中性点构成回路。所以,零序电流只能在中性点接地的电网中流动。对零序电流的方向,规定母线流向线路为正,而零序电压的正负以大地为基准,线路高于大地的电压为正,低于大地的电压为负。这样形成的网络称为零序网络,如图4-25(b)所示。由此可知,零序电流的实际方向,是由线路流向母线的方向。零序网络中的零序电压、零序电流、零序功率等统称为零序分量,具有如下特点。

4.2.6.1　零序电压

零序电压的最高点位于接地故障处,系统中距故障点越远处的零序电压越低。零序电压的分布如图4-25(c)所示。保护安装处的母线零序电压为 $\dot{U}_{A0}$($\dot{U}_{B0}$),其大小主要取决于变压器的零序电抗 $X_{0.T1}$($X_{0.T2}$)。

4.2.6.2　零序电流

(1)零序电流是由零序电压产生的,它必须经过变压器中性点构成回路。

(2)零序电流与零序电压的相位关系。当忽略回路电阻时,回路为纯电感电路,其相位关系按规定正方向画出,如图4-25(d)所示(虚线为电流的实际方向)。当计及回路电阻时,如取零序阻抗角 $\varphi_{k0}=70°$,其相位关系如图4-25(e)所示,则零序电流将超前零序电压110°。

(3)零序电流的分布,主要取决于线路的零序阻抗和中性点接地变压器的零序阻抗,而与电源的数目和位置无关。如当变压器T2的中性点不接地时,则 $I''_0=0$。所以,只要系统中性点接地的数目和分布不变,即使电源运行方式变化,零序网络仍保持不变,这就使零序电流保护受电源运行方式的影响减小。

(4)零序电流保护的灵敏度直接决定于系统中性点接地的数目和分布。所以,要求变压器中性点不应任意改变其接地方式。

4.2.6.3　零序功率

零序功率是由故障点流向电源,即由故障线路流向母线。而通常规定,母线到线路的方向为正。所以,对于零序功率方向继电器,它是在负值零序功率下动作的。零序功率方向继电器的输入电压与输入电流之间的相位差完全取决于变压器的零序阻抗角,如 $\dot{U}_{A0}$ 与 $\dot{I}'_0$ 之间的相位差则取决于变压器T1的零序阻抗角,与被保护线路的零序阻抗及故障点的位置无关。

所以,用零序电流和零序电压的幅值以及它们的相位关系即可实现接地短路的零序电流保护和零序方向保护。

4.2.6.4　变压器中性点接地方式的选择

系统中全部或部分变压器中性点直接接地是大接地电流系统的标志。其主要目的是降低对整个系统绝缘水平的要求。但中性点接地变压器的台数、容量及其分布情况变化时,零序网络也随之改变,因此同一故障点的零序电流分布也随之改变。所以,变压器的中性点接地情况改变,将直接影响零序电流保护的灵敏性。因此,对变压器中性点接地的选择要满足下面两条要求:

(1)不使系统出现危险的过电压。

(2)不使零序网络有较大改变,以保证零序电流保护有稳定的灵敏性。

根据上述两条要求,变压器中性点接地方式选择的原则如下:

(1)在多电源系统中,每个电源处至少有一台变压器中性点接地,以防止中性点不接地的电源因某种原因与其他电源切断联系时,形成中性点不接地系统。在图4-25(a)中,如变压器T1的中性点不接地,当线路A—B上发生接地短路时,B侧零序保护先动作跳开B侧断路器,则A侧成为一个中性点不接地系统并带接地故障点运行,从而会产生危险的弧光电压,使按大电流接地系统设计的设备的绝缘遭受破坏。

(2)在双母线按固定连接方式运行的变电站,每组母线上至少应有一台变压器中性点直接接地。这样,当母线联络开关断开后,每组母线上仍保留一台中性点直接接地的变压器。

(3)每个电源处有多台变压器并联运行时,规定正常时按一台变压器中性点直接接地运行,其他变压器中性点不接地。这样,当某台中性点接地变压器由于检修或其他原因切除时,将另一台变压器中性点接地,以保持系统零序电流的大小与分布不变。

(4)两台变压器并联运行,应选用零序阻抗相等的变压器,正常时将一台变压器中性点直接接地。当中性点接地变压器退出运行时,则将另一台变压器中性点直接接地运行。

(5)220 kV以上大型电力变压器都为分级绝缘,且分为两种类型,其中绝缘水平较低的一种(500 kV系统,中性点绝缘水平为38 kV的变压器),中性点必须直接接地。

4.2.7 大电流接地系统的单相接地保护

4.2.7.1 中性点直接接地系统的零序电流保护

在110 kV及以上电压等级中性点直接接地系统中,如果发生接地故障,会出现很大的接地短路电流。基于反映零序电流增大而构成的保护称为零序电流保护。与相间短路保护原理相似,零序电流保护也采用阶段式,通常采用三段式或四段式。三段式零序电流保护由无限时零序电流速断保护(零序Ⅰ段)、限时零序电流速断保护(零序Ⅱ段)、零序过电流保护(零序Ⅲ段)组成。三段式零序电流保护在保护范围、动作值整定、动作时间,这几个方面的配合关系与三段式电流保护类似。

1. 无限时零序电流速断保护(零序Ⅰ段)

无限时零序电流速断保护的工作原理与相间短路的瞬时电流速断保护类似,不同的是它反映的是零序电流。图4-26(a)所示为一中性点直接接地系统,在线路上发生单相接地短路时,流过保护1的零序电流$3I_0$随短路点位置变化的曲线如图4-26(b)所示。

2. 限时零序电流速断保护(零序Ⅱ段)

零序Ⅰ段能瞬时动作,但不能保护线路的全长,为了能以较短时限切除全线路的接地故障,还应装设限时零序电流速断保护(零序Ⅱ段)。它的工作原理与相间短路限时电流速断保护类似。零序Ⅱ段动作电流整定说明图如图4-27所示。

3. 零序过电流保护(零序Ⅲ段)

零序过电流保护与相间短路的过电流保护相似,用作本线路接地故障的近后备保护和下一线路接地故障的远后备保护。

由于零序过电流保护动作电流的整定值很小,当发生接地故障时,相邻各线路的保护

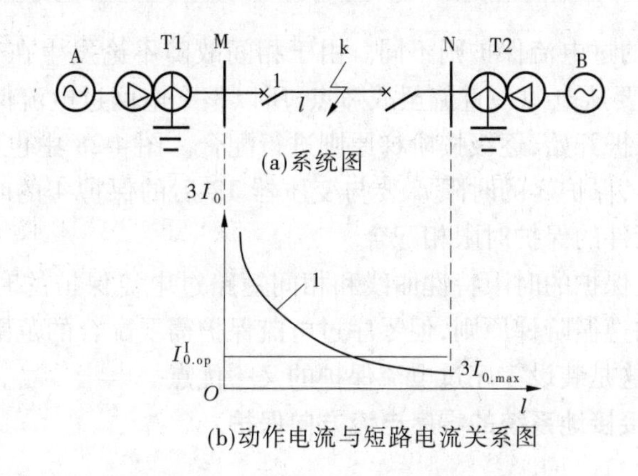

图 4-26　零序¢æ段动作电流整定说明图

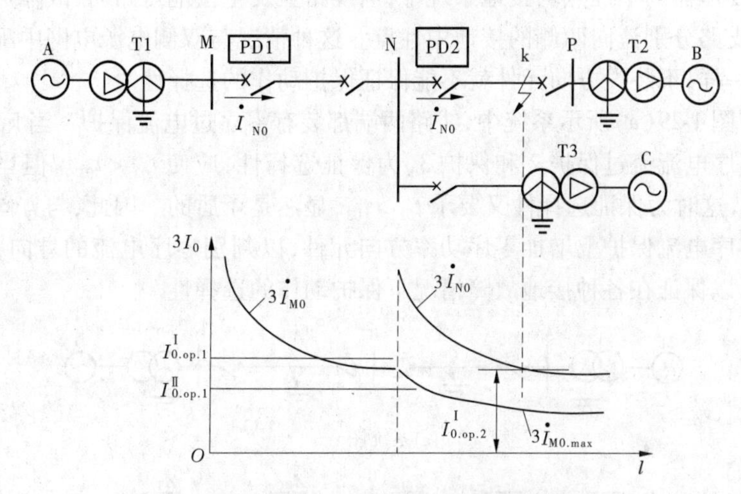

图 4-27　零序¢ 段动作电流整定说明图

都有可能启动。为了保证选择性，它们的动作时限也应按阶梯原则进行配合。但是，考虑到零序电流只在接地故障点与变压器接地中性点之间的一部分电网中流通，所以只在这一部分线路的零序保护上进行时限的配合即可。如在图 4-28 所示系统中，由于变压器 T2 的△侧发生接地故障时，不可能在 Y 侧产生零序电流，所以零序电流保护 3 的动作时限就可不必考虑与变压器 T2 后面的保护 4 相配合，即可取 $t_{03}=0$ s；但保护 1、2、3 的动作时限，则应符合阶梯原则，即 $t_{02}=t_{03}+\Delta t$、$t_{01}=t_{02}+\Delta t$。其时限特性如图 4-28 所示。

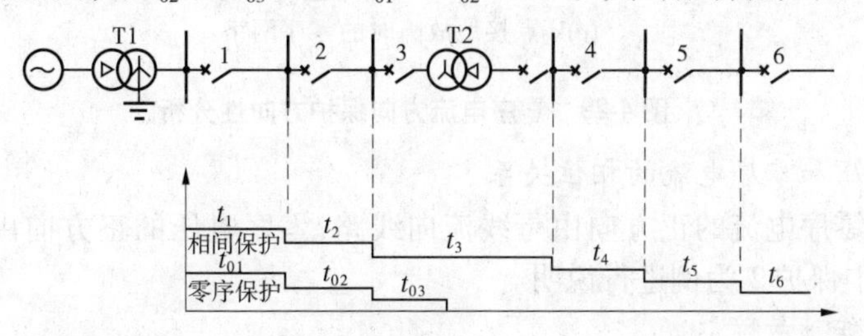

图 4-28　零序过电流保护与相间短路过电流保护的时限特性的比较

但是,相间短路的过电流保护则不同。由于相间故障不论发生在变压器的△侧还是在Y侧,故障电流均要从电源一直流至故障点,所以整个电网过电流保护的动作时限,应从离电源最远处的保护开始,逐级按阶梯原则进行配合。图4-28中也表示了相间短路过电流保护的时限特性,保护3的时限 t_3 要与变压器T2后的保护4的时限相配合,保护4的时限还要与下一元件的保护时限相配合。

比较零序过电流保护的时限特性曲线和相间短路过电流保护的时限特性曲线可知,虽然它们在配合上均遵循阶梯原则,但零序过电流保护需要配合的范围小,其动作时限要比相间短路保护短,这是装设零序过电流保护的又一优点。

4.2.7.2 中性点直接接地系统的零序电流方向保护

1. 方向性问题

在两侧变压器的中性点均接地系统中,当线路上发生接地短路时,故障点的零序电流将分为两个支路分别流向两侧的接地中性点。这种情况与双侧电源电网中配置相间短路的电流保护一样,不装设方向元件就不能保证保护动作的选择性。

例如,在图4-29(a)所示系统中,线路两端都装有零序过电流保护。当 k_1 点发生接地短路时,有零序电流流过保护2和保护3,为保证选择性,应使 $t_{02} < t_{03}$。但当接地短路发生在 k_2 点时,这时为保证选择性又要求 $t_{02} > t_{03}$,显然是矛盾的。因此,与方向电流保护相同,必须在零序电流保护上增加零序功率方向元件,以判别零序电流的方向,构成零序电流保护方向,以保证在各种接地故障情况下保护动作的选择性。

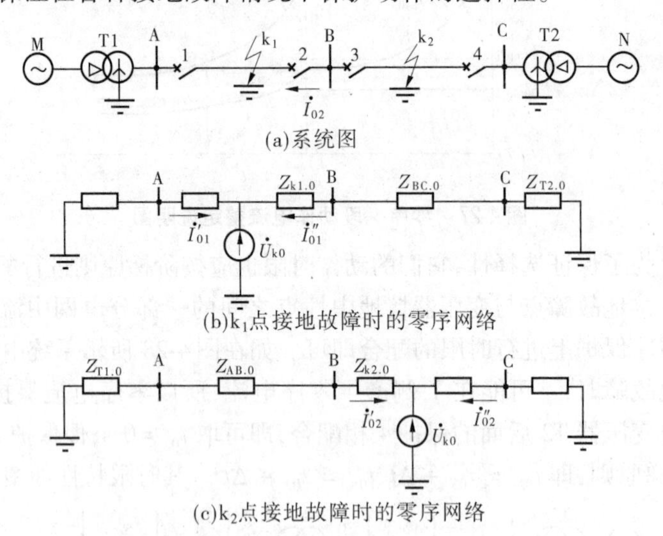

图4-29 零序电流方向保护方向性分析

2. 零序电压和零序电流的相位关系

首先规定零序电流的正方向由母线流向线路,零序电压的正方向由母线指向大地。以图4-29(a)中保护2为例进行说明。

1)正方向接地故障

当保护2正方向 k_1 点发生接地短路时,零序等值网络如图4-29(b)所示。流过保护2的零序电流为

$$\dot{I}''_{01}=-\frac{\dot{U}_{k0}}{Z_{T2.0}+Z_{B-C.0}+Z_{k1.0}}$$

式中　$Z_{T2.0}$——变压器 T2 的零序阻抗；

$Z_{B-C.0}$——线路 B—C 的零序阻抗；

$Z_{k1.0}$——k_1 点至 B 母线的线路零序阻抗。

保护安装处 B 母线上的零序电压为

$$\dot{U}_{0B}=-\dot{I}''_{01}(Z_{T2.0}+Z_{B-C.0})=-\dot{I}_{02}(Z_{T2.0}+Z_{B-C.0})$$

若 $Z_{T2.0}+Z_{B-C.0}$的综合阻抗角为 φ_0（70°～85°），则保护安装处的零序电压 $\dot{U}_{0B}$ 超前负的零序电流 $-\dot{I}_{02}$ 的相位角为 φ_0，保护安装处的零序电流 $\dot{I}_{02}$ 超前零序电压 $\dot{U}_{0B}$ 为 180°－φ_0（95°～110°），如图 4-30（a）所示。

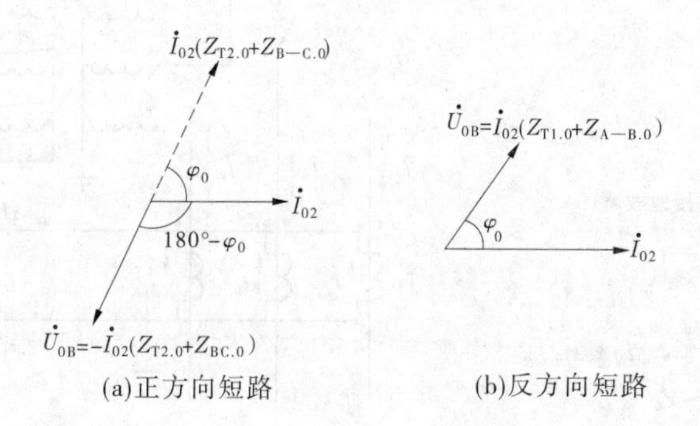

(a)正方向短路　　(b)反方向短路

图 4-30　相量图

2）反方向接地故障

当保护 2 反方向 k_2 点发生接地短路时，零序等值网络如图 4-29（c）所示。

流过保护 2 的零序电流为

$$\dot{I}'_{02}=-\frac{\dot{U}_{k0}}{Z_{T1.0}+Z_{AB.0}+Z_{k2.0}}$$

式中　$Z_{T1.0}$——变压器 T1 的零序阻抗；

$Z_{A-B.0}$——线路 A—B 的零序阻抗；

$Z_{k2.0}$——k_2 点至 B 母线的线路零序阻抗。

保护安装处 B 母线上的零序电压为

$$U_{0B}=-\dot{I}'_{02}(Z_{T1.0}+Z_{A-B.0})=\dot{I}_{02}(Z_{T1.0}+Z_{A-B.0})$$

若 $Z_{T1.0}+Z_{A-B.0}$的综合阻抗角为 φ_0（70°～85°），则保护安装处的零序电压 $\dot{U}_{0B}$ 超前零序电流 $\dot{I}_{02}$ 的相位角为 φ_0，如图 4-30（b）所示。

通过上述分析可知，在保护的正方向和反方向发生接地时，零序电压和零序电流的相角差是不同的，零序功率方向元件可依此判断出短路发生的方向。

3. 零序功率方向元件

1)零序功率方向元件的动作特性

零序功率方向元件比相动作方程为

$$-90° - \alpha \leqslant \arg \frac{-3\dot{U}_0}{3\dot{I}_0} \leqslant 90° - \alpha$$

零序功率方向元件动作区如图 4-31 所示,零序功率方向元件的内角 α 一般取 $-80°$,最大灵敏角 $\varphi_{sen} = -\alpha$。要使得零序功率方向元件最灵敏,零序电压或零序电流需要有一个反极性接入。零序功率方向元件的实际接线如图 4-32 所示,图中接入的是 $-3\dot{U}_0$、$3\dot{I}_0$,也可以接入 $3\dot{U}_0$、$-3\dot{I}_0$。

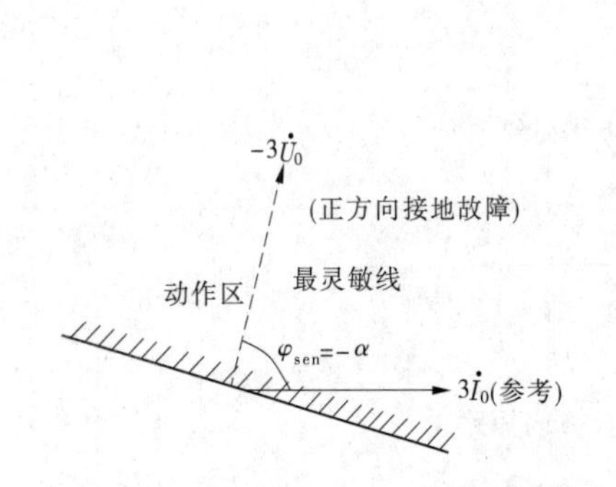

图 4-31　零序功率方向元件动作特性图

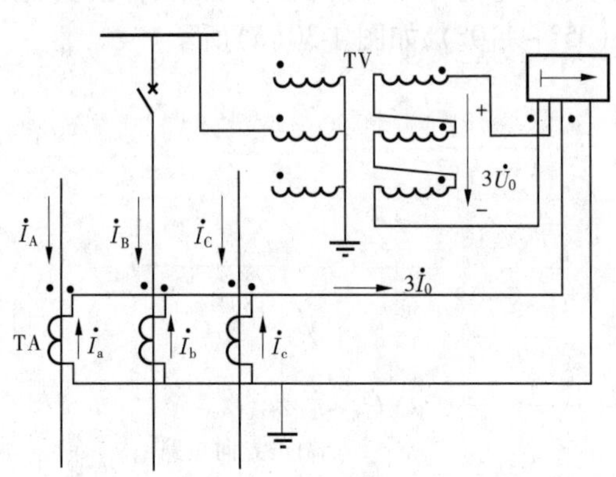

图 4-32　零序功率方向元件的实际接线图

2)微机保护零序功率方向元件的实现

方法一:按零序电压和零序电流的相位比较实现。微机保护自产 $3\dot{I}_0$ 和 $3\dot{U}_0$,利用软件算法实现

$$90° \leqslant \arg \frac{\dot{U}_0}{\dot{I}_{0}e^{j80°}} \leqslant 270°$$

方法二:按零序功率的幅值比较实现。零序功率 $P_0 = 3u_0(k) \times 3i_0(k)$,其中 $u_0(k)$、$i_0(k)$ 为零序电压和零序电流的瞬时采样值。

零序正反方向元件(F_{0+}、F_{0-})是否动作由零序功率 P_0 决定。当 $P_0 > 0$,反方向元件 F_{0-} 动作,判为反方向故障;当 $P_0 < 0$,正方向元件 F_{0+} 动作,判为正方向故障。

4. 零序电流方向保护

零序电流方向保护是在零序电流保护的基础上增加了一个零序功率方向元件。在零序电流保护中加装方向元件后,只需同一方向的保护在保护范围和动作时限上进行配合。它们之间的配合以及各段的配合与两端电源电网的电流保护的动作时限配合相似。

零序电流保护的Ⅰ、Ⅱ、Ⅲ段均可经零序功率方向元件控制,构成多段式零序电流方向保护,其逻辑框图如图 4-33 所示。三段共用一个功率方向元件,并与零序电流元件构成与门,判别是否在被保护线路正方向发生了接地短路。

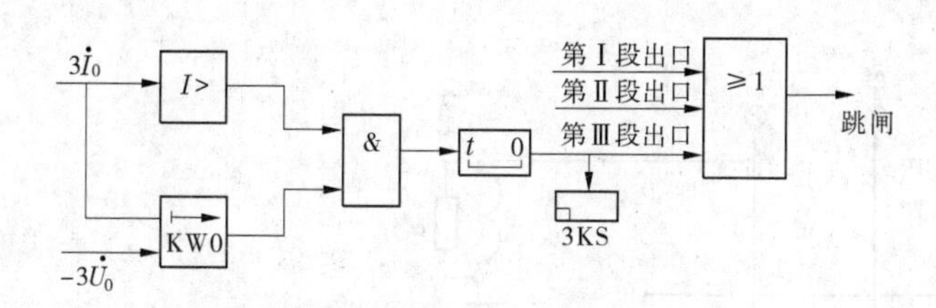

图 4-33　三段式零序电流方向保护逻辑框图

4.3　技能培养

4.3.1　技能评价要点

技能评价要点见表 4-4。

表 4-4　技能评价要点

序号	技能评价要点	权重
1	能正确说出距离保护的工作原理	25
2	能采取正确措施消除或减小过渡电阻和振荡对距离保护的影响	10
3	能正确说出大电流接地系统接地保护的工作原理	15
4	能读懂中高压线路保护装置技术资料	10
5	能编制中高压线路保护装置调试方案	10
6	能调试中高压线路保护装置	20
7	社会与方法能力	10

注:“中高压线路保护调试”占本课程权重为 15%。

4.3.2　技能实训

4.3.2.1　LZ－21 型方向阻抗继电器特性实验

1. 实验目的

(1)了解整流阻抗继电器的工作原理。

(2)了解 LZ－21 型方向阻抗继电器的结构,掌握设置继电器动作定值的方法。

(3)掌握阻抗继电器的基本调试和测试方法。

2. LZ－21 型方向阻抗继电器简介

1)原理简介

LZ－21 型方向阻抗继电器属于相灵敏接线的方向阻抗继电器。由电压形成回路,整流、比较回路和执行回路三大部分组成。原理接线图如图 4-34 所示。

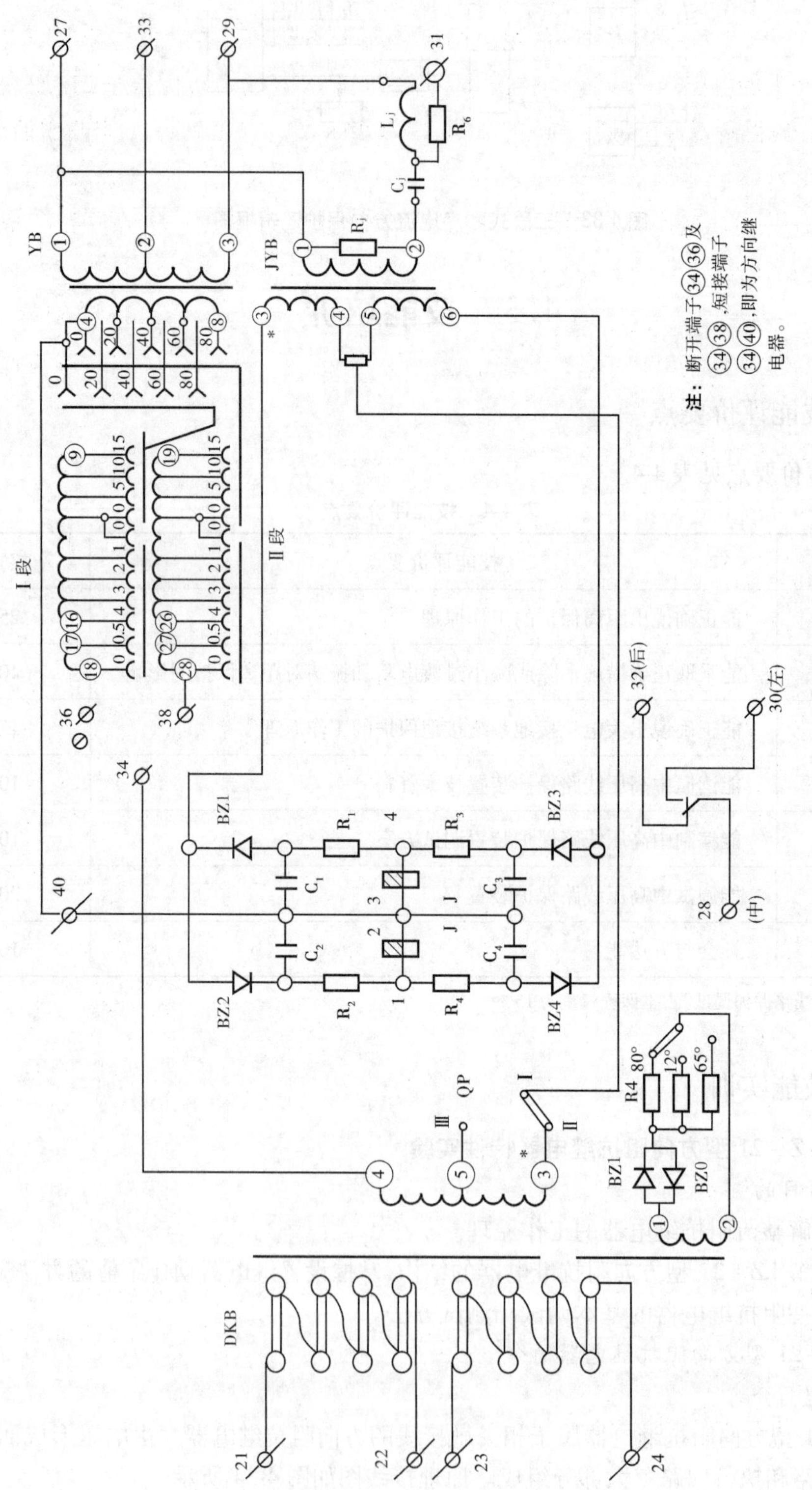

图 4-34　LZ－21 型方向阻抗继电器原理接线图

由图4-34可知，电压形成回路主要包括：

(1) DKB——电抗变压器原边绕组可调，副边输出电压与原边输入电流 I 成正比。

由TA引入的电流 $I_{TA}=I_m/n_{TA}$，接于电抗变压器DKB的一次侧端子21、22、23、24。在它的二次侧，得到正比于一次电流的电压，DKB的一次侧有几个抽头，当改变抽头位置时，即可改变 Z_1 值。

(2) YB——电压变换器副边绕组可调，副边输出电压 U_y 与原边输入电压 U_{KB} 成正比。

由TV引入的电压 $U_y=U_{KB}/n_{TV}$，接于电压变换器YB的一次侧端子27、29、31，用于引入电压 U_{27}、U_{29}、U_{31}，YB二次侧每一定匝数就有一个抽头，改变抽头位置即可改变 n_{BU}，也可改变 Z_{set} 的大小。端子34、36、38为继电器Ⅰ、Ⅱ段切换的触点。当34、36连通时，Ⅰ段接通。当34、38连通时，Ⅱ段接通。

(3) JYB——极化变压器，副边输出两组相同的电压，其相位与 R_j 的压降同相，称为极化电压，用 U_j 表示。

方向阻抗继电器在保护安装处于正向出口发生金属性短路时，其测量电压 U_m 值小于继电器的最小动作电压，继电器将拒绝动作，这一不动作区通常称为方向阻抗继电器的死区，方向阻抗继电器必须消除死区才能正确工作。LZ-21型方向阻抗继电器为消除死区，在继电器的相位比较电气量中引入与测量电压 U_m 同相位的带有记忆作用的极化电压 U_j。引入极化电压 U_j 的另一个作用，就是防止被保护线路反向出口短路时，方向阻抗继电器发生误动作现象。反向出口短路时误动作的原因，可参阅有关资料分析。

上面三种变压器产生的电压 U_k、U_y、U_j 按照一定的极性关系连接组成了两个不同的电压，即工作电压 $U_1=U_k+U_j-U_y=U_j-(U_y-U_k)$ 和制动电压 $U_2=-U_k+U_j+U_y=U_j+(U_y-U_k)$。

U_1 和 U_2 经过双半环整流送入执行元件极化继电器的工作线圈和制动线圈，以进行两电压的绝对值比较，继电器的动作条件为 $|U_1|\geqslant|U_2|$。

2) 主要技术数据

(1) 交流额定电压=100 V。

(2) 交流额定电流=5 A。

(3) 工作频率50 Hz。

(4) 最大灵敏度65°、72°、80°，允许±5°偏差。

(5) 阻抗整定范围为0.2~20 Ω。改变电流回路的DKB位置，动作阻抗最小整定值见表4-5，允许误差为±10%。更新YB的变化可以改变表中最小整定值，而最大整定阻抗值为表中最小整定值的10倍。

(6) 精工电流 I_g：当DKB=20匝，YB=100%时，两相短路 $I_g<1.4$ A。

表 4-5　DKB 最小整定阻抗范围与原边绕组对应接线

最小整定阻抗范围（Ω）	DKB 原边绕组匝数	DKB 原边绕组接线示意图（一个绕组）
0.2	2	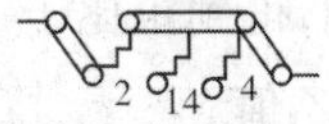 2 14 4
0.4	4	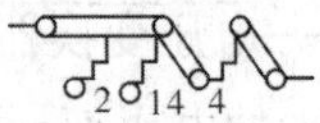 2 14 4
0.6	6	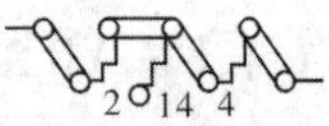 2 14 4
0.8	8	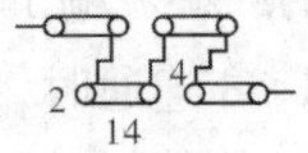 2 4 14
1	10	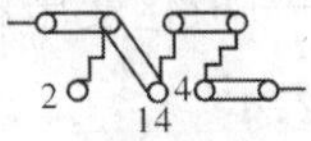 2 4 14
1.2	12	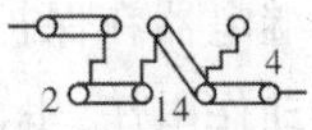 2 14 4
1.4	14	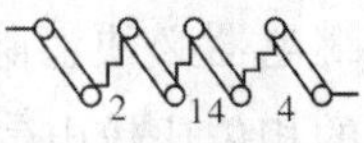 2 14 4
1.6	16	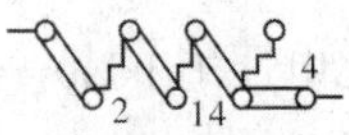 2 14 4
1.8	18	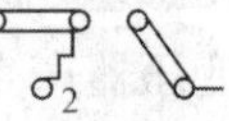 2
2	20	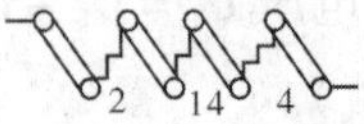 2 14 4

3. 整流型阻抗继电器阻抗整定值的整定和调整

当方向阻抗继电器处在临界工作状态时，推证的整定阻抗表达为：$Z_{set} = \frac{Z_I}{K_U}$，其中 $K_U = \frac{n_{CT}}{n_{PT} n_{YB}}$。显然，阻抗继电器的整定与 LZ－21 中电抗变压器 DKB 的模拟阻抗 Z_I、电压变换器 YB 的变比 n_{YB}、电压互感器变比 n_{TV} 和电流互感器变比 n_{TA} 有关。

出厂时，LZ－21 阻抗继电器 DKB 原边匝数默认为 20 匝，即最小整定阻抗为 2 Ω，通过将阻抗整定螺杆旋入相应的旋孔，可得到整定阻抗范围为 2～20 Ω（副边绕组匝数最小为总匝数的 10%）。

例如，若要求整定阻抗 Z_{set} = 3 Ω，即应设定电压变换器 YB 副边绕组匝数为总匝数的 67%，这时插头应插入 60、5、2、0（与插孔 0.5 通过线圈相连的 0 插孔）四个位置，如图 4-35所示。

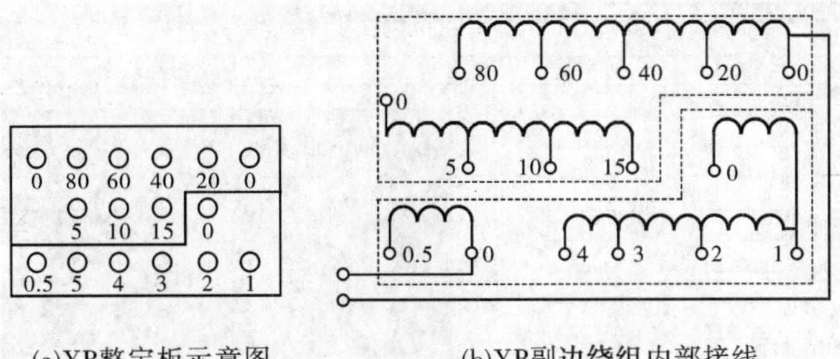

(a)YB整定板示意图 (b)YB副边绕组内部接线

图4-35 LZ-21型方向阻抗继电器YB整定板及其内部接线示意图

4. 实验接线

1)集控台内部已连接线说明

(1)在集控台内部已将继电器端子34和36连通,即:接通Ⅰ段,把阻抗继电器作为Ⅰ段进行测试。

(2)为了实验接线方便,在集控台内部已将继电器背部的各端子引至集控台面板上阻抗继电器的各接线端,对应关系如下:

21—Ia,22、23(短接)—In,24—Ib,27—Ua,29—Ub,31—Uc。其中31端子接Uc作为补偿电压,避免方向阻抗继电器出口发生短路时出现动作死区。

(3)端子28、30、32为极化变压器触点桥的输出,即阻抗继电器的出口接点,其中28与32之间为一对常闭接点,28与30之间为一对常开接点,集控台内部已将端子28和30并接在阻抗继电器的动作接点接线端上。

2)实验中应连接的线

将测试仪产生的三相电压、A相电流和B相电流信号分别与阻抗继电器对应的各U和I端子连接。继电器动作接点的连接见图4-34,即动作接点需要连接到信号灯的控制回路中,同时也要接到测试仪的任意一对开入接点上(注意接线柱的颜色要相同)。其中"24V+"、"24V-"、"A"、"K"均为实验台上的连接点。

5. 实验内容

1)最大灵敏角测试

内容:

整定阻抗设为$Z_{set}=2.01\ \Omega$,分别设置最大灵敏角为72°、65°、80°,并进行测试。

方法:

设置$I_j=5$ A,任意设置$U_j=(0.7\sim0.9)I_j Z_{set}$,使测量阻抗在继电器动作圆内。第三相电压不加入,保持I_j和U_j大小不变,改变U_j和I_j的相角φ_j,测试使继电器刚好动作的相角φ_1和φ_2,将结果填入表4-6。如图4-36和图4-37所示。

计算φ_m和测量误差$\Delta\%$,其中

$$\varphi_m=\frac{\varphi_1+\varphi_2}{2},\Delta\%=(72°-\varphi_m)\times100\%/72°$$

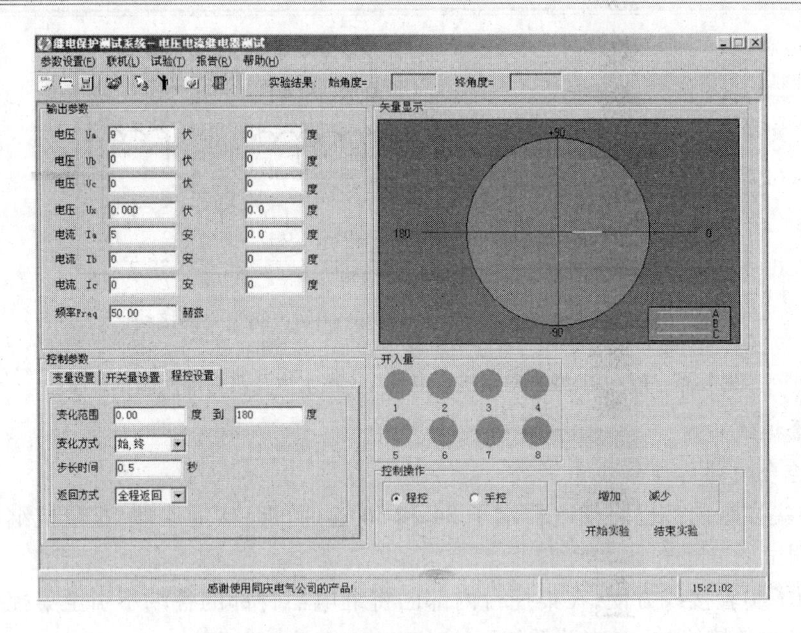

图 4-36

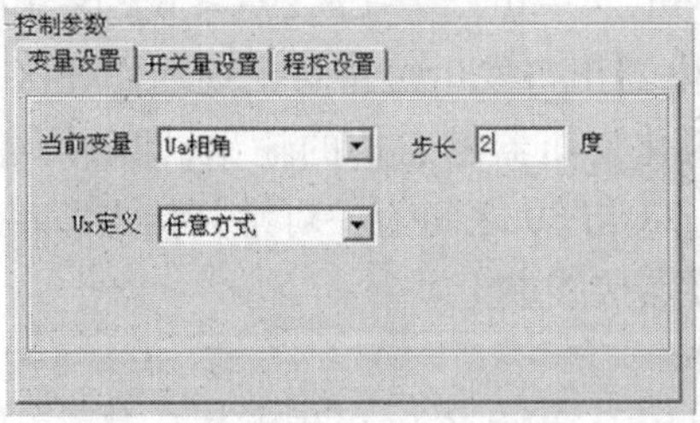

图 4-37

表 4-6

灵敏角	φ_{j1}	φ_{j2}	最大灵敏角 φ_m
72°			
65°			
80°			

2）测试 LZ－21 型方向阻抗继电器的动作特性

方法：设置整定阻抗 $Z_{set}=2\ \Omega$。

设置 $U_c=57.735\ V\angle 120°$，$I_j=5\ A$，如图 4-38 和图 4-39（程控方式下只能增加步长，如需要变量从大向小减，将步长设置成负值即可）所示。以加入继电器的电压 U_j 为参考向量，每改变一次 U_j 和 I_j 的夹角 φ_j，测量一次动作电压值 $U_{dz.j}$，将结果填入表 4-7，并根据表中数据在复平面上作出动作特性曲线。

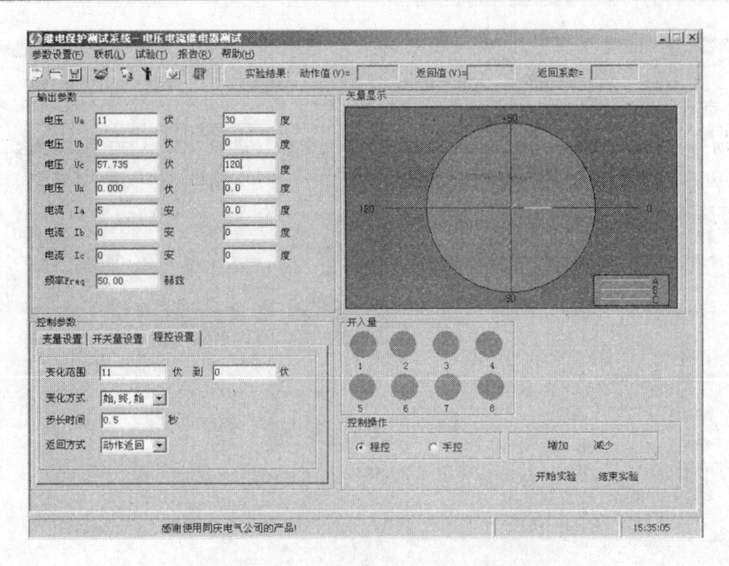

图 4-38

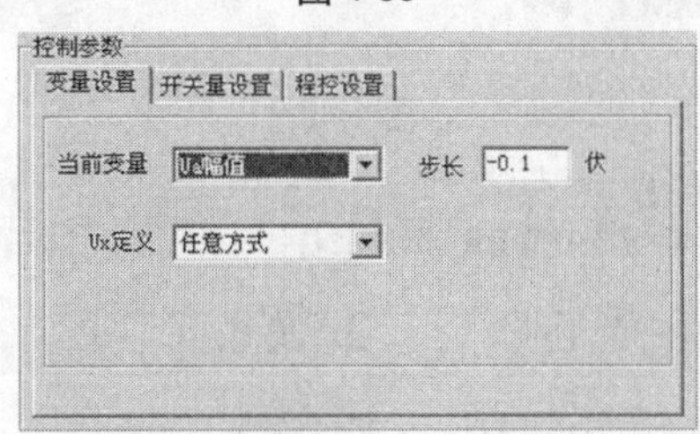

图 4-39

表 4-7

φ_j											
$U_{dz.j}$											

3）整定阻抗 Z_{ZD} 的校验

方法：保持 DKB＝20 匝，$I_j = I_n = 5$ A，取 $\varphi_j = \varphi_m$ ＝常数。将阻抗整定螺杆分别旋入表 4-8 中所要求的各旋孔。进入“继电器特性通用测试”模块，测取继电器刚好动作时的电压 $U_{dz.j}$ 填入表 4-8，并计算整定阻抗：$Z_{ZD} = \dfrac{U_{dz}}{I_j}$ 及计算误差 $\Delta\%$ 。设置如图 4-40 和图 4-41 所示。

表 4-8　整定阻抗校验表

Z_{ZD}（整定值 Ω）	（99.5%）2.01	（80%）2.5	（60%）3.3	（50%）4.0	（30%）6.7
$U_{dz.j}$（V）					
$Z_{ZD} = \dfrac{U_{dz}}{I_j}$（计算值 Ω）					
$\Delta\% = \dfrac{\text{阻抗计算值}-\text{整定值}}{\text{整定值}}\%$					

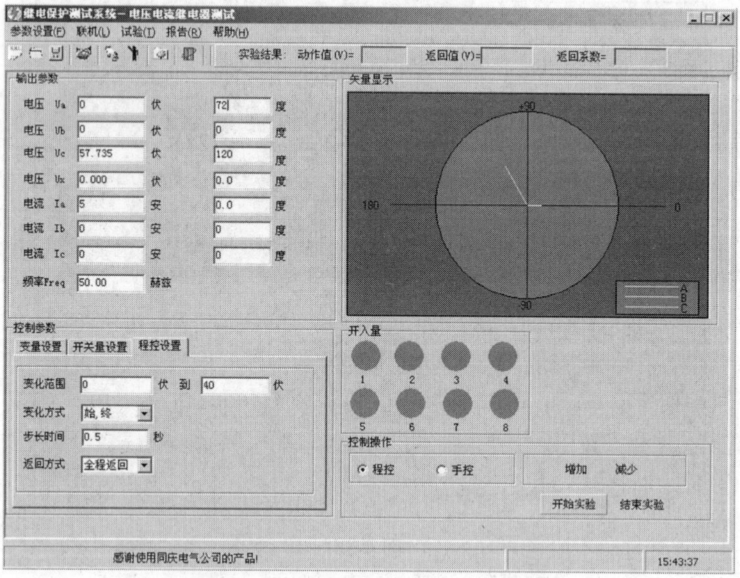

继电保护测试系统－电压电流继电器测试
参数设置(F) 联机(L) 试验(T) 报告(R) 帮助(H)
实验结果: 动作值(V)= 返回值(V)= 返回系数=
输出参数
电压 Ua 0 伏 72 度
电压 Ub 0 伏 0 度
电压 Uc 57.735 伏 120 度
电压 Ux 0.000 伏 0.0 度
电流 Ia 5 安 0.0 度
电流 Ib 0 安 0 度
电流 Ic 0 安 0 度
频率Freq 50.00 赫兹
矢量显示
+90
180
0
-90
A
B
C
控制参数
变量设置 开关量设置 程控设置
变化范围 0 伏 到 40 伏
变化方式 始,终
步长时间 0.5 秒
返回方式 全程返回
开入量
1 2 3 4
5 6 7 8
控制操作
程控 手控
增加 减少
开始实验 结束实验
感谢使用同庆电气公司的产品!
15:43:37

图 4-40

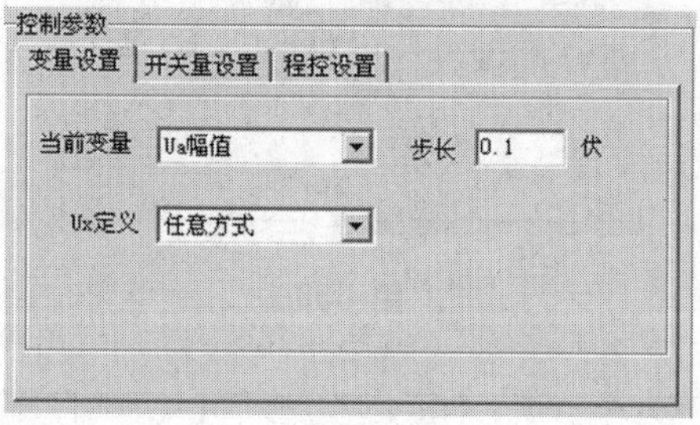

控制参数
变量设置 开关量设置 程控设置
当前变量 Ua幅值 步长 0.1 伏
Ux定义 任意方式

图 4-41

4)测试整流型阻抗继电器的记忆作用

方法:整定阻抗设为 Z_{set} = 2.01 Ω,取 $\varphi_j = \varphi_m = 72°$。不加入第三相电压和加入第三相电压时,使得 U_j 突然降为 0,观察继电器动作情况。

步骤:

(1)不加入第三相电压。

①进入"继电器特性通用测试"模块。设置输出信号为:U_a = 57.735 V∠0°,U_b = 57.735 V∠−120°,U_c = 0 V∠120°,I_a = 0 A∠0°,I_b = 0 A∠0°,I_c = 0 A∠0°。

②模拟保护安装处出口短路的情况,使得 U_j 突然降为 0:将 U_a 输出重新设置为 30 V∠72°,U_b 为 30 V∠72°,U_c 保持不变。I_a 重新设置为 2.5 A∠0°,I_b 为 2.5 A∠180°,I_c 保持不变。观察继电器动作情况,并进行分析。

(2)加入第三相电压。

①设置输出信号为:U_a = 57.735 V∠0°,U_b = 57.735 V∠−120°,U_c = 57.735 V∠120°,I_a = 0 A∠0°,I_b = 0 A∠0°,I_c = 0 A∠0°。

②模拟保护安装处出口短路的情况,使得 U_j 突然降为 0:将 U_a 输出重新设置为 30 V

$\angle 72°$，U_b 为 30 V$\angle 72°$，U_c 保持不变。I_a 重新设置为 5 A$\angle 0°$，I_b 为 5 A$\angle 180°$，I_c 保持不变。观察继电器动作情况，并进行分析。

5）反方向故障检查

（1）保持 DKB = 20 匝，YB = 99.5%，设置 $\varphi_j = \varphi_m = 72°$，$I_j = I_{ab} = 5$ A，$U_j = 100$ V，将 U_j 突然降为 0，观察继电器动作情况，并进行分析。

（2）设置 $\varphi_j = \varphi_m - 180$，$I_j = I_{ab} = 5$ A，$U_j = 100$ V，将 U_j 突然降为 0，观察继电器动作情况，并进行分析。

6）自动测试 LZ－21 型方向阻抗继电器的动作特性

方法：

测试仪按设定的扫描特性和控制参数发出设置故障情况下的电压、电流，扫描阻抗继电器的动作边界，并自动记录。

步骤：

（1）按"4. 实验接线"中的方法接好连线。

（2）设置整定阻抗为 $Z_{set} = 4\ \Omega$，设置最大灵敏角为 72°。

（3）打开测试仪电源。在 PC 机上运行继电保护信号测试系统软件，进入"阻抗继电器特性测试" 实验，如图 4-42 所示。

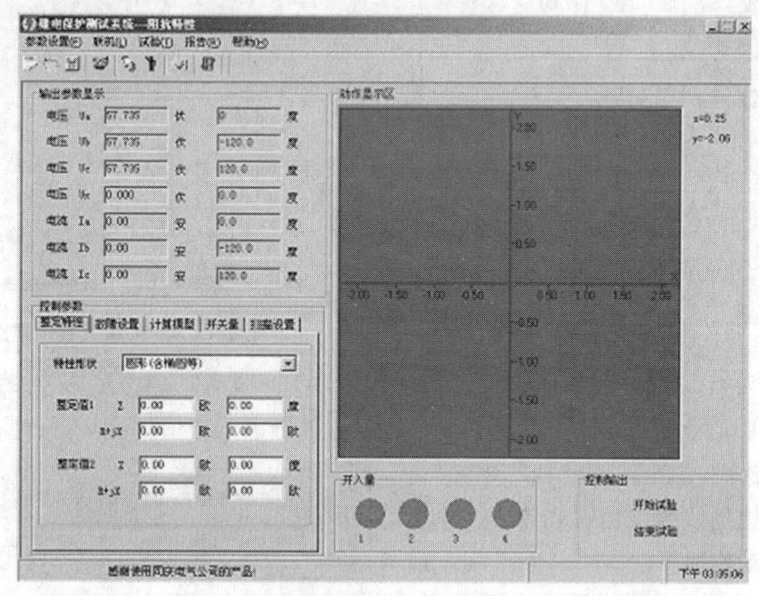

图 4-42　阻抗继电器特性测试主界面

（4）设置"控制参数"。

①在"整定特性"参数中选择"圆形（含椭圆等）"阻抗特性形状，见图 4-43。

②进行"故障设置"，见图 4-44，可设置故障类型为"三相短路"。

③设置"计算模型"，见图 4-45。

④设置"开关量"，见图 4-46。

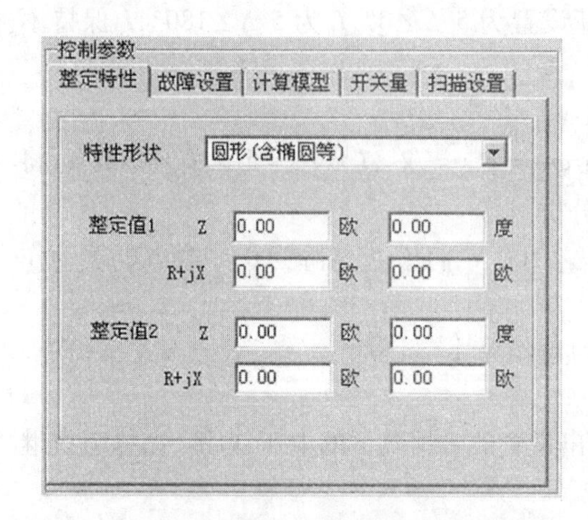

图 4-43　整定特性设置示意图

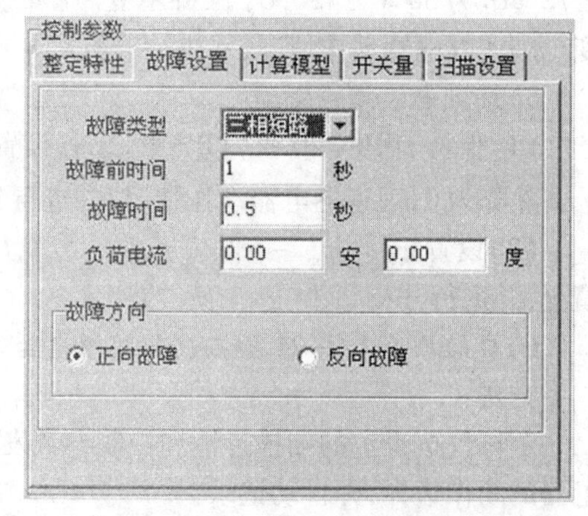

图 4-44　故障设置示意图

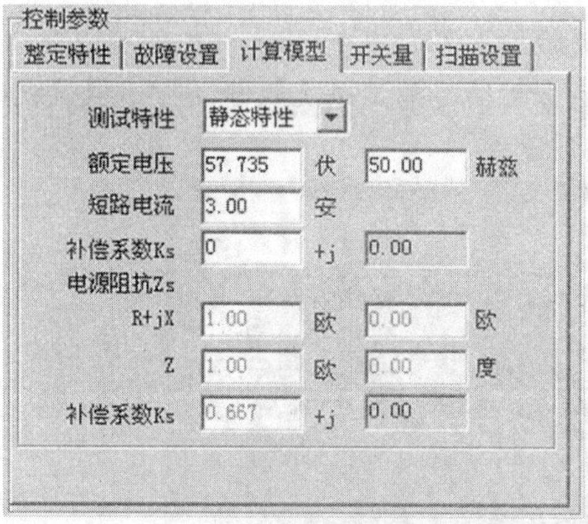

图 4-45　计算模型设置示意图

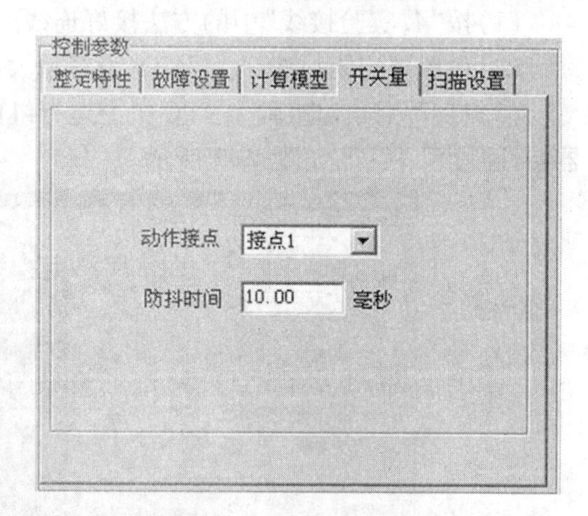

图 4-46　开关量设置示意图

⑤进行“扫描设置”。本测试仪采用辐射式扫描,扫描原理参见下文“辐射扫描原理”。设置“中心点阻抗”参数时,最好先根据设置的继电器定值估算一下,使扫描中心点和继电器动作圆心重合。而“扫描半径”的设置应保证扫描线的起始点和终点完全覆盖继电器的动作边界。

提示:本例中,如果设置整定阻抗为 4 Ω,最大灵敏角为 72°,即继电器的理想动作圆心为 2 Ω,72°。因此,最好设置“中心点阻抗”为 2 Ω,72°。扫描半径应设置为大于 2 Ω,可按图 4-47 设置。而“步长”和“测试精度”值不能设置得过小,否则扫描时间会很长;也不要设置得过大,否则扫描精度达不到,无法得到理想的动作特性曲线。

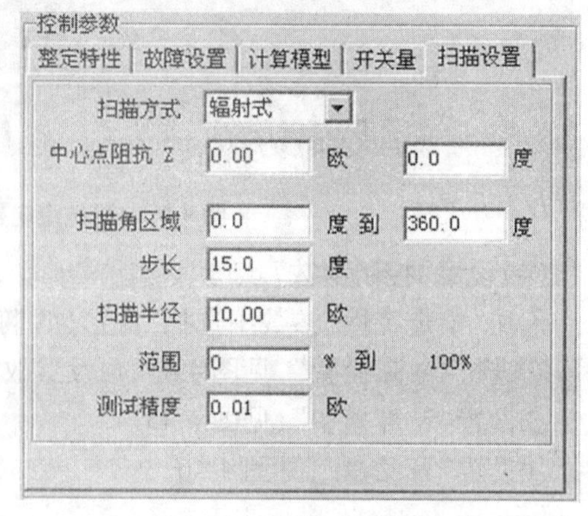

图 4-47　扫描设置示意图

⑥点击“开始实验”按钮启动对阻抗继电器的测试，观察并记录测试得到的动作曲线。

6. 辐射式扫描原理

在辐射式扫描方式下，实验中待测试的扫描边界点由扫描角区域和步长决定，此处扫描角度以平行于 R 轴为0°。如图4-48所示，取扫描角区域为0° ~360°，步长为15°，则程序自动以0°为起点，以360°为终点，按逆时针方向，每隔15°计算一条扫描线，各扫描线的起点均为中心阻抗 Z，长度由扫描半径决定，每条扫描线与整定边界特性的交叉点即为测试时等待搜索的动作边界点。为了加快每个边界点的搜索过程，各扫描线上的搜索起点应尽可能地接近边界点，为此程序提供了扫描线搜索起点 $K\%$ 的设置，即边界点只需在每条扫描线扫描半径的 $K\%$ ~100%之间进行搜索即可。一般地，应保证扫描半径的 $K\%$ 位于动作区内，100%位于动作区外，即扫描线必须完全覆盖动作边界，图4-48中 K 为10，即扫描线范围为10% ~100%。

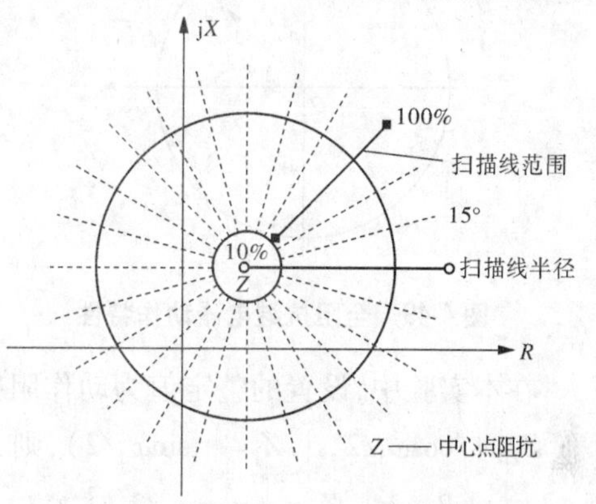

图4-48　扫描原理示意图

如果程序计算过程中发现某条扫描线的搜索起点或终点的电压、电流越限，则自动忽略该扫描线。

4.3.2.2　数字式阻抗继电器特性实验

1. 实验目的

(1)了解数字式阻抗继电器的算法和几种动作特性。

(2)测试数字式阻抗继电器在不同动作特性下的动作曲线，并加以比较。

2. 继电器原理简介

根据特性常见的数字式阻抗继电器有：全阻抗继电器、方向阻抗继电器、偏移阻抗继电器、多边形阻抗继电器和直线形阻抗继电器。

1)全阻抗继电器

全阻抗继电器的特性是以继电器安装点为圆心，以整定阻抗 Z_{ZD} 为半径所作的一个圆，如图4-49所示。当测量阻抗 Z_j 在圆内时继电器动作，即圆内为动作区，圆外为不动作区。

在本实验中，设置的整定值为 $|Z_{ZD}|$，即动作阻抗值。全阻抗继电器的动作方程可表示为

$$R_j^2 + X_j^2 \leqslant |Z_{ZD}|^2$$

式中　R_j——测量电阻；

X_j——测量电抗。

2）方向阻抗继电器

方向阻抗继电器的特性是以整定阻抗 Z_{ZD} 为直径而通过坐标原点的一个圆，如图 4-50所示，圆内为动作区，圆外为不动作区。

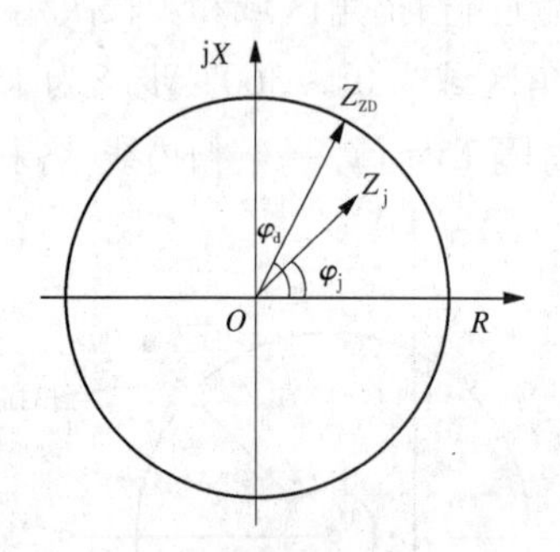

图 4-49　全阻抗继电器动作特性

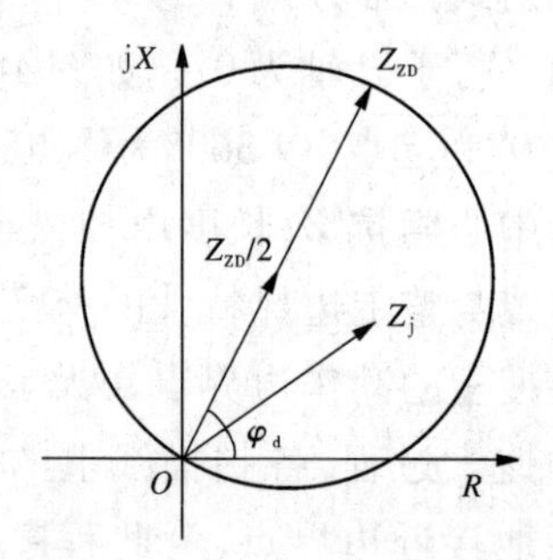

图 4-50　方向阻抗继电器动作特性

在本实验中，设置的整定值为动作阻抗值 $|Z_{ZD}|$ 和动作阻抗角 φ_d。圆心的坐标为 $(|Z_{ZD}|\cos\varphi_d/2, |Z_{ZD}|\sin\varphi_d/2)$，则方向阻抗继电器的动作方程可表示为

$$(R_j - |Z_{ZD}|\cos\varphi_d/2)^2 + (X_j - |Z_{ZD}|\sin\varphi_d/2)^2 \leqslant |Z_{ZD}|^2$$

式中符号含义同前。

3）偏移阻抗继电器

偏移阻抗继电器的特性是当正方向的整定阻抗为 Z_{ZD} 时，向反方向偏移一个 αZ_{ZD} $(0<\alpha<1)$，动作特性如图 4-51 所示，圆内为动作区，圆外为不动作区。圆的直径为 $|Z_{ZD}+\alpha Z_{ZD}|$，圆心的坐标为 $Z_0=(Z_{ZD}-\alpha Z_{ZD})/2$，圆的半径为 $|Z_{ZD}+\alpha Z_{ZD}|/2$。

在本实验中，设置的整定值为动作阻抗值 $|Z_{ZD}|$、动作阻抗角 φ_d 和偏移系数 α。圆心的坐标为 $((1-\alpha)|Z_{ZD}|\cos\varphi_d/2, (1-\alpha)|Z_{ZD}|\sin\varphi_d/2)$，则偏移阻抗继电器的动作方程可表示为

$$[R_j-(1-\alpha)|Z_{ZD}|\cos\varphi_d/2]^2+[X_j-(1-\alpha)|Z_{ZD}|\sin\varphi_d/2]^2 \leqslant (1+\alpha)^2|Z_{ZD}|^2/4$$

式中符号含义同前。

4）多边形阻抗继电器

动作特性为图 4-52 所示的多边形，多边形以内为继电器的动作区，多边形以外为不动作区。

在本实验中，设置的整定值为动作电阻 R_1 和动作电抗 X_1，则多边形特性阻抗继电器的动作方程为：

（1）$R_j \leqslant 0$ 时，$(-R_j \leqslant X_j\tan15°) \cap (0 \leqslant X_j \leqslant X_1)$；

（2）$R_j \geqslant 0, X_j \geqslant 0$ 时，$[X_j \geqslant (R_j - R_1)\tan60°] \cap (X_1 - X_j \geqslant R_J\tan\alpha)$；

（3）$R_j \geqslant 0, X_j \leqslant 0$ 时，$(-X_j \leqslant R_j\tan15°) \cap (R_j \leqslant R_1)$。

其中 $\tan\alpha = 1/8$，R_j 和 X_j 分别表示测量电阻和测量电抗。

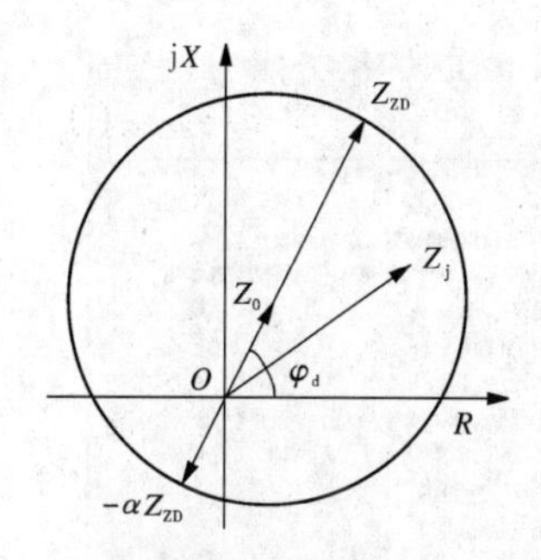

图4-51　偏移阻抗继电器动作特性

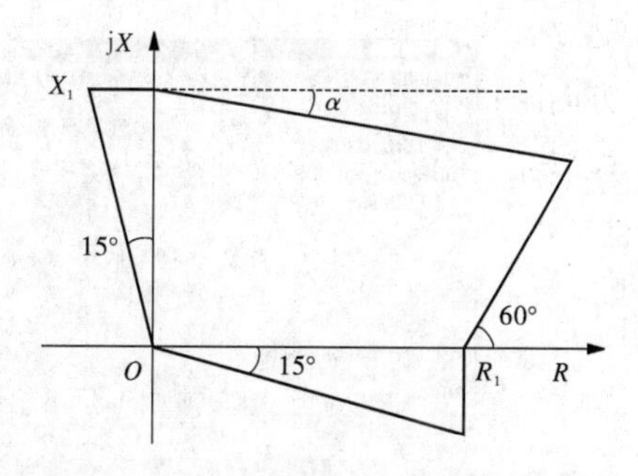

图4-52　多边形阻抗继电器的动作特性

5)直线形阻抗继电器

直线形阻抗继电器反映于测量阻抗的电抗部分而动作,其动作特性图见图4-53。

动作方程为

$$X_j \leqslant X_{ZD}$$

式中　X_j——测量电抗;

X_{ZD}——继电器的动作电抗整定值。

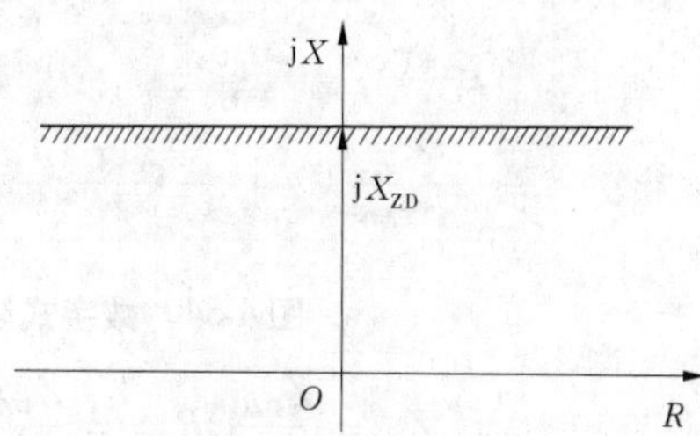

图4-53　直线形阻抗继电器动作特性

3.实验接线

将测试仪的三相电压、电流信号分别与多功能微机保护实验装置引到实验台面上的各接线端子按相连接即可。注意将I_{an}、I_{bn}和I_{cn}用导线短接后连接到测试仪的I_n接线端上。接线完毕后,注意检查接线极性是否正确。

4.数字式阻抗继电器整定说明

和其他数字式继电器实验项目相同,将多功能微机保护实验装置配置成数字式阻抗继电器时,其整定值的设定方法有两种:直接通过实验装置面板上的小按键输入定值和在上位机数字式继电器及微机保护软件界面上整定并下载。

阻抗继电器配置为多边形或直线形特性时,上下位机的整定值定义完全相同。而当继电器配置为各种圆特性(含全阻抗圆、方向阻抗圆、偏心阻抗圆)时,上位机输入的定值和下位机定值定义不完全一致。上位机定值输入界面见图4-54,设各种圆特性下"动作阻抗"值表示为Z_{DZC},"阻抗角"表示为φ_Z,"偏移系数"表示为α。

下位机圆特性整定值包括半径定值Z_C、圆心电阻定值R_{CC}和圆形电抗定值X_{CC}。

各种圆特性下上下位机整定值之间的关系如下。

1)全阻抗继电器

在上位机软件界面只需要输入"动作阻抗"值Z_{DZC},而"阻抗角"φ_Z和"偏移系数"α数值无意义,有

$$Z_C = Z_{DZC}, R_{CC} = 0, X_{CC} = 0$$

2)方向阻抗继电器

在上位机软件界面需要输入"动作阻抗"值Z_{DZC}和"阻抗角"φ_Z,而"偏移系数"α数值无意义,有

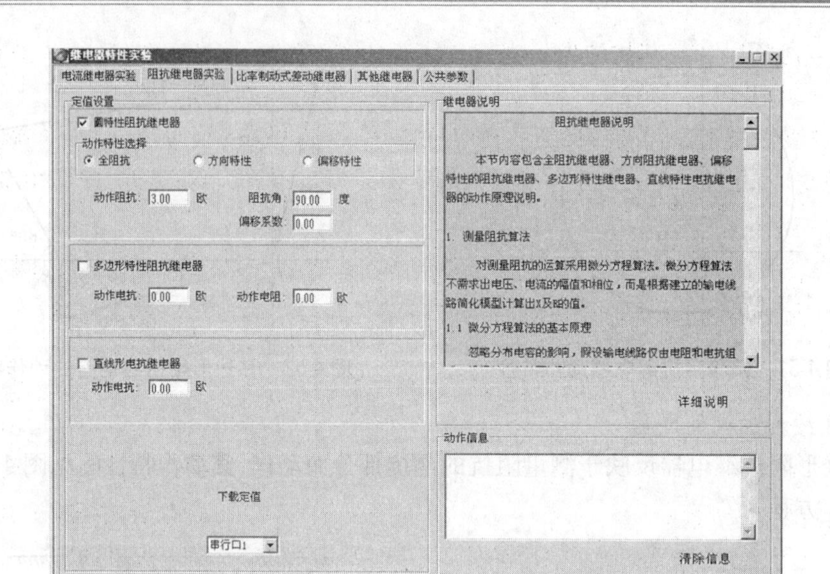

图 4-54　数字式阻抗继电器上位机定值界面

$$Z_C = \frac{Z_{DZC}}{2}, R_{CC} = \frac{Z_{DZC}}{2} \times \cos\varphi_Z, X_{CC} = \frac{Z_{DZC}}{2} \times \sin\varphi_Z$$

3) 偏移阻抗继电器

在上位机软件界面需要输入“动作阻抗”值 Z_{DZC}、“阻抗角”φ_Z和“偏移系数”α，有

$$Z_C = \frac{(1+\alpha)Z_{DZC}}{2}, R_{CC} = \frac{(1-\alpha)Z_{DZC}}{2} \times \cos\varphi_Z, X_{CC} = \frac{(1-\alpha)Z_{DZC}}{2} \times \sin\varphi_Z$$

5. 实验内容

本实验主要测试数字式阻抗继电器的各种动作特性。

方法：

首先设置数字式阻抗继电器的动作特性，然后用测试仪按设定的扫描特性和控制参数发出设置故障情况下的电压、电流，扫描阻抗继电器的动作边界，并自动记录。

步骤：

(1) 接好连线。

(2) 设置阻抗继电器的特性为全阻抗圆特性，并对阻抗继电器进行整定（比如整定动作阻抗为 3 Ω）。

(3) 打开测试仪电源，在 PC 机上运行继电保护信号测试系统软件，进入“阻抗继电器特性测试”实验。

(4) 设置“控制参数”。可参照“LZ－21 型阻抗继电器特性实验”中的说明。

注意：设置“中心点阻抗”参数时，最好先根据设置的继电器定值估算一下，使扫描中心点和继电器动作圆心重合。而“扫描半径”的设置应保证扫描线的起始点和终点完全覆盖继电器的动作边界。

对于全阻抗圆，可设置中心点阻抗为 0 Ω，任意角度。

(5)点击“开始实验”按钮启动测试,观察测试得到的动作特性曲线,并记录扫描到的边界点动作电阻和电抗值。

(6)改变阻抗继电器的特性为方向阻抗特性,重复步骤(4)、步骤(5)。注意设置合适的扫描参数,尤其是“中心点阻抗”和“扫描半径”。记录扫描到的边界点动作电阻和电抗值。

(设置举例:如果设置方向阻抗继电器的动作阻抗为3 Ω,阻抗角为60°,即可算出继电器的理想动作圆心为1.5 Ω,60°。因此,最好设置“中心点阻抗”为1.5 Ω,60°,扫描半径应设置为大于1.5 Ω)

(7)改变阻抗继电器的特性为偏移阻抗特性,重复步骤(4)、步骤(5)。注意设置合适的扫描参数,尤其是“中心点阻抗”和“扫描半径”。记录扫描到的边界点动作电阻和电抗值。

(设置举例:如果设置偏移阻抗继电器的动作阻抗为3 Ω,阻抗角为60°,偏移系数为0.3,即可算出继电器的理想动作圆心为$(1-0.3)\times 3/2=1.05$ Ω,60°,偏心圆半径为$(1+0.3)\times 3/2=1.95$。因此,最好设置“中心点阻抗”为1.05 Ω,60°,扫描半径应设置为大于1.95 Ω)

(8)改变阻抗继电器的特性为多边形阻抗特性,重复步骤(4)、步骤(5)。注意设置合适的扫描参数,记录扫描到的边界点动作电阻和电抗值。

(9)改变阻抗继电器的特性为直线形阻抗特性,重复步骤(4)、步骤(5)。注意设置合适的扫描参数,记录扫描到的边界点动作电阻和电抗值。

(10)将记录到的各种特性下的边界点动作电阻和动作电抗在一个坐标图中分别描点,并进行比较。

6.思考题

(1)计算测量阻抗的常见方法有哪些,各有什么优缺点?

(2)分析本实验中列出的各种动作特性的阻抗继电器的优缺点及其适用的范围。

4.3.2.3　XH-811型微机线路保护装置功能测试

1.调试目的

(1)学习使用继电保护调试仪。

(2)掌握继电保护调试的基本步骤。

(3)熟悉中高压线路保护装置的调试方法。

2.调试接线

1)交流实验接线

按图4-55接好线后可以作距离保护、零序保护、重合闸保护、手合同期保护、双回线相继速动及不对称相继速动。

2)反馈接点接线

按图4-56的接法接线时,接点A应定义为三相跳闸。

装置的跳闸出口和重合闸出口接点可以任选。

表4-8列出的为几组可用的接点。

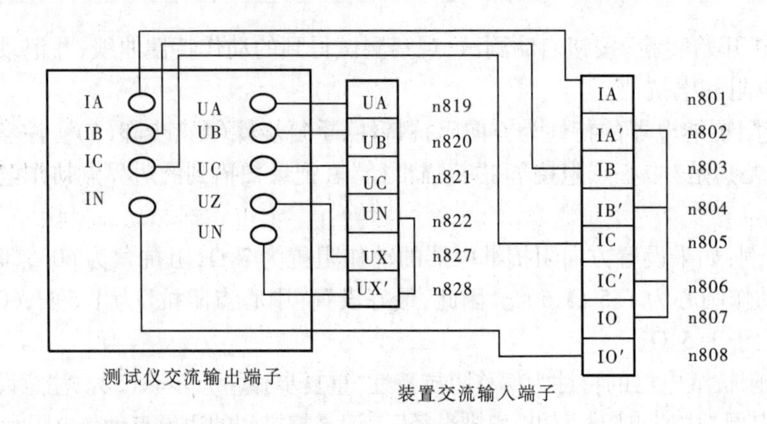

图 4-55　交流实验接线

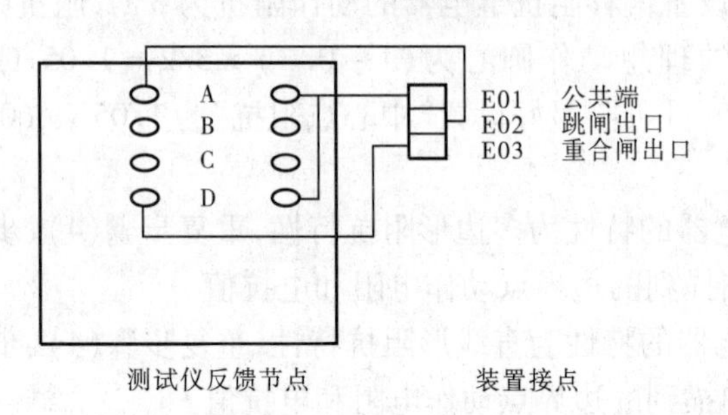

图 4-56　反馈接点接线

表 4-8　可用的接点

第一组	E01(公共端)　E02(跳闸出口)　E03(重合闸出口)
第二组	E05(公共端)　E06(跳闸出口)　E07(重合闸出口)
第三组	F01(公共端)　F02(跳闸出口)　F03(重合闸出口)
第四组	F04(公共端)　F05(跳闸出口)　F06(重合闸出口)

3. 保护功能测试方法

1)距离保护

(1)保护说明。

①XH－811 型装置设置了三段式相间距离保护及三段式接地距离保护。

②手合故障及重合后加速。在手合故障时设置了按阻抗Ⅲ段加速切除故障的功能,手合加速阻抗带偏移特性。重合后加速设置了可由控制字投退的加速Ⅱ段或Ⅲ段。在未投入加速时,如开放元件动作,Ⅰ段延时不小于 0.03 s,其他段按正常延时出口;如开放元件未动作,Ⅰ段按 0.5 s、Ⅱ段按 1 s 延时出口。Ⅰ段还可通过控制字整定带固定 150 ms 延时出口。

③距离保护在装置检测到TV断线时自动退出，在TV断线恢复后自动投入。

④相继速动。

不对称相继速动：带负荷的线路发生不对称故障，对侧跳闸后导致本侧非故障相负荷消失，距离保护利用该特征加速距离Ⅱ段（需定值中控制字“不对称相继速动投”投入）。

双回线相继速动：双回线本线末端发生故障时如要实现相继速动，需利用相邻线的逻辑来加速距离Ⅱ段。邻线允许本线加速距离Ⅱ段开入端子D14，用作双回线加速配合。

相继速动继电器动作条件开出继电器动作条件为：

a. 定值中控制字“双回线相继速动投”投入。

b. 本线保护测出故障在距离Ⅲ段范围内或故障未在距离Ⅲ段内但在Ⅲ段全阻抗范围内。

c. 保护未出口。

满足以上条件驱动相继速动继电器。

驱动后保护测出故障又不在距离Ⅲ段范围内或故障一直不在距离Ⅲ段内而在Ⅲ段全阻抗范围内，在启动后50～250 ms内的最大相电流大于启动25 ms时的最大相电流的4倍时，相继速动继电器开出。

双回线相继速动动作判据为：

a. 定值中控制字“双回线相继速动投”投入。

b. 本线路保护测出故障在距离Ⅱ段范围内。

c. 装置启动后收到邻线闭锁信号，其后又没收到闭锁信号。

d. 在满足上述三个条件后经20 ms仍不返回，则本侧距离Ⅱ段加速动作。

⑤零序电流持续12 s大于零序启动定值和$0.2I_n$的较小者时，报警“TA回路异常”，并闭锁各段。

⑥其他。

本系列装置还设置了带延时的过流保护，仅在TV断线时由控制字选择投退，弥补TV断线时距离保护退出情况下装置无保护的缺陷。

保护未启动时，当负序电流（$3I_2$）大于4倍正序电流且负序电流大于$0.06I_n$时，装置报“TA反序”并发告警2。

保护未启动时，当负序电压（$3U_2$）大于4倍正序电压且负序电压大于12 V时，装置报“TV反序”并发告警2。

保护未启动，且无TV断线告警时，当阻抗落入Ⅲ段阻抗内30 s，装置报“系统过负荷”。当阻抗不在Ⅲ段阻抗内10 s后，装置报“系统过负荷返回”。

（2）距离保护框图见图4-57。

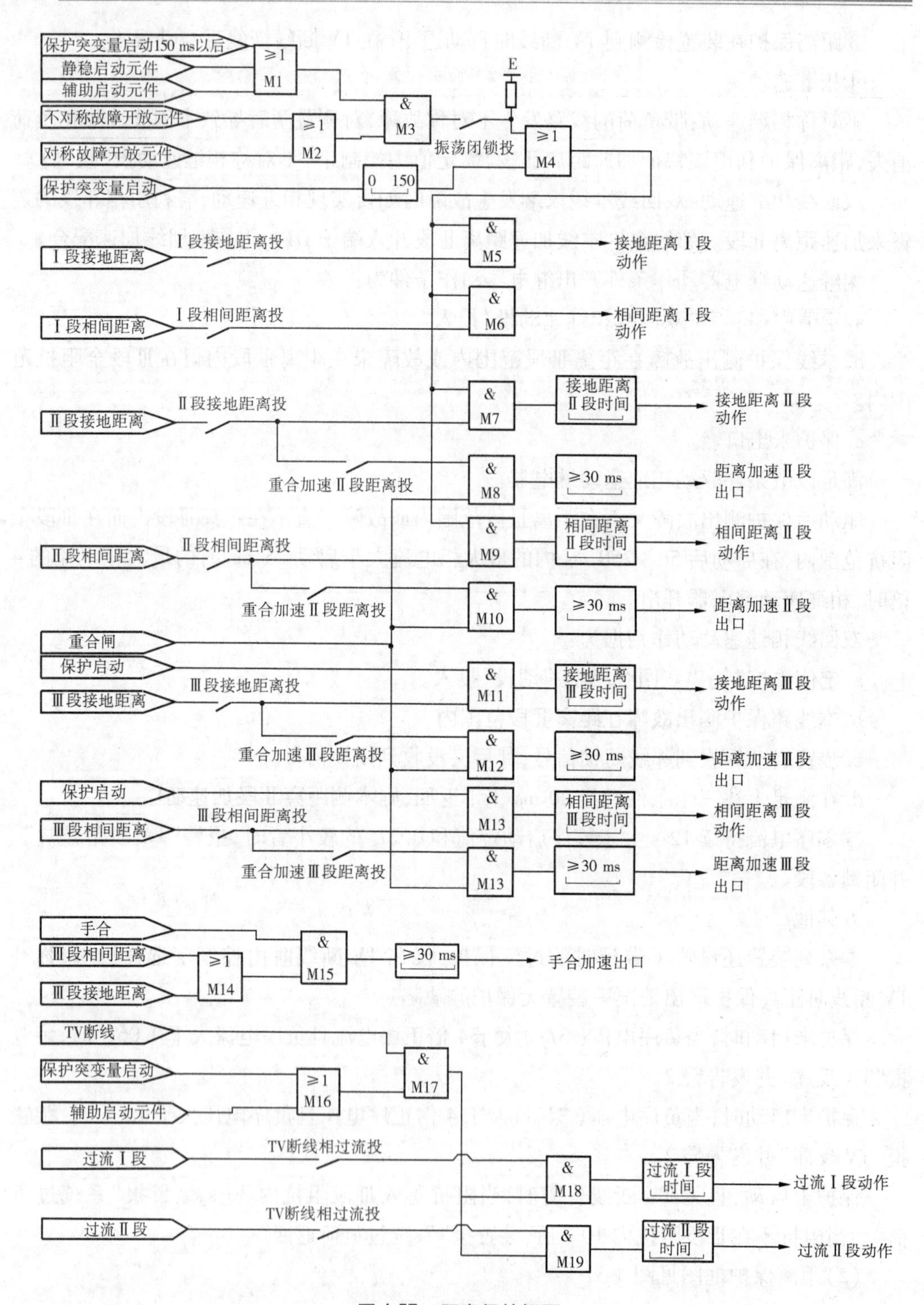
保护突变量启动150 ms以后
静稳启动元件
辅助启动元件
≥1
M1
不对称故障开放元件
对称故障开放元件
≥1
M2
保护突变量启动
0 150
&
M3
E
振荡闭锁投
≥1
M4
Ⅰ段接地距离
Ⅰ段接地距离投
&
M5
接地距离Ⅰ段动作
Ⅰ段相间距离
Ⅰ段相间距离投
&
M6
相间距离Ⅰ段动作
Ⅱ段接地距离
Ⅱ段接地距离投
&
M7
接地距离Ⅱ段时间
接地距离Ⅱ段动作
重合加速Ⅱ段距离投
&
M8
≥30 ms
距离加速Ⅱ段出口
Ⅱ段相间距离
Ⅱ段相间距离投
&
M9
相间距离Ⅱ段时间
相间距离Ⅱ段动作
重合加速Ⅱ段距离投
&
M10
≥30 ms
距离加速Ⅱ段出口
重合闸
保护启动
Ⅲ段接地距离
Ⅲ段接地距离投
&
M11
接地距离Ⅲ段时间
接地距离Ⅲ段动作
重合加速Ⅲ段距离投
&
M12
≥30 ms
距离加速Ⅲ段出口
保护启动
Ⅲ段相间距离
Ⅲ段相间距离投
&
M13
相间距离Ⅲ段时间
相间距离Ⅲ段动作
重合加速Ⅲ段距离投
&
M13
≥30 ms
距离加速Ⅲ段出口
手合
Ⅲ段相间距离
Ⅲ段接地距离
≥1
M14
&
M15
≥30 ms
手合加速出口
TV断线
保护突变量启动
辅助启动元件
≥1
M16
&
M17
过流Ⅰ段
TV断线相过流投
&
M18
过流Ⅰ段时间
过流Ⅰ段动作
过流Ⅱ段
TV断线相过流投
&
M19
过流Ⅱ段时间
过流Ⅱ段动作

图 4-57　距离保护框图

(3)整定定值见图4-9。

表4-9　整定定值

序号	简称	中文名称	整定值
1	KX	电抗补偿系数	0.00
2	KR	电阻补偿系数	0.00
3	PS1	正序阻抗角	80°
4	DG1	相间阻抗偏移角	0°
5	DBL	每欧姆公里数	20 km/Ω
6	RD	接地电阻定值	5 Ω
7	XD1	接地距离Ⅰ段电抗	1 Ω
8	XD2	接地距离Ⅱ段电抗	1.5 Ω
9	XD3	接地距离Ⅲ段电抗	2 Ω
10	ZZ1	相间距离Ⅰ段阻抗	1 Ω
11	ZZ2	相间距离Ⅱ段阻抗	1.5 Ω
12	ZZ3	相间距离Ⅲ段阻抗	2 Ω
13	ZZX	零序阻抗定值	1 Ω
14	I1	过流Ⅰ段电流定值	5 A
15	I2	过流Ⅱ段电流定值	4 A
16	I0QD	零序电流启动定值	1 A
17	TD2	接地距离Ⅱ段时间	0.2 s
18	TD3	接地距离Ⅲ段时间	0.5 s
19	TX2	相间距离Ⅱ段时间	0.2 s
20	TX3	相间距离Ⅲ段时间	0.5 s
21	TI1	过流Ⅰ段时间	0.00 s
22	TI2	过流Ⅱ段时间	0.5 s
23	IQD	突变量电流启动定值	0.5 A
序号24～37为控制字项,1为投入,0为退出。			
24	KG_TV	TV断线检查投	0
25	KG_YS	距离Ⅰ段延时出口投	0
26	KG_JS2	加速距离Ⅱ段投	1
27	KG_JS3	加速距离Ⅲ段投	1
28	KG_BS	振荡闭锁功能投	1
29	KG_Z1	接地距离Ⅰ段投	1

续表 4-9

序号	简称	中文名称	整定值
30	KG_Z2	接地距离Ⅱ段投	1
31	KG_Z3	接地距离Ⅲ段投	1
32	KG_ZZ1	相间距离Ⅰ段投	1
33	KG_ZZ2	相间距离Ⅱ段投	1
34	KG_ZZ3	相间距离Ⅲ段投	1
35	KG_BSC	不对称相继速动投	1
36	KG_SHX	双回线相继速动投	1
37	KG_I	TV 断线相过流投	1

(4)测试说明。

零序补偿系数的几种表达方式:

①K_L。

②R_E/R_L、X_E/X_L。

③Z_0/Z_1。

$K=\frac{1}{3}\frac{Z_0-Z_1}{Z_1}$,用幅值和角度表示。当零序阻抗角等于正序阻抗角时,K_L 为一实数,角度等于0。

$$R_E/R_L=K=\frac{1}{3}\frac{R_0-R_1}{R_1}$$

$$X_E/X_L=K=\frac{1}{3}\frac{X_0-X_1}{X_1}$$

对 X 方向(短路阻抗角设置为90°)的整定值进行校验时,将 X_E/X_L 设置为 K_x,而 R_E/R_L 设置为0。

对 R 方向(短路阻抗角设置为0°)的整定值进行校验时,将 R_E/R_L 设置为 K_r,而 X_E/X_L 设置为0。

几种表达方式间的换算:

$$K_L=\frac{K_rK_1^2+K_xK_1^2}{R_1^2+X_1^2},\varphi(K_L)=0$$

$$K_L=\frac{1}{3}\left(\frac{Z_0}{Z_1}-1\right)$$

设定测试仪,进入测试仪的整组测试菜单或距离保护定值校验菜单。

投入距离保护压板:

软压板:厂家→压板→选择模块1→投退保护软压板→线路距离保护→按装置面板+号→确认。

硬压板:用正电源点住 D04(开入插件04)。

操作步骤及现象：

(1)接地距离。

以AN故障，接地距离Ⅰ段为例，设定故障电流为额定电流5 A，故障阻抗设定为0.95倍定值(Z=0.95)，故障相角等于正序阻抗角(80°)，故障类型为接地故障AN，瞬时性故障。开始实验后保护应可靠动作，装置液晶弹出动作报告“接地距离Ⅰ段出口”，“A相接地故障”，装置面板跳闸灯亮，断路器跳开，合位灯灭，跳位灯亮，同时显示的动作时间应小于25 ms。

同样设定阻抗为1.05倍定值(Z=1.05)，保护应可靠不动作。

同样方法作BN、CN、ABN、BCN、CAN故障。

同样方法作接地距离Ⅱ段、接地距离Ⅲ段保护，Ⅱ段时间、Ⅲ段时间满足±1%或±20 ms误差要求。

(2)相间距离。

以AB短路为例，设定故障电流为额定电流5 A，故障阻抗为0.95倍定值(Z=0.95)，故障相角等于正序阻抗角(80°)，故障类型为AB相间故障。开始实验后保护应可靠动作，装置液晶弹出动作报告“相间距离Ⅰ段出口”，“AB相间故障”，装置面板跳闸灯亮，断路器跳开，合位灯灭，跳位灯亮，同时显示的动作时间应小于25 ms。

同样设定阻抗为1.05倍定值(Z=1.05)，保护应可靠不动作。

同样方法作相间距离Ⅱ段、相间距离Ⅲ段保护，BC、CA故障，Ⅱ段时间、Ⅲ段时间满足±1%或±20 ms误差要求。

(3)与重合闸配合加速保护。

投入重合闸软压板：厂家→压板→选择模块1→投退保护软压板→重合闸→按装置面板+号→确认。

投入重合闸硬压板：用正电源点住D06(开入插件06)。

合上断路器，等待15 s后，重合闸充满电，重合允许灯亮。

以AN故障，接地距离Ⅰ段为例，设定故障电流为额定电流5 A，故障阻抗设定为0.95倍定值(Z=0.95)，故障相角等于正序阻抗角(80°)，故障类型为接地故障AN，永久性故障。开始实验后保护应可靠动作，装置液晶弹出动作报告“接地距离Ⅰ段出口”，装置面板跳闸灯亮；断路器跳开，合位灯灭，跳位灯亮；接着重合闸动作，装置液晶弹出动作报告“重合闸动作”，装置面板重合灯亮；断路器合上，合位灯亮，跳位灯灭；接着距离Ⅰ段动作，装置液晶弹出动作报告“距离Ⅰ段出口”，装置面板跳闸灯亮，断路器跳开，合位灯灭，跳位灯亮。

以AN故障，接地距离Ⅱ段为例，设定故障电流为额定电流5 A，故障阻抗设定为0.95倍定值(Z=0.95)，故障相角等于正序阻抗角(80°)，故障类型为接地故障AN，永久性故障。开始实验后保护应可靠动作，装置液晶弹出动作报告“接地距离Ⅱ段出口”，装置面板跳闸灯亮；断路器跳开，合位灯灭，跳位灯亮；接着重合闸动作，装置液晶弹出动作报告“重合闸动作”，装置面板重合灯亮，断路器合上，合位灯亮；跳位灯灭；接着加速距离Ⅱ段动作，装置液晶弹出动作报告“加速距离Ⅱ段出口”，装置面板跳闸灯亮，断路器跳开，合位灯灭，跳位灯亮。

同样方法作加速距离Ⅲ段保护实验。

2)零序电流(方向)保护

(1)保护说明。

①本保护设置了Ⅰ~Ⅳ段零序电流(方向)保护(简称零序保护)。零序保护的投退由压板控制,每段都可由控制字选择经方向或不经方向元件闭锁,零序方向元件的电压门槛不小于1 V,不大于2 V。

②TA断线。零序电流持续12 s大于Ⅳ段定值I_{04}和$0.2I_n$的较小者时,报警"TA回路异常",并闭锁各段。

③$3U_0$极性。本保护采用自产零序电压$3U_0$,即由软件将三相电压相加而获得$3U_0$,供方向判别用,但在TV二次断线时设有控制字,可选择将受零序功率方向元件控制的各段退出,或将所有段改为无方向的零序电流保护。

④零序辅助启动元件。当故障电流较小时,为防止突变量启动元件灵敏度不够,零序保护还设有零序辅助启动元件。零序辅助启动元件动作值为$\min(I_{01},I_{02},I_{03},I_{04})$,其中$I_{01},I_{02},I_{03},I_{04}$为零序各段定值。

⑤手合于故障,零序加速段自动退方向。

⑥TV断线时,经方向闭锁的零序Ⅰ段(需投入TV断线退方向)延时130 ms出口。

⑦当零序Ⅰ、Ⅱ、Ⅲ、Ⅳ段中任一段不带方向元件时,零序加速段自动改为不带方向元件。

(2)零序保护逻辑框图见4-58。

(3)整定定值见表4-10。

表4-10 整定定值

序号	简称	中文名称	整定范围
1	I01	零序Ⅰ段电流定值	5 A
2	I02	零序Ⅱ段电流定值	4 A
3	I03	零序Ⅲ段电流定值	3 A
4	I04	零序Ⅳ段电流定值	2 A
5	IOJS	零序加速段电流定值	1 A
6	T02	零序Ⅱ段时间	0.2 s
7	T03	零序Ⅲ段时间	0.5 s
8	T04	零序Ⅳ段时间	1 s

续表 4-10

序号	简称	中文名称	整定范围
序号 9～19 为控制字项,1 为投入,0 为退出。			
9	KG_TV	TV 断线检查投	0
10	KG_I01	零序Ⅰ段投	1
11	KG_I02	零序Ⅱ段投	1
12	KG_I03	零序Ⅲ段投	1
13	KG_I04	零序Ⅳ段投	1
14	KG_1FX	零序Ⅰ段方向投	1
15	KG_2FX	零序Ⅱ段方向投	1
16	KG_3FX	零序Ⅲ段方向投	1
17	KG_4FX	零序Ⅳ段方向投	1
18	KG_JSFX	零序加速段方向投	1
19	KG_TVFX	TV 断线退方向投	0

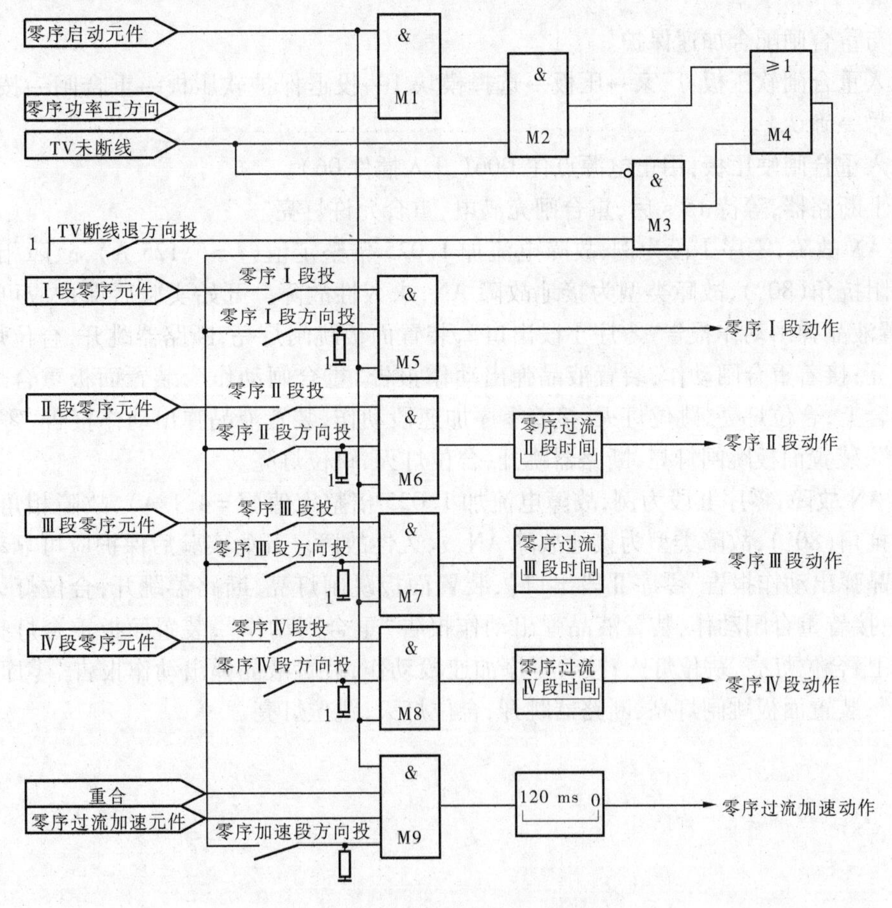

图 4-58　零序保护逻辑框图

(4)测试说明。

①退掉距离保护压板。

软压板:厂家→压板→选择模块1→投退保护软压板→线路距离保护→按装置面板-号→确认。

投入零序保护压板:

a. 软压板:厂家→压板→选择模块1→投退保护软压板→线路零序保护→按装置面板+号→确认。

b. 硬压板:用正电源点住D05(开入插件05)。

②零序保护操作步骤及现象。

以AN故障为例,故障电流加1.025倍整定值($I=5.125$ A),故障类型为接地故障AN,开始实验后保护应可靠动作,同时显示的Ⅰ段动作时间小于25 ms。

同样设定电流为0.975倍定值,保护应可靠不动作。

同样方法作BN、CN、ABN、BCN、CAN故障。

同样作Ⅱ、Ⅲ、Ⅳ段,动作值满足±2.5%误差要求,动作时间满足±1%或±20 ms误差要求。

③与重合闸配合加速保护。

投入重合闸软压板:厂家→压板→选择模块1→投退保护软压板→重合闸→按装置面板+号→确认。

投入重合闸硬压板:用正电源点住D06(开入插件06)。

合上断路器,等待15 s后,重合闸充满电,重合允许灯亮。

以AN故障,零序Ⅰ段为例,故障电流加1.025倍整定值($I=5.125$ A),故障相角等于正序阻抗角(80°),故障类型为接地故障AN,永久性故障。开始实验后保护应可靠动作,装置液晶弹出动作报告"零序Ⅰ段出口",装置面板跳闸灯亮,断路器跳开,合位灯灭,跳位灯亮;接着重合闸动作,装置液晶弹出动作报告"重合闸动作",装置面板重合灯亮,断路器合上,合位灯亮,跳位灯灭;接着零序加速段动作,装置液晶弹出动作报告"零序Ⅰ段出口",装置面板跳闸灯亮,断路器跳开,合位灯灭,跳位灯亮。

以AN故障,零序Ⅱ段为例,故障电流加1.025倍整定值($I=4.1$ A),故障相角等于正序阻抗角(80°),故障类型为接地故障AN,永久性故障。开始实验后保护应可靠动作,装置液晶弹出动作报告"零序Ⅱ段出口",装置面板跳闸灯亮,断路器跳开,合位灯灭,跳位灯亮;接着重合闸动作,装置液晶弹出动作报告"重合闸动作",装置面板重合灯亮,断路器合上,合位灯亮,跳位灯灭;接着零序加速段动作,装置液晶弹出动作报告"零序加速段出口",装置面板跳闸灯亮,断路器跳开,合位灯灭,跳位灯亮。

学习情境5　中高压线路保护设计

5.1　学习目标

【知识目标】　理解相间短路距离保护的整定计算；理解接地距离保护的整定计算；理解零序电流保护的整定计算。

【专业能力】　培养学生给中高压线路配置保护、整定计算、绘制原理图和安装图、编制计算书和说明书的能力。

【方法能力】　培养学生自主学习的能力、分析问题与解决问题的能力、组织与实施的能力、自我管理能力和沉着应变能力。

【社会能力】　热爱本职工作，刻苦钻研技术，遵守劳动纪律，爱护工具、设备，安全文明生产，诚实团结协作，艰苦朴素，尊师爱徒。

5.2　基础理论

5.2.1　相间短路距离保护的整定计算

以下以图5-1为例说明距离保护的整定计算原则。

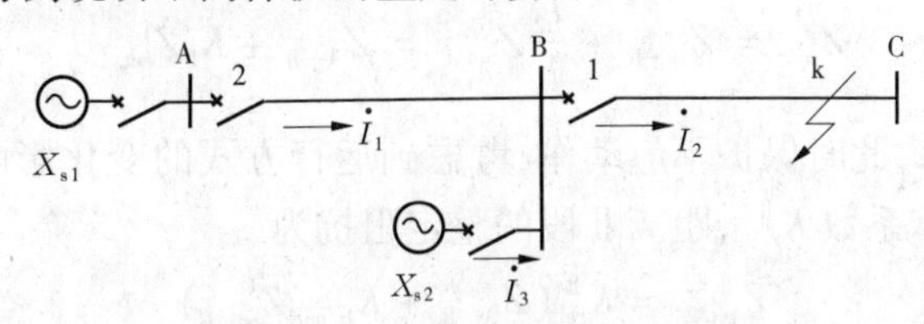

图5-1　距离保护整定计算说明

5.2.1.1　距离保护Ⅰ段的整定

距离保护Ⅰ段为无延时的速动段，只反映本线路的故障。整定阻抗应躲过本线路末端短路时的测量阻抗，考虑到阻抗继电器和电流、电压互感器的误差，须引入可靠系数 K_{rel}，断路器2处的距离保护Ⅰ段定值为

$$Z_{set.2}^{I} = K_{rel}^{I} L_{A-B} Z_1 \tag{5-1}$$

式中　L_{A-B}——被保护线路的长度；

Z_1——被保护线路单位长度的正序阻抗，Ω/km；

K_{rel}——可靠系数，由于距离保护属于欠量保护，所以可靠系数取0.8～0.85。

5.2.1.2 距离保护Ⅱ段的整定

距离保护Ⅰ段只能保护线路全长的80%～85%，与电流保护一样，需设置Ⅱ段保护。整定阻抗应与相邻线路或变压器保护Ⅰ段配合。

1. 分支系数对测量阻抗的影响

当相邻保护之间有分支电路时，保护安装处测量阻抗将随分支电流的变化而变化，因此应考虑分支系数对测量阻抗的影响，如图5-1中线路B—C上k点短路时，断路器2处的距离保护测量阻抗为

$$Z_{m2}=\frac{\dot{U}_A}{\dot{I}_1}=\frac{\dot{I}_1 Z_{A-B}+\dot{U}_B}{\dot{I}_1}=Z_{A-B}+\frac{\dot{I}_2}{\dot{I}_1}Z_k=Z_{A-B}+K_b Z_k \tag{5-2}$$

$$K_b=\frac{\dot{I}_2}{\dot{I}_1}=1+\frac{\dot{I}_3}{\dot{I}_1}=1+\frac{X_{s2}+X_{AB}}{X_{s1}+X_{s2}+X_{AB}} \tag{5-3}$$

$$K_{b.min}=1+\frac{X_{s1min}+X_{AB}}{X_{s2max}+X_{s1}+X_{AB}} \tag{5-4}$$

式中 $\dot{U}_A$、$\dot{U}_B$——母线A、B测量电压；

Z_{A-B}——线路A—B的正序阻抗；

Z_k——短路点到保护安装处线路的正序阻抗；

K_b——分支系数。

对如图5-1所示网络，显然$K_b>1$，此时测量阻抗Z_{m2}大于短路点到保护安装处之间的线路阻抗$Z_{A-B}+Z_k$，这种使测量阻抗变大的分支称为助增分支，I_3称为助增电流。若为外支电流的情况，则$K_b<1$，使得相应测量阻抗减小。

2. 整定阻抗的计算

相邻线路距离保护Ⅰ段保护范围末端短路时，保护2处的测量阻抗为

$$Z_{m2}=Z_{A-B}+\frac{\dot{I}_2}{\dot{I}_1}Z_{set.1}^{I}=Z_{A-B}+K_b Z_{set.1}^{I} \tag{5-5}$$

按照选择性要求，此时保护不应动作，考虑到运行方式的变化影响，分支系数应取最小值$K_{b.min}$，引入可靠系数K_{rel}^{II}，距离Ⅱ段的整定阻抗为

$$Z_{set.2}^{II}=K_{rel}^{II}(Z_{A-B}+K_{b.min}Z_{set.1}^{I}) \tag{5-6}$$

式中 K_{rel}^{II}——可靠系数，与相邻线路配合时取0.80～0.85。

若与相邻变压器配合，整定计算公式为

$$Z_{set.2}^{II}=K_{rel}^{II}(Z_{A-B}+K_{b.min}Z_T) \tag{5-7}$$

式中 K_{rel}^{II}——可靠系数，取0.70～0.75；

Z_T——相邻变压器阻抗。

距离Ⅱ段的整定阻抗应分别按照上述两种情况进行计算，取其中的较小者作为整定阻抗。

3. 灵敏度的校验

距离保护Ⅱ段应能保护线路的全长，并有足够的灵敏度，要求灵敏系数满足

$$K_{sen} = \frac{Z_{set.2}^{II}}{Z_{A-B}} \geqslant 1.3 \tag{5-8}$$

如果灵敏度不满足要求，则距离保护Ⅱ段应与相邻元件的保护Ⅱ段相配合，以提高保护动作灵敏度。

4. 动作时限的整定

距离Ⅱ段的动作时限，应比与之配合的相邻元件保护动作时间高出一个时间级差Δt，动作时限整定为

$$t_2^{II} = t_i^{(x)} + \Delta t \tag{5-9}$$

式中 $t_i^{(x)}$——与本保护配合的相邻元件保护Ⅰ段或Ⅱ段最大动作时间。

5.2.1.3 距离保护Ⅲ段的整定

1. 距离保护Ⅲ段的整定阻抗

(1)与相邻下级线路距离保护Ⅱ段或Ⅲ段配合：

$$Z_{set.2}^{III} = K_{rel}^{III}(Z_{A-B} + K_{b.min}Z_{set.1}^{(x)}) \tag{5-10}$$

式中 $Z_{set.1}^{(x)}$——与本保护配合的相邻元件保护Ⅱ段或Ⅲ段整定阻抗。

(2)与相邻下级线路或变压器的电流、电压保护配合：

$$Z_{set.2}^{III} = K_{rel}^{III}(Z_{A-B} + K_{b.min}Z_{min}) \tag{5-11}$$

式中 Z_{min}——相邻元件电流、电压保护的最小保护范围对应的阻抗值。

(3)躲过正常运行时的最小负荷阻抗。

当线路上负荷最大($\dot{I}_{L.max}$)且母线电压最低($\dot{U}_{L.min}$)时，负荷阻抗最小，其值为

$$Z_{L.min} = \frac{\dot{U}_{L.min}}{\dot{I}_{L.max}} = \frac{(0.9 \sim 0.95)\dot{U}_N}{\dot{I}_{L.max}} \tag{5-12}$$

式中 $\dot{U}_N$——母线额定电压。

与过电流保护相同，由于距离保护Ⅲ段的动作范围大，需要考虑电动机自启动时保护的返回问题，采用全阻抗继电器时，整定阻抗为

$$Z_{set.2}^{III} = \frac{1}{K_{rel}K_{ss}K_{re}}Z_{L.min} \tag{5-13}$$

式中 K_{rel}——可靠系数，一般取1.2~1.25；

K_{ss}——电动机自启动系数，取1.5~2.5；

K_{re}——阻抗测量元件的返回系数，取1.15~1.25。

若采用全阻抗继电器保护的灵敏度不能满足要求，可以采用方向阻抗继电器，考虑到方向阻抗继电器的动作阻抗随阻抗角变化，整定阻抗计算如下：

$$Z_{set.2}^{III} = \frac{Z_{L.min}}{K_{rel}K_{ss}K_{re}\cos(\varphi_{set} - \varphi_L)} \tag{5-14}$$

式中 φ_{set}——整定阻抗的阻抗角；

φ_L——负荷阻抗的阻抗角。

按上述三个原则计算，取其中较小者为距离保护Ⅲ段的整定阻抗。

2. 灵敏度的校验

距离保护Ⅲ段既作为本线路保护Ⅰ段、Ⅱ段的近后备，又作为相邻下级设备的远后备

保护,并满足灵敏度的要求。

作为本线路近后备保护时,按本线路末端短路校验,计算公式如下:

$$K_{sen(1)} = \frac{Z_{set.2}^{Ⅲ}}{Z_{A—B}} \geqslant 1.5 \tag{5-15}$$

作为相邻元件或设备的近后备保护时,按相邻元件末端短路校验,计算公式如下:

$$K_{sen(2)} = \frac{Z_{set.2}^{Ⅲ}}{Z_{A—B} + K_{b.max}Z_{next}} \geqslant 1.2 \tag{5-16}$$

式中 $K_{b.max}$——分支系数最大值;

Z_{next}——相邻设备(线路、变压器等)的阻抗。

3. 动作时间的整定

距离保护Ⅲ段的动作时限,应比与之配合的相邻元件保护动作时间(相邻Ⅱ段或Ⅲ段)高出一个时间级差 Δt,动作时限整定为

$$t_2^{Ⅲ} = t_i^{(x)} + \Delta t \tag{5-17}$$

式中 $t_i^{(x)}$——与本保护配合的相邻元件保护Ⅱ段或Ⅲ段最大动作时间。

5.2.2 接地距离保护的整定计算

5.2.2.1 接地距离保护Ⅰ段

1. 联络线

$$Z_{set}^{Ⅰ} = K_{rel} Z_1 = 0.7Z_L \tag{5-18}$$

式中 $Z_{set}^{Ⅰ}$——接地距离保护Ⅰ段定值;

Z_L——被整定线路正序阻抗;

K_{rel}——可靠系数。

保护动作时间:0 s。

2. 馈线电源侧

(1)所带变压器大于一台:整定计算同联络线,保护范围不超过本线路。

(2)仅带一台变压器,保护视为线路变压器组:

$$Z_{set}^{Ⅰ} = K_{rel1} Z_L + K_{rel2} Z_T = 0.8Z_L + 0.7 Z_T \tag{5-19}$$

式中 Z_T——变压器阻抗。

保护动作时间:0 s。

5.2.2.2 接地距离保护Ⅱ段

1. 灵敏度要求

50 km 以下线路,灵敏度不小于1.5;

50 ~200 km 线路,灵敏度不小于1.4;

200 km 以上线路,灵敏度不小于1.3。

2. 联络线计算方法

(1)首先与相邻线路接地距离保护Ⅰ段配合

$$Z_{set}^{Ⅱ} = K_{rel}(Z_L + K_b Z_{set.n}^{Ⅰ}) = 0.8(Z_L + K_b Z_{set.n}^{Ⅰ}) \tag{5-20}$$

式中 K_b——分支系数;

$Z_{set.n}^{I}$——相邻元件距离保护Ⅰ段定值；

Z_L——被整定线路正序阻抗。

分支系数定义为相邻线路末端故障，$K_b = \frac{\text{相邻线路故障电流}}{\text{本线路故障电流}}$，选用正序分支系数和零序分支系数中的小者。

动作时间：0.5 s。

(2)与相邻线路接地距离保护Ⅰ段配合不满足灵敏度要求时（按上述灵敏度要求），考虑与相邻线路纵联保护配合（有纵联保护时）。

$$Z_{set}^{II} = K_{rel}(Z_L + K_b Z_{1n}) = 0.8(Z_L + K_b Z_{1n}) \tag{5-21}$$

式中　Z_{1n}——相邻元件正序阻抗。

动作时间：1 s。

(3)与相邻线路纵联保护配合仍不满足灵敏度要求时，考虑与相邻线路接地距离保护Ⅱ段配合。

$$Z_{set}^{II} = K_{rel}(Z_L + K_b Z_{set.n}^{II}) = 0.8(Z_1 + K_b Z_{set.n}^{II}) \tag{5-22}$$

式中　$Z_{set.n}^{II}$——相邻线路接地距离保护Ⅱ段定值。

动作时间：相邻线路接地距离保护Ⅱ段时间$+\Delta t$。

Δt为时间级差，一般取0.5 s，如不好配合，可选用0.4 s。

(4)与相邻线路接地距离保护Ⅱ段配合不满足灵敏度要求，考虑按灵敏系数反算动作值。

$$Z_{set}^{II} = K_{sen} Z_L \tag{5-23}$$

式中　K_{sen}——灵敏系数。

动作时间：相邻线路接地距离Ⅱ段时间$+\Delta t$。

(5)按以上方法整定都不能满足配合要求时，可按需要指定接地距离保护Ⅱ段的定值，但需指明不配合的情况（绝对不配合点）。

(6)保护范围校验。

①定值是否能躲过变压器另一侧三相短路

$$Z_{set}^{II} \leqslant 0.8 Z_L + 0.7 K_{b1} Z_T \tag{5-24}$$

式中　Z_L——被整定线路正序阻抗；

K_{b1}——正序分支系数；

Z_T——变压器阻抗。

如果不满足上述条件，应对变压器另一侧后备保护或出线保护提出相应要求。

②定值是否能躲过变压器另一侧两相接地短路

$$Z_{set}^{II} \leqslant 0.7 \frac{a^2 U_1 + a U_2 + U_0}{a^2 I_1 + a I_2 + (1+3K) I_0} \tag{5-25}$$

式中　$U_1, U_2, U_0, I_1, I_2, I_0$———变压器另一侧母线单相故障时，保护安装处测得的各相序电压和电流；

a——旋转因子，$a = e^{j120°}$；

K——零序补偿系数。

如果不满足上述条件,应对变压器另一侧后备保护或出线保护提出相应要求。

③定值是否能躲过变压器另一侧单相接地短路

$$Z_{\mathrm{set}}^{\mathrm{II}} \leqslant 0.7\frac{E+2U_2+U_0}{2I_1+(1+3K)I_0} \tag{5-26}$$

式中　E——发电机等值电势,取额定值。

如果不满足上述条件,应对变压器另一侧后备保护或出线保护提出相应要求。

3. 馈线电源侧计算方法

(1)躲过变压器另一侧三相短路,计算公式同式(5-24)。

(2)躲过变压器另一侧两相接地短路,计算公式同式(5-25)。

(3)躲过变压器另一侧单相接地短路,计算公式同式(5-26)。

定值取以上三种方法计算出来的最小值,时间取0.5 s。

5.2.2.3　接地距离保护Ⅲ段

1. *灵敏度要求*

50 km以下,不小于2.0;50 km及以上,不小于1.8。

2. *联络线计算方法*

(1)与相邻线路接地距离保护Ⅱ段配合

$$Z_{\mathrm{set}}^{\mathrm{III}} = K_{\mathrm{rel}}(Z_{\mathrm{L}}+K_{\mathrm{b}}Z_{\mathrm{set.n}}^{\mathrm{II}}) = 0.8(Z_{\mathrm{L}}+K_{\mathrm{b}}Z_{\mathrm{set.n}}^{\mathrm{II}}) \tag{5-27}$$

式中　$Z_{\mathrm{set}}^{\mathrm{III}}$——本线路距离保护Ⅲ段定值;

$Z_{\mathrm{set.n}}^{\mathrm{II}}$——相邻线路距离保护Ⅱ段定值。

K_{b}为分支系数,定义为相邻线路末端故障,$K_{\mathrm{b}}=\frac{\text{相邻线路故障电流}}{\text{本线路故障电流}}$,选用正序分支系数和零序分支系数中的小者。

动作时间:相邻线路接地距离保护Ⅱ段时间$+\Delta t$,Δt为时间级差,一般取0.5 s,如不好配合,可选用0.4 s。

(2)与相邻线路接地距离Ⅱ段配合不满足配合要求时,考虑与相邻线路接地距离Ⅲ段配合。

$$Z_{\mathrm{set}}^{\mathrm{III}} = K_{\mathrm{rel}}(Z_{\mathrm{L}}+K_{\mathrm{b}}Z_{\mathrm{set.n}}^{\mathrm{III}}) = 0.8(Z_{\mathrm{L}}+K_{\mathrm{b}}Z_{\mathrm{set.n}}^{\mathrm{III}}) \tag{5-28}$$

式中　$Z_{\mathrm{set}}^{\mathrm{III}}$——本线路距离保护Ⅲ段定值;

$Z_{\mathrm{set.n}}^{\mathrm{III}}$——相邻线路距离保护Ⅲ段定值。

动作时间:相邻线路接地距离保护Ⅲ段时间$+\Delta t$。

(3)相邻线路距离保护Ⅲ段配合不满足要求时,考虑灵敏度确定动作值

$$Z_{\mathrm{set}}^{\mathrm{III}} = K_{\mathrm{sen}}Z_{\mathrm{L}} \tag{5-29}$$

式中　K_{sen}——灵敏系数。

动作时间:相邻线路接地距离保护Ⅲ段时间$+\Delta t$。

(4)馈线电源侧计算方法。

按灵敏度计算动作值,要求大于同线路距离保护Ⅱ段的动作阻抗

$$Z_{\mathrm{set}}^{\mathrm{II}} = K_{\mathrm{sen}}Z_{\mathrm{L}} \tag{5-30}$$

(5)校验是否伸出变压器另一侧。检验要求与接地距离保护Ⅱ段中的保护范围校验

方式相同。

5.2.3　线路零序电流保护的整定计算

5.2.3.1　三段式零序电流保护整定计算

电网接地的零序电流保护也可按照三段式电流保护的模式构成,可分为零序电流速断保护、零序电流限时速断保护和零序过电流保护三段,具体应用中考虑到零序网络的特点而有所变化。

1. 零序电流速断(零序Ⅰ段)保护

利用零序电流保护反映单相或两相接地短路故障,也可以求出零序电流随线路长度L变化的关系曲线,然后相似于相间短路电流保护的原则,进行保护的整定计算。

零序电流速断保护的整定原则如下:

(1)躲开下一条线路出口处单相或两相接地短路时可能出现的最大零序电流$3I_{0.\max}$,引入可靠系数K_{rel}^{I}(一般取1.2~1.3),即

$$I_{set}^{I}=K_{rel}^{I}\times 3I_{0.\max}$$

(2)躲开断路器三相触头不同期合闸时所出现的最大零序电流$3I_{0.unb}$,引入可靠系数K_{rel}^{I},即

$$I_{set}^{I}=K_{rel}^{I}\times 3I_{0.unb}$$

如果保护装置的动作时间大于断路器三相触头不同期合闸的时间,则可以不考虑这一条件。整定值应取其中较大者。

(3)按躲开非全相运行状态下又发生系统振荡时出现的最大零序电流来整定;按此条件整定,造成正常运行时保护的动作电流过大,灵敏度或保护范围降低。

实际应用中可设置两个零序Ⅰ段:灵敏Ⅰ段按(1)、(2)条件整定,取两者的最大值,正常运行时投入,非全相运行时退出;不灵敏Ⅰ段按照条件(3)整定,在非全相运行时反映接地故障。

保护动作范围应不小于线路全长的15%~20%,保护动作时间为固有动作时间。

2. 零序电流限时速断(零序Ⅱ段)保护

零序Ⅱ段的工作原理与相间短路限时电流速断保护一样,其启动电流首先考虑和下一条线路的零序电流速断相配合,并带有高出一个Δt的时限,以保证动作的选择性。

当两个保护之间的变电站母线上接有中性点接地的变压器时,如图5-2所示,由于分支电路的影响,零序电流的分布发生变化,整定时应引入零序电流的分支系数$K_{0.b}$,则零序Ⅱ段的启动电流应整定为

$$I_{set.2}^{II}=\frac{K_{rel}^{II}}{K_{0.b}}\times I_{set.1}^{I}$$

当两个保护之间的变电所母线上没有中性点接地的变压器时,则该支路从零序网络中断开,此时$K_{0.b}=1$,式中分支系数应取各种运行方式的最小值。

零序Ⅱ段的灵敏系数,应按照本线路末端接地短路时的最小零序电流来校验,并满足$K_{0.b}\geq 1.5$的要求。当灵敏度不满足要求时可采用两个动作值不同的零序Ⅱ段,即与相邻线路Ⅰ段配合的零序Ⅱ段和与相邻线路Ⅱ段配合的零序Ⅱ段,动作时限分别整定,也可

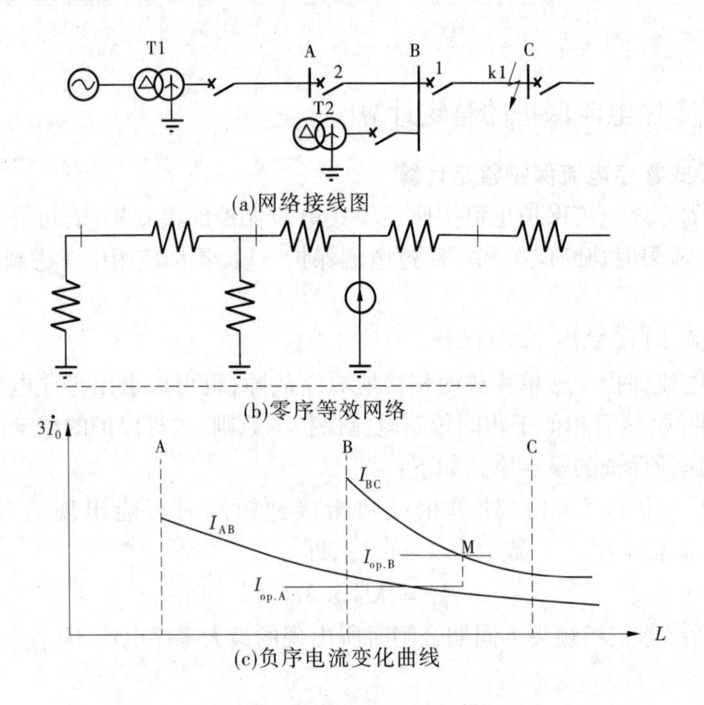

图 5-2　有分支电路时，零序Ⅱ段保护的整定计算

采用接地距离保护。

3. 零序过电流(零序Ⅲ段)保护

零序Ⅲ段的作用相当于相间短路的过电流保护，在一般情况下是作为后备保护使用的，但在中性点直接接地电网中的终端线路上，它也可以作为主保护使用。

在零序过电流保护中，对继电器的启动电流，原则上，按照躲开下一条线路出口处相间短路时所流过的最大不平衡电流 $I_{unb.max}$ 来整定，引入可靠系数 $K_{rel}^{Ⅲ}$，即为

$$I_{set.2}^{Ⅲ} = K_{rel}^{Ⅲ} I_{unb.max}$$

同时，作为后备保护，还必须要求各保护之间在灵敏系数上相互配合。因此，零序过电流保护的整定计算，必须按逐级配合的原则来考虑，具体来说，就是本保护零序Ⅲ段的保护范围，不能超出相邻线路上零序Ⅲ段的保护范围。当两个保护之间具有分支电路时，保护装置的启动电流应整定为

$$I_{set.2}^{Ⅲ} = \frac{K_{rel}^{Ⅲ}}{K_{0.b}} I_{set.1}^{Ⅲ}$$

式中　$K_{rel}^{Ⅲ}$——可靠系数，一般取为 1.1～1.2；

$K_{0.b}$——分支系数，指在相邻线路的零序Ⅲ段保护范围末段发生接地短路时，故障线路中零序电流与流过本保护装置中零序电流之比，取各种运行方式下的最小值。

保护装置的灵敏系数，当作为相邻元件的后备保护时，应按照相邻元件末端接地短路时，流过本保护的最小零序电流(应考虑分支电路时电流减小的影响)来校验。

5.2.3.2　中性点直接接地电网的方向性零序电流保护

在双侧或多侧电源网络中，由于零序电流的实际流向是由故障点流向各个中性点接

地的变压器,因此在变压器接地数目比较多的复杂网络中,就需要考虑零序电流保护动作的方向性问题。

当被保护线路正方向发生接地故障时,零序功率是由接地点的零序电压产生的,故障线路零序功率的方向为负,与正序功率方向相反(为正);而非故障线路零序功率方向为正,正序功率方向为负,两者方向也相反。

为了保证保护动作的选择性,对反向故障可能误动的零序保护就需要装设方向元件,零序功率方向元件接入零序电流 ($3I_0$) 和零序电压 ($3U_0$)。当保护范围内故障时,从规定的电压、电流正方向看,进入继电器的电流相位超前电压 95°~110°,为保证继电器正确而且灵敏动作,取继电器的最大灵敏角 $\varphi_{sen}=-95°\sim-110°$。

由于越靠近故障点的零序电压越高,因此零序方向元件没有电压死区。

5.3　技能培养

5.3.1　技能评价要点

技能评价要点见表5-1。

表5-1　技能评价要点

序号	技能评价要点	权重
1	能进行短路电流计算	5
2	能正确配置中高压线路保护	20
3	能进行中高压线路保护整定计算	30
4	能绘制中高压线路保护原理接线图和安装接线图	20
5	能编制中高压线路保护计算书和说明书	10
6	社会与方法能力	15

注:"中高压线路保护设计"占本课程权重为5%。

5.3.2　技能实训

【算例1】　在如图5-3所示网络中,各段线路均装设距离保护,试求A—B线路距离保护Ⅰ、Ⅱ、Ⅲ段的动作阻抗、灵敏系数与动作时限,各段阻抗继电器的动作阻抗及其UR、TS整定端子板的端子位置。已知:发电机 $E_A=115/\sqrt{3}$ kV,$X_A=10\ \Omega$,发电机 $E_B=115/\sqrt{3}$ kV,$X_{B.max}=\infty$,$X_{B.min}=30\ \Omega$,变压器 B_1 和 B_2 参数一致,$S_N=15$ mVA,$U_k\%=10.5$,额定电压比为110/6.6 kV。线路A—B的最大负荷电流等于450 A,负荷功率因数 $\cos\varphi=0.8$,负荷自启动系数 $K_{ss}=1.5$。线路的正序阻抗 $=0.4\ \Omega/K_m$,线路阻抗角 $=70°$。线路A—B及B—C均装设三段式距离保护,各段测量元件均采用方向阻抗继电器,而且均采用0°接线方式,保护用电压互感器的变比为 $\dfrac{110}{0.1}$,电流互感器的变比为 $\dfrac{600}{5}$。B母线距离保护Ⅲ段的动作时限等于1.5 s。变压器装有差动保护。其余参数如图5-3所示。

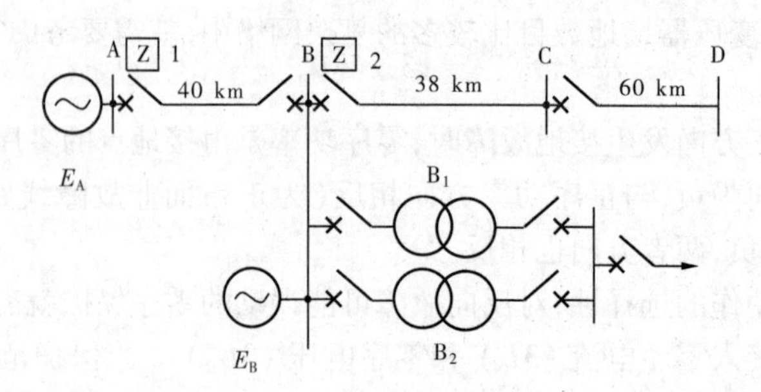

图 5-3　算例 1 的计算网络

解:1. 有关元件的阻抗计算

(1)线路 A—B 的正序阻抗:

$$Z_{A-B}=0.4\angle 70°\times 40=16\angle 70°(\Omega)$$

(2)线路 B—C 的正序阻抗:

$$Z_{B-C}=0.4\angle 70°\times 38=15.2\angle 70°(\Omega)$$

(3)变压器的等值阻抗:

$$Z_{T.min}=\frac{1}{2}Z_T=\frac{1}{2}\times\frac{U_k\%U_N^2}{100\times S_N}=\frac{10.5\times 110^2}{2\times 100\times 15}=42.35(\Omega)$$

$$Z_{T.min}=42.35\angle 70°(\Omega)\quad(设变压器的阻抗角为70°)$$

2. 求 A—B 线路距离保护各段动作阻抗的一次值、灵敏系数及动作时限

1)距离保护Ⅰ段的整定

(1)动作阻抗:

$$Z_{op.A}^{I}=K_{rel}^{I}Z_{A-B}=0.85\times 16\angle 70°=13.6\angle 70°(\Omega)$$

(2)动作时限:

$$t_A^{I}=0\ s$$

2)距离保护Ⅱ段的整定

(1)动作阻抗,下面两个条件中取数值较小的一个。

与线路 B—C 距离保护Ⅰ段配合:

$$Z_{op.B}^{I}=K_{rel}^{II}Z_{B-C}=0.85\times 15.2\angle 70°=12.9\angle 70°(\Omega)$$

$$Z_{op.A}^{II}=K_{rel}^{II}(Z_{A-B}+K_{b.min}Z_{op.B}^{I})$$

本题 $K_{b.min}$ 最小的情况是在 $X_{B.max}=\infty$ 时,此时电源 B 断开,所以 $K_{b.min}=1$,则

$$Z_{op.A}^{II}=0.8\times(16\angle 70°+1\times 12.9\angle 70°)=23.12\angle 70°(\Omega)$$

与变压器的速动保护配合:

$$Z_{op.A}^{II}=K_{rel}^{II}(Z_{A-B}+K_{b.min}Z_{T.min})$$

其中　$K_{b.min}=1$

所以　$Z_{op.A}^{II}=0.7\times(16\angle 70°+1\times 42.35\angle 70°)=40.85\angle 70°(\Omega)$

为了保证选择性,取上述两项计算结果中较小者为距离保护Ⅱ段的动作阻抗,即

$$Z_{op.A}^{II}=23.12\angle 70°(\Omega)$$

(2)校验灵敏系数:

$$K_{sen}=\frac{Z_{op.A}^{\mathrm{II}}}{Z_1 L_{A-B}}=\frac{23.12\angle 70^\circ}{16\angle 70^\circ}=1.45>1.3$$

满足要求。

(3)动作时限

$$t_A^{\mathrm{II}}=t_A^{\mathrm{I}}+0.5=0.5(\mathrm{s})$$

3)距离保护Ⅲ段的整定

(1)动作阻抗。本题距离保护Ⅲ段的测量元件采用方向阻抗继电器,故先按躲过最小负荷阻抗求正常运行时的动作阻抗,因为 $\cos\varphi=0.8$,所以 $\varphi=37^\circ$,令 $U_N=\frac{110}{\sqrt{3}}\angle 0^\circ(\mathrm{kV})$, $K_{rel}^{\mathrm{III}}=1.25$, $K_{re}=1.2$, $K_{ss}=1.5$ 则

$$Z_{op.A}^{\mathrm{III}}=\frac{0.9U_N}{K_{rel}^{\mathrm{III}}K_{re}K_{ss}I_{L.max}}$$

$$=\frac{0.9\times 110\angle 0^\circ}{\sqrt{3}\times 1.25\times 1.2\times 1.5\times 0.45\angle -37^\circ}=56.45\angle 37^\circ(\Omega)$$

再求短路时的动作阻抗,即对应于 $\varphi_k=37^\circ$ 时的动作阻抗,由于通常使 $\varphi_{sen}=\varphi_k$,所以

$$Z'^{\mathrm{III}}_{op.A}=\frac{Z_{op.A}^{\mathrm{III}}}{\cos(\varphi_{sen}-\varphi_L)}=\frac{56.45\angle 70^\circ}{\cos(70^\circ-37^\circ)}=67.31\angle 70^\circ(\Omega)$$

(2)校验灵敏系数。作线路 A—B 的近后备保护时:

$$K_{sen}=\frac{Z'^{\mathrm{III}}_{op.A}}{Z_{A-B}}=\frac{67.31\angle 70^\circ}{16\angle 70^\circ}=4.21>1.5$$

作相邻线路 B—C 的远后备保护时:

$$K_{sen}=\frac{Z'^{\mathrm{III}}_{op.A}}{Z_{A-B}+K_{b.max}Z_{B-C}}$$

式中　$K_{b.max}$——考虑助增电流对线路 B—C 的影响分支系数。

这时应取可能的最大值, $X_B=X_{B.min}=30\ \Omega$,即

$$K_{b.max}=1+\frac{X_A+X_{A-B}}{X_{B.min}}=1+\frac{10+14}{30}=1.8$$

因此　　$$K_{sen}=\frac{67.31\angle 70^\circ}{16\angle 70^\circ+1.8\times 15.2\angle 70^\circ}=1.55>1.2$$

满足要求。

动作时限:　　$t_A^{\mathrm{III}}=t_B^{\mathrm{III}}+\Delta t=1.5+0.5=2(\mathrm{s})$。

3.求 A—B 线路距离保护各段阻抗继电器的动作阻抗及 UR、TS

整定端子板的端子位置根据

$$Z_{op.r}=K_w\frac{n_{TA}}{n_{TV}}Z_{op}$$

求得,则

$$Z_{op.r}^{\mathrm{I}}=1\times\frac{\frac{600}{5}}{\frac{110}{0.1}}\times 13.6\angle 70^\circ=1.48\angle 70^\circ(\Omega)$$

$$Z_{op.r}^{\mathrm{II}} = 1 \times \frac{\frac{600}{5}}{\frac{110}{0.1}} \times 23.12\angle 70^\circ = 2.54\angle 70^\circ(\Omega)$$

$$Z_{op.r}^{\mathrm{I}} = 1 \times \frac{\frac{600}{5}}{\frac{110}{0.1}} \times 67.31\angle 70^\circ = 7.4\angle 70^\circ(\Omega)$$

【算例2】 系统参数如图5-4所示，保护1配置相间距离保护，试对其距离保护Ⅰ段、Ⅱ段、Ⅲ段进行整定，并校验距离保护Ⅱ段、Ⅲ段的灵敏度。取 $Z_1 = 0.4\ \Omega/\mathrm{km}$，线路阻抗角为75°，$K_{ss} = 1.5$，返回系数 $K_{re} = 1.2$，Ⅲ段的可靠系数 $K_{rel} = 1.2$。要求Ⅱ段灵敏度≥1.3~1.5，Ⅲ段近后备≥1.5、远后备≥1.2。

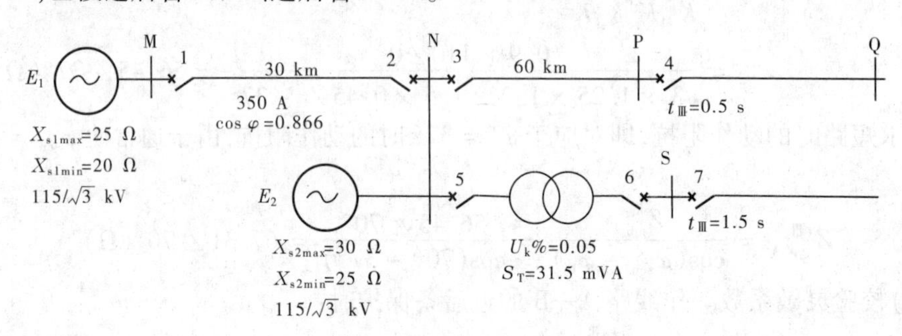

图5-4　算例2参数图

解：1. 计算各元件参数，并作等值电路

$$Z_{MN} = Z_1 L_{MN} = 0.4 \times 30 = 12.00(\Omega)$$

$$Z_{NP} = Z_1 L_{NP} = 0.4 \times 60 = 24.00(\Omega)$$

$$Z_T = \frac{U_k\%}{100} \times \frac{U_T^2}{S_T} = \frac{10.5}{100} \times \frac{115^2}{31.5} = 44.08(\Omega)$$

2. 整定距离保护Ⅰ段

$$Z_{set.1}^{\mathrm{I}} = K_{rel}^{\mathrm{I}} Z_{MN} = 0.85 \times 12 = 10.20(\Omega), t_1^{\mathrm{I}} = 0\ \mathrm{s}$$

$$Z_{set.3}^{\mathrm{I}} = K_{rel}^{\mathrm{I}} Z_{NP} = 0.85 \times 24 = 20.40(\Omega), t_3^{\mathrm{I}} = 0\ \mathrm{s}$$

3. 整定距离保护Ⅱ段并校验灵敏度

1) 整定阻抗计算

(1) 与相邻线路Ⅰ段配合：

$$Z_{set.1}^{\mathrm{II}} = K_{rel}^{\mathrm{II}}(Z_{MN} + K_{b.min} Z_{set.3}^{\mathrm{I}}) = 0.8 \times (12 + 2.07 \times 20.40) = 43.38(\Omega)$$

(2) 与变压器速断保护配合：

$$Z_{set.1}^{\mathrm{II}} = K_{rel}^{\mathrm{II}}(Z_{MN} + K_{b.min} Z_T) = 0.7 \times (12 + 2.07 \times 44.08) = 72.27(\Omega)$$

取 $Z_{set.1}^{\mathrm{II}} = \min((1),(2)) = 43.38\ \Omega$。

2) 灵敏度校验

$$K_{sen}^{\mathrm{II}} = \frac{Z_{set.1}^{\mathrm{II}}}{Z_{MN}} = 43.38/12 = 3.62\ (>1.5)$$

满足规程要求。

3)时限

$$t_1^{\mathrm{II}} = 0.5\ \mathrm{s}$$

4. 整定距离保护Ⅲ段并校验灵敏度

1)最小负荷阻抗 $Z_{\mathrm{L.min}}$

$$Z_{\mathrm{L.min}} = \frac{\dot{U}_{\mathrm{L.min}}}{\dot{I}_{\mathrm{L.max}}} = \frac{0.9\dot{U}_{\mathrm{N}}}{\dot{I}_{\mathrm{L.max}}} = \frac{0.9 \times 110/\sqrt{3}}{0.35} = 163.31(\Omega)$$

$$\cos\varphi_{\mathrm{L}} = 0.866, \varphi_{\mathrm{L}} = 30°$$

2)负荷阻抗角方向的动作阻抗 $Z_{\mathrm{act}(30°)}$

$$Z_{\mathrm{act}(30°)} = \frac{Z_{\mathrm{L.min}}}{K_{\mathrm{rel}}K_{\mathrm{ss}}K_{\mathrm{re}}} = \frac{163.31}{1.2 \times 1.5 \times 1.2} = 75.61(\Omega)$$

3)整定阻抗 $Z_{\mathrm{set.1}}^{\mathrm{III}}(\varphi_{\mathrm{set}} = 75°)$

(1)采用全阻抗继电器:

$$Z_{\mathrm{set.1}}^{\mathrm{III}} = Z_{\mathrm{act}(30°)} = 75.61\ \Omega, \varphi_{\mathrm{set}} = 75°$$

(2)采用方向阻抗继电器:

$$Z_{\mathrm{set.1}}^{\mathrm{III}} = \frac{Z_{\mathrm{act}(30°)}}{\cos(\varphi_{\mathrm{set}} - \varphi_{\mathrm{L}})} = \frac{75.61}{\cos(75° - 30°)} = 106.94(\Omega)$$

方向阻抗继电器特性图见图5-5。

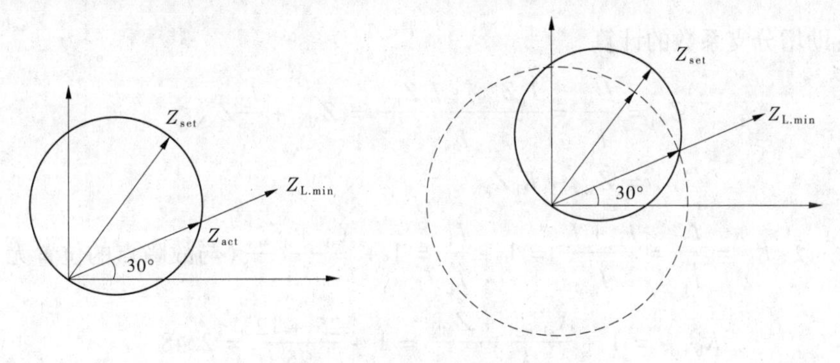

图5-5　方向阻抗继电器特性图

4)灵敏度校验

方向阻抗分近后备与远后备两种情况。

近后备:

$$K_{\mathrm{sen}} = \frac{Z_{\mathrm{set.1}}^{\mathrm{III}}}{Z_{\mathrm{MN}}} = 106.94/12 = 8.91$$

远后备:

(1)线路NP:

$$K_{\mathrm{sen}} = \frac{Z_{\mathrm{set.1}}^{\mathrm{III}}}{Z_{\mathrm{MN}} + K_{\mathrm{max}}Z_{\mathrm{NP}}} = \frac{106.94}{12 + 2.48 \times 24} = 1.5$$

(2)变压器:

$$K_{sen} = \frac{Z_{set.1}^{\text{Ⅲ}}}{Z_{MN} + K_{max} Z_T} = \frac{106.94}{12 + 2.48 \times 44.08} = 0.88$$

定值清单见表5-2。

表5-2　定值清单

保护		1	3	
整定阻抗(Ω)	Ⅰ段	10.20	20.4	
	Ⅱ段	43.38	—	
	Ⅲ段	106.94	—	
动作时限(s)	Ⅰ段	0	0	
	Ⅱ段	0.5	—	
	Ⅲ段	2.5	—	
灵敏度(保护范围)	Ⅰ段	0.85	—	
	Ⅱ段	3.62	—	
	Ⅲ段近后备	8.91	—	
	Ⅲ段远后备(NP)	1.50	—	
	Ⅲ段远后备(T)	0.88	—	

附录:助增分支系数的计算

$$Z_m = \frac{\dot{U}_M}{\dot{I}_1} = \frac{\dot{I}_1 Z_{MN} + \dot{I}_2 Z_{KN}}{\dot{I}_1} = Z_{MN} + \frac{\dot{I}_2}{\dot{I}_1} Z_{KN}$$

$$= Z_{MN} + K_b Z_{KN}$$

分支系数:$K_b = \frac{\dot{I}_2}{\dot{I}_1} = \frac{\dot{I}_1 + \dot{I}_3}{\dot{I}_1} = 1 + \frac{\dot{I}_3}{\dot{I}_1} = 1 + \frac{X_{s1} + Z_{MN}}{X_{s2}}$(与故障点的位置无关)

$$K_{b.max} = 1 + \frac{X_{s1.max} + Z_{MN}}{X_{s2.min}} = 1 + \frac{25 + 12}{25} = 2.48$$

$$K_{b.min} = 1 + \frac{X_{s1.min} + Z_{MN}}{X_{s2.max}} = 1 + (20 + 12)/30 = 2.07$$

学习情境6　电力变压器保护调试

6.1　学习目标

【知识目标】　掌握变压器故障、不正常运行状态及保护配置；掌握变压器瓦斯保护；掌握变压器纵差保护的基本原理；理解不平衡电流产生的原因及减小不平衡电流的措施；掌握比率制动特性的纵差保护；了解差动速断保护与躲过励磁涌流的方法；掌握变压器相间短路的后备保护及过负荷保护；掌握变压器的接地保护。

【专业能力】　培养学生根据技术资料和现场情况拟订调试方案的能力、使用继电保护测试仪和电工工具的能力、调试变压器保护装置的能力、编制调试报告的能力。

【方法能力】　培养学生自主学习的能力、分析问题与解决问题的能力、组织与实施的能力、自我管理能力和沉着应变能力。

【社会能力】　热爱本职工作，刻苦钻研技术，遵守劳动纪律，爱护工具、设备，安全文明生产，诚实团结协作，艰苦朴素，尊师爱徒。

6.2　基础理论

6.2.1　变压器故障、不正常运行状态及保护配置

变压器是电力系统不可缺少的重要电气设备。变压器发生故障将对供电可靠性和系统安全运行带来严重的影响，并且变压器本身也是价格昂贵的设备。因此，应根据变压器容量等级和重要程度装设性能良好、动作可靠的继电保护装置。

变压器的故障可分为油箱内的故障和油箱外的故障。油箱内的故障主要是绕组的相间短路、接地短路、匝间短路及铁芯的烧损等。油箱外的故障主要是套管和引出线上发生的相间短路和接地短路。

变压器的不正常运行状态主要有：由变压器外部相间短路引起的过电流和外部接地短路引起的过电流及中性点过电压，由负荷超过额定容量引起的过负荷及由漏油等原因引起的油面降低，大容量变压器在过电压或低频率等异常运行方式下的过励磁等。变压器处于不正常运行状态时，继电保护应根据其严重程度，发出告警信号，使运行人员及时发现并采取相应措施，确保变压器安全。

针对上述各种故障与不正常运行状态，变压器需装设下列继电保护：

(1)反映变压器油箱内部各种故障和油面降低的瓦斯保护，0.8 MVA及以上油浸式变压器和0.4 MVA及以上车间内油浸式变压器，均应装设瓦斯保护。当油箱内故障产生

轻微瓦斯或油面下降时,应瞬时动作于信号;当产生大量瓦斯时,应动作于断开变压器各侧断路器。

带负荷调压的油浸式变压器的调压装置,亦应装设瓦斯保护。

(2)反映变压器引出线、套管及内部短路故障的纵联差动保护或电流速断保护。保护瞬时动作于断开变压器的各侧断路器。

①对6.3 MVA以下厂用变压器和并列运行的变压器,以及10 MVA以下厂用备用变压器和单独运行的变压器,当后备保护时间大于0.5 s时,应装设电流速断保护。

②对6.3 MVA及以上厂用工作变压器和并列运行的变压器,10 MVA及以上厂用备用变压器和单独运行的变压器,以及2 MVA及以上用电流速断保护灵敏度不符合要求的变压器,应装设纵联差动保护。

③对高压侧电压为330 kV及以上的变压器,可装设双重纵联差动保护。

(3)反映变压器外部相间短路并作瓦斯保护和纵联差动保护(或电流速断保护)后备的过电流保护、低电压启动的过电流保护、复合电压启动的过电流保护、负序电流保护和阻抗保护,保护动作后应带时限动作于跳闸。

①过电流保护宜用于降压变压器。

②复合电压启动的过电流保护,宜用于升压变压器、系统联络变压器和过电流保护不满足灵敏度要求的降压变压器。

③负序电流和单相式低电压启动过电流保护,可用于6.3 MVA及以上升压变压器。

④当采用上述②、③的保护不能满足灵敏度和选择性要求时,可采用阻抗保护。

(4)反映大接地电流系统中变压器外部接地短路的零序电流保护。110 kV及以上大接地电流系统中,如果变压器中性点可能接地运行,对于两侧或三侧电源的升压变压器或降压变压器应装设零序电流保护,作变压器主保护的后备保护,并作为相邻元件的后备保护。

(5)反映变压器对称过负荷的过负荷保护。对于400 kVA及以上的变压器,当数台并列运行或单独运行作为其他负荷的备用电源时,应根据可能过负荷的情况装设过负荷保护,对自耦变压器和多绕组变压器,保护装置应能反映公共绕组及各侧过负荷的情况。过负荷保护应接于一相电流上,带时限动作于信号。在经常无值班人员的变电站,必要时过负荷保护可动作于跳闸或断开部分负荷。

(6)反映变压器过励磁的过励磁保护。现代大型变压器的额定磁密接近于饱和磁密,频率降低或电压升高时容易引起变压器过励磁,导致铁芯饱和,励磁电流剧增,铁芯温度上升,严重过热会使变压器绝缘劣化,寿命降低,最终造成变压器损坏。因此,高压侧为500 kV的变压器宜装设过励磁保护。

6.2.2 变压器瓦斯保护

当油浸式变压器的内部发生故障(包括轻微的匝间短路和绝缘破坏引起的经电弧电阻的接地短路)时,由于故障点电流和电弧的作用,将使变压器及其他绝缘材料因局部受热而分解产生气体,因气体比较轻,它们将从油箱流向油枕的上部。当严重故障时,油会迅速膨胀并产生大量的气体,此时将有剧烈的气体夹杂着油流冲向油枕的上部。利用油

箱内故障的上述特点，可以构成反映于上述气体而动作的保护装置，即变压器的瓦斯保护。目前，电力变压器大多数仍然是油浸式变压器，瓦斯保护对其非常重要。

6.2.2.1　瓦斯保护的概念和作用

1. 瓦斯保护的主要元件

瓦斯保护的主要元件是气体继电器，如图6-1所示。在气体继电器内，上部是密封的上开口杯，下部是一块金属挡板，两者都装设有干簧触点，上开口杯和挡板可以围绕各自的轴旋转。在正常运行时，继电器内充满油，上开口杯浸在油内，处于上浮位置，干簧触点不动作，当变压器内部发生轻微故障时，气体产生的速度较缓慢，气体上升至油枕中首先积存于气体继电器的上部空间，使油面下降，上开口杯随之下降而使干簧触点动作，接通延时信号，这就是所谓的“轻瓦斯”；当变压器内部发生严重故障时，则产生强烈的瓦斯气体，油箱内压力瞬时突增，产生很大的油流向油枕方向冲击，因油流冲击挡板，挡板克服弹簧的阻力，带动磁铁向干簧触点方向移动，使干簧触点动作，接通跳闸回路，使断路器跳闸，这就是所谓的“重瓦斯”。重瓦斯保护动作，立即切断与变压器连接的所有电源，从而避免事故扩大，起到保护的作用。

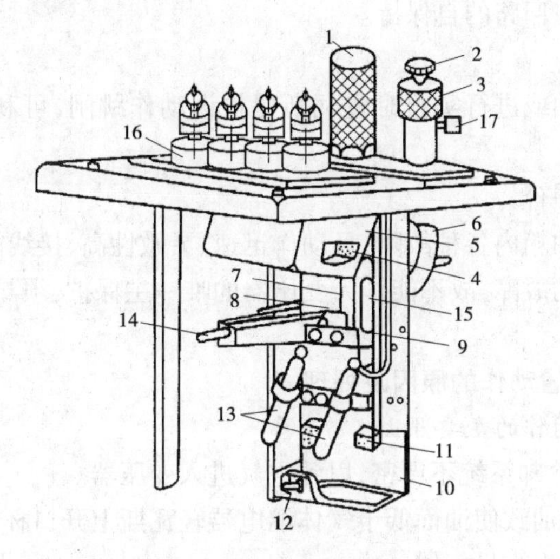

1—罩；2—顶针；3—气塞；4，11—磁铁；5—开口杯；6—重锤；7—探针；8—开口销；9—弹簧；10—金属挡板；12—螺杆；13—双干簧触点；14—调节杆；15—干簧触点；16—套管；17—排气口

图6-1　气体继电器

气体继电器有浮筒式、挡板式、开口杯式等不同型号，目前大多数采用QJI-80型继电器，其信号回路接上开口杯，跳闸回路接下挡板。所谓瓦斯保护信号动作，即指因各种原因造成继电器内上开口杯的信号回路触点闭合，光字牌灯亮。

2. 瓦斯保护的原理接线

瓦斯保护的原理接线图如图6-2所示。

1）接线原理

图6-2中，气体继电器KG上面的触点表示轻瓦斯保护，动作后经延时发出报警信号，下面的触点表示重瓦斯保护，动作后启动变压器保护出口，使断路器跳闸。

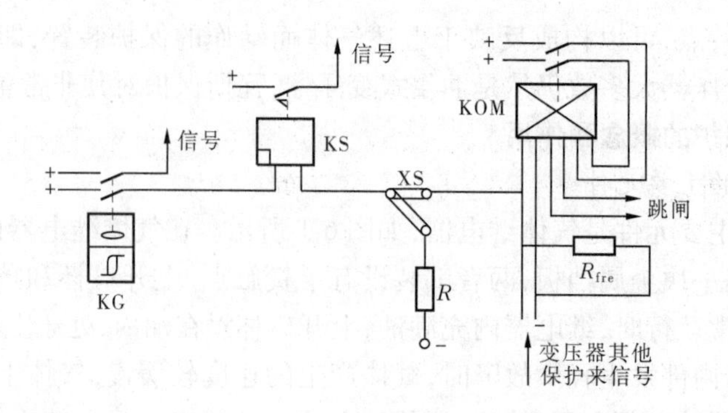

图 6-2　瓦斯保护的原理接线图

2) 保护出口中间继电器 KOM 作用

当油箱内部发生严重故障时，由于油流的不稳定可能造成干簧触点的抖动，此时为使断路器可靠跳闸，应选用具有电流自保持线圈的保护出口继电器 KOM，动作后由断路器的辅助触点来解除出口回路的自保持。

3) 切换片 XS 作用

为防止变压器换油或进行实验时重瓦斯保护误动作跳闸，可利用切换片 XS 将跳闸回路切换到信号回路。

2. 对瓦斯保护的评价

瓦斯保护能反映油箱内各种故障，且动作迅速、灵敏性高、接线简单，但不能反映油箱外的引出线和套管上的故障，故不能作为变压器的唯一主保护，须与差动保护配合共同作为变压器的主保护。

6.2.2.2　瓦斯保护装置动作的原因及处理

1. 瓦斯保护装置动作的主要原因

(1) 滤油、加油或冷却系统不严密，以致空气进入变压器。

(2) 温度下降或漏油致使油面低于气体继电器轻瓦斯上开口杯以下。

(3) 变压器故障产生少量气体。

(4) 变压器发生穿越性短路故障。在穿越性故障电流作用下，油隙间的油流速度加快，当油隙内和绕组外侧产生的压力差变化很大时，气体继电器就可能误动作。穿越性故障电流使绕组发热，当故障电流很大时，绕组温度上升很快，使油的体积膨胀，造成气体继电器误动作。

(5) 气体继电器或二次回路故障。

以上所述因素均可能引起瓦斯保护装置动作。

2. 瓦斯保护装置动作的处理

变压器瓦斯保护装置动作后，应马上对其进行认真检查、仔细分析、正确判断，并立即采取处理措施。

瓦斯保护动作于信号时，立即对变压器进行检查，查明动作原因，是否因积聚空气、油面降低、二次回路故障或是变压器区内故障造成的。如气体继电器内有气体，则应记录气体量。观察气体的颜色及实验是否可燃,并取气样及油样做色谱分析,可根据有关规程和导则判断变压器的故障性质。色谱分析是指对收集到的气体用色谱仪对其所含的氢气、氧气、一氧化碳、二氧化碳、甲烷、乙烷、乙烯、乙炔等气体进行定性分析,根据所含成分名称和含量准确判断故障性质、发展趋势和严重程度。

若气体继电器内的气体无色、无臭且不可燃,色谱分析判断为空气,则变压器可继续运行,并及时消除进气缺陷。若气体继电器内的气体可燃且油中溶解气体色谱分析结果异常,则重点考虑以下因素,作出综合判断:

(1)是否呼吸不畅或排气未尽。

(2)保护及直流等二次回路是否正常。

(3)变压器外观有无明显反映故障性质的异常现象。

(4)气体继电器中积聚的气体是否可燃。

(5)气体继电器中的气体和油中溶解的气体的色谱分析结果。

(6)必要的电气实验结果。

(7)变压器其他继电保护装置的动作情况。

3. 瓦斯保护的反事故措施

瓦斯保护动作,轻者发出保护动作信号,提醒维修人员马上对变压器进行处理;重者跳开变压器断路器,导致变压器马上停止运行,不能保证供电的可靠性。对此提出了瓦斯保护的反事故措施。

(1)将气体继电器的下浮筒改为挡板式,触点改为立式,以提高重瓦斯保护动作的可靠性。

(2)为防止气体继电器因漏水而短路,应在其端子和电缆引线端子箱上采取防雨措施。

(3)气体继电器引出线采用防油线。

(4)气体继电器引出线和电缆应分别连接在电缆引线端子上。

6.2.3　变压器差动保护基本原理

6.2.3.1　变压器差动保护的工作原理

如图6-3所示,以一个双绕组变压器为例进行分析,为了分析方便,忽略变压器接线形式。设变压器变比为 n_{T},变压器一次绕组所接电流互感器的变比为 n_{TA1},二次绕组所接电流互感器的变比为 n_{TA2},电流方向以流入变压器为正,流出变压器为负。

当正常运行或区外故障时,电流方向如图6-3(a)所示。流入差动继电器的电流 $\dot{I}_{\mathrm{KD}}=\dot{I}_2'-\dot{I}_2''$,而此时继电器应不动作,即 $\dot{I}_{\mathrm{KD}}=0$,则有

$$\dot{I}_{\mathrm{KD}}=\dot{I}_2'-\dot{I}_2''=\frac{\dot{I}_1'}{n_{\mathrm{TA1}}}-\frac{\dot{I}_2''}{n_{\mathrm{TA2}}}=0$$

$$\frac{\dot{I}_1'}{n_{\mathrm{TA1}}}=\frac{\dot{I}_2''}{n_{\mathrm{TA2}}}$$

$$\frac{n_{\mathrm{TA2}}}{n_{\mathrm{TA1}}}=\frac{\dot{I}_2''}{\dot{I}_1'}=n_{\mathrm{T}}$$

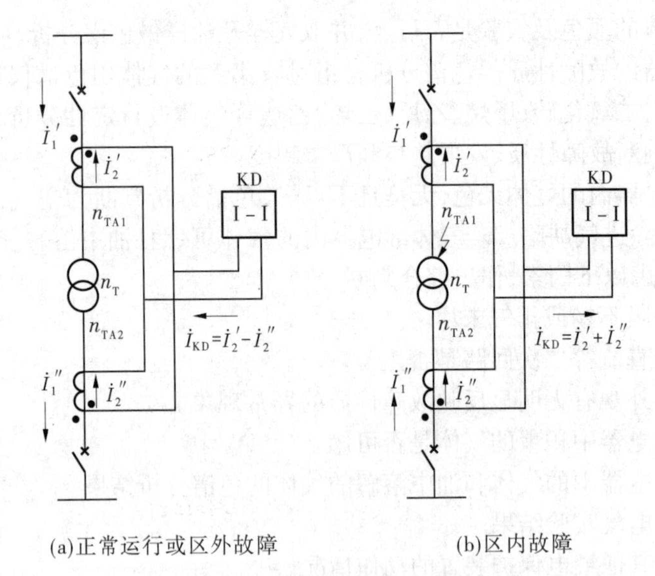

(a)正常运行或区外故障　　　　(b)区内故障

图6-3　变压器纵差保护原理接线图

所以，当满足 $n_T = n_{TA2}/n_{TA1}$ 时，在正常运行或区外故障时流入差动继电器的电流为零。

当区内发生故障时，电流方向如图6-3(b)所示，流入差动继电器的电流 $\dot{I}_{KD}=\dot{I}_2'+\dot{I}_2''$，保护装置可以动作。

通过以上分析可以得出，当满足 $n_T = n_{TA2}/n_{TA1}$，在区外故障或正常运行时，流入差动继电器的电流 $\dot{I}_{KD}$ 是两侧电流互感器二次侧电流之差，$\dot{I}_{KD}=\dot{I}_2'-\dot{I}_2''$；在区内故障时，流入差动继电器的电流是两个电流互感器二次侧电流之和，$\dot{I}_{KD}=\dot{I}_2'+\dot{I}_2''$。

6.2.3.2　变压器差动保护的相位、幅值校正

在上面分析中，忽略了变压器接线形式。目前大中型变电站的变压器一般采用Y，d11的接线，即三角形侧（又称△侧）超前星形侧（又称Y侧）30°，若两侧的电流互感器采用相同的接线方式，则两侧对应相的二次侧电流也相差30°，即使满足 $n_T = n_{TA2}/n_{TA1}$ 条件，流入差动继电器的电流值也不为零，如图6-4所示。

1. 传统的纵联差动（简称纵差）保护接线

采用适当的接线进行相位补偿。如变压器为Y，d11接线，其相位补偿的方法是将变压器星形侧的电流互感器接成三角形，将变压器三角形侧的电流互感器接成星形，见图6-5(a)，以补偿30°的相位差。图6-5(a)中 $\dot{I}_{A1}^{Y}$、$\dot{I}_{B1}^{Y}$、$\dot{I}_{C1}^{Y}$ 为变压器星形侧一次侧电流，$\dot{I}_{A1}^{\triangle}$、$\dot{I}_{B1}^{\triangle}$、$\dot{I}_{C1}^{\triangle}$ 为变压器三角形侧的一次侧电流，其相位关系如图6-5(b)所示。采用相位补偿接线后，变压器星形侧电流互感器二次回路侧差动臂中的电流分别为 $\dot{I}_{A2}^{Y}-\dot{I}_{B2}^{Y}$、$\dot{I}_{B2}^{Y}-\dot{I}_{C2}^{Y}$、$\dot{I}_{C2}^{Y}-\dot{I}_{A2}^{Y}$，它们刚好与三角形侧电流互感器二次回路中电流 $\dot{I}_{B2}^{\triangle}$、$\dot{I}_{C2}^{\triangle}$、$\dot{I}_{A2}^{\triangle}$ 同相位，如图6-5(c)所示。这样，差动回路中两侧的电流相位相同。

由于变压器星形侧的电流互感器二次侧采用三角形接线，使该侧流入差动继电器的电流增大 $\sqrt{3}$ 倍。为保证正常运行及区外故障情况下差动回路中没有电流，该侧电流互感

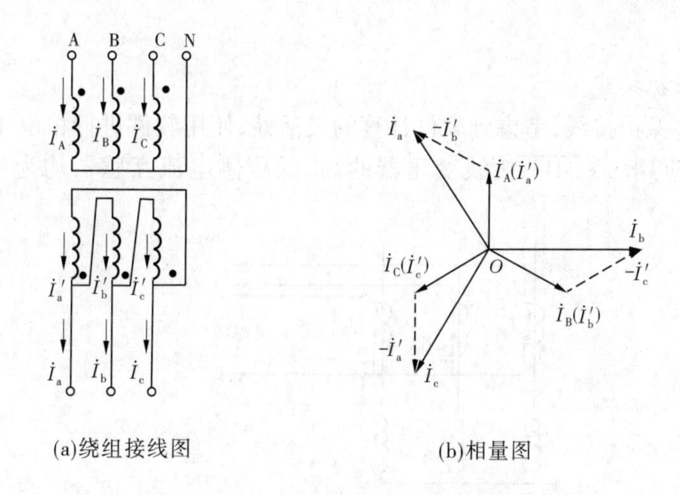

图 6-4　变压器 Y,d11 连接相量图

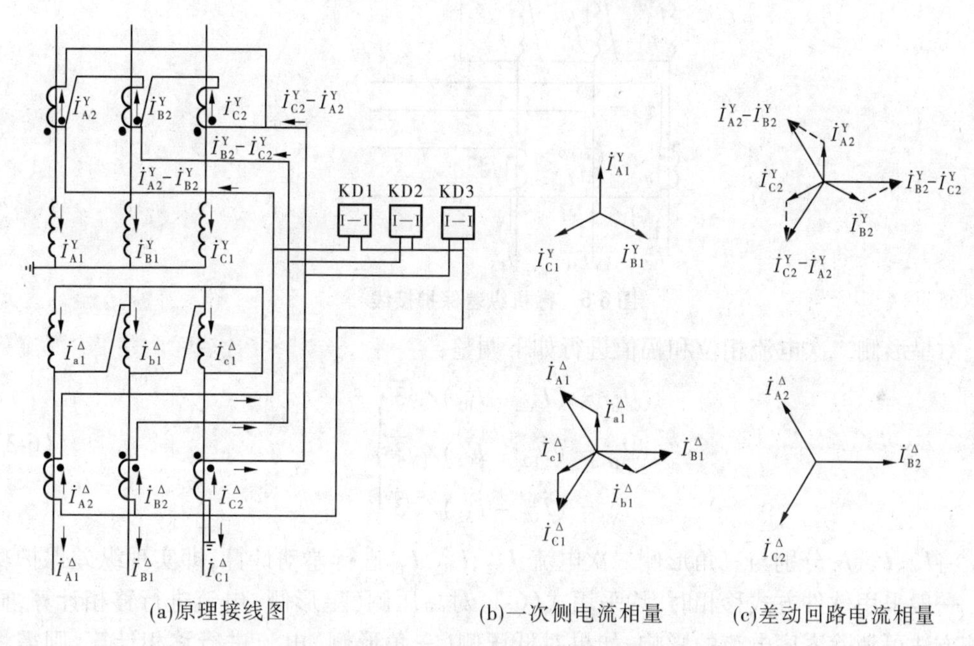

图 6-5　Y,d11 接线变压器差动保护接线图和相量图

器的变比也要相应地增大$\sqrt{3}$倍。

因此,变压器星形侧电流互感器变比

$$n_{TA(Y)} = \frac{\sqrt{3} I_{TA(Y)}}{5} \tag{6-1}$$

变压器三角形侧电流互感器变比

$$n_{TA(\triangle)} = \frac{I_{TA(\triangle)}}{5} \tag{6-2}$$

目前,模拟式的差动保护都采用图 6-5(a)所示的接线方式;对于数字式差动保护,一般变压器两侧的电流互感器的二次侧都采用星形接线。数字式差动保护通过软件对相位进行校正。

2. 微机纵差保护接线

对于微机纵差保护接线,考虑到软件计算的灵活性,使用软件进行相位和电流平衡的调整得到了普遍应用。Y,d11 接线变压器的高、低压侧电流互感器均为星形接线,如图 6-6 所示。

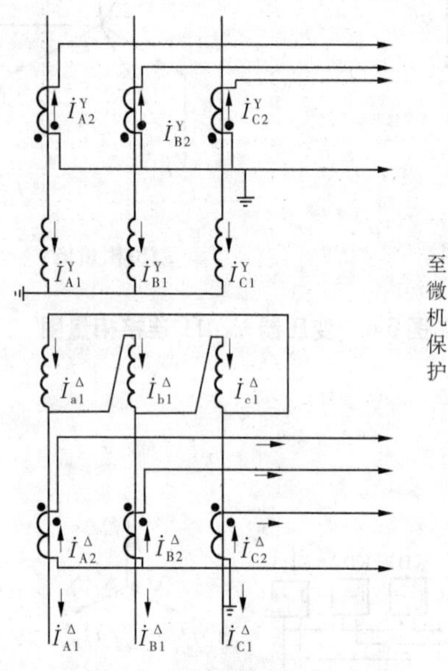

图 6-6 微机纵差保护接线

对星形侧二次电流相位和幅值进行如下调整:

$$\left.\begin{aligned}\dot{I}_{\alpha} &= (\dot{I}_{A2}^{Y} - \dot{I}_{B2}^{Y})/\sqrt{3}\\ \dot{I}_{\beta} &= (\dot{I}_{B2}^{Y} - \dot{I}_{C2}^{Y})/\sqrt{3}\\ \dot{I}_{\gamma} &= (\dot{I}_{C2}^{Y} - \dot{I}_{A2}^{Y})/\sqrt{3}\end{aligned}\right\} \tag{6-3}$$

将$\dot{I}_{\alpha}$、$\dot{I}_{\beta}$、$\dot{I}_{\gamma}$分别与三角形侧二次电流 $\dot{I}_{A2}^{\Delta}$、$\dot{I}_{B2}^{\Delta}$、$\dot{I}_{C2}^{\Delta}$进行差动计算,即实现纵差保护功能。一般采用软件方式移相时,均采用式(6-3)对高压侧(星形侧)电流进行移相计算,显然该方法可消除零序电流的影响;如果对低压侧(三角形侧)电流进行移相计算,则需将高压侧的电流减去零序电流,从而消除零序电流的影响。

6.2.4 不平衡电流产生的原因及减小不平衡电流的措施

6.2.4.1 稳态情况下的不平衡电流

1. 电流互感器计算变比与实际变比不同产生不平衡电流

1)产生的原因

变比的标准化使得其实际变比与计算变比不一致,从而产生不平衡电流。

【实例分析】 在表 6-1 中,变压器型号 SFL1 - 8000/35,变比 38.5 ± 2 × 2.5%/6.3 kV,Y,d11 接线。计算由于电流互感器的实际变比与计算不等引起的不平衡电流,其结果见表 6-1。由表可见,因为电流互感器的实际变比与计算变比不等,正常情况下将产生

0.21 A的不平衡电流。

表6-1 计算变压器额定运行时差动保护臂中的不平衡电流

额定电压(kV)	38.5(40.4)	6.3
额定电流(A)	120(114.3)	733
电流互感器接线方式	△	Y
电流互感器计算变比	$\sqrt{3}\times120/5=207.8/5$	733/5
电流互感器的实际变比	300/5 = 60	1 000/5 = 200
差动臂的电流(A)	207.8/60 = 3.46(3.3)	733/200 = 3.67
不平衡电流(A)	3.67 - 3.46(3.3) = 0.21(0.37)	

2)采取的措施

(1)采用自耦变流器消除不平衡电流。在变压器一侧(三绕组变压器需在两侧)的电流互感器二次侧装设自耦变流器,如图6-7(a)所示。改变自耦变流器的变比使$\dot{I}_2^{Y}=\dot{I}'^{\triangle}_2$,从而使稳态情况下的不平衡电流等于零。

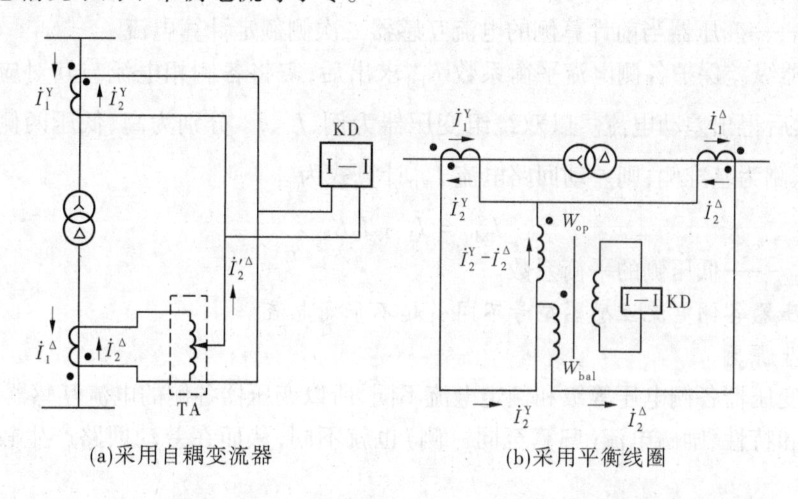

图6-7 减小电流互感器由于计算变比与标准变比不同而引起的不平衡电流

(2)利用平衡线圈消除不平衡电流。以双绕组变压器为例,假设在区外故障,$\dot{I}_1^{Y}>\dot{I}_1^{\triangle}$,如图6-7(b)所示。为补偿不平衡电流在差动线圈W_{op}中产生的磁通势$(\dot{I}_2^{Y}-\dot{I}_2^{\triangle})W_{op}$,将平衡线圈$W_{bal}$接入二次侧电流较小的一侧,产生的磁通势$\dot{I}_2^{\triangle}W_{bal}$正好与不平衡电流产生的磁通势$(\dot{I}_2^{Y}-\dot{I}_2^{\triangle})W_{op}$相抵消,从而达到消除不平衡电流的目的。因此,平衡线圈匝数的选择原则是

$$\dot{I}_2^{\triangle}W_{bal}=(\dot{I}_2^{Y}-\dot{I}_2^{\triangle})W_{op} \quad 或 \quad \dot{I}_2^{\triangle}(W_{bal}+W_{op})=\dot{I}_2^{Y}W_{op} \tag{6-4}$$

按式(6-4)计算的平衡线圈匝数W_{bal},一般都不是整数,而实际上平衡线圈W_{bal}匝数只能按整数匝选取,因此还会有一些不平衡存在,只能在整定计算时予以考虑。

(3)在变压器微机保护软件中采用平衡系数K_{bal}使差动回路的不平衡电流为最小。

求平衡系数的步骤如下：

①计算变压器各侧电流互感器的一次侧额定电流

$$I_{1N} = \frac{S_N}{\sqrt{3}U_{N.\varphi\varphi}} \tag{6-5}$$

式中 S_N——变压器最大额定容量；

$U_{N.\varphi\varphi}$——变压器当前计算侧的额定相间电压。

②变压器各侧电流互感器的二次侧额定电流

$$I_{2N} = \frac{I_{1N}}{n_{TA}} \tag{6-6}$$

式中 n_{TA}——变压器当前计算侧的电流互感器变比。

③计算差动保护各侧电流平衡系数。选定基准侧，一般以高压侧为基准（对于发电机变压器组，以发电机侧为基准侧），令基准侧电流互感器二次侧额定计算电流为 $I_{2N.B}$，则差动保护其他侧电流平衡系数为

$$K_{bal} = \frac{I_{2N.B}}{I_{2N}} \tag{6-7}$$

式中 I_{2N}——变压器当前计算侧的电流互感器二次侧额定计算电流。

变压器纵差保护各侧电流平衡系数 K_{bal} 求出后，需将各侧相电流与其对应的平衡系数相乘，然后得出差动电流。以双绕组变压器为例，$\dot{I}_1$、$\dot{I}_2$ 分别为高、低压两侧的二次电流，设高压侧为基准侧，则差动回路电流 $\dot{I}_{KD}$ 计算式为

$$\dot{I}_{KD} = \dot{I}_1 + \dot{I}_2 K_{bal.2} \tag{6-8}$$

式中 $K_{bal.2}$——低压侧的平衡系数。

2. 变压器各侧电流互感器型号不同引起不平衡电流

1）产生原因

由于变压器各侧电压等级和额定电流不同，所以变压器各侧的电流互感器型号不同，它们的饱和特性、励磁电流（归算至同一侧）也就不同，从而在差动回路产生较大的不平衡电流。

电流互感器的等值电路如图 6-8 所示。它具有励磁电流，其值为 i_e，如图 6-8(b)所示，变压器高压侧互感器的二次侧电流为 $\dot{I}_2' = \frac{1}{n_{TA1}}(\dot{I}_1' - \dot{I}_{e1})$，低压侧电流互感器的二次侧电流为 $\dot{I}_2'' = \frac{1}{n_{TA2}}(\dot{I}_1'' - \dot{I}_{e2})$。$\dot{I}_{e1}$ 为高压侧电流互感器 TA1 的励磁电流，$\dot{I}_{e2}$ 为低压侧电流互感器 TA2 的励磁电流。当正常运行或区外故障时流入差动继电器中的电流

$$\dot{I}_{KD} = \dot{I}_2' - \dot{I}_2'' = \frac{1}{n_{TA1}}(\dot{I}_1' - \dot{I}_{e1}) - \frac{1}{n_{TA2}}(\dot{I}_1'' - \dot{I}_{e2}) = \frac{1}{n_{TA2}}\dot{I}_{e2} - \frac{1}{n_{TA1}}\dot{I}_{e1}$$

可见，即使变比选择理想化，依然存在由于励磁电流而产生的不平衡电流。

2）采取的措施

（1）变压器差动保护各侧的电流互感器需要选用变压器差动保护专用的 P 级电流互感器；当通过外部最大稳态短路电流时，差动保护回路的二次侧负荷能满足 10% 误差的

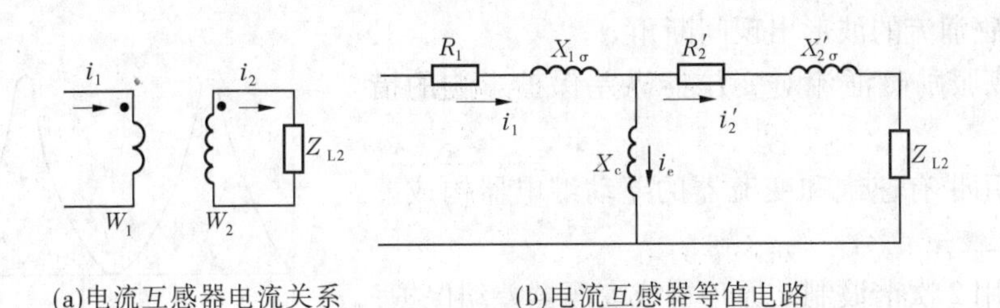

(a)电流互感器电流关系　　(b)电流互感器等值电路

图6-8　电流互感器的等值电路

要求。

(2)减小电流互感器的二次侧负荷。实际上相当于减小二次侧电压,相应地减少电流互感器的励磁电流。减小二次侧负荷的常用办法有减小控制电缆的电阻(适当增大导线截面,尽量缩短控制电缆长度),采用弱电控制用的电流互感器(二次侧额定电流为1 A)等。

(3)采用带小气隙的电流互感器。这种电流互感器铁芯的剩磁较小,在一次侧电流较大的情况下,电流互感器不容易饱和。因而励磁电流较小,有利于减小不平衡电流,同时也改善了电流互感器的暂态特性。

3. 变压器带负荷调节分接头而产生的不平衡电流

变压器带负荷调节分接头,是电力系统中电压调整的一种方法,改变分接头就是改变变压器的变比。整定计算中,差动保护只能按照某一变比整定,选择恰当的平衡线圈减小或消除不平衡电流的影响。当差动保护投入运行后,在调压抽头改变时,一般不可能对差动保护的电流回路重新操作,因此又会出现新的不平衡电流。不平衡电流的大小与调压范围有关。由变压器带负荷调节分接头而产生的不平衡电流无法消除,在变压器差动保护的整定计算中考虑。

6.2.4.2　暂态情况下的不平衡电流

暂态过程中不平衡电流的特点:暂态不平衡电流含有大量的非周期分量,偏离时间轴的一侧;暂态不平衡电流最大值出现的时间,滞后于一次侧最大电流(根据此特点靠保护的延时来躲过其暂态不平衡电流,必然影响保护的速动性)。

1. 减小暂态过程中非周期分量电流的影响

(1)差动保护采用具有速饱和特性的中间变流器。

(2)选用带制动特性的差动保护元件或间断角原理的差动保护元件等,利用其他方法来解决暂态过程中非周期分量电流的影响问题。

2. 励磁涌流的特点及克服励磁涌流的方法

在空载投入变压器或区外故障切除后恢复供电等情况下,变压器励磁电流的数值可达变压器额定电流的6~8倍,通常称为励磁涌流,励磁涌流便是典型的暂态不平衡电流。

(1)励磁涌流的波形如图6-9所示,其特点如下:

①励磁涌流数值很大,并且含有明显的非周期分量,使励磁涌流波形明显偏于时间轴的一侧。

②励磁涌流中含有明显的高次谐波,其中以2次谐波为主。

③励磁涌流的波形出现间断角 α。

(2)克服励磁涌流对变压器纵差保护影响的措施:

①采用带有速饱和变流器的差动继电器构成差动保护;

②利用2次谐波制动原理构成变压器差动保护;

③利用间断角原理构成变压器差动保护;

④采用模糊识别闭锁原理构成变压器差动保护。

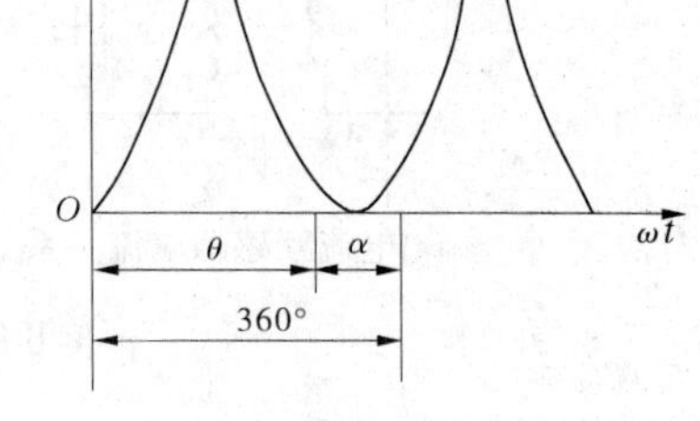

图 6-9 励磁涌流的波形图

6.2.4.3 **最大不平衡电流的计算**

变压器差动保护的不平衡电流可由下式决定,即:

$$I_{\text{unb. max}} = (K_{\text{ss}}K_{\text{aper}}K_{\text{er}} + \Delta U + \Delta f_{\text{za}})I_{\text{k. max}}/n_{\text{TA}}$$

式中 K_{aper}——非周期分量影响系数,取1.5~2;

K_{ss}——电流互感器同型系数,当两侧电流互感器的型号、容量均相同时,可取0.5,当两侧电流互感器不同时,可取1;

K_{er}——电流互感器允许最大相对误差,计算最大不平衡电流时取为10%;

ΔU——变压器调压分接头改变引起的相对误差,取调压范围的一半;

Δf_{za}——采用的辅助互感器变比或平衡线圈的匝数与计算值不同所引起的相对误差,在计算动作电流时,一般取为0.05;

$I_{\text{k. max}}$——保护范围外部最大短路电流归算到基本侧的一次侧电流。

6.2.5 比率制动特性的纵联差动保护

实现变压器纵联差动保护从根本上讲,就是采取各种措施躲过不平衡电流的影响,微机纵联差动保护从选择性的角度上讲,首先应当能区分区内故障与区外故障(或正常运行)。也就是说,当发生区内故障时,纵联差动保护装置应当可靠动作;而发生区外故障时,纵联差动保护装置应当躲过区外故障所引起的不平衡电流,做到可靠不动作。

目前,在变压器纵联差动保护装置中,为提高区内故障时的动作灵敏度及可靠躲过区外故障的不平衡电流,均采用具有比率制动特性曲线的差动元件。

不同型号的纵差保护装置,其差动元件的动作特性不同。差动元件的比率制动特性曲线有直线式、两折线式、三折线式等。

6.2.5.1 **比率制动纵差保护基本原理**

经过相位校正和幅值校正处理后,差动保护的动作原理可以按相比较,可以用无转角、变比等于1的变压器来理解。下面以图6-10为例说明比率制动的微机差动保护原理。

比率制动的差动保护是分相设置的,所以双绕组变压器可取单相来说明其原理。如果以流入变压器的电流方向为正方向,流出为负,则差动电流为 $I_{\text{KD}} = |\dot{I}_1 + \dot{I}_{\text{h}}|$。

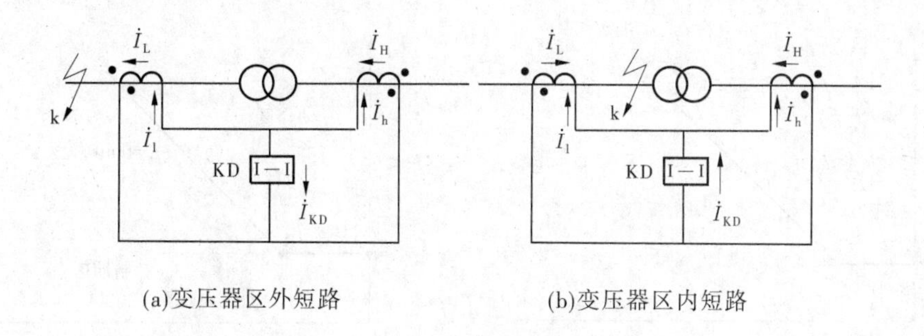

(a)变压器区外短路　　(b)变压器区内短路

图6-10　比率制动的微机差动保护原理

为了使区外故障时制动作用最大,区内故障时制动作用最小或等于零,用最简单的方法构成制动电流,即采用 $I_{res} = |\dot{I}_1 - \dot{I}_h|/2$。

假设$\dot{I}_1$(低压侧电流互感器的二次侧电流)、$\dot{I}_h$(高压侧电流互感器的二次侧电流)已经过软件的相位变换和电流补偿,则区外故障时$\dot{I}_h = -\dot{I}_1$,这时 I_{res}达到最大,I_{KD}为最小。

但是,由于电流互感器特性不同(或电流互感器饱和),以及有载调压时变压器的变比发生变化等会产生不平衡电流 I_{unb},另外内部的电流算法补偿也存在一定误差,在正常运行时仍然有小量的不平衡电流。

区内故障时,I_{KD}达到最大,I_{res}为最小,但是一般不会为零,也就是说区内故障时仍然带有制动量,即使这样保护的灵敏度仍然很高。不过实际的微机差动保护装置在制动量的选取上有不同的做法,关键是应在灵敏度和可靠性之间做一个最合适的选择。

比率制动的微机差动保护特性曲线如图6-11所示,图中的纵轴表示差动电流 I_{KD},横轴表示制动电流 I_{res}。a、b线段表示差动保护的动作整定值,这就是说,a、b线段的上方为动作区,a、b线段的下方为非动作区,另外a、b线段的交点通常称为拐点;c线段表示区内故障时的短路电流;d线段表示区外故障时的短路电流。比率制动的微机差动保护的动作原理为:由于正常运行时 I_{KD}仍然有小量的不平衡电流 I_{unb},所以差动保护的动作电流必须大于这个不平衡电流,这个值用特性曲线的a段表示。当区外发生短路故障时,I_{KD}和 I_{res}随着短路电流的增大而增大,如特性曲线的d线段表示。为了防止差动保护动作,差动保护的动作电流必须随着短路电流的增大而增大,并且必须大于外部短路时的最大不平衡电流,特性曲线的斜线b线段表示的就是这个动作电流变化值。一般来说,微机差动保护的比率制动特性曲线都是可整定的,$I_{op.min}$按正常运行时的最大不平衡电流 I_{unb}确定,b线段的斜率及其与横轴的交点根据所需的灵敏度进行设定。要求满足

$$I_{op.min} > I_{unb}$$

6.2.5.2　两折线比率制动特性

微机型变压器差动保护中,差动元件的动作特性最基本的是采用具有两折线形的动作特性曲线,如图6-12所示。

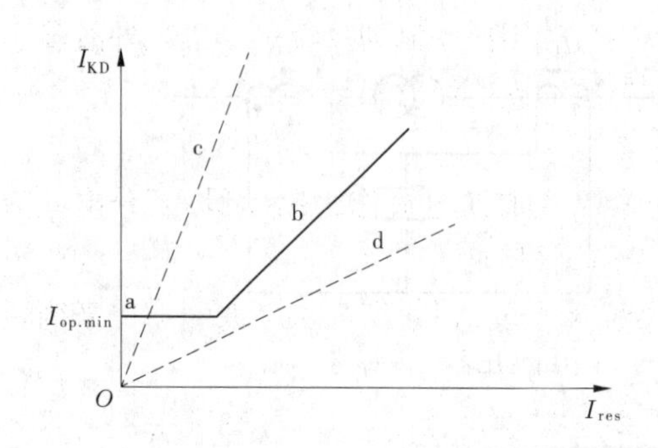

图 6-11 比率制动的微机差动保护特性曲线

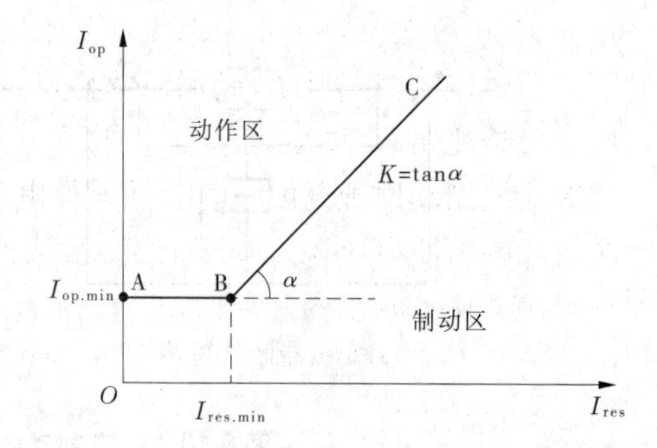

图 6-12 两折线比率制动差动保护动作特性曲线

在图 6-12 中，$I_{op.min}$ 为差动元件启始动作电流幅值，也称为最小动作电流；$I_{res.min}$ 为最小制动电流，又称为拐点电流（一般取 $(0.5\sim1.0)I_{2N}$，I_{2N} 为变压器计算侧电流互感器二次侧额定计算电流）；$K=\tan\alpha$ 为制动段的斜率，微机变压器差动保护的差动元件采用分相差动，其动作判据可表示为

$$I_{KD} \geqslant I_{op.min} \qquad (I_{res} \leqslant I_{res.min})$$

$$I_{KD} \geqslant I_{op.min} + K(I_{res} - I_{res.min}) \qquad (I_{res} > I_{res.min})$$

也可以用制动系数 K_{res} 来表示制动特性。令 $K_{res}=I_{op}/I_{res}$，则可得到 K_{res} 与斜率 K 的关系为

$$K_{res} = \frac{I_{op.min}}{I_{res}} + K\left(1 - \frac{I_{res.min}}{I_{res}}\right)$$

可以看出，K_{res} 随 I_{res} 的大小不同有所变化，而斜率 K 是不变的。在实际应用中，是通过保护装置整定折线斜率 K 来满足比率制动系数 K_{res} 的要求。

6.2.6* 差动速断保护与躲过励磁涌流的方法

6.2.6.1 差动速断保护

一般情况下，比率制动的微机差动保护作为变压器的主保护已足够了，但是在严重内部短路故障、短路电流很大的情况下，电流互感器将会严重饱和而使交流暂态严重恶化。电流互感器的二次侧在电流互感器严重饱和时基波为零，高次谐波分量增大，比率制动的微机差动保护将无法反映区内短路故障，从而影响了比率制动的微机差动保护正确动作。

因此，微机差动保护都配有差动速断保护。差动速断保护是差动电流过电流瞬时速断保护，也就是说差动速断保护没有制动量，它的动作一般在半个周期内实现，而决定动作的测量过程在 1/4 周期内完成，这时电流互感器还未严重饱和，能实现快速正确地切除故障。差动速断保护的整定值以躲过最大不平衡电流和励磁涌流来整定，这样在正常操作和稳态运行时差动速断保护可靠不动作。根据有关文献的计算和工程实验，差动速断保护的整定值一般不小于变压器额定电流的 6 倍，如果灵敏度够的话，整定值取值不小于变压器额定电流的 7 ~ 9 倍比较好。

6.2.6.2 躲过励磁涌流的方法

微机差动保护除应区分区内故障和区外故障（正常运行）外，还应当区分短路与励磁涌流。当有励磁涌流时，保护装置不应动作。

目前,微机纵差保护主要由两大部分组成:一是利用比率制动特性来躲过区外故障引起的不平衡电流;二是利用励磁涌流的特点,避免有涌磁电流时保护误动。

1. 二次谐波制动原理

二次谐波制动原理是以流过差动元件电流中二次谐波电流作为制动量,区分出差流是区内故障的短路电流还是励磁电流,实现励磁涌流闭锁。

具有二次谐波制动的差动保护中,采用一个重要的物理量,即二次谐波制动比来衡量二次谐波电流的制动能力。

在流入差动元件的电流(差流)中,含有基波分量电流和二次谐波分量电流,差流中二次谐波分量电流与基波分量电流比值的百分比,称作二次谐波制动比 $K_{2\omega z}$。当二次谐波制动比 $K_{2\omega z}$ 大于二次谐波制动比的整定值 K_2 时,闭锁差动保护;当小于二次谐波制动比的整定值 K_2 时,开放差动保护,即满足下式所示的动作方程时将差动保护闭锁

$$K_{2\omega z} = \frac{I_{2\omega}}{I_{1\omega}} \times 100\% > K_2 \tag{6-9}$$

式中　$K_{2\omega z}$——二次谐波制动比;

$I_{1\omega}$——基波电流;

$I_{2\omega}$——二次谐波电流;

K_2——二次谐波制动比的整定值,一般取15%。

在对具有二次谐波制动的差动保护进行定值整定时,二次谐波制动比的整定值越大,该差动保护躲过励磁涌流的能力越弱,越容易误动;反之,二次谐波制动比的整定值越小,差动保护躲过励磁涌流的能力越强。二次谐波制动的差动保护逻辑框图见图6-13。

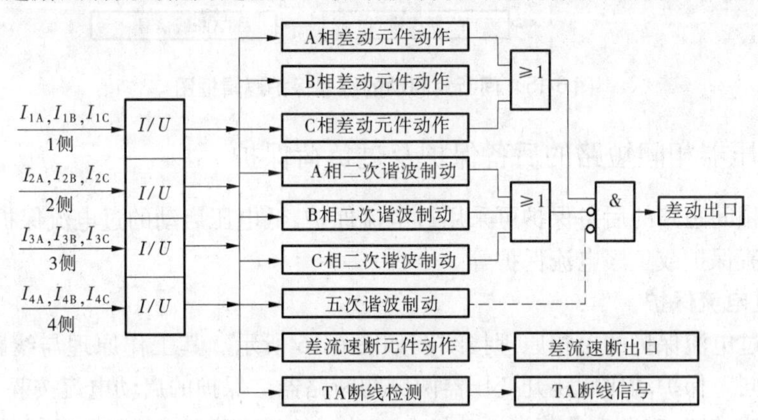

图6-13　二次谐波制动的差动保护逻辑框图

2. 间断角原理

变压器区内故障时,故障电流波形无间断,间断角很小;而变压器空投时,励磁涌流的波形是间断的,具有很大的间断角(一般大于60°)。按间断角原理构成的差动保护,是根据差流波形是否有间断及间断角的大小来区分故障电流与励磁涌流的。

1)间断角的物理意义

间断角原理图如图6-14所示。图中,I_{res} 为制动电流(直流),其中包括直流门槛值折

算成的制动电流量；I_{KD}是流过差动元件的差流（将负半波反向之后）；α是间断角。

由图6-14可以看出，间断角的物理意义是：在差流的半个周期内，差动量小于制动量对应的角度。

2）差动元件的闭锁角

闭锁角δ_B是按间断角原理构成的变压器纵差保护的一个重要物理量。用它可以判断差动元件中的差流是故障电流还是励磁涌流引起的。

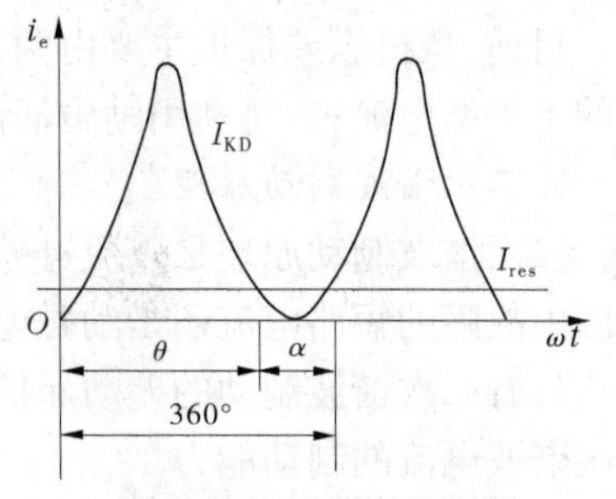

图6-14　间断角原理图

当测量出的间断角α满足$\alpha > \delta_B$时，则判断差流为励磁涌流，将保护闭锁；当测量出的间断角满足$\alpha < \delta_B$时，则认为差动元件中的差流为故障电流，开放差动保护。间断角制动的纵差保护逻辑框图见图6-15。

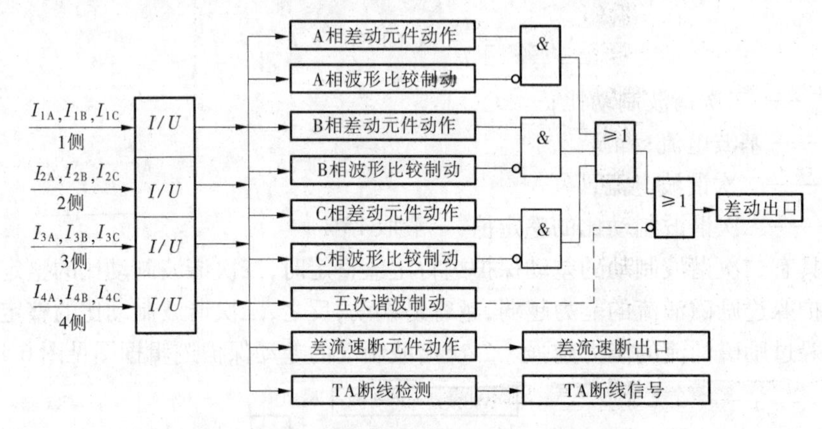

图6-15　间断角制动的纵差保护逻辑框图

6.2.7　变压器相间短路的后备保护及过负荷保护

变压器相间短路的后备保护可采用过电流保护、低电压启动的过电流保护、复合电压启动的过电流保护或负序电流保护等。

6.2.7.1　过电流保护

变压器过电流保护的单相原理接线图如图6-16所示。其工作原理与线路定时限过电流保护相同。保护动作后跳开变压器两侧的断路器。保护的启动电流按躲过变压器的最大负荷电流整定，应考虑负荷中电动机自启动时的最大电流，对并联运行的变压器，还应考虑切除一台变压器后的负荷电流。动作时限应比相邻元件保护的最大动作时限大一个阶梯时限Δt。

6.2.7.2　低电压启动的过电流保护

过电流保护按躲过可能出现的最大负荷电流整定，启动电流比较大，对于升压变压器或容量较大的降压变压器，灵敏度往往不能满足要求。为此，可以采用低电压启动的过电流保护。其原理接线图如图6-17所示。

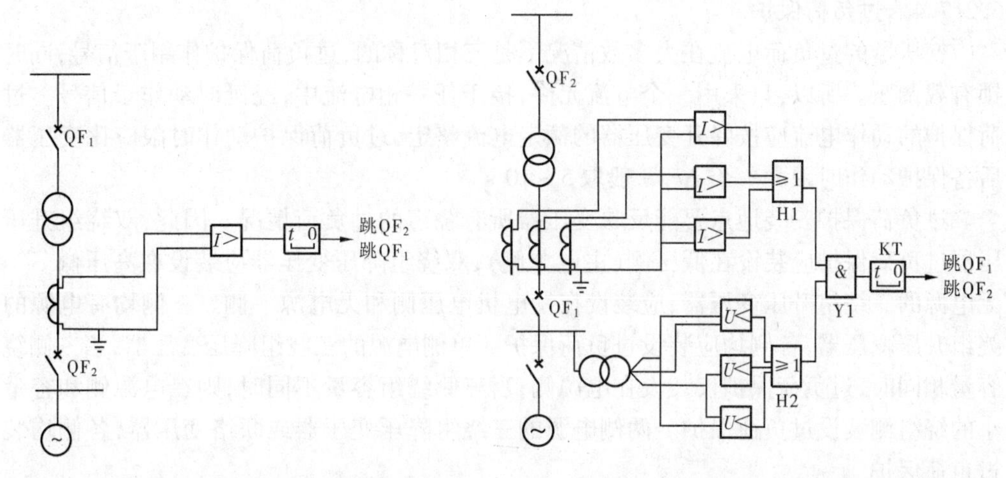

图6-16　变压器过电流保护的单相原理接线图　　图6-17　低电压启动的过电流保护原理接线图

保护的启动元件包括电流元件和低电压元件。只有当电流元件和低电压元件同时动作后，才能启动时间元件，经预定时间后启动出口中间继电器动作于跳闸。由于电压互感器发生断线时，低电压元件将发生误动作，因此实际装置中还需配置电压回路断线闭锁的功能。

电流元件的启动电流按躲过变压器的额定电流整定。低电压元件的启动电压应小于正常运行时最低工作电压，同时，区外故障切除后，电动机启动的过程中，它必须返回。

6.2.7.3　复合电压启动的过电流保护

复合电压启动的过电流保护原理接线图如图6-18所示。

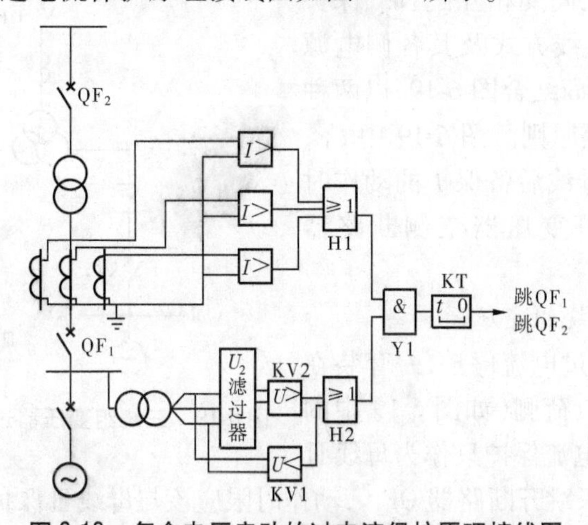

图6-18　复合电压启动的过电流保护原理接线图

该保护由三部分组成，即电流元件、电压元件(含负序电压继电器KV2和低电压继电器KV1)、时间元件。三相短路时其灵敏度与低电压启动过电流保护相同。

当发生不对称短路时，故障相电流继电器动作，同时负序电压继电器KV2动作，启动时间继电器KT，经整定延时启动信号和出口继电器，将变压器两侧断路器断开。由于负序电压继电器的整定值较小，因此对于不对称短路，其灵敏系数较高。

6.2.7.4 过负荷保护

变压器的过负荷电流在大多数情况下是三相对称的，过负荷保护作用于信号，同时闭锁有载调压。所以，只采用一个电流元件，接于任一相电流中，经延时动作于信号。过负荷保护的动作电流应按躲开变压器的额定电流整定，过负荷保护动作时限应比变压器的后备保护动作时限大一个 Δt，一般取 5 ~ 10 s。

过负荷保护安装地点要能反映变压器所有绕组的过负荷情况。因此，双绕组升压变压器过负荷保护应装设在低压侧（主电源侧），双绕组降压变压器应装设在高压侧。一侧无电源的三绕组升压变压器，应装设在发电机电压侧和无电源一侧。三侧均有电源的三绕组升压变压器，各侧均应装设过负荷保护。单侧电源的三绕组降压变压器，当三侧绕组容量相同时，过负荷保护仅装设在电源侧；当三侧绕组容量不同时，则在电源侧和容量较小的绕组侧装设过负荷保护。两侧电源的三绕组降压变压器或联络变压器，各侧均装设过负荷保护。

6.2.7.5 三绕组变压器相间短路后备保护的特点

三绕组变压器一侧断路器跳开后，另外两侧还能够继续运行。所以，三绕组变压器相间短路的后备保护在作为相邻元件的后备时，应该有选择地只跳开近故障点一侧的断路器，保证另外两侧继续运行，尽可能地缩小故障影响范围；而作为变压器区内故障的后备时，应该跳开三侧断路器，使变压器退出运行。例如，图 6-19 中 k_1 点故障时，应只跳开断路器 QF_3；k_2 点故障时，则将 QF_1、QF_2、QF_3 全部跳开。

为此，通常需要在变压器的两侧或三侧都装设过电流保护（或复合电压启动过电流保护等），各侧保护之间要相互配合。保护的配置与变压器主接线方式及其各侧电源情况等因素有关。下面结合图 6-19，以两种情况为例说明其配置原则。图 6-19 中 t'_{I}，t'_{II}，t'_{III} 分别表示各侧母线后备保护的动作时限，定义 t_{T} 作为跳开变压器三侧断路器 QF_1 ~ QF_3 的时限。

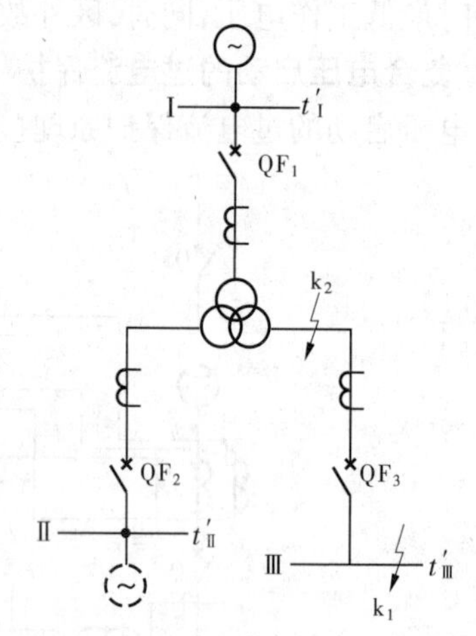

图 6-19　三绕组变压器过电流保护配置说明图

1. 单侧电源的三绕组变压器

可以只装设两套过电流保护，一套装在电源侧，另一套装在负荷侧（如图 6-19 中的Ⅲ侧）。负荷侧的过电流保护只作为母线Ⅲ保护的后备，动作后只跳开断路器 QF_3。动作时限应该与母线Ⅲ保护的动作时限相配合，即 $t_{\mathrm{III}} = t'_{\mathrm{III}} + \Delta t$，其中 Δt 为一个时限级差。电源侧的过电流保护作为变压器主保护和母线Ⅱ保护的后备。为了满足区外故障时尽可能缩小故障影响范围的要求，电源侧的过电流保护采用两个时间元件，以较小的时限 t_1 跳开断路器 QF_2，以较大的时限 $t_{\mathrm{T}} = t_1 + \Delta t$ 跳开三侧断路器 QF_1、QF_2、QF_3。对于 t_1，若 $t_1 < t_{\mathrm{III}}$，在母线Ⅲ故障时，电源侧的过电流保护仍会无选择性地跳开 QF_2，因此应该与 t'_{II} 和 t_{III} 中的较大者进行配合，即取 $t_1 = \max(t'_{\mathrm{II}}$，

t_{III}）$+\Delta t$。这样，母线Ⅲ故障时保护的动作时间最快，母线Ⅱ故障时其次，变压器区内故障时保护的动作时间最慢。母线Ⅱ和母线Ⅲ故障时流过负荷侧过电流保护的电流是不一样的。为了提高区外故障时保护的灵敏度，负荷侧过电流保护应该装设在容量较小的一侧，对于降压变压器通常是低压侧。若电源侧过电流保护作为母线Ⅱ的后备保护灵敏度不够，则应该在三侧绕组中装设过电流保护。两个负荷侧的保护只作为本侧母线保护的后备。电源侧保护则兼作变压器主保护的后备，只需要一个时间元件。三者动作时间的配合原则相同。

2. 多侧电源的三绕组变压器

设图6-19所示母线Ⅱ侧也带有电源，这时应该在三侧分别装设过电流保护作为本侧母线保护的后备保护，主电源侧的过电流保护兼作变压器主保护的后备保护。主电源一般指升压变压器的低压侧、降压变压器的高压侧、联络变压器的大电源侧。假设Ⅰ侧为主电源侧，Ⅱ侧和Ⅲ侧过电流保护的动作时限分别取 $t_{\mathrm{II}}=t'_{\mathrm{II}}+\Delta t, t_{\mathrm{III}}=t'_{\mathrm{III}}+\Delta t$。Ⅱ侧的过电流保护还增设一个方向元件，方向指向母线Ⅱ。Ⅰ侧的过电流保护也增设一个方向指向母线的方向元件，并设置两个动作时限，短时限取 $t_1=t'_1+\Delta t$，过电流元件和方向元件同时启动时，经短时限跳开断路器 QF_1；长时限取 $t_{\mathrm{T}}=\max(t_{\mathrm{I}}, t_{\mathrm{II}}, t_{\mathrm{III}})+\Delta t$，经长时限跳开变压器三侧断路器。

下面说明各种故障下保护的动作情况。母线Ⅲ故障时，虽然三侧保护的电流元件都启动，但Ⅰ侧和Ⅱ侧的方向元件不会启动，又因 $t_{\mathrm{III}}<t_{\mathrm{T}}$，Ⅲ侧过电流保护先动作跳开 QF_3，使Ⅱ侧和Ⅲ侧继续运行。母线Ⅱ故障时，Ⅰ侧和Ⅱ侧过电流保护启动，但Ⅰ侧的方向元件不启动，又因 $t_{\mathrm{II}}<t_{\mathrm{T}}$，Ⅱ侧过电流保护先动作跳开 QF_2，变压器仍能运行。同理，母线Ⅰ故障时只跳开 QF_1，变压器也能运行。变压器区内故障时，则Ⅰ侧过电流保护经时限 t_{T} 跳开三侧断路器。

6.2.8　变压器的接地保护

针对变压器高压侧（110 kV及以上）单相接地短路应装设零序电流保护，作为变压器高压绕组和相邻元件接地故障主保护的后备。

6.2.8.1　中性点直接接地变压器的零序电流保护

图6-20示出了中性点直接接地双绕组变压器的零序电流保护原理接线图。保护用电流互感器接于中性点引出线上。其额定电压可选择低一级，其变比根据接地短路电流的热稳定和动稳定条件来选择。保护的动作电流按与被保护侧母线引出线零序电流保护后备段在灵敏度上相配合的条件来整定。即

$$I_{\mathrm{op.0}}=K_{\mathrm{c}}K_{\mathrm{b}}I_{\mathrm{op.0L}} \tag{6-10}$$

式中 $I_{\mathrm{op.0}}$——变压器零序电流保护的动作电流；

K_{c}——配合系数，取1.1~1.2；

K_{b}——零序电流分支系数，其值等于引出线零序电流保护后备段保护范围末端短路时，流过本保护的零序电流与流过引出线的零序电流之比；

$I_{\mathrm{op.0L}}$——引出线零序电流保护后备段的动作电流。

保护的灵敏系数按后备保护范围末端接地短路校验，灵敏系数应不小于1.2。

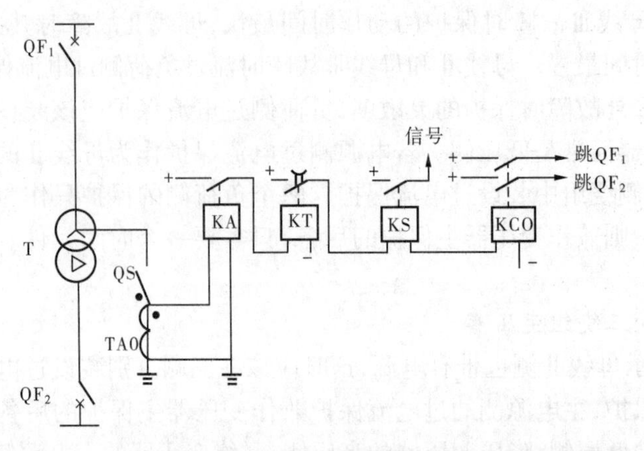

图 6-20　中性点直接接地变压器零序电流保护原理接线图

保护的动作时限应比引出线零序电流保护后备段的最大动作时限大一个阶梯时限 Δt。

为了缩小接地故障的影响范围及提高后备保护动作的快速性，通常配置为两段式零序电流保护，每段各带两级时限。零序Ⅰ段作为变压器及母线的接地故障后备保护，其动作电流以与引出线零序电流保护Ⅰ段在灵敏度上配合整定，以较短延时（通常取 0.5 s）作用于断开母联断路器或分段断路器，以较长延时（$0.5+\Delta t$）作用于断开变压器的断路器。零序Ⅱ段作为引出线接地故障的后备保护，其动作电流按 $I_{op.0}=K_c K_b I_{op.0L}$ 选择。第一级（短）延时与引出线零序电流保护后备段动作延时配合，第二级（长）延时比第一级延时长一个阶梯时限 Δt。如图 6-21 所示，图中零序电流保护Ⅰ段作为变压器及母线的接地故障后备保护，其启动电流和延时 t_1 应与相邻元件单相接地保护Ⅰ段相配合，通常以较短延时 $t=0.5\sim1.0$ s 动作于跳母联断路器或分段断路器，以较长的延时 $t_2=t_1+\Delta t$ 有选择地动作于断开变压器各侧断路器。零序电流保护Ⅱ段作为引出线接地故障的后备保护，其动作电流和延时 t_3 应与相邻元件接地保护后备段相配合。通常 t_3 应比相邻元件零序保护后备段最大延时大一个 Δt，以断开母联断路器或分段断路器，$t_4=t_3+\Delta t$，动作于断开变压器各侧断路器。

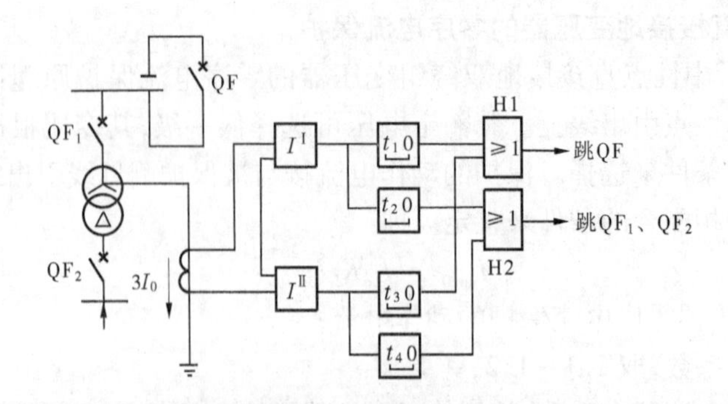

图 6-21　零序电流保护的保护逻辑

6.2.8.2　中性点可能接地或不接地运行变压器的零序电流电压保护

对中性点可能接地也可能不接地运行的变压器应配置两种接地保护：一种用于变压

器中性点接地的运行状态,通常采用两段式零序电流保护;另一种用于变压器中性点不接地运行状态。

1. 全绝缘变压器

全绝缘变压器的中性点侧绝缘水平较高,除按规定装设零序电流保护外,还应装设零序电压保护。当发生接地故障时,先由零序电流保护动作切除中性点接地运行的变压器,工作原理如图 6-21 所示。若故障仍然存在,再由零序电压保护切除中性点不接地的变压器,工作原理如图 6-22 所示。

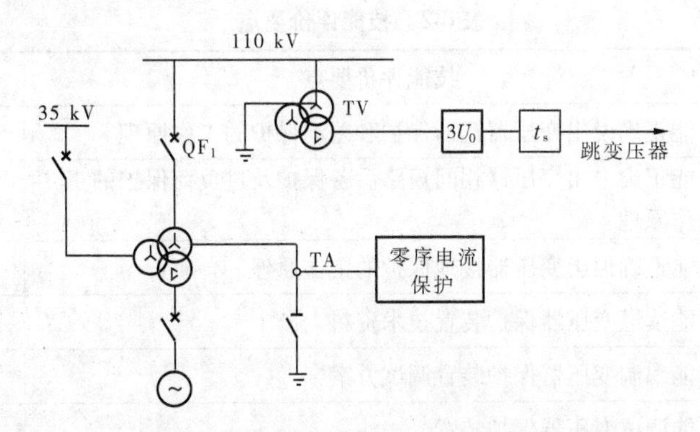

图 6-22　全绝缘变压器零序保护原理接线图

2. 分级绝缘变压器

220 kV 及以上电压等级的大型变压器,为了降低造价,高压绕组采用分级绝缘,中性点绝缘水平比较低,在单相接地故障且失去中性点接地时,其绝缘将受到破坏。分级绝缘变压器零序保护原理接线图如图 6-23 所示。分级绝缘变压器零序保护由零序电压保护、零序电流保护、间隙零序电流保护共同构成。

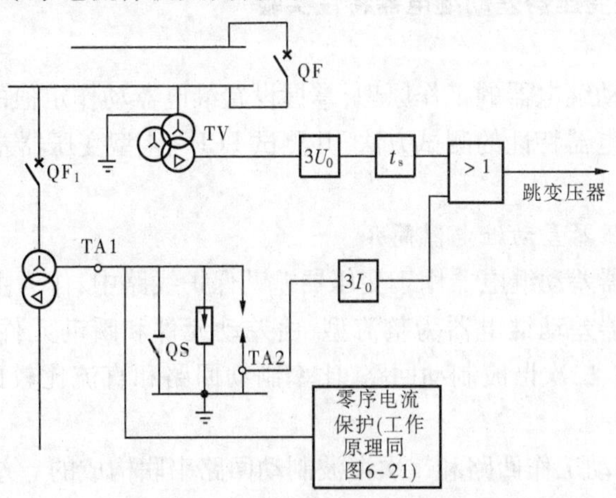

图 6-23　分级绝缘变压器零序保护原理接线图

当系统发生一点接地，中性点接地运行的变压器由其零序电流保护动作于切除。若高压母线上已没有中性点接地运行的变压器,而故障仍然存在时,中性点电位将升高,发生过电压而导致放电间隙击穿,此时中性点不接地运行的变压器将由反映间隙放电电流的间隙零序电流保护瞬时动作于切除。如果中性点过电压值不足以使放电间隙击穿，则可由零序电压保护带0.3～0.5 s的延时将中性点不接地运行的变压器切除。

6.3 技能培养

6.3.1 技能评价要点

表6-2 技能评价要点

序号	技能评价要点	权重
1	能正确说出变压器瓦斯保护和差动保护的工作原理	25
2	能正确说出变压器相间短路后备保护及过负荷保护的工作原理	15
3	能正确说出变压器接地保护的工作原理	10
4	能读懂变压器保护装置技术资料	10
5	能编制变压器保护装置调试方案	10
6	能调试变压器保护装置	20
7	社会与方法能力	10

注："电力变压器保护调试"占本课程权重为20%。

6.3.2 技能实训

6.3.2.1 LCD－4型变压器差动继电器特性实验

1. 实验目的

(1)了解常规差动继电器的工作原理，掌握设置继电器动作定值的方法。

(2)掌握差动继电器特性的测试方法，并测试LCD－4型变压器差动继电器的比率制动曲线特性。

2. LCD－4型变压器差动继电器简介

LCD－4型变压器差动继电器用于变压器差动保护线路中，作为主保护。

LCD－4型变压器差动继电器为整流型，由差动元件和瞬动元件两部分组成。差动元件由差动工作回路、二次谐波制动回路、比率制动回路和直流比较回路所组成，其原理图见图6-24。

差动回路是由差动工作回路和二次谐波制动回路串联构成的。差动工作回路由变流器1LB、m型低通滤波器(包含电感L_1，电容器C_1、C_2)以及整流桥1BZ等组成。其中m型低通滤波器使50 Hz及以下的分量顺利通过，100 Hz及以上谐波分量得到极大的抑制，其输出通过整流桥1BZ加到直流比较回路作为差动工作量。谐波制动回路由带气隙非常小的电抗变压器DKB、m型高通滤波器和整流桥2BZ所构成；其中m型高通滤波器由电感L_2，电容器C_3、C_4、C_5所组成，使100 Hz以上分量顺利通过，而对50 Hz分量进行极大

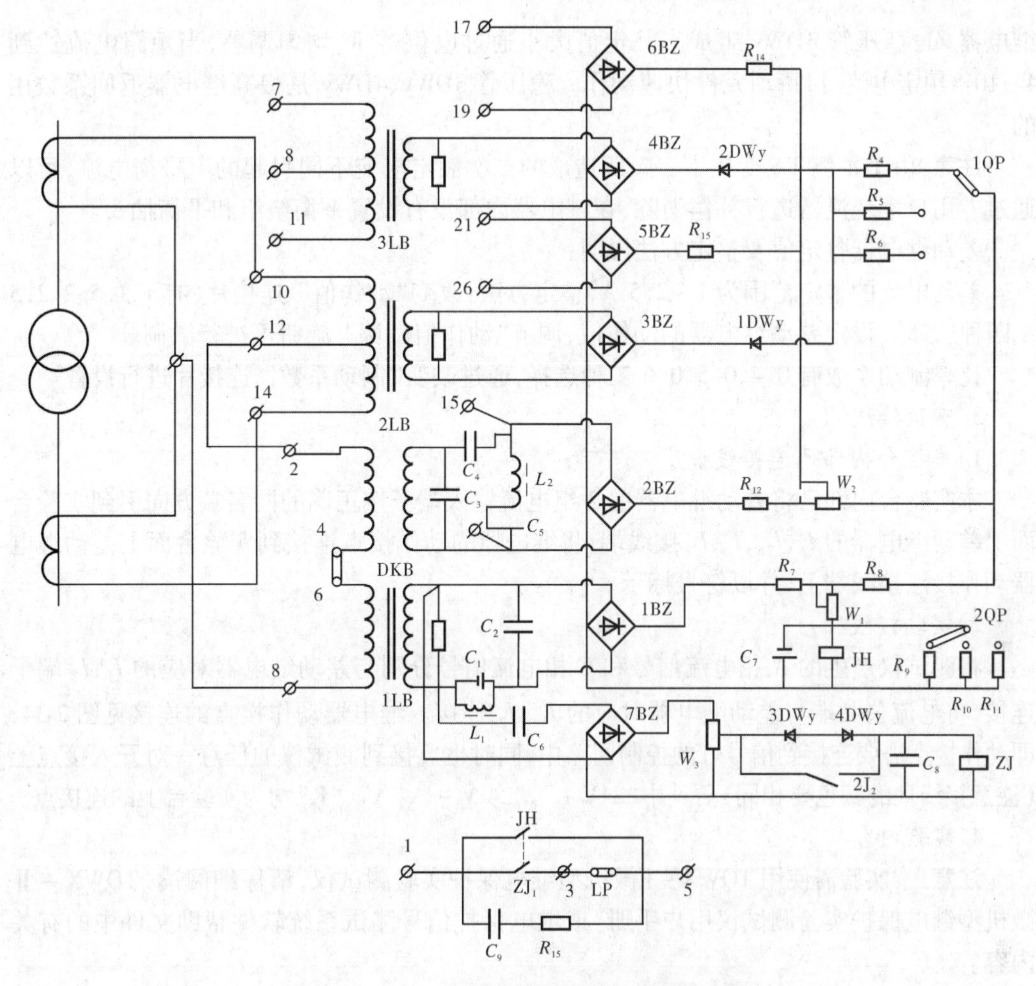

图 6-24　LCD－4 型变压器差动继电器原理图

的抑制，其输出通过整流桥 2BZ 加到直流比较回路作为谐波制动量，谐波制动量的大小通过电位器 W_2 进行调整，为了和时间特性配合，通常希望把谐波制动系数调整在 0.2～0.25。

比率制动回路由变流器 2LB、3LB，整流桥 3BZ、4BZ，稳压管 1DWy、2DWy 所组成。其中 2LB、3LB 带有中心抽头，其始端、末端分别接入两侧电流回路，中心抽头接到差动回路，其输出接到整流桥 3BZ、4BZ，作为制动量接到直流比较回路。1DWy、2DWy 保证制动特性在 5～6 A 下无制动作用，而在大于 5～6 A 时才实现制动功能，保证在短路故障电流较小时有较高的灵敏度，并在其后接有电阻 R_4、R_5、R_6，通过切换片 1QP 实现三种不同的比率制动系数 0.4、0.5、0.6。

直流比较回路由环流电阻 R_7、R_8，极化继电器 JH，整定电阻 R_9、R_{10}、R_{11} 和微调电位器 W_1 所组成。直流比较回路采用环流比较方式供电给极化继电器。通过切换片 2QP 切至不同的电阻值，使继电器获得 1、1.5、2、2.5 A 四个不同的整定值。

为防止在较高的短路电流水平时，由于 TA 饱和产生的高次谐波分量增加，产生极大的制动力矩而使差动元件拒动，设置了瞬动元件，由 C_6、整流桥 7BZ、电位器 W_3、密封中间继电器 ZJ、稳压管 3DWy 组成。其定值大小通过电位器 W_3 均匀调整,当短路电流达到 4~10倍额定电流时,瞬动元件快速动作。稳压管 3DWy、4DWy 是提高继电器返回系数用的。

注意:由于每侧 TA 变比不一致所造成的二次额定电流不同引起的不平衡电流,可以通过专用自耦变流器进行补偿消除,在继电器内部没有设置平衡绕组和平衡抽头。

差动继电器整定值及整定方法说明:

差动电流的整定范围为 1~2.5 A,整定方法:改变"动作值" 连接片(有 1、1.5、2、2.5 A 四种选择),设定差动继电器的动作值,调节"动作值微调" 旋钮可进行微调。

比率制动系数有 0.4、0.5、0.6 三种选择,通过改变"制动系数" 连接片进行设置。

3. 实验接线

1)集控台内部已连接线说明

本实验台内部已将差动继电器的 2 组电流输入端子按正确的同名端方向引到实验台面上差动继电器的 I_1,I_{1n},I_2,I_{2n}接线端,将继电器的动作接点连接到实验台面上差动继电器动作接点接线端上,并以符号标示。

2)实验接线

将测试仪产生的 A 相电流信号和 C 相电流信号分别与差动继电器对应的 I_1,I_2 端子连接,将电流公共端与差动继电器对应的 I_{1n},I_{2n}连接。继电器动作接点的连接见图 2-34,即动作接点需要连接到信号灯的控制回路中,同时也要接到测试仪的任意一对开入接点上(注意接线柱的颜色要相同)。其中"24V +"、"24 V -"、"A"、"K"均为实验台上的连接点。

4. 实验内容

注意:本实验需使用 TQWX-Ⅱ微机型继电保护实验测试仪,请仔细阅读《TQWX-Ⅱ微机型继电保护实验测试仪用户手册》或继电保护信号测试系统软件帮助文件中的有关内容。

本实验主要内容是测试差动继电器的比率制动特性。

方法:

由测试仪自动产生和调整加入差流继电器中的电流信号 I_1 和 I_2,对继电器的比率制动特性进行自动测试。测试仪调整 I_1 和 I_2 的原则是:根据设定的每一个固定制动电流 I_r,按发生区外故障的情况搜索差动继电器的动作边界所对应的 I_d。

步骤:

(1)按"3.实验接线"中的方法接好连线。

(2)将差动继电器整定为 2 A 动作值,制动系数设置为 0.5。

(3)打开测试仪电源,在 PC 机上运行继电保护信号测试系统软件,进入"差动特性"模块。

(4)设置"控制参数"。

"I_1,I_2 定义":设置继电器电流线圈 I_1,I_2 与测试仪的连接方式,以及 I_2 的相位。在搜索 I_d的过程中一般按发生区外故障的情况搜索动作边界,I_1 的相位固定为 0°,则 I_2 的相位应为 180°。实验中可将 I_1 接 A 相电流,I_2 接 C 相电流。差动特性实验主界面见图 6-25。

"测试定义(I_d,I_r)":设置差动继电器的动作方程。LCD-4 整流型差动继电器采用

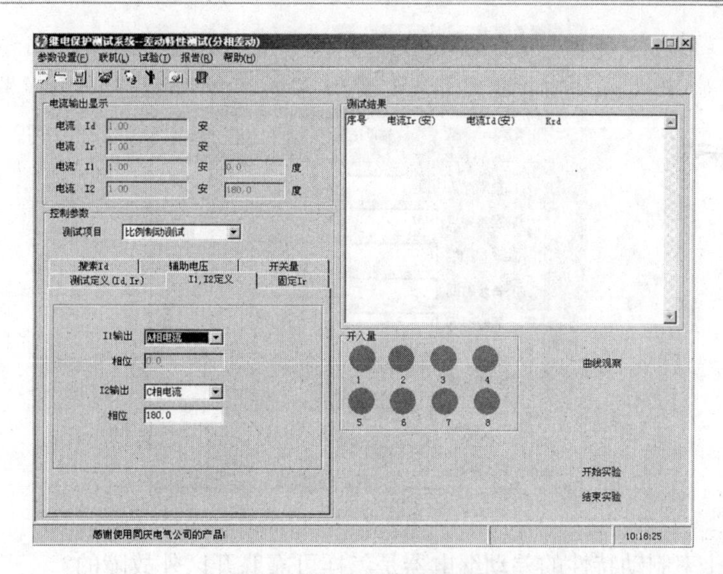

图 6-25　差动特性实验主界面

（注：图中"Id、Ir、I1、I2"对应文中"I_d、I_r、I_1、I_2"，因是软件自带字母，未作修改，余同）

的差动电流和制动电流的构成方式为：$I_d = | I_1 + I_2 |$，$I_r = | I_1 - I_2 |$，参见图 6-26。

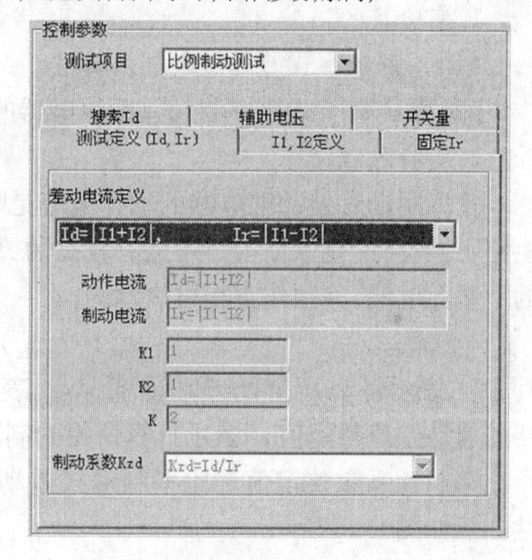

图 6-26　测试定义(I_d,I_r)设置

"固定 I_r"：根据需要设置待测试的制动点 I_r的变化范围和等间距变换步长。即 I_r从起点出发，每隔一个步长选择一个制动点进行测试，寻找该制动点下的动作电流。

"搜索 I_d"：设置每个 I_r基点下，动作电流 I_d的搜索方法。包括：搜索起点、搜索终点、I_d动作门槛、搜索时的每步时间和间断时间以及搜索精度，见图 6-27，具体可参见《TQWX－Ⅱ微机型继电保护实验测试仪用户手册》。

为减少搜索时间，搜索起点可根据整定的继电器差流动作值输入一个合适的百分比值，并输入相应的 I_d动作门槛。由于继电器的比率制动系数一般小于 1，因此搜索终点一般不超过 100%。

（5）按"开始实验"按钮进行实验，测试过程中动态变化着的Ⅰ侧电流 I_1 和Ⅱ侧电流 I_2 大小在界面的"电流输出显示"区中实时显示，同时在界面的"测试结果"观测区中得到测出的比率制动系数 K_{zd}。将测得的每一个点的 I_d和 I_r记录下来。

（6）实验结束后可按"曲线观察"按钮显示特性曲线，直观了解被测试装置的制动特性。

（7）将"制动系数"整定为 0.4 和 0.6，重复步骤（4）~（6），再次测试继电器的制动曲线，将三次测试得到的曲线 $I_d = f(I_r)$ 画在同一个坐标图中进行比较。

5. 思考题

（1）为什么有比率制动特性的差动继电器的灵敏度比无比率制动特性的差动继电器高？

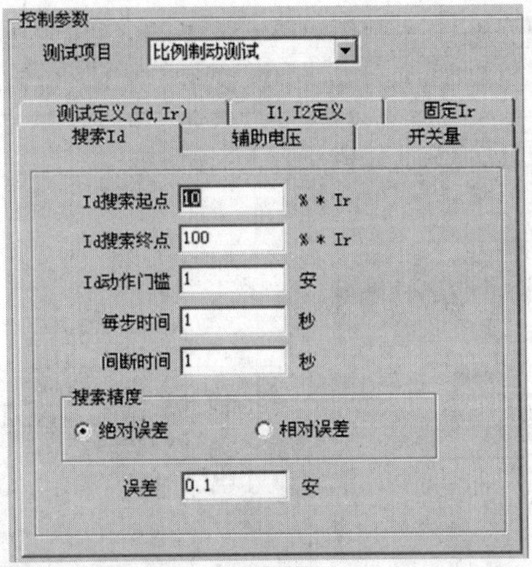

控制参数
测试项目
比例制动测试
测试定义(Id,Ir)
I1,I2定义
固定Ir
搜索Id
辅助电压
开关量
Id搜索起点
10
%*Ir
Id搜索终点
100
%*Ir
Id动作门槛
1
安
每步时间
1
秒
间断时间
1
秒
搜索精度
绝对误差
相对误差
误差
0.1
安

图 6-27

(2)带有比率制动特性的差动继电器是怎样可靠躲开区外故障的?

6.3.2.2 数字式差动保护特性实验

1. 实验目的

(1)了解数字式差动继电器的算法。

(2)测试数字式比率制动差动继电器的比率制动特性曲线。

2. 实验原理简介

比率制动式差动继电器的动作电流是随外部短路电流按比率增大的,既能保证外部短路不误动,又能保证内部短路有较高的灵敏度。同时考虑躲开正常运行时差动回路中的不平衡电流,其动作方程可表示为:

$$(I_d > I_{d.min}) \cap (I_d > K I_r)$$

其中,I_d表示计算所得的差动电流,$I_{d.min}$表示差动继电器的启动差流整定值,I_r表示计算所得的制动电流,K表示比率制动系数整定值。比率制动式差动保护制动特性曲线如图6-28所示。

I_d
动作区
制动区
α =arctan$K$
$I_{d.min}$
$I_{r.min}$
I_r

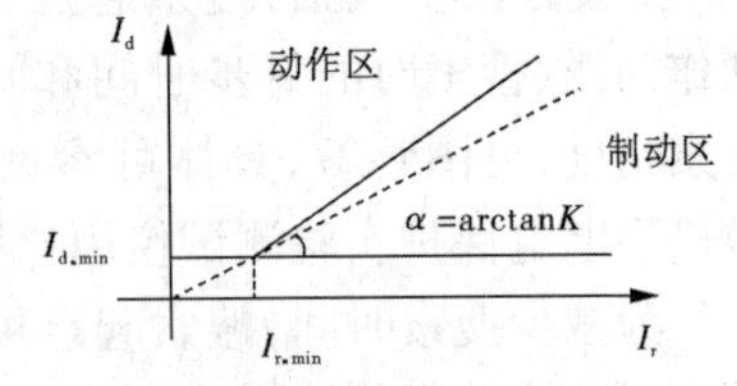

图 6-28 比率制动式差动保护制动特性曲线

本实验装置差动电流 I_d 表示为:$I_d = |I_1' + I_2'|$。式中 I_1'表示1侧的电流相量和经电流平衡系数调整后的2侧的电流相量。$I_2' = K_{ph} I_{2.r}$,$I_{2.r}$为2侧的实际电流,K_{ph}表示电流平衡的调整系数,用来消除两侧额定电流不等及两侧TA变比不等引起的电流不平衡,K_{ph}固定取1。本实验装置制动电流 I_r表示为:$I_r = |I_1' - I_2'|/2$。

本实验装置构成的数字式比率制动差动继电器将 I_{11} 作为1侧电流 I_1,将 I_{31} 作为2侧电流 I_2。

3. 实验接线

将测试仪的三相电流信号分别与多功能微机保护实验装置引到实验台面上的各接线端子按相连接即可。注意将 I_{an}、I_{bn}和 I_{cn}用导线短接后连接到测试仪的 I_n接线端上。接线完毕后,注意检查接线极性是否正确。

4. 实验内容

本实验主要是测试数字式差动继电器的比率制动曲线特性。

步骤:

(1)向多功能微机保护实验装置中下载差动继电器特性实验程序。

(2)按要求接好连线。

(3)整定数字式差动继电器的定值,门槛值设为 2 A,比率制动系数设为 0.5。

注意:"比率制动系数"定值为差动电流 I_d 相对于制动电流 I_r 的比值,此值应设置为小于 1。

(4)按"LCD－4 整流型差动继电器特性实验"同样的方法测试数字式差动继电器的比率制动特性曲线,记录测得的数据 I_d 和 I_r。

(5)保持设置的动作门槛值不变,另外设置 2 组新的比率制动系数,重复步骤(4),将 3 组测试数据得到的曲线 $I_d = f(I_r)$ 画在同一个坐标图中进行比较。

5. 思考题

比较数字式差动继电器和常规差动继电器的动作曲线。

6.3.2.3　WBH－810 型微机变压器保护装置调试

1. 调试目的

(1)学习使用继电保护调试仪。

(2)掌握继电保护调试的基本步骤。

(3)熟悉微机变压器保护装置的调试方法。

2. 调试接线及准备工作

1)实验接线

交流电流接线示意图和交流电压接线示意图见图 6-29、图 6-30。

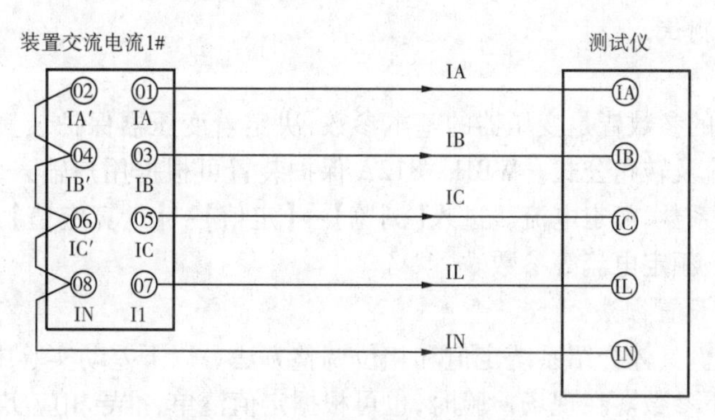

图 6-29　交流电流接线示意图

2)保护功能实验前统一说明

(1)保护投退说明:对于动作于跳闸的保护由对应的硬压板、软压板及保护投退控制字进行投退控制,对于动作于告警的保护(如通风启动、调压闭锁、零压告警)仅由保护投退控制字进行投退控制。

(2)对于过负荷告警、复合电压告警、TV 异常告警、TA 异常告警固定投入,不受任何压板或控制字控制。

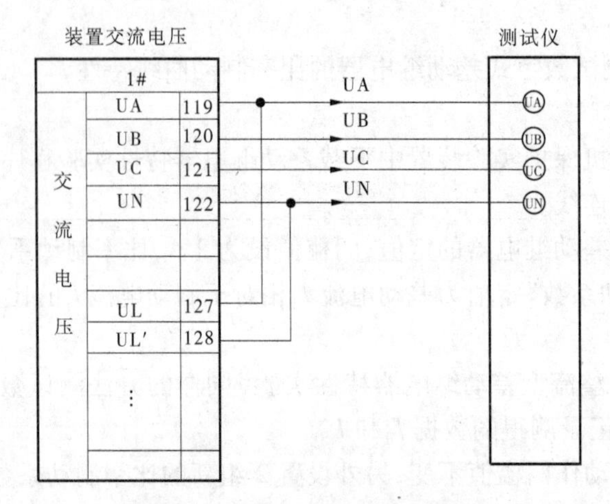

图 6-30　交流电压接线示意图

(3) TV 检修压板说明：当某侧 TV 检修或旁路代路未切换 TV 时，为保证该侧后备保护的正确动作，需投入该侧“TV 检修压板”。各侧 TV 检修压板投退对各侧复合电压元件、方向元件、零压闭锁元件、TV 断线检测元件等一切利用电压的元件都有影响。故应在检验常规保护项目时退出该压板，避免对实验结果带来不必要的影响。

(4) 保护动作指示灯说明：所有动作于出口跳闸的保护动作时，装置面板上的跳闸指示灯点亮；所有动作于告警的保护动作时，装置面板上的信号指示灯点亮。

(5) 保护动作检查说明：保护动作后，除了检查面板指示灯和保护动作报告是否正确之外，还要求检查保护的输出触点（跳闸和信号）是否正确动作。对于跳闸的保护在保护动作后应检查该保护对应的信号触点及出口跳闸触点；对于告警的保护在保护动作后应检查该保护对应的信号触点。

3. 保护功能测试

1) 系统定值

系统定值中的参数皆是变压器的基本参数，决定着变压器保护装置整定计算中的平衡系数、额定电流及转角公式。WBH－812A 保护装置可根据用户输入的系统定值参数，自动计算出平衡系数、额定电流。进入【浏览】→【定值】→【计算定值】菜单，可以浏览计算出的平衡系数、额定电流等参数。

2) 系统定值设置方法

现通过一实例具体介绍系统定值和相位调整方法。以下差动实验中的实例如无特殊说明，皆利用以下参数。在现场检验时，也可根据定值清单，推导相应实验结果。

已知某变压器的参数如下：

额定容量：31.5 MVA；

变比：110 ±82.5%/37.5/10.5 kV；

接线方式：Y0/Y0/△－12－11，高压侧和低压侧无分支，TA 二次接线均接成星形；

高压侧 TA 变比：600/5(10 P)；

中压侧 TA 变比：1200/5(10 P)；

低压侧 TA 变比：6000/5(10 P)。

根据以上参数,整定系统定值见表6-3。

根据系统定值,在【计算定值】菜单中得到的计算定值为:

额定电流 $I_e = 1.38$ A;

高压侧平衡系数 $K_{HP} = 1$,中压侧平衡系数 $K_{MP} = 0.682$,低压侧平衡系数 $K_{LP} = 0.955$。

表6-3　整定系统定值

序号	定值名称	定值	说明
1	变压器铭牌最大容量	31.5 MVA	S_n
2	变压器接线钟点数	2	0: 12点接线,1:1点接线,2:11点接线
3	第1侧接线型式(高压侧)	1	1: Y接线,2: △接线
4	第2侧接线型式(中压侧)	1	0:退出,1:Y接线,2:△接线
5	第3侧接线型式(低压侧)	2	1: Y接线,2:△接线
6	第4侧接线型式	0	0:退出,1: Y接线,2: △接线
7	第1侧一次线电压(高压侧)	110 kV	
8	第2侧一次线电压(中压侧)	37.5 kV	
9	第3侧一次线电压(低压侧)	10.5 kV	
10	第4侧一次线电压	1.0	
11	第1侧TA变比(高压侧)	120	
12	第2侧TA变比(中压侧)	240	
13	第3侧TA变比(低压侧)	1 200	
14	第4侧TA变比	1	

3)电流相位调整方式

装置采用软件来调整Y形侧和△形侧电流相位,差动保护中各侧电流均是已经过相位、幅值调整后的电流,这是整个差动保护实验的基础。

通过两种接线形式:Y0/ Y0/△-12-11型和Y0/ Y0/△-12-1型变压器,介绍装置二次电流相位、幅值调整的方法。

装置采用Y→△的相位调整方式。转换公式如下所示:

11点

Y形侧:

$$\dot{I}'_a = \frac{\dot{I}_{aY} - \dot{I}_{bY}}{\sqrt{3}}$$

$$I'_b = \frac{\dot{I}_{bY} - \dot{I}_{cY}}{\sqrt{3}}$$

1点

Y形侧:

$$\dot{I}'_a = \frac{\dot{I}_{aY} - \dot{I}_{cY}}{\sqrt{3}}$$

$$\dot{I}'_b = \frac{\dot{I}_{bY} - \dot{I}_{aY}}{\sqrt{3}}$$

$$\dot{I}'_c = \frac{\dot{I}_{cY} - \dot{I}_{aY}}{\sqrt{3}} \qquad \dot{I}'_c = \frac{\dot{I}_{cY} - \dot{I}_{bY}}{\sqrt{3}}$$

式中　$\dot{I}_{aY}$、$\dot{I}_{bY}$、$\dot{I}_{cY}$——Y 侧 TA 二次电流,实验时为实验仪所施加的电流;

$\dot{I}'_a$、$\dot{I}'_b$、$\dot{I}'_c$——Y 侧校正后的各相电流。

4)Y0/ Y0/△ -12 -11 型变压器

差流计算时还要计入平衡系数,差流计算公式为(以 A 相电流为例):

$$I_{dA} = |K_{HP}\dot{I}'_{HA} + K_{MP}\dot{I}'_{MA} + K_{LP}\dot{I}_{LA}|$$

$$= \left| K_{HP}\frac{(\dot{I}_{HA} - \dot{I}_{HB})}{\sqrt{3}} + K_{MP}\frac{(\dot{I}_{MA} - \dot{I}_{MB})}{\sqrt{3}} + K_{LP}\dot{I}_{LA} \right|$$

式中　K_{HP}、K_{MP}、K_{LP}——高、中、低压侧的平衡系数。

△侧(低压侧):　　　　$K_{LP}=0.955$

实验仪加入单相电流 1∠0° A 时,保护只测到一相电流。

加入 A 相电流,则保护测到:

A 相为　　　　$K_{LP}\times 1\angle 0° = 0.955\angle 0°$A

施加 B 相或 C 相单相电流时同理。

利用单相电流做实验时,所加电流值与保护测到的电流值幅值只需要考虑平衡系数。

Y 侧(中压侧):　　　　$K_{MP}=0.682$

实验仪加入单相电流 1∠0° A 时,保护会同时测到两相电流。

加入 A 相电流,则保护同时测到:

A 相为　　　　$(K_{MP}\times 1\angle 0°)/1.732 = 0.394\angle 0°$ A

C 相为　　　　$(K_{MP}\times 1\angle 180°)/1.732 = 0.394\angle 180°$ A

施加 B 或 C 相单相电流时同理。

利用单相电流做实验时,所加电流值与保护测到的电流值幅值除了要考虑平衡系数外,还应考虑 1.732 倍的关系;如同时加入三相对称电流,仅考虑平衡系数的影响。

Y 侧(高压侧):　　　　$K_{HP}=1$

实验仪加入单相电流 1∠0°A 时,保护会同时测到两相电流。

加入 A 相电流,则保护同时测到

A 相为　　　　$(K_{HP}\times 1\angle 0°)/1.732 = 0.577\angle 0°$ A

C 相为　　　　$(K_{HP}\times 1\angle 180°)/1.732 = 0.577\angle 180°$ A

施加 B 相或 C 相单相电流时同理。

5)差动保护实验

由于变压器参数原因,各侧平衡系数相差较大。在静态实验时,如按定值通知单的定值加量,实验仪输出模拟量较大,因此建议在实验规程许可前提下,更改平衡系数后再进行实验;在差动实时浏览中显示的各侧电流均是已经过相位、幅值调整后的电流;差流越限的动作电流固定为差动最小动作电流的 0.5 倍,固定延时为 5 s。

实验项目见表 6-4。

(1)最小动作电流实验。

表6-4

序号	实验项目	说明
1	最小动作电流	
2	制动特性斜率	可选做
3	励磁涌流闭锁	免实验
4	TA异常闭锁差动	免实验
5	差流速断动作电流	
6	差流越限动作电流	
7	动作时间实验	

利用单相电流做实验时，Y侧（高、中压侧）实验公式为

$$I = \frac{\sqrt{3} I_{op.0}}{K_P}$$

△侧（低压侧）实验公式为

$$I = \frac{I_{op.0}}{K_P}$$

式中　I——调试时施加电流值；

K_P——施加电流侧的平衡系数；

$I_{op.0}$——最小动作电流整定值。

对高压侧A相施加电流至面板指示灯亮，液晶显示弹出相应动作报文。施加值应等于上式中I值，误差应符合技术条件的要求。

该项实验应按变压器各侧A、B、C相分别施加电流，保护均应可靠动作，误差应符合技术条件的要求。

实例说明（以A相为例）：以Y0/Y0/△-12-11型变压器为例，现模拟一套现场定值，可能与现场整定原则存在一定出入，目的是更清晰地介绍实验方法，具体见表6-5。

表6-5

序号	定值名称	定值范围	输入定值	计算定值
1	最小动作电流	$0.2I_e \sim 1.5I_e$	0.362	$I_{op.0} = 0.362 \times 1.38 = 0.5$ A
2	最小制动电流	$0.5I_e \sim 1.5I_e$	1.087	$I_{res} = 1.087 \times 1.38 = 1.5$(A)
3	比率制动系数	0.3～0.7	0.5	
4	差流速断电流	$1.0I_e \sim 15.0I_e$	6.522	$I_{sd} = 6.522 \times 1.38 = 9$(A)
5	高压侧平衡系数	0.1～4	通过系统定值计算所得	1
6	中压侧平衡系数	0.1～4		0.682
7	低压侧平衡系数	0.1～4		0.955

注：差动电流值都以变压器额定电流二次值I_e为基准，输入的电流定值都是标幺值。

Y 侧(高压侧):实验仪器施加电流

$$I = \frac{\sqrt{3}I_{op.0}}{K_{HP}} = \frac{\sqrt{3} \times 0.5}{1} = 0.866(A)$$

差动保护动作。

Y 侧(中压侧):实验仪器施加电流

$$I = \frac{\sqrt{3}I_{op.0}}{K_{MP}} = \frac{\sqrt{3} \times 0.5}{0.682} = 1.27(A)$$

差动保护动作。

△侧(低压侧):实验仪器施加电流

$$I = \frac{I_{op.0}}{K_{LP}} = \frac{0.5}{0.955} = 0.524(A)$$

差动保护动作。

(2)比率制动系数(制动特性斜率)实验。

比率制动系数实验时,按每两侧之间进行实验,即高对中、高对低、中对低分别进行。两侧电流反相位输入,在制动区找出两个动作点来实验比率制动系数。比率制动系数为:

$$S = \frac{I_{op.1} - I_{op.2}}{I_{res.1} - I_{res.2}}$$

式中 $I_{op.1}$、$I_{res.1}$——动作点 1 的动作电流和制动电流;

$I_{op.2}$、$I_{res.2}$——动作点 2 的动作电流和制动电流。

①Y 侧对 Y 侧(高压侧对中压侧)单相实验。

以高对中 A 相比率制动系数实验为例,接线如图 6-31 所示。

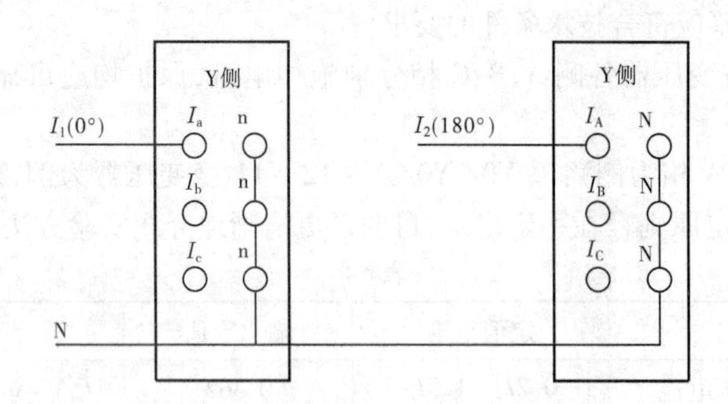

图 6-31 高对中 A 相比率制动系数实验接线图

在制动区找出两个动作点来实验比率制动系数,注意应使其他侧不进入动作区而混淆动作边界。

高压侧加 A 相电流为 $I_1\angle 0°$(使 $I_1 > \sqrt{3}I_{res.0}$),中压侧加 A 相电流为 $I_2\angle 180°$,调整 I_1、I_2 幅值大小,使其乘以各自平衡系数后差流为 0,可通过浏览菜单观察。

固定 I_1(或 I_2),降低 I_2(或 I_1),使得差动保护动作,记录动作点,再计算比率制动系数 S,误差应符合技术条件的要求。

动作电流和制动电流值可通过浏览保护动作报告得到。

实例说明：

定值整定：$I_{op.0}=0.5$ A，$I_{res.0}=1.5$ A，$K=0.5$，高、中、低三侧平衡系数分别为 1、0.682、0.955。

若施加电流 $I_1=5\angle 0°$ A，$I_2=6.603\angle 180°$ A，缓慢降低电流 I_1，使差动保护刚好动作，读取此时的 $I_1=2.685$ A。

再施加电流 $I_1=6\angle 0°$ A，$I_2=7.619\angle 180°$ A，缓慢降低电流 I_1，使差动保护刚好动作，读取此时的 $I_1=3.031$ A。

根据上述公式可算出 $S=0.5$，误差应符合技术条件要求。

②Y 侧对△侧（高压侧对低压侧、中压侧对低压侧）实验。

以高对低 A 相比率制动系数实验为例，接线如图 6-32 所示。

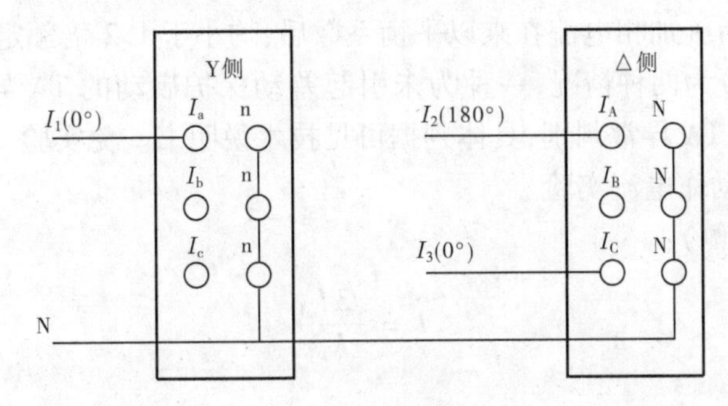

图 6-32　高对低 A 相比率制动系数实验接线图

注意：在进行高对低、中对低比率制动系数实验时，△侧应接入一个补偿电流方能进行，补偿电流应根据 Y 侧电流的补偿方式合理选择。

按图 6-32 所示施加电流时，高压侧加 A 相电流为 $I_1\angle 0°$（使 $I_1>\sqrt{3}I_{res.0}$），低压侧加 A、C 两相电流分别为 $I_2\angle 180°$、$I_3\angle 0°$，调整 I_1、I_2、I_3 幅值大小，使其乘以各自平衡系数后 A、C 两相差流都为 0（$|I_2|=|I_3|=|\frac{I_1K_{HP}}{\sqrt{3}K_{LP}}|$）。

固定 I_1 和 I_3，降低 I_2，使得差动保护动作，记录动作点，再计算比率制动系数 S，误差应符合技术条件的要求。

动作电流和制动电流值可通过浏览保护动作报告得到。

实例说明：

定值整定：$I_{op.0}=0.5$ A，$I_{res.0}=1.5$ A，$K=0.5$，高、中、低三侧平衡系数分别为 1、0.682、0.955。

若施加电流 $I_1=4.503\angle 0°$ A，$I_2=2.723\angle 180°$ A，$I_3=2.723\angle 0°$ A，缓慢降低电流 I_2，使保护刚好动作，读取此时的 $I_2=1.623$ A。

再施加电流 $I_1=5.196\angle 0°$ A，$I_2=3.141\angle 180°$ A，$I_3=3.141\angle 0°$ A，缓慢降低电流 I_2，使保护刚好动作，读取此时的 $I_2=1.832$ A。

根据上述公式可算出 $S=0.5$,误差应符合技术条件要求。

(3)励磁涌流闭锁实验。

该项实验利用微机实验仪的谐波叠加功能,确保差流速断保护不动作。

免实验。

(4)TA 异常实验。

退出其他所有保护的硬压板和软压板。

TA 异常的实验,建议使用 6 个电流源的实验仪,如 OMICRON、PW466、DOBLE 等。实验时,先在任两侧的 A、B、C 电流通道施加三相对称电流,使差流为零,模拟正常运行的情况,然后突然使任一相电流降为零,模拟 TA 异常。

TA 异常所取电流只受平衡系数影响,不需要经过转角公式计算。

TA 异常判据属于正常运行情况下投入,当保护启动进入故障处理程序后,异常判别自动退出,故要求所施加相电流在乘以平衡系数后,均小于 1.2 倍额定电流。

TA 异常判据分为两种情况,一种为未引起差动保护启动的 TA 异常判别,一种为引起差动保护启动的 TA 异常判别,具体判据可见技术说明书。免实验。

(5)差流速断动作电流实验。

Y 侧(高、中压侧):

$$I=\frac{\sqrt{3}I_{sd}}{K_P}$$

△侧(低压侧):

$$I=\frac{I_{sd}}{K_P}$$

式中 I——调试时施加电流值;

K_P——施加电流侧的平衡系数;

I_{sd}——差流速断动作电流整定值。

该项实验方法类同于最小动作电流实验,但由于施加电流量较大,每次施加电流时间应尽量短,以免损坏电流变换器,误差应符合技术条件的要求。

(6)差流越限动作电流实验。

施加单侧单相电流等待 5 s 至面板指示灯亮,差流越限动作值为最小动作电流整定值的一半,误差应符合技术条件要求。

该项实验应按变压器各侧 A、B、C 相分别实验。

(7)动作时间实验。

施加单侧单相电流使最大差流为最小动作电流的 2 倍,以毫秒计(或微机实验仪的时间实验功能)测差动动作时间,其值应不大于 30 ms。

施加差流为速断动作电流的 1.5 倍,以毫秒计(或微机实验仪的时间实验功能)测速断动作时间,其值应不大于 20 ms。

6)相间后备保护实验

(1)复压方向过流实验。其定值及说明见表 6-6。

表6-6　复压方向过流实验定值及说明

序号	定值名称	定值	说明	备注
1	复压闭锁负序相电压	7.000 V		
2	复压闭锁相间低电压	70.00 V		
3	过流一段动作电流	1.000 A		
4	过流一段复压控制字	1	0:退出,1:本侧,2:各侧“或”	
5	过流一段方向控制	1	0:退出,1:指向变压器,2:指向母线	
6	过流一段延时 t_1	0. 100 s		
7	过流一段延时 t_2	0. 100 s		
8	过流一段延时 t_3	0. 100 s		
9	过流二段动作电流	1.000A		
10	过流二段复压控制字	1	0:退出,1:本侧,2:各侧“或”	
11	过流二段方向控制	1	0:退出,1:指向变压器,2:指向母线	
12	过流二段延时 t_1	0.100 s		
13	过流二段延时 t_2	0.100 s		
14	过流二段延时 t_3	0.100 s		
15	过流三段动作电流	1.000 A		
16	过流三段复压控制字	1	0:退出,1:本侧,2:各侧“或”	
17	过流三段延时 t_1	0.100 s		
18	过流三段延时 t_2	0.100 s		
19	过流三段延时 t_3	0.100 s		

①复合电压元件实验：

a.复合电压启动值实验。实验时，为避免低电压导致复合电压动作，可将本侧复合电压的低压定值整定为最低(0 V)。施加三相对称电压57.7 V和A相电流大于$1.2I_e$(I_e为该侧的二次额定负荷电流)，目的是不让本侧TV异常保护动作，降低任一相电压或任两相电压，直至复合电压动作，误差应符合技术条件的要求。

b.低压动作值实验。低电压判别的公式为：

$$U < U_{op}$$

其中U_{op}为低电压整定值，U为三个线电压中最小的一个。

注：TV检修压板投入或TV异常保护动作时不再判别本侧复合电压元件，测试时需要注意。

②动作电流值实验：

过流元件实验时，建议退掉复压元件（复压控制字整定为0）和退出方向元件（方向控制字整定为0），延时整定最小。分别施加A、B、C三相电流，实验过流元件的动作电流精度和返回系数。

③方向元件实验：

实验重点是考察方向元件，故仅投入方向元件（方向控制字整定为1或2），应尽量去除其他因素的影响，建议退出复压元件（复压控制字整定为0），延时整定最小。

相间功率方向元件采用90°接线方式，接入保护装置的TA和TV极性如图6-33所示，TA正极性端在母线侧。

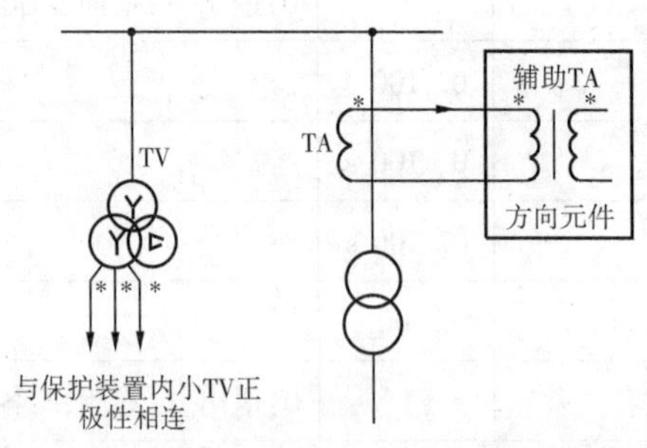

图6-33 相间方向元件TA与TV的极性接线图

相间功率方向动作特性均是基于相间方向元件TA、TV极性接线图所示接线原则情况下的。否则以上说明将与实际情况不符。

方向元件的方向电压固定取本侧，方向指向变压器时，方向控制字需整定为1，此时灵敏角固定为-30°；方向指向母线时，方向控制字需整定为2，此时灵敏角固定为150°，方向元件的动作区如图6-34所示。

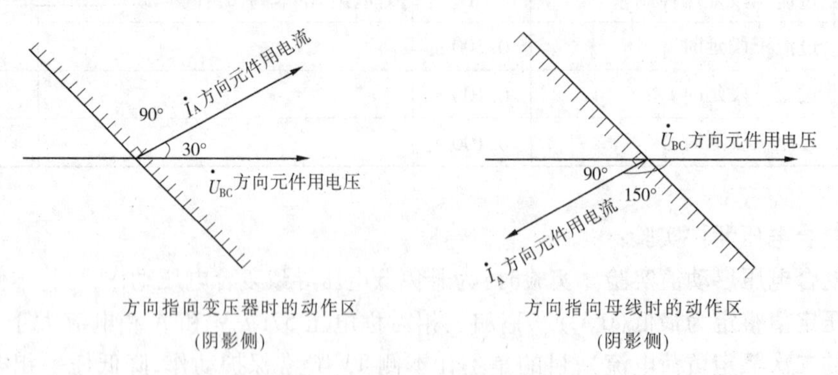

图6-34 方向元件的动作区

以下实验仅以方向指向变压器（方向控制字整定为1）为例，说明方向元件的实验方法。

施加电流至I_c、I_n端子，电流值为1.2倍整定值，施加电压（保证低压条件满足且U_{ab}大于3 V即可）至U_a、U_b端子，改变电压、电流相位，使U_{ab}滞后I_c角度为30°，装置面板指示灯亮，液晶显示过流动作报文。

将I_c的相位反转180°，其他条件相同，保护可靠不动作。

依此方法对 U_{bc}、I_a 和 U_{ca}、I_b 进行实验，均应满足上述条件。

④延时实验：

首先按定值单要求整定定值，施加1.2倍整定值电流，其他条件均满足，用毫秒计（或微机实验仪的时间实验功能）测延时，结果应符合技术条件的要求。

⑤多侧复合电压实验：

将复压控制字整定为2（投入三侧复压控制），建议退出方向元件（方向控制字整定为0）。

本侧复合电压启动过流实验，在本侧施加电压，按复合电压元件实验进行实验，同时本侧加入1.2倍整定值的电流，装置面板指示灯亮，液晶显示本侧过流动作报文。

其他侧的复合电压启动过流实验，首先应保证本侧复压元件不动作，将本侧低压定值整定为最低(0 V)，负序电压定值整定为最大(20 V)。在其他侧施加电压，按复合电压元件实验方法进行实验，同时本侧加入1.2倍整定值的电流，装置面板指示灯亮，液晶显示本侧过流动作报文。

(2)限时速断实验。其保护定值见表6-7。

表6-7　限时速断保护定值

序号	定值名称	定值	说明	备注
1	限时速断动作电流	1.000 A		
2	限时速断延时 t_1	0.100 s		
3	限时速断延时 t_2	0.100 s		
4	限时速断延时 t_3	0.100 s		

限时速断动作电流值实验：分别施加A、B、C三相电流，实验过流元件的动作电流精度和返回系数。

限时速断动作延时实验：首先按定值单要求整定定值，施加1.2倍整定值电流，用毫秒计（或微机实验仪的时间实验功能）测延时，结果应符合技术条件的要求。

(3)TV异常与TV检修压板闭锁控制实验。

当TV异常或TV检修压板投入后，会对利用电压的保护产生影响：

开放相应的复压方向过流保护（即方向元件满足）。

复合电压元件只取本侧复合电压时开放复合电压元件（即复合电压元件满足），复合电压元件取各侧复合电压“或”时不再对本侧复合电压进行判别，复合电压元件是否满足取决于其他侧复合电压。

免实验。

7）接地零序保护实验

(1)零序方向过流保护实验。其定值及说明见表6-8。

表6-8　零序方向过流保护实验定值及说明

序号	定值名称	定值	说明	备注
1	零流一段动作电流	1.000 A	方向电压固定取自产	
2	零流一段零压闭锁控制	1	0:退出,1:投入,电压取自产	
3	零流一段方向控制	1	0:退出,1:指向变压器,2:指向母线	
4	零流一段动作电流选择	1	1:自产,0:中性点	
5	零流一段延时 t_1	0.100 s		
6	零流一段延时 t_2	0.100 s		
7	零流一段延时 t_3	0.100 s		
8	零流二段动作电流	1.000 A	方向电压固定取自产	
9	零流二段零压闭锁控制	1	0:退出,1:投入,电压取自产	
10	零流二段方向控制	1	0:退出,1:指向变压器,2:指向母线	
11	零流二段动作电流选择	1	1:自产,0:中性点	
12	零流二段延时 t_1	0.100 s		
13	零流二段延时 t_2	0.100 s		
14	零流二段延时 t_3	0.100 s		
15	零流三段动作电流	1.000 A		
16	零流三段延时 t_1	0.100 s		
17	零流三段延时 t_2	0.100 s		

①零序动作电流实验:退出方向元件(方向控制字整定为0),退出零压闭锁元件(零压闭锁控制字整定为0)。

零序动作电流(自产)实验。将零序电流选择整定为1;将保护延时整定到最小,施加A相电流至装置面板指示灯亮,所加电流应为动作电流整定值,误差符合技术条件要求;依次施加B相、C相电流,结果应符合上述要求。

零序动作电流(中性点零序电流)实验。将零序电流选择整定为0;将保护延时整定到最小,施加中性点零序电流至装置面板指示灯亮,所加电流应为动作电流整定值,误差符合技术条件要求。

②方向元件实验:

方向电压、方向电流均为自产;

方向控制字整定为1或2(投入方向),零序电流选择整定为1(自产)。

零序功率方向元件接入保护装置的TA和TV极性如图6-33所示,TA正极性端在母线侧。

以下所示的零序功率方向动作特性均是基于零序方向元件TA、TV极性接线图所示

接线原则情况下的。否则以上说明将与实际情况不符。

方向指向变压器时,方向控制字需整定为1,此时灵敏角固定为 -110°;方向指向母线时,方向控制字需整定为2,此时灵敏角固定为70°,方向元件的动作区如图6-35 所示。

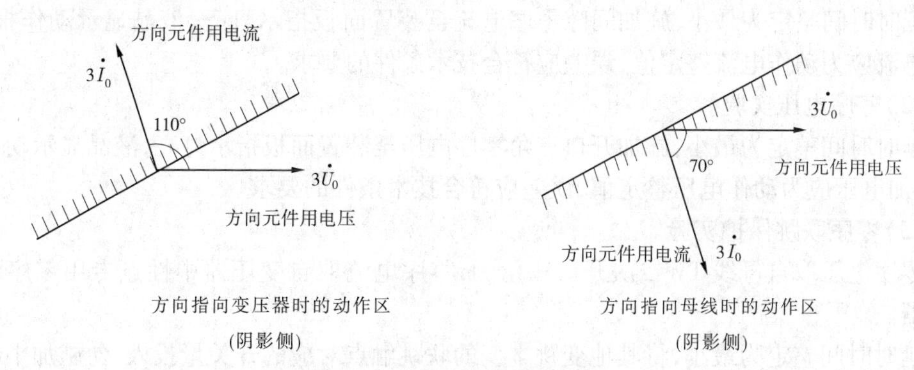

图6-35　方向元件的动作区

实验时,默认零序电流动作值条件满足。

以下实验仅以方向指向变压器(方向控制字整定为1)为例,说明方向元件的实验方法。

施加电压至 U_a、U_n 端子,电压值大于3 V,施加A相电流,改变电压、电流相位,使 U_a 滞后 I_a 角度为110°,保护正确动作。

将 I_a 的相位反转180°,其他条件相同,保护可靠不动作。

改变电流为B相(或C相),结果也应满足上述要求。

将电压加至 U_b(或 U_c)、U_n 端子,重复做上述实验,结果均应符合技术条件要求。

③零序电压闭锁实验:

零序闭锁电压固定取自产,闭锁值固定为5 V,零序电压闭锁功能可以用“零压闭锁控制”定值进行投退。

实验时,退出方向元件(方向投退控制字整定为0),投入零序电压闭锁功能(零压闭锁控制字整定为1)。

将保护延时整定到最小,施加零序电流为1.2倍的动作电流整定值,然后施加电压至 U_a(或 U_b、U_c)、U_n 端子,电压值小于5 V时,保护可靠不动作,误差应符合技术条件的要求。

④延时实验:

首先按定值单要求整定定值,施加电流、电压相位满足零序动作条件,用毫秒计(或微机实验仪的时间实验功能)测延时,结果应符合技术条件的要求。

(2)TV异常与TV检修压板闭锁控制实验。

当TV异常或TV检修压板投入后,会对利用电压的保护产生影响:

闭锁接地阻抗保护;开放相应的零序方向过流的方向元件和零序电压闭锁元件,即零序方向过流保护变成单纯的零序过流保护。

免实验。

8)不接地零序保护实验

间隙零序电流取自放电间隙处电流互感器,零序电压取自母线 TV 二次开口三角侧。

(1)间隙零序电流实验。

延时时间整定为最小,施加间隙零序电流至装置面板指示灯亮,液晶显示动作报文,所加电流应为动作电流整定值,误差应符合技术条件的要求。

(2)零序电压实验。

延时时间整定为最小,施加开口三角零序电压至装置面板指示灯亮,液晶显示动作报文,所加电压应为动作电压整定值,误差应符合技术条件的要求。

(3)零序联跳保护实验。

零序电压取自母线 TV 二次开口三角侧,零序电流取自变压器中性点专用零序电流互感器。

延时时间整定为最小,将其他变跳本变的联跳触点对应的开关量投入,勿施加中性点零序电流量,施加开口三角零序电压至装置面板指示灯亮,液晶显示动作报文,所加电压应为动作电压整定值,误差应符合技术条件的要求。

(4)延时实验。

首先按定值单要求整定定值,施加间隙零序电流、开口三角零序电压满足动作条件,用毫秒计(或微机实验仪的时间实验功能)测延时,结果应符合技术条件的要求。

9)失灵启动保护实验

投入失灵启动硬、软压板及相应保护投退控制字,同时将动作后启动失灵的保护(如差动保护)的硬压板和软压板及相应保护投退控制字也投入。

失灵启动保护按照国家《防止电力生产重大事故的二十五项重点要求》继电保护实施细则,逻辑较复杂。t_1 时限和 t_2 时限的逻辑不完全一致,故两个时限的实验方法也不太相同。

失灵启动保护需配合断路器合闸位置开入,及有跳该断路器的保护动作,实验中这两个开入缺一不可。

跳该断路器的保护动作开入由工程设计来实现。开出 11 启动高压侧失灵保护。例:跳高压侧断路器的保护有差动保护、复压过流保护、零序过流保护等,在保护开出菜单中将这些保护的开出 11 置位,工程设计图如图 6-36 所示。

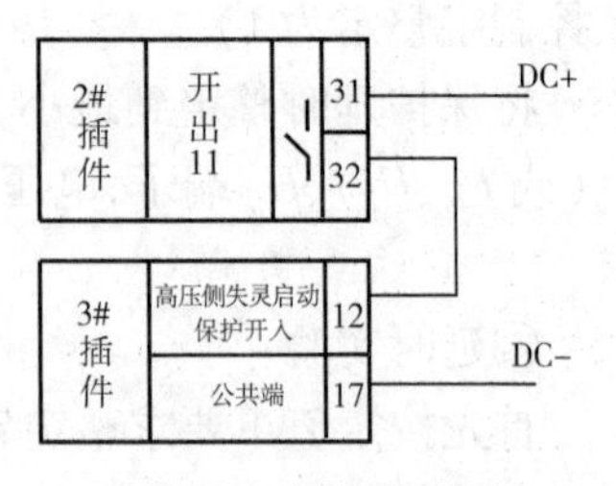

图 6-36 工程设计图

实验时首先应满足失灵启动的保护动作条件:

a.将保护中用到的断路器位置触点对应的开关量投入;

b.施加任一相电流至装置面板指示灯亮,使动作后启动失灵的保护(如主变差动保护)动作。

(1)失灵启动保护 t_1 时限实验。施加单相电流至失灵启动保护 t_1 时限动作,误差应符合技术条件的要求。

注:失灵启动保护 t_1 时限动作值应为零序电流整定值和负序电流整定值中较小的

一个。

(2)失灵启动保护 t_2 时限实验。施加单相电流至失灵启动保护 t_2 时限动作,误差应符合技术条件的要求。

注:失灵启动保护 t_2 时限动作值应为相电流整定值、零序电流整定值和负序电流整定值中较小的一个。

(3)延时实验。首先按定值单要求整定定值,施加相电流或零序电流或负序电流满足动作条件,用毫秒计(或微机实验仪的时间实验功能)测延时,结果应符合技术条件的要求。

10)母线充电保护实验

投入母线充电硬、软压板及相应保护投退控制字。

在检测到相应侧断路器合闸位置开入时,短时投入母线充电保护,20 s 后自动退出母线充电保护。

(1)动作电流值实验。将延时时间整定为最小,实验时首先将相应侧断路器合闸位置开关量投入,然后施加单相电流(A、B、C 相分别实验)至装置面板指示灯亮,所加电流值应为动作电流整定值,误差应符合技术条件的要求。

(2)保护投入时间实验。将延时时间整定为最小,施加单相电流(A、B、C 相分别实验)为 1.2 倍的动作电流整定值,然后将相应侧断路器合闸位置开关量投入,20 s 到达时保护应该返回,以毫秒计(或微机实验仪的时间实验功能)测保护投入时间,误差应符合技术条件的要求。

(3)延时实验。首先按定值单要求整定定值,施加 1.2 倍的动作电流整定值,然后将相应侧断路器合闸位置开关量投入,用毫秒计(或微机实验仪的时间实验功能)测延时,结果应符合技术条件的要求。

11)过流异常告警实验(有载调压、通风启动等)

投入相应的保护投退控制字。

保护装置出口皆为常开触点,有载调压闭锁保护要求提供常闭触点,故通过工程设计方法,加入一中间转换继电器。保护启动中间转换继电器,由中间转换继电器输出一副动断触点,保护动作后,该触点应处于断开状态。

过负荷的返回系数为 0.98,通风启动的返回系数为 0.95。

(1)动作电流值实验。施加 A 相电流至装置面板指示灯亮,所加电流应为动作电流整定值,误差应符合技术条件要求。

该项实验过负荷应按变压器各侧 A、B、C 相分别实验;通风启动保护按高压侧 A、B、C 相分别实验;有载调压闭锁按高压侧 A、B、C 相分别实验。

(2)延时实验。

首先按定值单要求整定定值,施加 1.2 倍的动作电流,用毫秒计(或微机实验仪的时间实验功能)测延时,结果应符合技术条件的要求。

12)TV 异常实验

TV 异常实验项目见表 6-9。

表6-9

序号	实验项目	说明
1	TV 异常性能实验	可选做
2	TV 异常闭锁控制实验	免实验

当 TV 断线条件满足时，需延时 10 s 后才会有相应报文弹出，TV 断线满足返回条件后也将延时 10 s 后返回；TV 断线条件满足 10 s 内，后备保护不能启动，否则退出 TV 断线判别。

(1) TV 异常性能实验。将 TV 断线定值控制字投入，其他所有保护的硬压板和软压板均退出。

施加正常时三相对称电压 57.7 V，施加三相负荷电流（额定电流定值）。

①模拟一相断线。使一相电压为 0，其他条件不变，保持 10 s，信号指示灯应点亮，弹出 TV 异常告警报文。

②模拟两相断线。使两相电压为 0，其他条件不变，保持 10 s，信号指示灯应点亮，弹出 TV 异常告警报文。

③模拟三相断线。使三相电压为 0，其他条件不变，保持 10 s，信号指示灯应点亮，弹出 TV 异常告警报文。

④模拟故障。使一相电压为 0，任一相电流施加大于 $1.2I_e$（I_e 为该侧的二次额定负荷电流），无 TV 异常告警。

(2)TV 异常闭锁控制实验。TV 异常后开放方向元件和零序电压元件，复压取本侧时开放复压元件，复压取各侧“或”时闭锁复压元件。

以方向过流保护为例（TV 异常后方向元件满足，开放相应保护），施加电流、电压模拟量，调整幅值和相位，使方向元件不满足条件，其他条件均满足，此时方向过流保护不应动作。然后调整电压、电流量，满足 TV 异常动作条件，TV 异常动作，同时方向过流保护动作。

免实验。

13）非电量保护实验

非电量触点经保护装置重动后给出三组信号触点，同时保护装置的 CPU 记录非电量动作情况。直接跳闸的非电量保护，直接驱动保护装置中的跳闸出口继电器。对需延时跳闸的非电量保护，由 CPU 计时后按出口矩阵启动延时出口触点，再驱动装置中的跳闸出口继电器。110 kV 变压器用 14 路非电量保护，其中 6 路非电量保护可以通过 CPU 延时跳闸，延时可以投退。根据《电力变压器运行规程》（DL/T 572—2010）规定：强油循环风冷和强油循环水冷变压器，当冷却系统故障切除全部冷却器时，允许带负载运行 20 min，如 20 min 后顶层油温尚未达到 75 ℃，则允许上升到 75 ℃，但切除全部冷却器后的最长动作时间不得超过 1 h。为此冷却器全停保护设两段时限，t_1 为经温度闭锁的短延时，t_2 为最长动作延时。是否要延时经“冷却器全停延时投退”定值设定，若“冷却器全停

延时投退”整定为“0”,则冷却器全停保护不带延时,不能驱动延时出口触点,此时保护可采用不跳闸或直接跳闸方式;若“冷却器全停延时投退”整定为“1”,则冷却器全停保护带两段延时,需整定两段延时对应的定值和保护开出矩阵。是否由软件实现经温度闭锁由“冷却器全停经温度闭锁”定值设定,若“冷却器全停经温度闭锁”整定为“0”,则温度过高触点需串接在冷却器全停 t_1 延时开出触点后来实现温度闭锁;若“冷却器全停经温度闭锁”整定为“1”,则温度过高触点接到温度过高开入上,由软件来实现温度闭锁。

(1)直接跳闸的非电量保护实验。

先将装置开入公共负端子与直流 DC 220 V 或 DC 110 V 电源负端短接,依照工程端子图(见图 6-37),将 DC 220 V 或 DC 110 V 电源正端依次与非电量开入端子所对应的 D 端子短接,合上出口压板,检查出口情况。

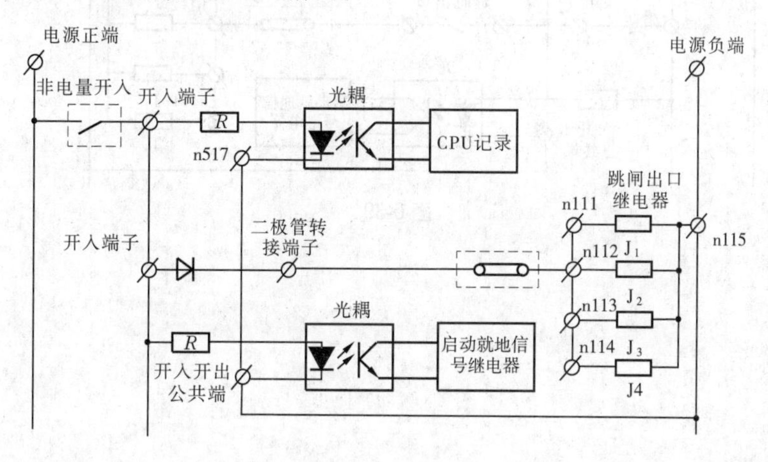

图 6-37

(2)不跳闸的非电量保护实验。

先将装置开入公共负端子与直流 DC 220 V 或 DC 110 V 电源负端短接,依照工程端子图(见图 6-38),将 DC 220 V 或 DC 110 V 电源正端依次与非电量开入端子所对应的 D 端子短接,检查出口情况。

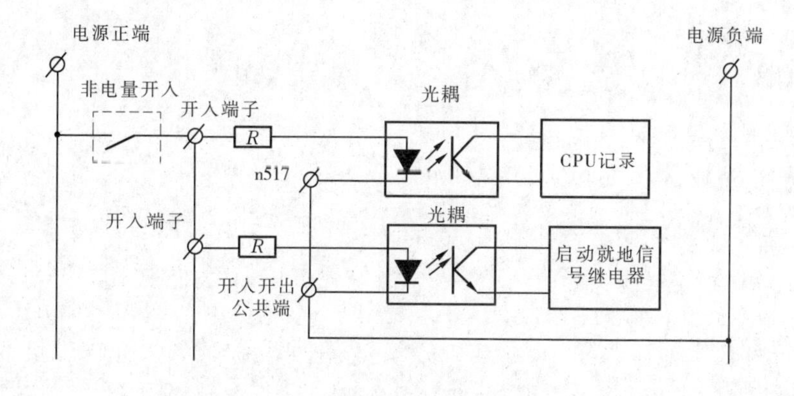

图 6-38

(3)延时跳闸的非电量保护实验。

先将装置开入公共负端子与直流 DC 220 V 或 DC 110 V 电源负端短接,依照工程端子图(见图 6-39),将 DC 220 V 或 DC 110 V 电源正端依次与非电量开入端子所对应的 D 端子短接,合上出口压板,保护经延时动作,检查出口情况。

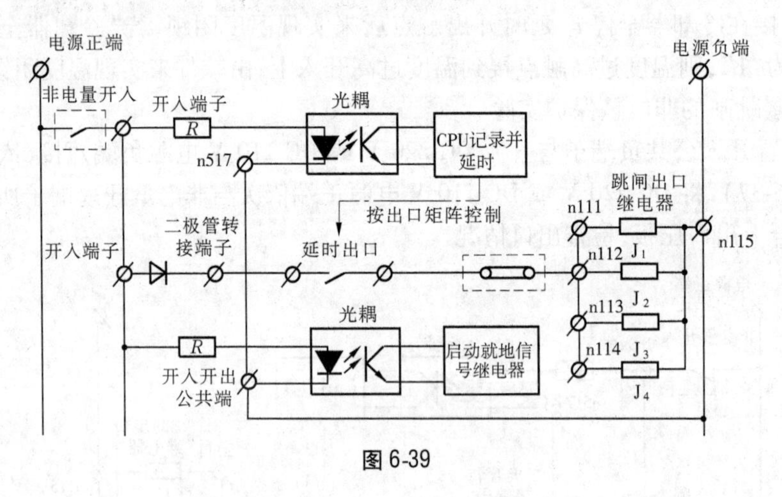

图 6-39

学习情境7　电力变压器保护设计

7.1　学习目标

【知识目标】　理解变压器纵差保护的整定计算;理解变压器后备保护的整定计算。

【专业能力】　培养学生给电力变压器配置保护、整定计算、绘制原理图和安装图、编制计算书和说明书的能力。

【方法能力】　培养学生自主学习的能力、分析问题与解决问题的能力、组织与实施的能力、自我管理能力和沉着应变能力。

【社会能力】　热爱本职工作,刻苦钻研技术,遵守劳动纪律,爱护工具、设备,安全文明生产,诚实团结协作,艰苦朴素,尊师爱徒。

7.2　基础理论

7.2.1　变压器电流速断保护整定计算

7.2.1.1　保护的动作电流

按以下两个条件计算,然后取其中较大者。

(1)按大于变压器负荷侧母线上 k_2 点短路时流过保护的最大短路电流计算,即:

$$I_{op} = K_{rel} I_{k2.max}^{(3)} \tag{7-1}$$

式中　K_{rel}——可靠系数,取1.2~1.3。

$I_{k2.max}^{(3)}$——k_2 点短路时流过保护的最大短路电流。

(2)按大于变压器空载投入时的励磁涌流计算,通常取

$$I_{op} = (3 \sim 5) I_N \tag{7-2}$$

式中　I_N——保护安装(电源)侧变压器的额定电流。

7.2.1.2　保护的灵敏度校验

按在电源侧 k_1 点短路时最小两相短路电流校验,即:

$$K_{sen} = \frac{I_{k1.min}^{(2)}}{I_{op}} \geqslant 2 \tag{7-3}$$

电流速断保护具有接线简单、动作迅速等优点,但它不能保护变压器的全部,因此不能单独作为变压器的主保护。

7.2.2 变压器纵联差动保护的整定计算

7.2.2.1 区外短路故障时差动回路中的最大不平衡电流

1. 双绕组变压器区外短路故障时差动回路中的最大不平衡电流

双绕组变压器区外短路故障时差动回路中的最大不平衡电流 $I_{unb.max}$ 可表示为

$$I_{unb.max} = (K_{ss}K_{aper}K_{er} + \Delta U + \Delta m)\frac{I_{k.max}}{n_{TA}} \tag{7-4}$$

式中 $I_{k.max}$——最大外部短路电流周期分量；

Δm——由于微机保护电流平衡调整不连续引起的不平衡电流系数，实际 Δm 很小，可忽略不计，为保证可靠性仍沿用常规取值 $\Delta m = 0.05$；

ΔU——偏离额定电压最大的调压百分值，如调压抽头为 $\pm 8 \times 1.25\%$ 时，则 $\Delta U = 10\%$；

K_{aper}——非周期分量系数，可取 1.5 ~ 2.0。

K_{ss}——电流互感器的同型系数，型号相同时取 0.5，不同时取 1；

K_{er}——电流互感器综合误差，取 10%。

2. 三绕组变压器区外短路故障时差动回路中的最大不平衡电流

三绕组变压器区外短路故障时差动回路中的最大不平衡电流 $I_{unb.max}$ 可表示为

$$I_{unb.max} = (K_{ss}K_{aper}K_{er} + \Delta U + \Delta m)\frac{I_{unb.1} + I_{unb.2} + I_{unb.3}}{n_{TA}} \tag{7-5}$$

$$I_{unb.1} = K_{unp}K_{st}\Delta f_{T}I_{k.max}$$

$$I_{unb.2} = \Delta U_{h}I_{k.h.max} + \Delta U_{m}I_{k.m.max}$$

$$I_{unb.3} = \Delta f_{ca.1}I_{k.1.max} + \Delta f_{ca.2}I_{k.2.max}$$

式中 ΔU_{h}，ΔU_{m}——变压器高、中压侧可调分接头引起的变比误差；

$I_{k.h.max}$，$I_{k.m.max}$——在所计算的外部短路情况下，流经相应调压侧最大短路电流的周期分量；

$I_{k.1.max}$，$I_{k.2.max}$——在所计算的外部短路情况下，流过平衡调节对应侧的电流互感器的短路电流；

$\Delta f_{ca.1}$，$\Delta f_{ca.2}$——为保证可靠性仍沿用常规取值 $\Delta f_{ca} = 0.05$。

当三绕组变压器仅一侧有电源时，式(7-5)中的各短路电流为同一数值 $I_{k.max}$，若外部短路电流不流过某一侧，则式中相应项为零。

7.2.2.2 两折线比率制动差动保护整定步骤

1. 选择差动保护接线方式

(注：根据各厂家产品说明确定)

2. 计算一次额定电流

$$I_{1N.i} = \frac{S_{TN}}{\sqrt{3}U_{N.i}} \tag{7-6}$$

式中 S_{TN}——变压器额定容量；

$I_{1N.i}$——变压器对应电压侧额定电流；

$U_{N.i}$——变压器对应计算侧的额定电压。

3. 计算二次额定电流

$$I_{2N.i} = \frac{I_{1N.i}}{n_{TA.i}} \tag{7-7}$$

式中　$n_{TA.i}$——变压器对应侧的电流互感器变比。

4. 计算电流平衡系数

以高压侧额定二次电流为基准

$$K_{b.i} = \frac{I_{2N.h}}{I_{2N.i}}K_{con.i} = \frac{U_{N.i}n_{TA.i}}{U_{N.h}n_{TA.h}}K_{con.i} \tag{7-8}$$

式中　$U_{N.i}$，$U_{N.h}$——计算侧和高压侧额定电压；

$n_{TA.i}$，$n_{TA.h}$——计算侧和高压侧电流互感器变比；

$K_{con.i}$——对应侧接线系数。

若保护内部对高、中压侧（Y侧）电流二次接线进行了调整（$\dot{I}_a - \dot{I}_b$），幅值在内部相应扩大$\sqrt{3}$倍，因此低压侧相对应，在确定平衡系数时乘以接线系数$\sqrt{3}$，中压侧直接取1。若产品注明内部通过软件进行幅值的平衡，即仅进行角度移相，各式可直接取1或不考虑接线系数。

5. 差动电流速断保护定值计算

（1）差动电流速断保护定值应躲过变压器初始励磁涌流，其表示式为

$$I_{act} > K_e I_N \tag{7-9}$$

式中　K_e——励磁涌流整定倍数，视变压器容量和系统电抗大小而定。一般变压器容量在6.33 MVA及以下时，$K_e = 7 \sim 12$；变压器容量在6.3～31.5 MVA时，$K_e = 4.5 \sim 7$；变压器容量在40～120 MVA时，$K_e = 3 \sim 6$；变压器容量在120 MVA及以上时，$K_e = 2 \sim 5$。当变压器容量越大、系统电抗越大时，K_e值应取低值。

（2）差动电流速断保护定值应躲过区外短路故障时的最大不平衡电流，其表示式为

$$I_{op} > K_{rel} I_{unb.max} \tag{7-10}$$

式中　K_{rel}——可靠系数，取1.3～1.5。

动作电流取式(7-9)和式(7-10)中较大者。

对于差动电流速断保护，正常运行方式下变压器区内两相短路故障时，要求$K_{sen} \geq 1.2$。

6. 制动特性整定

设比率制动特性如图7-1中的折线所示，需确定的参数是$I_{op.min}$、$I_{res.min}$、K，但通常整定的参数是$I_{op.min}$、K_{res}。注意，K_{res}随I_{res}变化而变化。对于$I_{res.min}$值，大多装置内部固定，但可以进行调整。

（1）确定最小动作电流。$I_{op.min}$应躲过区外短路故障切除时差动回路的不平衡电流，即

$$I_{op.min} = K_{rel} I_{unb} \tag{7-11}$$

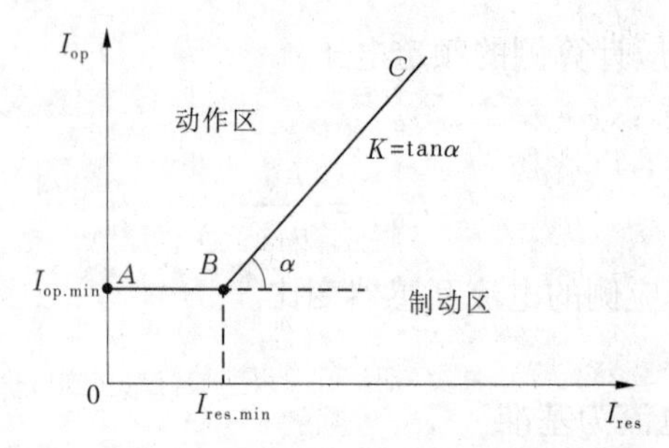

图 7-1 两折线比率制动差动保护动作特性曲线

式中 K_{rel}——可靠系数，取 1.2～1.5（对双绕组变压器取 1.2～1.3，对三绕组变压器取 1.4～1.5，对谐波较为严重的场合还应适当增大）；

I_{unb}——正常运行时的最大不平衡电流。

(2) 确定拐点电流 $I_{res.min}$。$I_{res.min}$ 一般整定为 0.8～1 倍的变压器额定电流，可取 $I_{res.min}=0.8I_N$。

(3) 确定比率制动斜率 K。按躲过区外短路故障时差动回路最大不平衡电流整定，得到

$$K=\frac{I_{op.max}-I_{op.min}}{I_{res.max}-I_{res.min}} \tag{7-12}$$

其中 $I_{op.max}$ 为最大的动作电流，应躲过外部短路故障切除时差动回路的不平衡电流，即

$$I_{op.max}=K_{rel}I_{unb.max} \tag{7-13}$$

将式(7-13)代入式(7-12)，得

$$K=\frac{K_{rel}I_{unb.max}-I_{op.min}}{I_{res.max}-I_{res.min}} \tag{7-14}$$

式中 K_{rel}——可靠系数，取 1.3～1.5；

$I_{unb.max}$——区外故障时最大不平衡电流；

$I_{res.max}$——为计算最大不平衡电流所用的外部短路时差动保护的制动电流，它与差动保护原理、制动电流的选取有关；

其他参数同前，一般取 $K=0.5$。

也可以用最大制动系数 $K_{res.max}$ 表示制动特性，则

$$K_{res.max}=K_{rel}(K_{ss}K_{aper}K_{er}+\Delta U+\Delta f_{za}) \tag{7-15}$$

注意，$K_{res.max}$ 通常不等于斜率 K。利用式(7-10)、式(7-13)、式(7-15)从而可确定

$$I_{op.max}=K_{res.max}\frac{I_{k.max}}{n_{TA}} \tag{7-16}$$

7. 确定谐波制动比

为可靠防止励磁涌流时保护误动，根据经验，当任一组二次谐波与基波电流之比大于 15%～20% 时，三相差动保护被闭锁，可根据经验调整比例系数。

二次谐波制动采用或制动方式，即 A、B、C 三相中有一相满足制动条件，则闭锁差动保护出口。

8. 差动保护灵敏度计算

1) 比率制动部分灵敏度计算

在最小运行方式下,计算保护区两相金属性短路时的最小短路电流和相应的制动电流(归算至基本侧),如果变压器具有单侧电源运行的可能性,则以单侧电源的情况计算,根据制动电流大小求得实际的动作电流,即

$$K_{sen} = \frac{I_{k.min}}{I_{set}}$$

要求 $K_{sen} \geq 2$。

2) 差动电流速断保护灵敏度

在正常运行方式下,灵敏度指保护区两相金属性短路时的短路电流和差动电流速断保护整定值之比,电流归算至基本侧,即

$$K_{sen} = \frac{I_{k.min}}{I_{qb.set}}$$

7.2.3　变压器后备保护的整定计算

7.2.3.1　过电流保护整定计算

1. 保护的启动电流按躲过变压器的最大负荷电流整定

$$I_{op} = \frac{K_{rel}}{K_{re}} I_{L.max} \tag{7-17}$$

式中　K_{rel}——可靠系数,取1.2~1.3;

K_{re}——返回系数,取0.85~0.95;

$I_{L.max}$——变压器可能出现的最大负荷电流。

2. 变压器的最大负荷电流的确定

(1) 对并联运行的变压器,应考虑切除一台变压器后的负荷电流。当各台变压器的容量相同时,负荷电流

$$I_{L.max} = \frac{n}{n-1} I_{N.T} \tag{7-18}$$

式中　n——并列运行变压器的可能最小台数;

$I_{N.T}$——每台变压器的额定电流。

(2) 对降压变压器,应考虑负荷中电动机自启动时的最大电流,即

$$I_{L.max} = K_{ss} I_{N.T} \tag{7-19}$$

式中　K_{ss}——综合负荷的自启动系数,对于110 kV的降压变压站,低于6~10 kV侧取 $K_{ss}=1.5\sim2.5$,中压35 kV侧取 $K_{ss}=1.5\sim2$;

$I_{N.T}$——正常工作时的最大负荷电流,一般选取变压器额定电流。

(3) 保护的灵敏系数校验

$$K_{sen} = \frac{I_{k.min}^{(2)}}{I_{op}} \tag{7-20}$$

作为近后备保护,取变压器低压侧母线为校验点,要求 $K_{sen}=1.5\sim2.0$;作为远后备

保护，取下一线路末端为校验点，要求 $K_{sen} \geqslant 1.2$。

过电流保护的动作时限应比相邻元件保护的最大动作时限大一个阶梯时限 Δt。

7.2.3.2 低电压启动的过电流保护整定计算

(1)电流元件的启动电流按躲过变压器的额定电流整定

$$I_{op} = \frac{K_{rel}}{K_{re}} I_{N.T} \tag{7-21}$$

(2)低电压元件的启动电压应小于正常运行时最低工作电压，同时，区外故障切除后，电动机启动的过程中，它必须返回。根据运行经验，通常采用

$$U_{set} = 0.7 U_{N.T} \tag{7-22}$$

(3)灵敏系数校验。

①电流元件的灵敏系数校验，与过电流的校验相同。

②电压元件灵敏系数的校验

$$K_{sen} = \frac{U_{set}}{U_{k.max}} \tag{7-23}$$

式中 $U_{k.max}$——灵敏度校验点发生三相金属性短路时，保护安装处感受到的最大残压。

要求 $K_{sen} \geqslant 1.25$。

7.2.3.3 复合电压启动的过电流保护整定计算

复合电压元件的启动电压按躲开正常运行情况下的负序电压滤过器输出的最大不平衡电压整定。根据运行经验取

$$U_{2.op} = (0.06 \sim 0.12) U_{N.T} \tag{7-24}$$

7.2.3.4 过负荷保护的整定计算

1. 动作电流的整定

过负荷保护的动作电流应按躲开变压器的额定电流整定，即

$$I_{op} = \frac{K_{rel}}{K_{re}} I_{N.T} \tag{7-25}$$

式中 K_{rel}——可靠系数，取 1.05；

K_{re}——返回系数，取 0.85。

2. 动作时限的整定

过负荷保护动作时限应比变压器的后备保护动作时限大一个 Δt，一般取 5 ~ 10 s。此外，有些过负荷保护采用反时限特性及测量过负荷倍数有效值来构成。需要指出，变压器过负荷表现为绕组的温升发热，它与环境温度、过负荷前所带负荷、冷却介质温度、变压器负荷曲线及变压器设备状况等因素有关，因此定时限过负荷保护或反时限过负荷保护，不能与变压器的实际过负荷能力有较好的配合。显而易见，前述的过负荷保护不能充分发挥变压器的过负荷能力。当过负荷电流在整定值上、下波动时，保护可能不反应；过负荷状态变化时不能反映变化前的温升情况。较好的变压器过负荷保护应是直接测量出绕组上升的温度，与最高温度比较，从而确定出变压器的真实过负荷情况。

7.2.3.5　零序电流、电压保护整定计算

1. 中性点直接接地变压器的零序电流保护

(1)零序Ⅰ段的动作电流按与相邻元件零序Ⅰ段或Ⅱ段或快速主保护相配合整定，即

$$I_{0.op}^{\mathrm{I}} = K_{rel} K_{bra\,\mathrm{I}} I_{0.op.L}^{\mathrm{I}} \tag{7-26}$$

式中　$I_{0.op}^{\mathrm{I}}$——零序Ⅰ段的动作电流；

K_{rel}——可靠系数，可取1.1；

$K_{bra\,\mathrm{I}}$——零序电流分支系数，其值等于相邻元件零序电流保护Ⅰ段保护区末端发生接地短路时，流过本保护的零序电流与流过故障线路的零序电流之比，取各种运行方式的最大值；

$I_{0.op.L}^{\mathrm{I}}$——与之配合的相邻元件零序电流保护相关段的动作电流。

零序Ⅰ段的动作时限为 $t_1 = 0.5 \sim 1.0$ s、$t_2 = t_1 + \Delta t$。

(2)零序Ⅱ段的动作电流按与相邻元件零序后备保护动作电流配合整定，即

$$I_{0.op}^{\mathrm{II}} = K_{rel} K_{bra\,\mathrm{II}} I_{0.op.L}^{\mathrm{II}} \tag{7-27}$$

式中　$I_{0.op}^{\mathrm{II}}$——零序Ⅱ段的动作电流；

K_{rel}——可靠系数，可取1.1；

$K_{bra\,\mathrm{II}}$——零序电流分支系数，其值等于相邻元件零序电流保护后备段保护区末端发生接地短路时，流过本保护的零序电流与流过故障线路的零序电流之比，取各种运行方式的最大值；

$I_{0.op.L}^{\mathrm{II}}$——与之配合的相邻元件零序电流保护后备段的动作电流。

零序Ⅱ段的动作时限为 $t_3 = t_{0.max} + \Delta t$、$t_4 = t_3 + \Delta t$。$t_{0.max}$ 是指相邻元件零序保护后备段最大延时时间。

(3)灵敏系数校验。保护的灵敏系数为

$$K_{sen} = \frac{I_{0.min}}{I_{0.op}} \tag{7-28}$$

式中　$I_{0.min}$——零序Ⅰ段(零序Ⅱ段)校验点接地短路时流过保护的最小零序电流；

$I_{0.op}$——零序Ⅰ段(零序Ⅱ段)零序电流保护的动作电流。

2. 中性点可能接地或不接地运行变压器的零序电流、电压保护

1)全绝缘变压器

零序电压保护的整定原则是

$$3U_{0.max} < 3U_{0.op} \leqslant 3U_{0.W} \tag{7-29}$$

式中　$3U_{0.max}$——在部分中性点接地的电网中发生单接地时，保护安装处可能出现的最大零序电压；

$3U_{0.op}$——零序电压保护动作值；

$3U_{0.W}$——用于中性点直接接地系统的电压互感器，在失去接地中性点发生单相接地时开口三角形绕组可能出现的最低电压。

在保护安装处发生单相接地故障时，由故障分析计算可得最大零序电压为

$$3U_{0.\max}=\frac{3Z_{\Sigma0}}{2Z_{\Sigma1}+Z_{\Sigma0}}U_{N} \tag{7-30}$$

式中　U_{N}——电压互感器二次侧每相的额定电压(100 V)。

令 $\delta=\frac{Z_{\Sigma0}}{Z_{\Sigma1}}$,则式(7-30)可写为

$$3U_{0.\max}=\frac{3\delta}{2+\delta}U_{N}$$

可见,$3U_{0.\max}$随 δ 的增大而增大。一般认为当 $\delta\leqslant3$ 时,为中性点接地系统;反之,则为中性点不直接接地系统。因此,零序电压保护的整定值可取 $\delta=3$ 时的情况,有

$$3U_{0.\text{set}}=\frac{3\times3}{2+3}\times100=180(\text{V})$$

在电网发生单相接地,中性点接地的变压器已全部断开的情况下,零序电压保护无需再与其他接地保护配合,因此其动作时间只需躲过暂态过电压时间,一般取0.3~0.5 s。

2)分级绝缘变压器

零序电压元件的启动电压,应低于变压器中性点工频耐受电压,其计算式为(1.8 为暂态系数)

$$U_{0.\text{set}}=\frac{3K_{\text{rel}}U_{W}}{1.8n_{\text{TV}}} \tag{7-31}$$

式中　K_{rel}——可靠系数,取0.9;

U_{W}——中性点工频耐受电压;

n_{TV}——电压互感器一次侧相电压与开口三角形侧电压的比值。

除此之外,还要躲过电网存在中性点情况下单相接地短路时的最大零序电压,即

$$U_{0.\text{set}}=\frac{3\delta U_{K(0)}}{(2+\delta)n_{\text{TV}}} \tag{7-32}$$

式中　$U_{K(0)}$——短路故障前母线上的最大运行电压;

δ——系数,$\delta=\frac{Z_{\Sigma0}}{Z_{\Sigma1}}$。

在工程上,一般 $U_{0.\text{set}}=180$ V。

放电间隙零序电流保护的启动电流根据击穿电流的经验数据整定,一般一次值为100 A。

7.3　技能培养

7.3.1　技能评价要点

技能评价要点见表7-1。

表 7-1　技能评价要点

序号	技能评价要点	权重
1	能进行短路电流计算	5
2	能正确配置变压器保护	20
3	能进行变压器保护整定计算	30
4	能绘制变压器保护原理接线图和安装接线图	20
5	能编制变压器保护计算书和说明书	10
6	社会与方法能力	15

注："电力变压器保护设计"占本课程权重为 5%。

7.3.2　技能实训

7.3.2.1　变压器保护设计步骤

(1)搜集、分析原始资料。

(2)短路电流计算。

(3)配置保护。

(4)整定计算。

(5)绘制保护配置图及原理图。

(6)绘制平面布置图、安装接线图及设备表。

(7)编制计算书和说明书。

7.3.2.2　变压器保护设计案例

(1)良坝水电站主变压器保护设计(良坝水电站主接线图见附图 2-1)。

(2)石门水电站主变压器保护设计(石门水电站主接线图见附图 2-2)。

(3)金河二级水电站主变压器保护设计(金河二级水电站主接线图见附图 2-3)。

(4)模拟电站 1#主变压器保护设计(模拟电站主接线图见附图 2-4)。

学习情境8　发电机保护调试

8.1　学习目标

【知识目标】 掌握发电机故障、不正常运行状态及保护配置；掌握发电机纵联差动保护；掌握发电机定子绕组匝间短路保护；掌握发电机定子绕组单相接地保护；掌握发电机电流、电压保护；掌握励磁回路接地保护；了解低励失磁保护。

【专业能力】 培养学生根据技术资料和现场情况拟订调试方案的能力、使用继电保护测试仪和电工工具的能力、调试发电机保护装置的能力、编制调试报告的能力。

【方法能力】 培养学生自主学习的能力、分析问题与解决问题的能力、组织与实施的能力、自我管理能力和沉着应变能力。

【社会能力】 热爱本职工作，刻苦钻研技术，遵守劳动纪律，爱护工具、设备，安全文明生产，诚实团结协作，艰苦朴素，尊师爱徒。

8.2　基础理论

8.2.1　发电机故障、不正常运行状态及保护配置

8.2.1.1　发电机的故障和异常运行方式

发电机的安全运行对保证电力系统的正常工作和电能质量起着决定性的作用。发电机发生故障后，如果继续运行，不仅使发电机遭到严重破坏，而且可能破坏系统的稳定性，扩大事故范围。为了使发电机在故障时能迅速、可靠地从系统中退出运行，而在异常情况下能根据其对系统和机组本身安全所造成威胁的程度，将发电机切除或及时发出警告信号，必须针对各种不同的故障和异常情况，设置各种专门的、性能好的继电保护装置。

运行中的发电机，可能发生的故障如下：

(1)定子绕组相间短路。定子绕组相间短路时，由于短路电流大，故障点的电弧会破坏绝缘、烧损绕组和铁芯，甚至引起火灾，这是发电机内部最严重的故障。

(2)定子绕组单相接地。由于绝缘破坏而引起绕组一相碰壳时，发电机电压系统的电容电流将经接地点过渡到定子铁芯，当此电流较大时可能烧坏铁芯，还可能扩大成为相间短路。

(3)定子绕组匝间短路。定子绕组匝间短路时，被短路的各匝将有短路电流流过，产生局部过热，破坏绕组绝缘，以致转变为单相接地或相间短路。

(4)转子绕组接地。当发电机转子绕组发生一点接地时，由于没有构成接地电流的

通路,对发电机没有直接危害。但会抬高转子某些点的电压,若处理得不及时,长期运行抬高电压点的绝缘会被破坏,易形成两点接地。此时,转子磁通的对称性被破坏,使发电机产生强烈的机械振动,尤其对具有凸极式转子的水轮发电机更为严重,所以水轮机发电机不允许励磁回路带一点接地长期运行。

(5)转子励磁回路失去励磁电流。发电机转子绕组断线或自动调节励磁装置故障或自动灭磁装置误动作等原因造成励磁电流消失或减少即失磁故障,此时发电机要从系统吸收大量无功功率,以致发电机端电压降低,定子电流增大,引起发电机过热。

(6)定子绕组过电压。当发电机突然甩负荷时,由于水轮发电机调速系统惯性大,调速器来不及反应,造成机组转速急剧上升,以致引起定子绕组过电压。

发电机的不正常工作状态主要有:

(1)负荷超过发电机的额定容量而引起过电流。

(2)外部短路、非同期重合闸以及系统振荡而引起过电流。

以上两种情况都使定子电流增大,温度升高,从而加速绝缘老化,缩短发电机寿命;同时,长期的过热也可能引起发电机的内部故障。

8.2.1.2　发电机保护动作结果

发电机的继电保护应根据故障和异常运行方式的性质,分别动作于以下结果:

(1)停机。断开发电机的断路器、灭磁,关导水叶至机组停机状态。

(2)解列灭磁。断开发电机断路器、灭磁,关导水叶至机组空转。

(3)解列。断开发电机断路器、关导水叶至空载。

(4)减出力。将水轮发电机出力减到给定值。

(5)缩小故障影响范围。例如断开母联断路器。

(6)信号。发出声光信号。

8.2.1.3　发电机继电保护配置

针对发电机在运行中可能出现的故障和异常运行情况,根据规程,对水轮发电机应配置以下保护:

(1)纵联差动保护。作为1 MW以上的发电机定子绕组及其引出线相间短路的主保护,瞬时动作于停机。

对于1 MW及以下与其他发电机或电力系统并列运行的发电机,应装设电流速断保护作为主保护。

对于100 MW以下的发电机—变压器组接线,当发电机与变压器之间有断路器时,发电机与变压器宜分别装设单独的纵联差动保护。

(2)过电流保护。反映发电机区外相间短路所引起的过电流,并作为发电机定子绕组及其引出线相间短路的后备保护。

对于1 MW及以下与其他发电机或电力系统并列运行的发电机,应装设过电流保护。

对于1 MW以上的发电机,宜装设复合电压启动的过电流保护。

对于50 MW及以上的发电机,宜装设负序过电流保护和单元件低压过电流保护。

以上各后备保护装置宜带有两段时限,以较短的时限动作于缩小故障影响的范围或动作于解列,以较长的时限动作于停机。

(3)定子绕组单相接地保护:反映发电机定子绕组单相接地故障。

当单相接地故障电流小于规定值时,可装设单相接地监视装置,动作于信号。

当单相接地故障电流大于规定值时,应装设有选择性的单相接地保护装置,动作于停机。

(4)匝间短路保护。反映发电机定子绕组的匝间短路故障。

对于发电机定子绕组为星形连接,每相有并联分支且中性点侧有分支引出端的发电机,应装设横差保护。

50 MW及以上发电机,当定子绕组为星形接线,中性点只有三个引出端子时,根据用户和制造厂的要求也可采用零序电压保护。

以上保护应瞬时动作于停机。

(5)转子一点接地保护。反映发电机转子一点接地故障。

对于1 MW及以下的发电机,可装设定期检测装置。

对于1 MW以上的发电机,应装设专用的转子一点接地保护装置,延时动作于信号,宜减负荷平稳停机。

(6)失磁保护。反映发电机励磁电流急剧下降或消失的保护。

对于不允许失磁运行的发电机及失磁对电力系统有重大影响的发电机,应装设专用的失磁保护。对水轮发电机失磁保护延时动作于解列。

(7)定子过电压保护。反映水轮发电机突然甩负荷后引起的定子绕组过电压,延时动作于解列灭磁。

(8)定子过负荷保护。反映发电机因对称过负荷引起的定子绕组过电流,延时动作于信号。

水轮发电机保护的配置见图8-1。

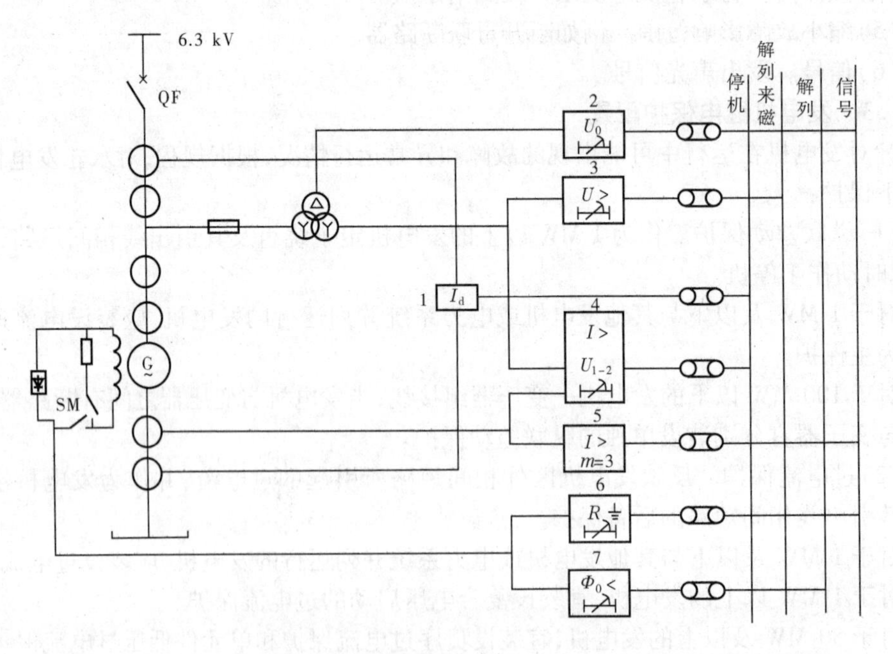

1—纵联差动保护;2—定子绝缘监视装置;3—定子过电压保护;4—复合电压启动的过电流保护;

5—定子过负荷保护;6—转子一点接地保护;7—失磁保护

图8-1 水轮机发电机保护的配置

8.2.2　发电机纵联差动保护

对发电机定子绕组及其出线的短路故障,应按下式规定配置相应的保护作为发电机的主保护:

(1)1 MW 及以下单独运行的发电机,如中性点侧有引出线,则在中性点侧装设过电流保护;如中性点侧无引出线,则在发电机端装设低电压保护。1 MW 及以下与其他发电机或与电力系统并列运行的发电机,应在发电机端装设电流速断保护,如电流速断灵敏系数不符合要求,可装设纵联差动保护;对中性点侧没有引出线的发电机,可装设低压过电流保护。

(2)1 MW 以上的发电机,应装设纵联差动保护;对 100 MW 以下的发电机变压器组,当发电机与变压器之间有断路器时,发电机与变压器宜分别装设单独的纵联差动保护;对 100 MW 及以上发电机—变压器组,应装设双重主保护,宜具有发电机纵联差动保护、变压器纵联差动保护及发电机—变压器组差动保护(简称为大差)。

8.2.2.1　纵联差动保护的基本原理

纵联差动保护(简称纵差保护或差动保护)是发电机相间短路的主保护,因而要求能正确区别发电机内、外故障,并且能无延时地切除区内故障。发电机每相首末两端电流各为$\dot{I}_1$和$\dot{I}_2$,以电流指向发电机为正方向。当被保护设备没有短路时,恒有电流和近似为零,保护可靠不误动;当被保护设备本身发生短路时,电流和正比于短路电流,保护灵敏动作。可见,其保护范围是两侧电流互感器之间的部分。

在理想情况下,区外故障时电流和值为零,但实际上,在发生区外故障时,受到电流互感器、保护装置本身等因素的影响,电流和总有一定数值,这个电流称为不平衡电流。对于发电机而言,在中性点侧装设一组电流互感器,在机端引出线靠近断路器处装设另一组电流互感器,所以它的保护范围是定子绕组及其引出线。由于发电机差动保护两侧可选用同一电压级、同型号、变比及特性尽可能一致的电流互感器,因此其不平衡电流比变压器差动保护的小。

由于不平衡电流的影响,只采用简单的电流和值原理来区分内外故障往往灵敏度不够,为此,实际使用时常在纵差保护的基本原理基础上加以改进。目前,发电机纵差保护常见的原理与变压器差动保护类似,有比率制动式纵差保护、标积制动式纵差保护等。

8.2.2.2　发电机比率制动式纵差保护

比率制动式纵差保护与变压器比率制动式纵差保护原理一致,即利用制动电流以提高保护的灵敏度。

发电机首末两端电流各为$\dot{I}_1$和$\dot{I}_2$,定义流入发电机为电流正向。

差动电流

$$I_{KD} = |\dot{I}_1 + \dot{I}_2| \tag{8-1}$$

制动电流

$$I_{res} = 0.5|\dot{I}_1 - \dot{I}_2| \tag{8-2}$$

动作方程为

$$I_{KD} > I_{op.min} \qquad (I_{res} \leqslant I_{res.min})$$

$$I_{KD} > K_{res}(I_{res} - I_{res.min}) + I_{op.min} \qquad (I_{res} > I_{res.min})$$

式中 I_{KD}——差动电流；

I_{res}——制动电流；

$I_{op.min}$——最小动作电流；

$I_{res.min}$——最小制动电流。

当发电机本身无故障，机外（纵差保护区外）发生短路时，$\dot{I}_1 = -\dot{I}_2 = \dot{I}_k$（$\dot{I}_k$ 为短路电流），$I_{KD} = \dot{I}_{unb} \approx 0$，$\dot{I}_{res} = \dot{I}_1 = \dot{I}_k$，制动作用很大，动作作用理论上为零，保护可靠制动。实际上区外短路电流$\dot{I}_k$越大，制动电流$\dot{I}_{res}$越大，而差动电流仅为不平衡电流$\dot{I}_{unb}$，即制动电流$\dot{I}_{res}$随外部短路电流增大，动作电流$\dot{I}_{op}$也随外部短路电流相应增大。但发电机本身故障时，$I_{KD} \propto I_k$，$\dot{I}_{res}$明显减小，制动作用也随之减小，保护可靠动作。

图 8-2 所示为发电机纵差保护的比率制动特性。图中，折线 ABC 表示纵差保护的动作电流I_{KD}随外部短路电流$\dot{I}_k$增大而增大的性能，通常称为“比率制动特性”。折线 ABC 以上部分为动作区，曲线 DE 表示区外故障时实际测得的 $I_{KD} = f(I_{res})$ 与 I_{res} 的关系曲线，可见，实际的动作曲线总是在曲线 DE 之上的。

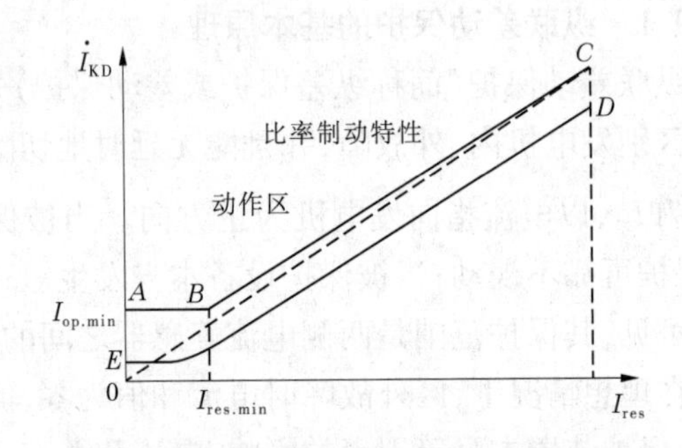

图 8-2 发电机纵差保护的比率制动特性

8.2.2.3 发电机标积制动式纵差保护

采用标积制动式原理构成纵差保护，实际上是在比率制动式纵差保护基础上演变而来的，其动作特性与比率制动式类似，仍然是利用差动电流与制动电流的关系来判别的，只是制动电流的定义有所不同。这种纵差保护的制动作用，不像通常的比率制动式继电器那样随外部短路电流的增大而增大，而是由两侧电流的标积来决定，具体分析如下。

标积制动式纵差保护的动作判据如下：

差动电流仍为

$$\dot{I}_{KD} = \dot{I}_1 + \dot{I}_2 \tag{8-3}$$

制动电流为

$$I_{res} = \begin{cases} \sqrt{|\dot{I}_1||\dot{I}_2| \cos(180^\circ - \varphi)} \\ 0, \cos(180^\circ - \varphi) < 0 \end{cases} \tag{8-4}$$

式中 φ——$\dot{I}_1$ 与$\dot{I}_2$之间的相位角，其动作判据见式(8-4)。

当发电机外部短路时，若两侧电流的夹角 $\varphi \approx 180^\circ$，则 $\cos(180^\circ - \varphi) > 0$，此时与比率制动式相同，标积制动部分呈现很强的制动作用，继电器可靠制动。当发电机内部短路故

障时,两侧电流的夹角 $\varphi\approx0°$,故 $\cos(180°-\varphi)<0$,即标积制动部分为零,使继电器具有灵敏的动作特性。

8.2.2.4　保护动作逻辑

纵差保护并不是满足动作方程式就动作的,为了防止 TA 断线引起保护的误动,还需要加一些其他逻辑判据。比较常见的判别 TA 断线的逻辑出口方式有循环闭锁方式、单相差动方式。

1. 循环闭锁方式

由于发电机中性点一般采用经高阻接地方式或不接地方式,因此不存在单相差动动作的问题。循环闭锁式的工作原理正是根据这一特点构成的,当两相或三相差动同时动作时,即可判断为发电机内部发生相间短路;同时为了防止一点在区内,另外一点在区外的两点接地故障发生,当有一相差动动作且有负序电压时也出口跳闸。循环闭锁方式出口逻辑框图如图 8-3 所示。

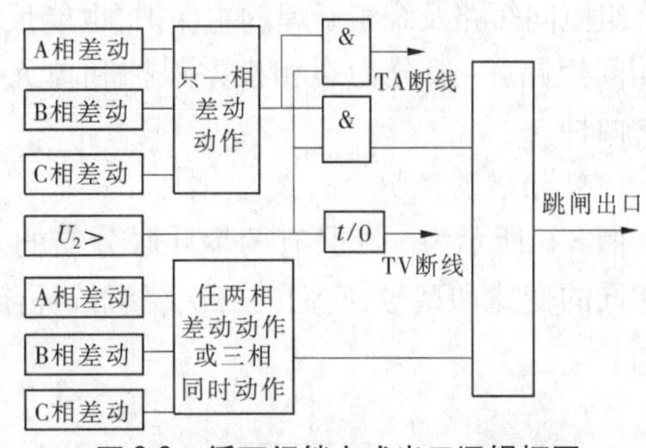

图 8-3　循环闭锁方式出口逻辑框图

此时若仅一相差动动作,而无负序电压,即认为 TA 断线;若负序电压长时间存在,而无差流时,则为 TV 断线。

2. 单相差动方式

单相差动方式的工作原理是任一相差动保护动作即出口跳闸,这种方式另外配有 TA 断线检测功能。在 TA 断线时,瞬时闭锁差动保护,且延时发 TA 断线信号。单相差动方式出口逻辑框图如图 8-4 所示。当任一相差动电流大于 $0.1I_n$ 时启动 TA 断线判别程序。满足下列条件时就认为是 TA 断线:

(1)本侧三相电流中一相无电流;

(2)其他两相与启动前电流相等。

8.2.3　发电机定子绕组匝间短路保护

8.2.3.1　发电机定子绕组匝间短路特点

现代的同步发电机,其定子绕组有的每相只有一个绕组,但单机容量比较大的机组,每相都做成有两个或两个以上绕组并联。定子绕组匝间短路包括同相同分支匝间短路和同相不同分支的匝间短路。发生匝间短路时,纵差保护不能反应,故必须装设专用保护。发电机匝间短路时有如下的特点:

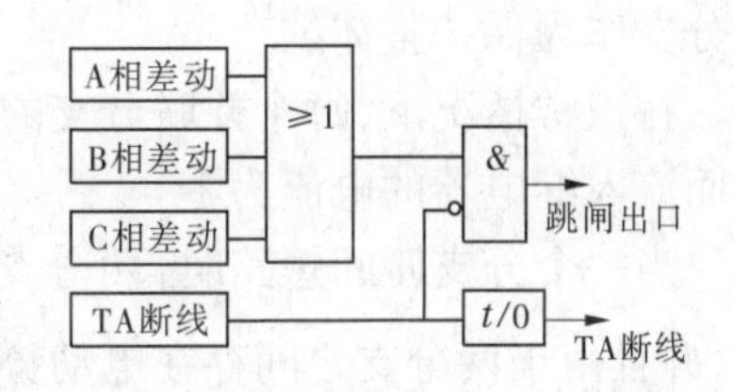

图 8-4　单相差动方式出口逻辑框图

(1)发电机定子绕组一相匝间短路时,在短路电流中有正序、负序和零序分量 ,且各序电流相等,同时短路初会出现非周期分量。

(2)将在并联分支绕组的两个中性点之间的连接线上形成环流 $3\dot{I}_0$,如图 8-5 所示。

(3)在转子回路中将产生二次及其他次谐波的电流分量。

(4)短路环中电流的大小与短路匝数大致成反比关系。

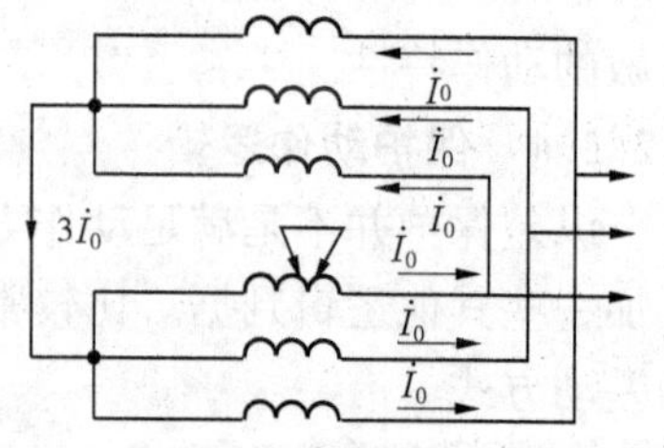

图 8-5　并联分支绕组间的零序电流

发电机匝间短路保护可利用以上的特点及发电厂一次设备的连接情况构成多种保护方案。

8.2.3.2　**横联差动保护**

发电机横联差动保护(简称横差保护)是发电机定子绕组匝间短路及绕组开焊的主保护,也能反映定子绕组相间短路,一般分为裂相横差保护和单元件式横差保护两种。

1. 裂相横差保护

图 8-6 所示为一相具有两个并联分支的发电机,安装在两分支线上的电流互感器具有相同的变比和型号,它们的二次绕组按环流法接线,电流继电器并联接在 TA 连接导线之间。

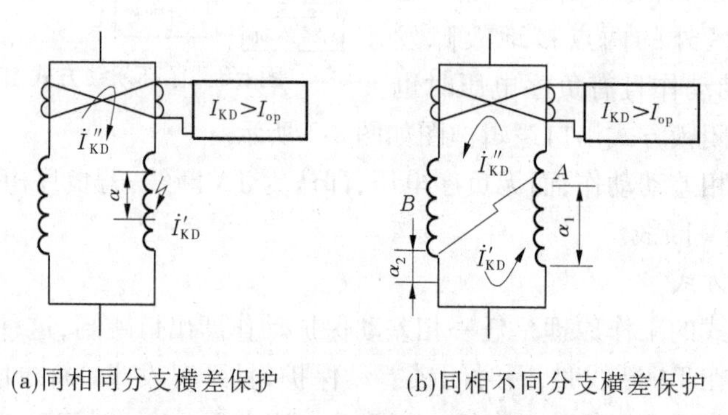

图 8-6　发电机裂相横差保护原理接线

裂相横差保护实质是将每相定子绕组的分支回路分成两组,并通过两组 TA 采集两分支电流,反极性引入到保护装置中计算差流,利用此差流来实现判断。这种接线是以并联分支作为保护整体的。

在正常情况下,每个并联分支的电动势是相等的,阻抗也相等,故两分支的电流相等,因而流入继电器的电流为零。

当一个分支匝间短路时,两分支绕组的电动势不再相等,因而两分支的电流也不相等,并且由于两分支之间存在电动势差而产生一个环流 $\dot{I}''_{KD}$ 在两绕组中流通。流入继电器的电流为 $\dot{I}_{KD}=2\dot{I}''_{KD}$。当 I_{KD} 大于继电器的整定电流时,保护就动作。这就是发电机裂相横差保护的原理。

当采用横差保护时,在下列故障情况下具有死区:

(1)如图 8-6(a)所示,在某一分支内发生匝间短路时,流入继电器的电流 $\dot{I}_{KD}=2\dot{I}''_{KD}$,由于 I''_{KD} 随 α 的减小而减小,当 α 较小时保护可能不动作,即保护有死区。

(2)如图 8-6(b)所示,在相同的两个分支上发生短路,若这种短路发生在等电位点上($\alpha_1=\alpha_2$),将不会有环流。因此,$\alpha_1=\alpha_2$ 或 $\alpha_1\approx\alpha_2$ 时,保护也出现死区。

2. 单元件式横差保护

对于中性点有6个引出端子的发电机，单元件式横差保护是一种最简单可靠且灵敏度颇高的发电机区内故障(包括各种实际可能的区内故障和定子绕组开焊)保护方案。

1)构成及原理

如图8-7所示，采用一个电流互感器，将它装于两分支绕组中性点的连线上。这是因为匝间短路时，分支绕组中性点之间的连线上流过零序电流，利用此零序电流即可实现匝间短路保护。这种保护没有由电流互感器特性不同而引起的不平衡电流，因此保护灵敏度较高，接线也较简单。

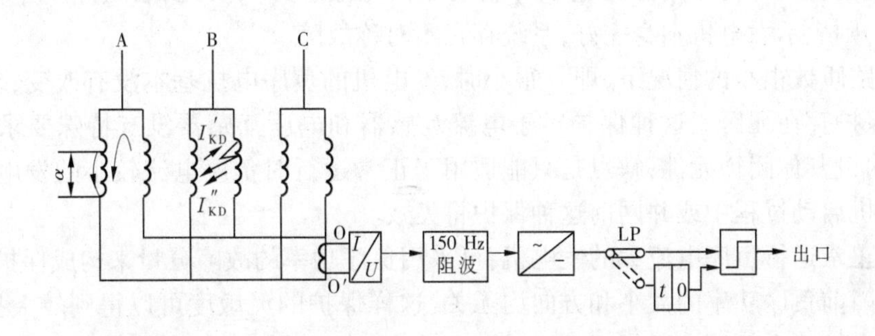

图8-7　发电机单元件式横差保护原理图

2)有关问题

(1)三次谐波滤过器。由于发电机气隙磁动势波形的畸变，在保护用电流互感器二次侧将出现不平衡电流，而且该电流的数值在外部出现短路时最大，并且以三次及以上的高次谐波分量为主。为减小不平衡电流，防止区外故障时保护误动作，保护装置设置了高灵敏度的三次谐波滤过器。其作用是滤除三次谐波，提高保护灵敏度。

(2)励磁回路有两点接地时保护的动作。当励磁回路两点接地后，励磁回路的磁平衡遭到破坏，在定子绕组的并联分支中感应出不同的电动势，从而使并联分支中性点的连线上也会流过较大的电流，可能造成横差保护误动。当然，如果励磁回路两点接地是永久性的，横差保护动作切除发电机是允许的。但若励磁回路两点接地是短时的，则由横差保护瞬时切除发电机是不允许的。因此，须增设一较短延时以躲过励磁回路两点接地(见图8-7)的影响。在一般情况下，横差保护无时限动作，当发电机励磁回路一点接地后，即切换至延时回路。

(3)在下列情况下，单元件式横差保护会出现死区：

①同相同分支匝间短路发生在中性点附近，即α很小时。

②同相不同分支匝间短路发生在等电位点，即$\alpha_1=\alpha_2$时。

如果这种保护的死区不能够接受，则应当采取其他方式的匝间短路保护。

3)动作电流整定计算

(1)保护动作电流的整定。应按躲过系统内不对称短路或发电机失磁失步时转子偏心产生的最大不平衡电流来整定。根据运行经验，一般可采用下式整定计算，即

$$I_{ap} = (0.2 \sim 0.3) I_{G.N} \tag{8-5}$$

(2)动作时限 t。动作时限与转子两点接地保护动作延时相配合,一般取 $t = 0.5 \sim 1$ s。

8.2.3.3 负序功率方向匝间短路保护

对于大型发电机组而言,其中性点侧往往没有6个引出端子,而横差保护要求必须有6个引出端子,因而无法采用横差保护作为匝间短路保护。而当发生匝间短路时必然会产生负序电压和负序电流,因此可同时利用负序电压和负序电流的负序功率方向保护来反映匝间短路。

当负序功率由发电机流向系统时,表示发电机内部发生了故障(包括相间和匝间短路,因为发电机内部的相间短路绝不可能是三相对称短路);反之,若负序功率由系统流向发电机,则表示发电机本身完好,系统存在不对称故障。

在短路匝数很小的情况下,即 α 很小时,发电机的负序电抗基本没有改变,负序功率很小,该保护存在死区。这种保护对于电流互感器和电压互感器没有特殊要求,装置简单,不需附设其他闭锁元件;缺点是只能适用于正常运行时负序电流较小的发电机,特别是在发电机启动过程中或并网前这种保护将失效。

对于正常运行负序电流大的发电机,可采用负序功率的故障分量来构成保护,保护的动作与故障前负序功率的大小和方向均无关,这样保护的灵敏度可以得到较大提高。这一点微机保护能方便地实现。

8.2.3.4 负序功率方向闭锁的定子纵向零序电压保护

1.保护构成及原理

定子匝间短路保护的另一种方案是利用纵向零序电压 $3\dot{U}_0$。如图8-8所示,$3\dot{U}_0$ 取自机端专用电压互感器TV0的第三绕组(开口三角接线)。TV0一次侧的中性点必须与发电机中性点直接连接,而不能再直接接地,正因为TV0的一次侧中性点不接地,因此TV0的一次绕组必须是全绝缘的,而且它不能被利用来测量相对地的电压。

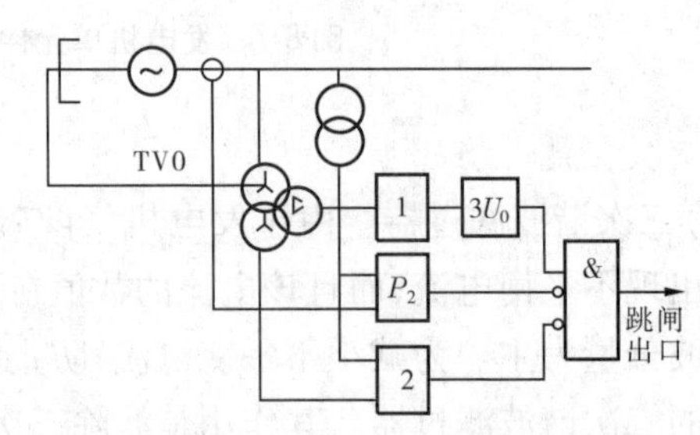

1—二次谐波滤过器;2—断线闭锁保护

图8-8 发电机纵向零序电压匝间短路保护原理图

当发电机正常运行和外部相间短路时,理论上说,TV0的第三绕组没有输出电压,$3\dot{U}_0 = 0$。当发电机内部或外部发生单相接地故障时,虽然一次系统出现了零序电压,但中性点电位升高,使得TV0一次侧中性点电位随之升高,三相对中性点的电压仍然完全对称,这样第三绕组输出电压 $3\dot{U}_0$ 当然等于零。

只有当发电机内部发生匝间短路或者发生对中性点不对称的各种相间短路时,即TV0一次侧的三相对中性点的电压不再平衡,第三绕组才有输出电压,即 $3\dot{U}_0 \neq 0$,使零序电压匝间短路保护正确动作。由此可知,利用零序电压原理构成的保护不仅可以反映匝间短路,还可以在一定程度上反映发电机的相间短路故障。

2. TV 断线闭锁及负序功率方向闭锁

当发电机外部短路电流较大时，由于磁场饱和程度加深，电枢反映磁通的波形产生畸变，出现较大的三次谐波，往往经过三次谐波滤过器后还有相当高的值。为此，可采用负序功率方向闭锁方式，在外部短路时使保护退出工作，从而进一步提高了保护灵敏度。除此还装设有 TV 断线闭锁元件，以防止电压互感器因断线在开口三角绕组侧出现很大的零序电压而造成保护误动。在断线时，使保护退出工作，并发出信号。

3. 纵向零序电压的整定

发电机发生匝间短路时，其纵向零序电压受定子绕组结构及线棒在各定子槽内分布不同的影响，可能产生的最大、最小纵向零序电压间的差异很大。在对纵向零序电压进行整定计算时，首先要对发电机定子结构进行研究，并估算发生最少匝数匝间短路时的最小零序电压，以此整定零序电压和进行灵敏度校验。

实际应用中，纵向零序电压的整定原则为

$$U_{0.\mathrm{set}} = K_{\mathrm{rel}} U_{0.\max} \tag{8-6}$$

式中　$U_{0.\mathrm{set}}$——纵向零序电压的整定值；

K_{rel}——可靠系数，一般取 1.2 ~ 1.5；

$U_{0.\max}$——区外不对称短路时最大不平衡电压。

运行经验表明，纵向零序电压的整定值一般可取 2.5 ~ 3 V。

8.2.4　发电机定子绕组单相接地保护

定子绕组单相接地是发电机最常见的故障之一，主要是由定子绕组与铁芯间的绝缘被破坏所致。由于发电机中性点一般为不接地或经高阻抗接地，所以定子绕组发生单相接地短路时没有大的故障电流，但往往会进一步引发相间短路或匝间短路。

发电机在系统中的地位重要、造价昂贵，且结构复杂、检修困难，所以对定子单相接地电流的大小和保护性能提出了严格的要求。具体要求如下：

(1) 单机容量为 100 MW 以下发电机，应装设保护区不小于 90% 的定子接地保护；100 MW 及以上的发电机，要求装设保护区为 100% 的定子接地保护。

(2) 保护区内发生带过渡电阻接地故障时保护应有足够高的灵敏系数。

(3) 暂态过电压数值大小，不威胁发电机的安全运行。

根据故障接地电流的大小，发电机发生接地故障后可能有不同的处理方式：

(1) 当接地电流小于安全电流时，保护可只发信号，经转移负荷后平稳停机，以避免突然停机对发电机组与系统的冲击。

(2) 当接地电流较大时，为保障发电机的安全，应当立即跳闸停机。

我国一般规定，当接地电流小于 5 A 时，保护可只发信号，当接地电流大于 5 A 时，为保障发电机的安全，应当立即跳闸停机。现代大型发电机中，中性点常采用经高阻抗接地方式，以限制发电机单相接地时的暂态过电压破坏定子绕组绝缘，但另一方面却人为地增大了故障电流。因此，大型发电机单相接地保护设计时，规定接地保护应能动作于跳闸，并可根据运行要求退出跳闸压板，使接地保护仅动作于信号。

8.2.4.1　**发电机定子绕组单相接地的特点**

发电机内部单相接地具有一般不接地系统单相接地短路的特点,流经接地点的电流仍为发电机所在高压网络(与发电机直接联系的各元件)对地电容电流之总和。

如图 8-9 所示,假设发电机每相对地电容为 C_{0G},并集中于发电机端;发电机以外同电压级网络每相对地等效电容为 C_{0S};发电机 A 相在距离定子绕组中性点 α 处(α 表示由中性点到故障点的绕组匝数占全部绕组匝数的百分数)发生金属性定子绕组单相接地故障。此时发电机中性点将发生位移,并同时产生零序电压。

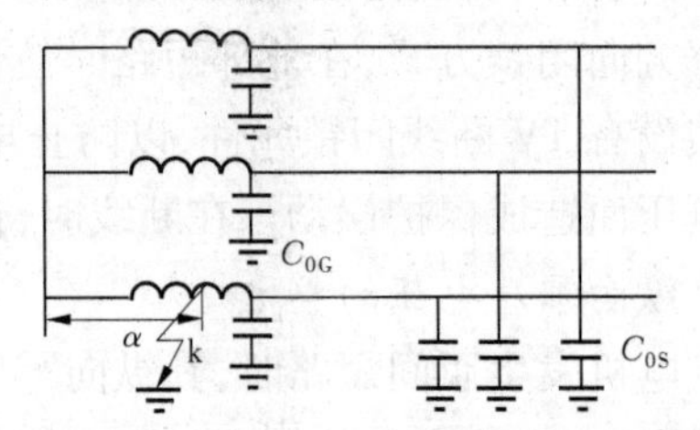

图 8-9　发电机定子绕组单相接地时的电路图

故障点各处各相对地电压为

$$\left.\begin{aligned}\dot{U}_{Ak} &= 0\\ \dot{U}_{Bk} &= \alpha\dot{E}_B - \alpha\dot{E}_A\\ \dot{U}_{Ck} &= \alpha\dot{E}_C - \alpha\dot{E}_A\end{aligned}\right\} \tag{8-7}$$

因此,故障点处的零序电压为

$$\dot{U}_{k0} = \frac{1}{3}(\dot{U}_{Ak} + \dot{U}_{Bk} + \dot{U}_{Ck}) = -\alpha\dot{E}_A \tag{8-8}$$

可见,故障点的零序电压将随着故障点的位置不同而不同。

实际上当发电机内部发生单相接地时,是无法直接获得故障点零序电压 $\dot{U}_{k0}$ 的,而只能借助于机端的电压互感器来进行测量。若忽略各相电流在发电机内阻抗上的压降,则发电机机端各相对地电压分别为

$$\left.\begin{aligned}\dot{U}_A &= \dot{E}_A - \alpha\dot{E}_A\\ \dot{U}_B &= \dot{E}_B - \alpha\dot{E}_A\\ \dot{U}_C &= \dot{E}_C - \alpha\dot{E}_A\end{aligned}\right\} \tag{8-9}$$

由此可得发电机机端零序电压为

$$\dot{U}_0 = \frac{1}{3}(\dot{U}_A + \dot{U}_B + \dot{U}_C) = -\alpha\dot{E}_A \tag{8-10}$$

式(8-9)和式(8-10)表明发电机发生单相接地时,发电机端三相电压是不对称的,接地相电压最低,非接地相电压升高;在中性点附近发生单相接地时,即 $\alpha=0$ 处,零序电压最小,$\dot{U}_0=0$;而在机端发生单相接地时,即 $\alpha=1$ 处,零序电压最大,$U_0=E_{ph}$,达到发电机相电压。发电机机端零序电压与 α 的关系如图 8-10 所示。

8.2.4.2　**零序电压定子绕组接地保护**

在发电机与升压变压器单元连接(发电机变压器组)的发电机上,通常在机端装设反映基波零序电压的定子接地保护,零序电压保护的整定值要躲开正常运行时的不平衡电

压及三次谐波电压。故障点离中性点越近，零序电压越低。当零序电压小于电压继电器的动作电压时，保护不动作，因此该保护存在死区。一般保护动作电压为 5 ~ 10 V，即动作区为 90% ~ 95%。若进一步考虑过渡电阻的影响，则实际动作区将大大缩小。其逻辑框图如图 8-11 所示。同时也可利用中性点的零序电压与机端零序电压共同构成综合式 $3U_0$ 定子接地保护。此时中性点的零序电压可用于判别 TV 断线，如图 8-12 所示。

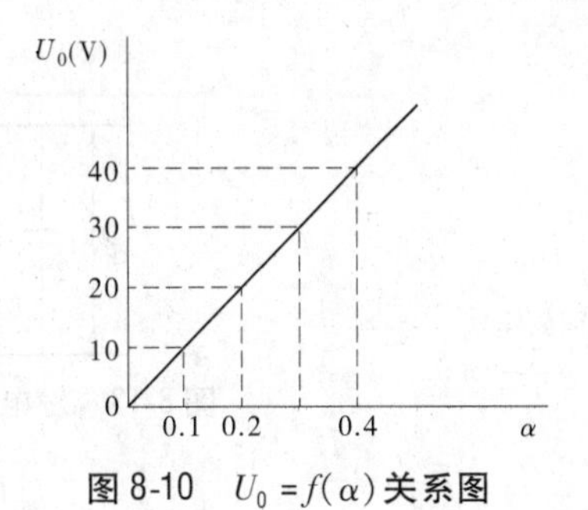

图 8-10 $U_0 = f(\alpha)$ 关系图

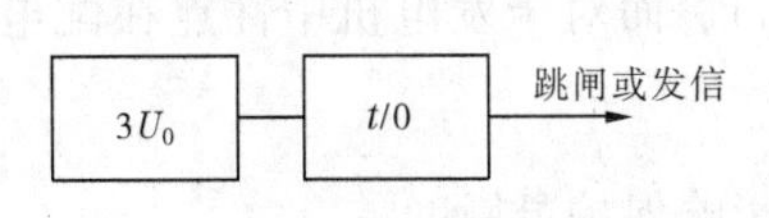

图 8-11 零序电压定子绕组接地保护逻辑框图

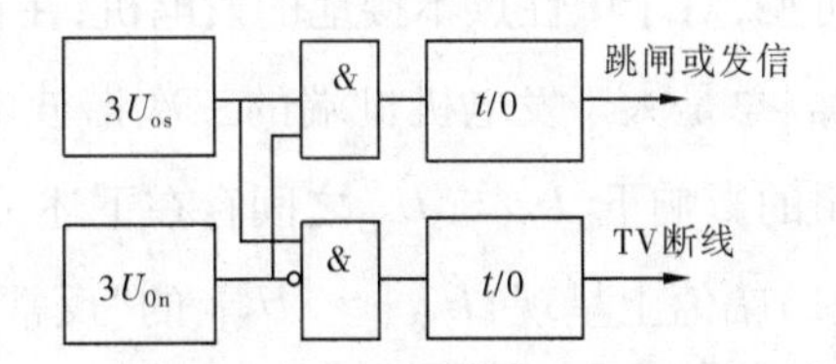

图 8-12 综合式 $3U_0$ 定子接地保护逻辑框图

8.2.4.3 **双频式定子绕组接地保护**

上述反映基波零序电压的定子绕组接地保护在中性点附近有死区。为了实现 100% 保护区，就要采取措施消除基波零序电压保护的死区。对发电机端三次谐波电压 $\dot{U}_{S3}$ 和中性点三次谐波电压 $\dot{U}_{N3}$ 组合而成的三次谐波电压进行比较而构成的接地保护，可较灵敏地反映中性点附近的单相接地故障。它与基波零序电压定子绕组接地保护共同组成 100% 保护区的定子绕组接地保护，常称为双频式定子绕组接地保护。

1. 三次谐波电动势的特点

由于发电机气隙磁通密度分布不可能完全是正弦形，加之定子铁芯槽口产生一定量的齿谐波及磁饱和的影响，发电机定子绕组感生的电动势中除基波电动势之外，还有百分之几的高次谐波，其中主要是三次谐波电动势，为 2% ~ 10%。

1) 正常运行时发电机机端及中性点的三次谐波电压

如图 8-13 所示，假定将发电机定子绕组每相对地电容等效地集中在发电机的机端 S 和中性点 N，分别为 $\frac{1}{2}C_{0G}$，并将机端引出线、升压变压器、厂用变压器和电压互感器等外接元件对地电容 C_{0S} 也等效地置于机端。在发电机中性点不接地时，其等效网络如图 8-13 所示。由此便可得出机端和中性点的三次谐波电压分别为

$$\left.\begin{aligned}\dot{U}_{S3} &= \frac{C_{0G}}{2(C_{0G}+C_{0S})}\dot{E}_3 \\ \dot{U}_{N3} &= \frac{C_{0G}+2C_{0S}}{2(C_{0G}+C_{0S})}\dot{E}_3\end{aligned}\right\} \tag{8-11}$$

这时，机端三次谐波电压与中性点三次谐波电压之比为

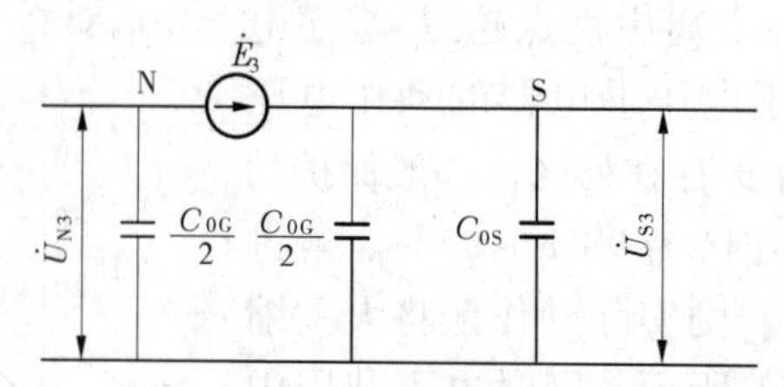

图 8-13　发电机中性点不接地时三次谐波等值电路

$$\frac{|\dot{U}_{S3}|}{|\dot{U}_{N3}|}=\frac{C_{0G}}{C_{0G}+2C_{0S}}<1$$

可见,对于中性点不接地的发电机,在正常运行情况时,发电机中性点的三次谐波电压$|\dot{U}_{N3}|$总是大于发电机机端的三次谐波电压$|\dot{U}_{S3}|$。而对于发电机中性点在配电变压器高阻的影响下,$\dot{U}_{S3}$与$\dot{U}_{N3}$之间存在下述关系:

(1)幅值上呈现$|\dot{U}_{S3}|>|\dot{U}_{N3}|$的"反常"现象,影响保护灵敏度。

(2)相位上不再相同。

2)单相接地故障时发电机机端及中性点的三次谐波电压

发生发电机定子接地故障时,相应的$\dot{U}_{S3}$和$\dot{U}_{N3}$发生变化,设接地发生在距中性点α处,其等值电路如图 8-14 所示。此时不管发电机中性点是否接有消弧线圈,恒有

$$\left.\begin{aligned}\dot{U}_{S3}&=(1-\alpha)\dot{E}_3\\ \dot{U}_{N3}&=\alpha\dot{E}_3\\ \frac{\dot{U}_{S3}}{\dot{U}_{N3}}&=\frac{1-\alpha}{\alpha}\end{aligned}\right\}\tag{8-12}$$

可见,当靠近中性点附近发生接地故障时,$\dot{U}_{N3}$减小,$\dot{U}_{S3}$增大。故障点越靠近中性点,$\dot{U}_{N3}$减小得越多,而$\dot{U}_{S3}$增大得越多,使得当金属性接地点位于靠近中性点的半个绕组($\alpha\leqslant0.5$)区域内时$U_{S3}>U_{N3}$;而若计及过渡电阻的影响,接地故障点只要更靠近中性点依然会有$U_{S3}>U_{N3}$。因此,利用三次谐波电压$\dot{U}_{N3}$与$\dot{U}_{S3}$相对变化的特征可以有效地消除中性点附近的保护死区。

2. 双频式发电机定子绕组单相接地保护

双频式发电机定子绕组接地保护由基波零序电压和三次谐波电压两部分来共同构成100%定子绕组单相接地保护,如图 8-15 所示。利用三次谐波构成的接地保护可以反映发电机定子绕组中$\alpha<50\%$范围内的单相接地故障,并且当故障点越靠近中性点时,保护的灵敏度就越高;利用基波零序电压构成的接地保护则可以反映$\alpha>15\%$范围内的单相接地故障,且当故障点越靠近发电机机端时,保护的灵敏度就越高。

一般零序电压判据和三次谐波判据有各自独立的出口回路,以满足不同场合保护动作的要求。常采用零序电压判据动作于全停或程序跳闸,而三次谐波出口于发信号。

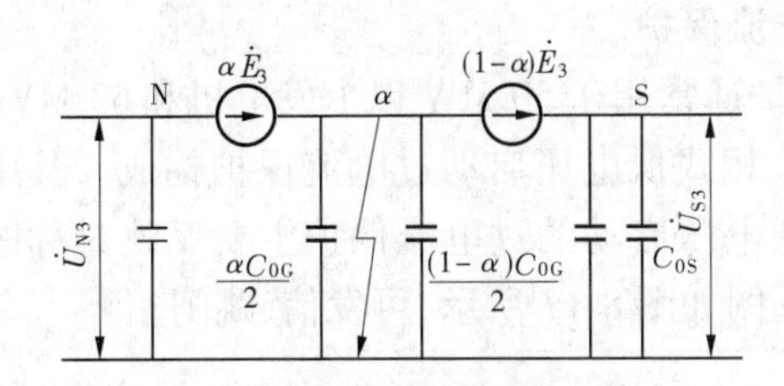

图 8-14 发电机内部单相接地时三次谐波电动势分布等值电路图

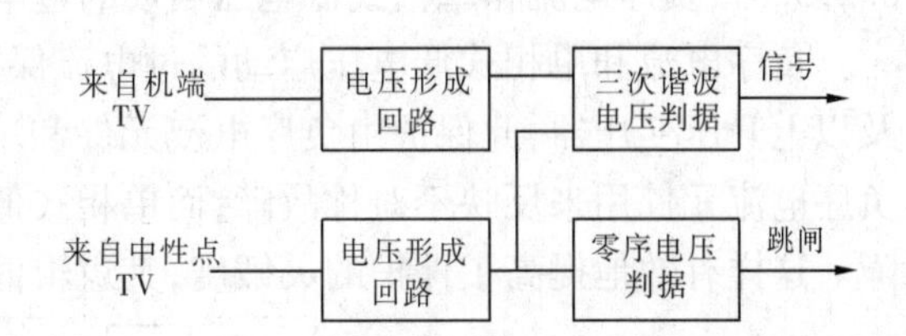

图 8-15 双频式发电机定子绕组单相接地保护逻辑框图

8.2.5 发电机电流、电压保护

常见的相间后备保护有过电流保护、低电压启动过电流保护、复合电压启动过电流保护、负序电流和单相式低电压启动的过电流保护构成的复合过电流保护、低阻抗保护等。不管是发电机或变压器,其后备保护的选型总是首先采用电流、电压型保护;1 MW 以下与其他发电机或与电力系统并列运行的发电机应装设过电流保护;大型机组的后备保护常采用后三种保护方式,其动作时限宜带有两段时限,以较短的时限动作于缩小故障影响的范围或动作于解列,以较长延时动作于停机。在发电机后备保护中,电流元件应安装在发电机中性点,电压元件应安装在发电机出口侧。

8.2.5.1 复合电压启动过电流保护带电流记忆

复合电压启动的过电流保护适用于 1 MW 以上的发电机和升压变压器、系统联络变压器以及过电流保护不能满足灵敏度要求的降压变压器。保护反映被保护设备的电压、负序电压和电流大小,由电压元件和电流元件两部分构成,两者构成与门关系。

复合电压启动过电流保护原理在变压器保护中已作介绍,其逻辑框图如图 8-16 所示,可发信或跳闸。

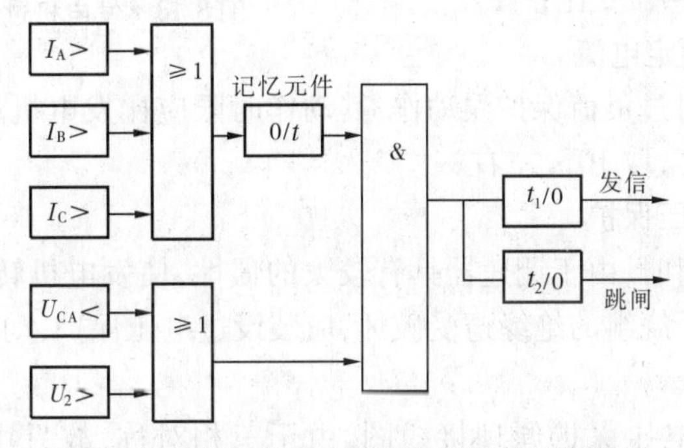

图 8-16 复合电压启动过电流保护逻辑框图

对于自并励发电机而言,当发电机外部发生相间短路时,机端电压下降,励磁电流随之减小,短路电流也随之衰减,在达到整定时间之前,电流元件可能已返回,使保护无法动作。为了解决后备保护延时与衰减电流之间的矛盾,可采用加电流记忆保持,以防止保护装置中途返回,图 8-16 中加装了记忆元件。

8.2.5.2 负序电流和单相式低电压启动的过电流保护

负序电流和单相式低电压启动的过电流保护通常用于50 MW以上发电机和63 MVA及以上升压变压器,此保护由负序电流元件和单相式低电压启动过电流保护构成。其中负序电流元件用来反映不对称故障,而单相式低电压启动的过电流保护主要反映对称故障。这样有效地提高了保护的灵敏度,其逻辑框图如图8-17所示,可发信、跳闸。

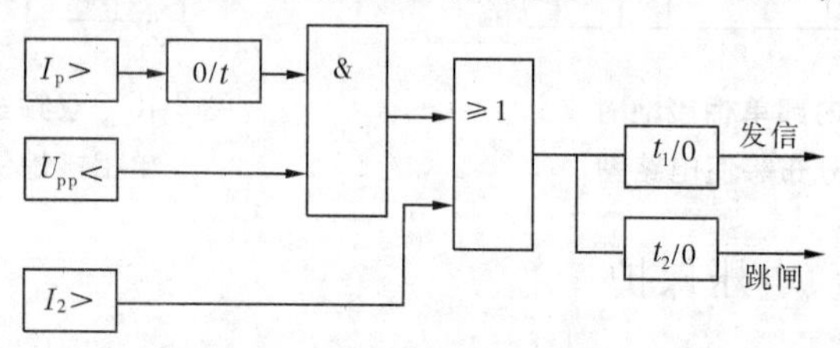

图8-17 负序电流和单相式低电压启动的过电流保护逻辑框图

8.2.5.3 发电机过负荷保护

发电机定子对称过负荷保护由一个过电流继电器KA和一个时间继电器KT组成,如图8-18所示,当出现对称过负荷时,KA动作,启动KT,经整定的延时后发出过负荷信号。通常过负荷保护和过电流保护共用一组电流互感器。

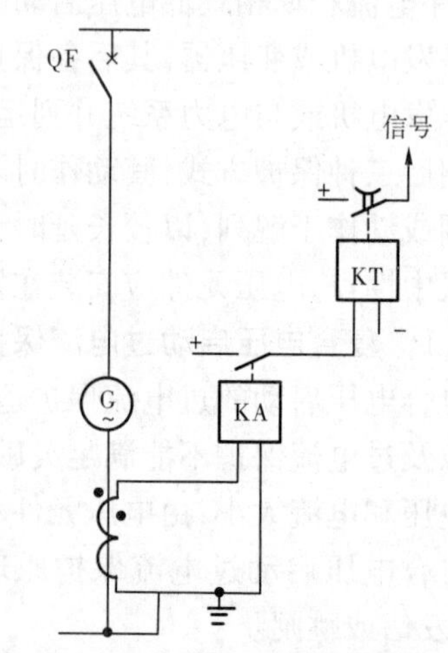

图8-18 发电机过负荷保护原理接线图

电流继电器KA的动作电流按下式整定:

$$I_{op.r}=\frac{K_{rel}I_N}{K_{re}n_{TA}} \tag{8-13}$$

式中 K_{rel}——可靠系数,取为1.05;

K_{re}——返回系数,取为0.85;

n_{TA}——电流互感器变比;

I_N——发电机额定电流。

为防止外部短路时过负荷保护误动作,其动作时限应比发电机过电流保护的动作时限大一个时限级差,通常取10 s左右。

8.2.5.4 发电机过电压保护

发电机突然甩负荷时,由于调速器具有较大的惯性,使发电机转速升高,机端电压升高。为防止发电机定子绕组的绝缘遭受破坏,应装设过电压保护,动作于断开发电机断路器、灭磁开关及停机。

图8-19所示为过电压保护原理接线图,由于三相对称,故只用一个过电压继电器KV,接在机端电压互感器TV的二次侧,发生过电压时,经一定延时跳开发电机断路器和灭磁开关以及作用于停机,同时发出过电压保护动作的信号。

保护装置的动作电压可根据定子绕组情况决定,对水轮发电机一般动作电压为(1.5~1.7)U_N,U_N为发电机额定线电压。动作时限为0.3~0.5 s,以防止励磁系统振荡引起保护误动作和考虑给自动励磁调节器进行强行减磁控制电压上升的时间。

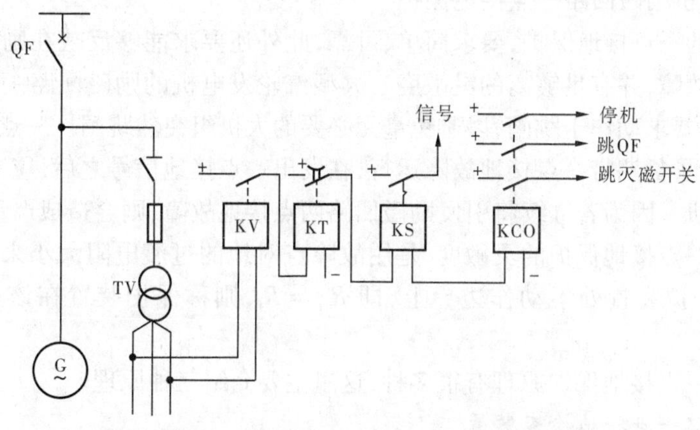

图 8-19　发电机过电压保护原理接线图

8.2.6　励磁回路接地故障

8.2.6.1　励磁回路接地故障分析

发电机励磁回路的故障除了失磁故障外,还包括励磁绕组的一点接地和两点接地故障。

1. 励磁回路接地故障危害

发电机转子一点接地故障是发电机比较常见的故障。由于正常运行时,励磁回路与地之间有一定的绝缘电阻,转子发生一点接地故障时,不会形成故障电流的通路,对发电机不会产生直接危害。但是,当一点接地之后,若再发生第二点接地时,即形成了短路电流的通路,这时不仅可能把励磁绕组和转子烧坏,还可能引起机组强烈振动,将严重威胁发电机的安全。其危害主要表现在以下几个方面:

(1)部分绕组中将由于过电流而过热,烧坏转子本体及励磁绕组。

(2)由于部分励磁绕组被短接,高速旋转的转子励磁电流分布不均,从而和定子三相电流形成不对称电磁力,破坏了气隙磁通的对称性,引起发电机剧烈振动,可能使转子发生机械损坏。

2. 保护的装设原则

(1)水轮发电机应装设励磁回路一点接地保护,1 MW 及以上的水轮发电机一点接地后,保护动作于信号,值班人员接到信号后,立即安排转移负荷和停机检修;1 MW 以下的一点接地故障采用定期检测装置,发现一点接地后,立即停机。由于结构上的原因,水轮发电机的励磁回路一点接地是不允许的,因此一点接地后应安排停机;因一点接地后不允许运行,所以水轮发电机一般不装设两点接地保护。

(2)汽轮发电机应装设励磁回路一点接地保护,动作于信号,但允许发电机继续运行一段时间。当一点接地后,又出现新的接地点,即形成两点接地时,保护应动作于停机,故应装设两点接地保护;对 100 MW 及以下容量的发电机装设一点接地定期检测装置,发现一点接地后,投入两点接地保护;对于 100 MW 以上的大容量发电机,应装设一点接地保护(带时限动作于信号)和两点接地保护(带时限动作于跳闸)。

8.2.6.2 发电机励磁回路一点接地保护

励磁回路的一点接地保护，要求简单、可靠，此外还要求能够反映在励磁回路中任一点发生的接地故障，并有足够高的灵敏度。大型汽轮发电机的励磁回路一点接地故障无直接危害，可不要求动作于跳闸，以避免毫无必要的大机组突然跳闸。一点接地保护动作于信号，不是为了长期带一点接地故障运行，在发出一点接地信号之后，应当转移负荷，尽快安排机组停机。因为若继续将引发励磁回路两点接地故障，则会造成严重后果。

励磁回路一点接地保护的灵敏度，是用故障点对地的过渡电阻大小来定义的。若过渡电阻为R_f，保护装置处于动作边界上，即 $R_{op}=R_f$，则称保护装置在该点的灵敏度为$R_f(\Omega)$。

励磁回路一点接地保护原理有很多种，这里主要介绍三种原理。

1. 励磁回路一点接地检查装置

对于容量在 1 MW 以下的水轮发电机和容量在 100 MW 以下的汽轮发电机，均要装设定期检测装置，用以监视绕组对地的绝缘状况。最简单的检测方法是定期检测励磁回路正、负极对地电压的大小，其原理接线如图 8-20 所示。它由两块电压表 PV1、PV2 组成。

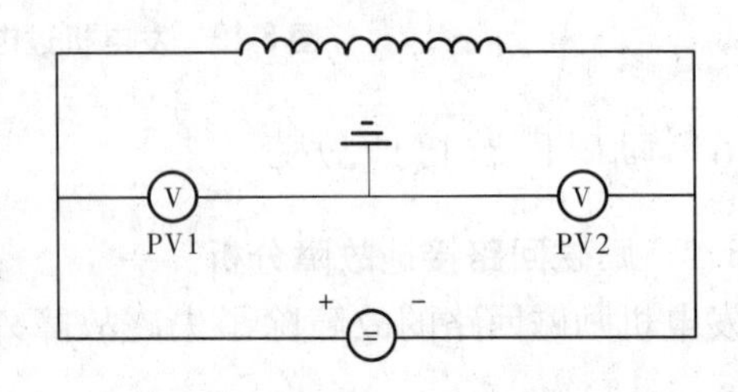

图 8-20 励磁回路一点接地定期检测装置

若U_E 为励磁电压，U_1 为正极对地电压，U_2 为负极对地电压，R_1、R_2 为正、负对地绝缘电阻，则

$$U_1=\frac{R_1}{R_1+R_2}U_E \tag{8-14}$$

$$U_2=\frac{R_2}{R_1+R_2}U_E \tag{8-15}$$

若$R_1=R_2$，则$U_1=U_2=0.5U_E$，表示励磁回路正常；若 $R_1\neq R_2$，则$U_1\neq U_2$，设电压偏移为 ΔU，则

$$U_1=0.5U_E+\Delta U \tag{8-16}$$

$$U_2=0.5U_E-\Delta U \tag{8-17}$$

$$\Delta U=\frac{U_1-U_2}{2}=\frac{R_1-R_2}{2(R_1+R_2)}U_E \tag{8-18}$$

可见励磁回路发生了一点接地或绝缘水平降低时，励磁绕组中点将移动，移动的多少与绝缘水平下降的程度有关，其电压偏移从数值上看与绝缘电阻差成正比。

显然，当接地故障发生在绕组中部时，虽然发生了一点接地，但两极绝缘电阻仍然相等，则检测装置不能发现故障，即存在“死区”。所以，对大型机组必须装设其他原理的一点接地保护装置。

2. 叠加直流方法

采用新型的叠加直流方法，叠加电压 50 V，内阻大于 50 kΩ。利用微机智能化测量，克服了传统保护中绕组正负极灵敏度不均匀的缺点，能准确地计算出转子对地的绝缘电阻值，范围可达 200 kΩ，如 DGT801 数字发电机变压器保护便采用此种原理。转子无电压

时，保护并不失去作用。保护引入转子负极与大轴接地线，如图8-21所示。K接通时，电流为

$$i = i_1 = \frac{U'_E + 50}{R_f + 30} \qquad (8\text{-}19)$$

K断开时，电流为

$$i = i_2 = \frac{U'_E + 50}{R_f + 60} \qquad (8\text{-}20)$$

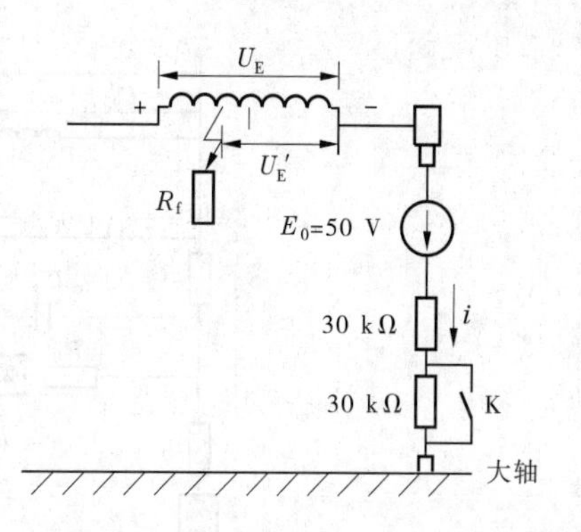

图8-21　发电机转子一点接地保护原理图

通过测量获得的i_1、i_2，便可计算转子接地电阻R_f，且$R_f = \dfrac{60i_2 - 30i_1}{i_1 - i_2}$。发电机转子一点接地保护逻辑框图如图8-22所示。

R_f → $t/0$ → 发信或跳闸

图8-22　发电机转子一点接地保护逻辑框图

3. 切换采样式一点接地保护

切换采样式一点接地保护原理图如图8-23所示，其中RC网络的接线如图8-24所示。图中R_f表示励磁绕组LE一点接地的过渡电阻；电容C_1、C_2、C_3用来滤去谐波电流和干扰信号对保护装置的影响；$R_1 \sim R_4$及R_C组成采样网络，用切换开关$S_1 \sim S_3$来改变该网络的接线。由于存在LE的对地电容及$C_1 \sim C_3$，在分别接通S_1、S_2和S_3时，必有较大的暂态电流，因此在分别接通S_1、S_2或S_3时，不能立即测定电流I_1、I_2或I_3，这些电流的测定应在S_1、S_2或S_3断开前瞬间（暂态已近衰减完毕）进行。当$R_1 = R_3 = R_a$及$R_2 = R_4 = R_b$时，有

$$I_1 = \frac{U'_E}{R_a + R_b + R_f}$$

$$I_2 = \frac{U_E}{2R_a + R_c}$$

$$I_3 = \frac{U''_E}{R_a + R_b + R_f}$$

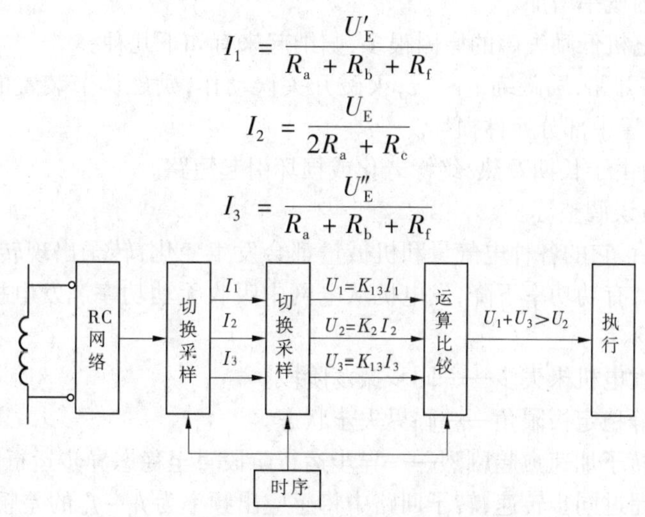

图8-23　切换采样式一点接地保护原理图

由于$U_1 = K_{13}I_1$、$U_2 = K_2I_2$、$U_3 = K_{13}I_3$，当未发生接地故障时，$R_f = \infty$或很大，所以有$U_1 + U_3 < U_2$；当发生接地故障时，$R_f = 0$或很小，则$U_1 + U_3 \geqslant U_2$。

由以上整理可得，其动作条件为

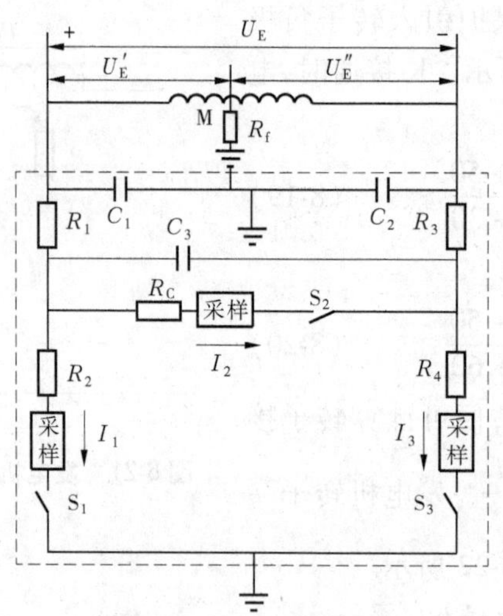

图 8-24　RC 网络接线图

$$R_f \leqslant \frac{K_{13}}{K_2}(2R_a + R_c) - (R_a + R_b) \tag{8-21}$$

在以上两种原理的讨论中,都不考虑电子开关切换过程中 R_f 的变化,即 R_f 为常数。

8.2.7* 低励失磁保护

8.2.7.1 发电机失磁原因及危害

失磁保护也称为低励失磁保护。所谓低励失磁是指发电机部分或全部失去励磁。低励失磁是发电机常见的故障形式之一。特别是对于大型机组,励磁系统的环节比较多,使发生低励和失磁的概率增加。

造成同步发电机低励失磁的原因很多,归纳起来有如下几种:

(1)励磁回路开路,励磁绕组断线,灭磁开关误动作,励磁调节装置的自动开关误动作,晶闸管励磁装置中部分元件损坏。

(2)励磁绕组由于长期发热,绝缘老化或损坏引起短路。

(3)运行人员误调整等。

发电机失磁后,它的各种电气量和机械量都会发生变化,转子出现转差,定子电流增大,定子电压下降,有功功率下降,发电机从电网中吸收无功功率。发电机失磁后的功率变化如图 8-25 所示:

(1)$\delta < 90°$,发电机未失步——同步振荡阶段。

(2)$\delta = 90°$,静稳定极限角——临界失步状态。

(3)$\delta > 90°$,转子加速愈趋剧烈——异步运行阶段直至稳态异步运行阶段。

此时发电机超过同步转速,转子回路中将感应出频率为 $f_G - f_s$ 的差频电流(f_G 为发电机转速的频率,f_s 为系统频率)。该电流将产生异步功率,进而使发电机进入稳态的异步运行阶段。

发电机失磁将危及发电机和系统的安全,其危害主要表现在以下几个方面:

(1)对电力系统来说,低励或失磁的发电机从电力系统中吸取无功,若电力系统中无

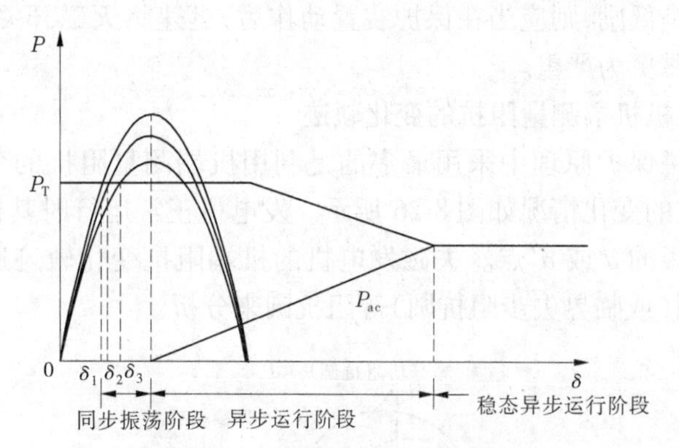

图 8-25　发电机失磁后的功率变化

功功率储备不足，将使电力系统中邻近的某些点的电压低于允许值，进而可能导致电力系统因电压崩溃而瓦解。发电机的额定容量越大，在低励或失磁时引起的无功功率缺额越大。电力系统的容量越小，则补偿这一无功功率缺额的能力越小。因此，发电机的单机容量与电力系统总容量之比越大时，对电力系统的不利影响就越严重。

(2)对电力系统中的其他发电机而言，在自动调整励磁装置的作用下，当一台发电机发生低励或失磁后，由于电压下降，将增加其无功输出，从而使某些发电机、变压器或线路过电流，其后备保护可能因过电流而动作，使故障的波及范围扩大。

(3)对发电机本身来说，低励和失磁产生的不利影响，主要表现在以下几个方面：

①由于出现转差，转子回路中产生差频电流，将使转子过热。特别是对于600 MW及以上的大型机组，其热容量裕度相对降低，转子更容易过热。

②低励或失磁的发电机进入异步运行之后，发电机的等效电抗降低，从电力系统中吸收的无功功率增加。在重负荷下失磁后，过电流将使发电机定子过热。

③对于大型汽轮发电机，其平均异步转矩的最大值较小，惯性常数也相对降低，转子在纵轴和横轴方面也呈现较明显的不对称。因此，在重负荷下失磁后，这种发电机的转矩、有功功率要发生剧烈的周期性摆动，转差也作周期性变化，发电机周期性地严重超速，进而威胁着机组的安全。

④低励或失磁运行时，定子端部漏磁增强，将使端部的部件和边段铁芯过热。

由于发电机低励或失磁对电力系统和发电机本身的上述危害，根据《规程》规定，“100 MW以下但失磁对电力系统有重大影响的发电机和100 MW以上的发电机，应装设专用的失磁保护。对600 MW及以上的发电机可装设双重化的失磁保护”。

失磁对电力系统和发电机本身的危害，并不像发电机内部短路那么直接；同时对于大型汽轮发电机，突然跳闸可能会给机组本身及其辅助机组及电力系统造成很大的冲击。因此，失磁后可根据监视母线电压的情况确定动作时间，当电压低于允许值时，为防止电压崩溃，应迅速将发电机切除。当电压高于允许值时，允许机组短路时运行，此时首先切换励磁电源，迅速降低原动机出力，并检查造成失磁的原因。若能予以消除，使机组恢复正常运行，以减少不必要的事故停机；如果在发电机允许的时间内，不能消除造成失磁的原因，则再由保护装置或人为操作停机。运行实践证明，这是一种合理的方法。当前我国的电力系统中，100～300 MW的大型机组，有多个在失磁之后采用上述方法而避免了切机的成功实例。若是低励，则应当在保护装置动作后，迅速将灭磁开关跳闸，这是因为低励产生的危害比失磁更为严重。

8.2.7.2 失磁发电机机端测量阻抗的变化轨迹

当前国内外失磁保护原理中采用最多的是利用机端测量阻抗的变化。发电机失磁后，其机端测量阻抗的变化情况如图 8-26 所示。发电机正常运行时其机端测量阻抗位于阻抗复平面第一象限的 a 或 a' 点。失磁发电机的机端阻抗变化轨迹通常采用等有功阻抗圆、等无功阻抗圆（或临界失步阻抗圆）等阻抗圆来分析。

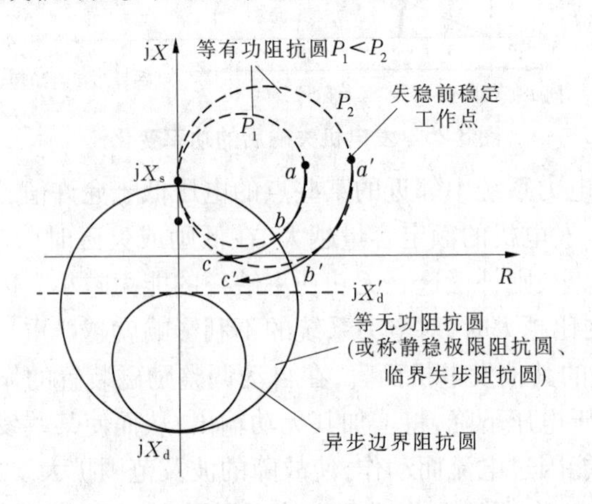

图 8-26 失磁后的发电机机端测量阻抗的变化情况

1. 失磁初始阶段（失磁后到失步前，$\delta < 90°$）

由于失磁发电机在同步振荡过程中（失步前）的一段时间里有功功率基本不变，系统电压的变化也不明显，在讨论阻抗变化轨迹时，可以假设它们为恒定不变，因此称为等有功过程。此时失磁发电机的机端测量阻抗为

$$Z_G = \frac{\dot{U}_G}{\dot{I}_G} = \frac{\dot{U}_s + \dot{I}_G jX_s}{\dot{I}_G} = jX_s + \frac{\dot{U}_s \hat{U}_s}{\dot{I}_G \hat{U}_s}$$

$$= jX_s + \frac{U_s^2}{P - jQ} = \frac{U_s^2}{2P} \frac{P - jQ + P + jQ}{P - jQ} + jX_s$$

$$= \frac{U_s^2}{2P}\left(1 + \frac{\omega e^{j\varphi}}{\omega e^{-j\varphi}}\right) + jX_s \tag{8-23}$$

式中 $\dot{U}_G$——发电机机端电压；

$\dot{U}_s$——系统电压；

$\dot{I}_G$——发电机定子电流；

X_s——发电机与系统间的联系阻抗；

P——发电机发出的有功功率；

Q——发电机吸收的无功功率。

$$\varphi = \arctan \frac{Q}{P}$$

φ——发电机的功率角。

机端测量阻抗是一个圆心为$\left(\frac{U_s^2}{2P},jX_s\right)$,半径为$\frac{U_s^2}{2P}$的圆的方程,因其是在有功功率不变的条件下得出的,因此称为等有功阻抗圆,如图8-26所示。可见,在此过程中发电机测量阻抗有如下特点:

(1)机端阻抗的轨迹与送至系统的有功功率有密切关系,对应不同的有功功率P,有不同的等有功阻抗圆,P越小,圆的直径越大。

(2)发电机正常向系统送有功功率和无功功率时,φ为正,测量阻抗在第一象限;发电机失磁后,无功功率由正变负,φ逐渐由正变负,测量阻抗也逐渐向第四象限过渡,失磁前发电机送出的有功功率越大,进入第四象限的时间就越短。

(3)等有功阻抗圆的圆心坐标与系统阻抗有关,在同一有功功率下,不同的X_s较大(即机组离系统较远),圆心坐标上移,测量阻抗进入第四象限较迟。

从上述讨论可知,失磁发电机的机端测量阻抗的轨迹,最终都是向第四象限移动,而且在一般情况下,失步后的阻抗轨迹最终将稳定在第四象限内。通常,失磁前发电机带的有功功率越大,失磁异步运行的滑差就越大,测量阻抗进入第四象限的速度就越快。

2. 临界失步点($\delta=90°$)

对于汽轮发电机组,当$\delta=90°$时发电机处于静态稳定的临界状态,故称为临界失步点。此时发电机自系统吸收无功功率,且Q为一常数,故临界失步点也称为等无功点。随着失磁前P的不同,在临界失步点机端测量阻抗在阻抗复平面上的轨迹也是一个圆,如图8-26所示。圆心坐标为$\left(0,-\frac{X_d-X_s}{2}\right)$,半径为$\frac{X_d-X_s}{2}$,称为等无功阻抗圆(也称为临界失步阻抗圆或静稳极限阻抗圆)。

由上述分析可见,发电机正常运行时,其机端测量阻抗位于阻抗复平面第一象限的a点,如图8-26所示;失磁后,其机端测量阻抗沿等有功阻抗圆向第四象限变化;临界失步时达到等有功阻抗圆与等无功阻抗圆的交点——b点,随即便进入等无功阻抗圆内,并最终稳定运行在c点附近。

8.2.7.3　发电机失磁保护的判据

失磁保护的判据一般由发电机机端测量阻抗判据、变压器高压侧三相同时低电压判据、定子过电流判据等构成。

(1)发电机机端测量阻抗判据。阻抗整定边界常为静稳边界阻抗圆或异步边界阻抗圆,但也可以为其他形状。

(2)变压器高压侧三相同时低电压判据。为防止因电压严重下降而使系统失去稳定,还需监视高压侧母线电压,以防止母线电压降到不能维持系统稳定运行的水平。

(3)定子过电流判据。该判据用以判断失磁后机组运行是否安全。

除此以外,为了进一步防止系统振荡及区外故障可能引起的保护误动,还可以引入辅助判据和闭锁措施。

(1)转子低电压。该判据可以较早地发现发电机是否失磁,从而在发电机尚未失去稳定之前及早采取措施以防止事故的扩大。同时利用励磁电压的下降,可以区分外部短路、系统振荡及发电机失磁，当发电机失磁时励磁电压及励磁电流均要下降。但是，在外部短路、系统振荡过程中，励磁电压及电流不但不会下降，反而会因强励作用而上升。

(2)不出现负序分量。发生失磁故障时，三相定子回路仍然是对称的，不会出现负序分量。但是，在短路或由短路引起的振荡过程中，总会短时地或在整个过程中出现负序分量。因此，可用负序分量作为辅助判据，以鉴别失磁故障与短路或伴随短路的振荡过程。

(3)利用延时躲过振荡。在系统振荡过程中，由机端所测得的振荡阻抗的轨迹可能只是短时穿过失磁保护阻抗测量元件的动作区，而不会长期停留在动作区内。这是失磁过程不同于其他的特点，因此可用延时躲过振荡。

(4)电压回路断线闭锁。当供电给失磁保护的电压互感器一次侧或二次侧发生断线时，失磁保护的阻抗测量元件、低电压元件均会误动作。因此，应设置电压回路断线闭锁元件。当电压回路发生断线时将保护装置解除工作。

此外，自同期过程是失磁的逆过程。当合上出口断路器时，机端测量阻抗的端点位于异步边界阻抗圆边界以内，不论用哪种整定条件，都会使失磁保护误动作。随着转差的下降及同步转矩的增长，机端测量阻抗的端点将逐步滑出动作区，最终稳定运行在第一象限内，此时继电器可以返回。自同期属于正常操作过程，因此采取在自同期过程中将失磁保护闭锁的方法来防止保护误动作。

8.2.7.4 失磁保护构成方案

如图 8-26 所示，以静稳极限阻抗圆判据为例来说明失磁保护原理构成。该保护方案体现了这样一个原则：发电机失磁后，电力系统或发电机本身的安全运行遭到威胁时，将故障的发电机切除，以防止故障的扩大；在发电机失磁对电力系统或发电机的安全不构成威胁时，则尽可能推迟切机，运行人员可及时排除故障，避免切机。

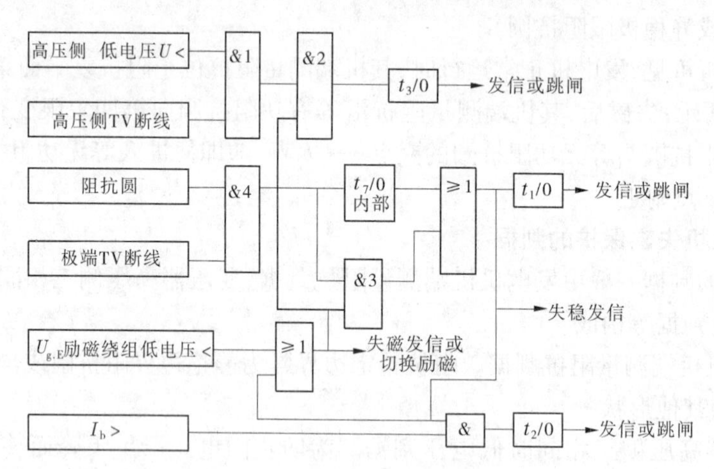

图 8-27 发电机失磁保护逻辑框图

对于无功储备不足的系统，当发电机失磁后，有可能在发电机失去静态稳定之前，高压侧电压就达到了系统崩溃值。所以，转子低电压判据满足并且高压侧低电压判据满足时，说明发电机的失磁已造成了对电力系统安全运行的威胁，经“与 2”电路延时 $t_3=0.25$ s 发出跳闸命令，迅速切除发电机。设置 t_3 的目的是：部分失磁且失步之后，由于仍有同步

功率,故有功功率周期性波动较大,电压也可能周期性波动,而低于高压侧低电压整定值,此时电压并未真正降到崩溃电压,不应跳闸。

转子低电压判据满足并且静稳边界判据满足,经"与3"电路发出失稳信号。此信号表明发电机失磁导致失去了静态稳定。当转子低电压判据在失磁中拒动,失稳信号由静稳边界判据产生。在系统振荡时,阻抗轨迹可能进入保护动作区,但为断续性的,持续时间一般在1 s以内,故设置 t_7 延时,通常整定为1~1.5 s,目的是躲开振荡的影响,同时也可避开外部短路可能引起的误动作。

8.2.8* 发电机—变压器组继电保护

8.2.8.1 发电机—变压器组主接线方案

对于大型坑口火电厂、水电站和对安全要求极高的核电站,往往远离负荷中心,除少量近区负荷外,绝大部分功率都经升压变压器送入系统,这类电站通常将发电机与变压器接成发电机—变压器组的接线,其接线可分为单元接线和扩大单元接线。单机容量较大的往往采用前者,单机容量小的多机组电站则采用后者,以节省投资和简化主接线。图8-28示出了发电机—变压器组单元接线的各种接线方案,图8-29为发电机—变压器组扩大单元接线的各种接线方案。

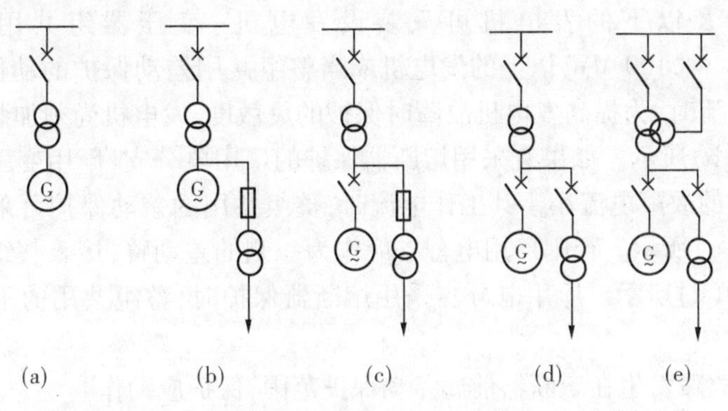

图8-28　发电机—变压器组单元接线的一次方案图

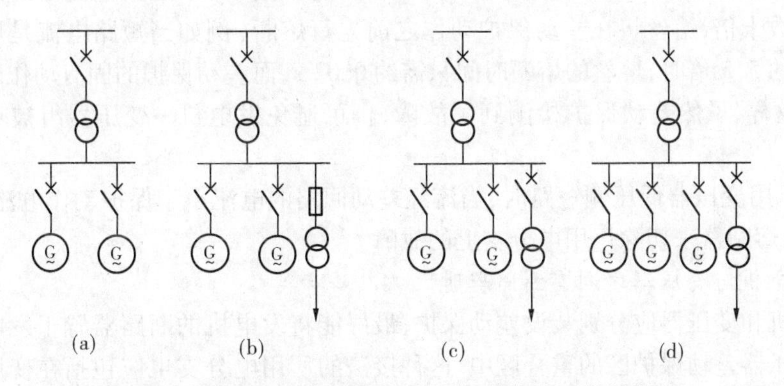

图8-29　发电机—变压器组扩大单元接线的一次方案图

8.2.8.2 发电机—变压器组保护的配置

(1)变压器瓦斯保护。

(2)发电机—变压器组差动保护。

(3)复合电压启动过电流保护或负序电流保护。

(4)发电机匝间短路保护。

(5)升压变压器高压侧零序保护。

(6)定子单相接地保护。

(7)转子一点接地保护。

(8)过电压保护。

(9)失磁保护。

(10)对称过负荷保护。

(11)变压器温度保护。

(12)变压器冷却系统故障保护。

由上述发电机—变压器组保护的配置可知,基本上综合了发电机和变压器各自的保护配置,只是由于发电机—变压器组相当于一个工作元件,故某些类型相同的保护应该全组公用。下面从四个方面来说明其特点。

1. 纵联差动保护的特点

1)发电机与变压器之间无断路器时

对100 MW及以下的发电机可只装设发电机—变压器组共用差动保护,如图8-30(a)所示。对100 MW以上的发电机或当整组共用差动保护的动作电流大于1.5倍发电机额定电流时,为提高发电机故障时保护的灵敏度,发电机尚须加装一套纵联差动保护,如图8-30(b)所示。如果有采用熔断器保护的厂用电分支,厂用变压器低压侧短路时流入差动保护的故障电流小于其工作电流时,整组共用的差动保护可采用不完全差动接线,如图8-30(c)所示。否则厂用电分支应作为一侧的差动臂,接入整组共用的差动回路中,如图8-30(d)所示。厂用电分支采用熔断器保护时,整组共用的不完全差动保护有如下特点:

(1)当短路故障发生在熔断器前属差动保护范围,保护应动作。

(2)当短路故障发生在熔断器与厂用变压器之间时,由于短路电流是熔断器熔丝额定电流的数十倍,熔丝将在差动保护动作之前先行熔断(例如当短路电流是熔断器熔丝额定电流的5.5倍时,熔丝的熔断时间只需约0.02 s,而差动保护的固有动作时间则约为0.1 s)。这样,虽然差动保护检测到了故障,仍可避免发电机—变压器组被不必要地切除。

(3)厂用变压器低压侧短路时,当流经差动回路的电流小于保护动作电流时,保护不会误动,由熔断器来切除厂用电分支上的故障。

2)发电机与变压器之间有断路器时

发电机和变压器应分别装设差动保护,最好能将发电机的断路器置于发电机差动保护区和变压器差动保护区的重叠区中,这种接法的厂用电分支也应包括在变压器的纵联差动保护范围内,如图8-31(e)和图8-31(a)所示。这时分支线上电流互感器的变比应与发电机回路的电流互感器变比相同。在采用扩大单元接线时,为简化变压器差动保护接线,也可不设发电机和变压器差动保护的重叠区,但这种接法只能由发电机—变压器的后

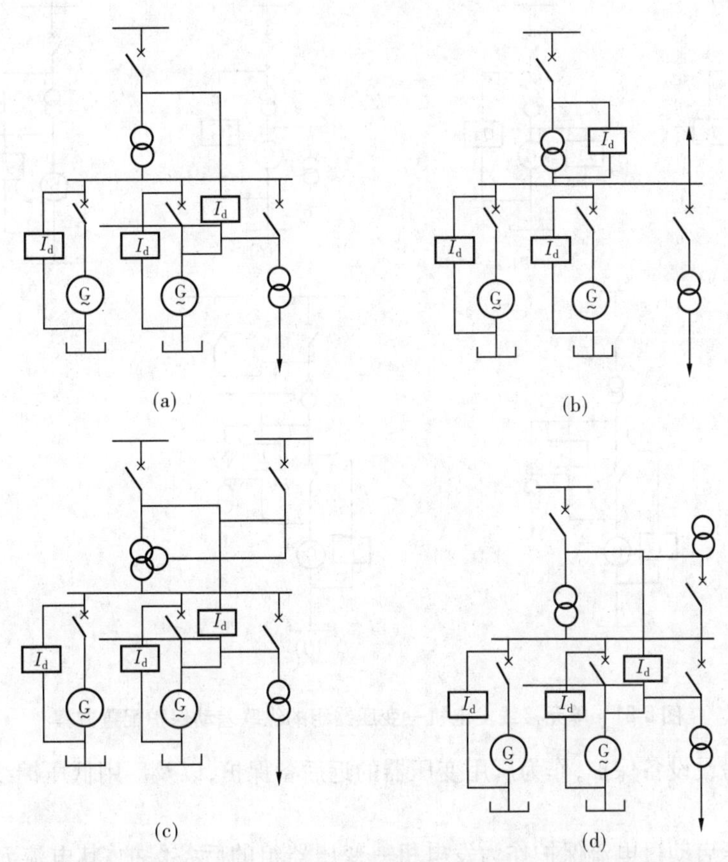

图 8-30　扩大单元接线发电机—变压器组的纵联差动保护配置方案

备保护来切除两者差动保护重叠区外发生的短路故障，而厂用电分支需另设主保护（如电流速断保护）和后备保护，如图 8-31（b）所示。如果主变压器是三绕组，则增加一侧差动臂，如图 8-31（c）和图 8-31（f）所示。如果有近区用电分支，亦应接入变压器差动回路，如图 8-31（d）所示。

虽然三绕组变压器各侧绕组的额定容量不一定相同，而发电机和厂用变压器的额定容量又比主变压器的额定容量小，但当共同构成纵联差动保护时，为实现正常运行或区外故障时总差动回路中的电流平衡，凡是接入主变压器差动保护各差动臂的电流互感器，其二次额定电流应按主变压器额定容量的 100% 进行计算。

2. 相间短路后备保护的特点

无论发电机与主变压器之间有无断路器，发电机—变压器组的相间短路后备保护都是作为发电机和主变压器的近后备保护，以及其相邻元件（包括高压输电线路、近区变压器和厂用变压器等）的远后备保护。

对于发电机—双绕组变压器组，通常利用发电机后备保护，不再在主变压器低压侧另设后备保护，在发电机与主变压器之间有断路器，而且有采用断路器的厂用电分支时，后备保护应有两段时限：以较短的时限跳开主变压器高压侧断路器来切除高压侧的区外故障，保证厂用电的继续供电，以较长的时限断开各侧的断路器和发电机的灭磁开关。厂用

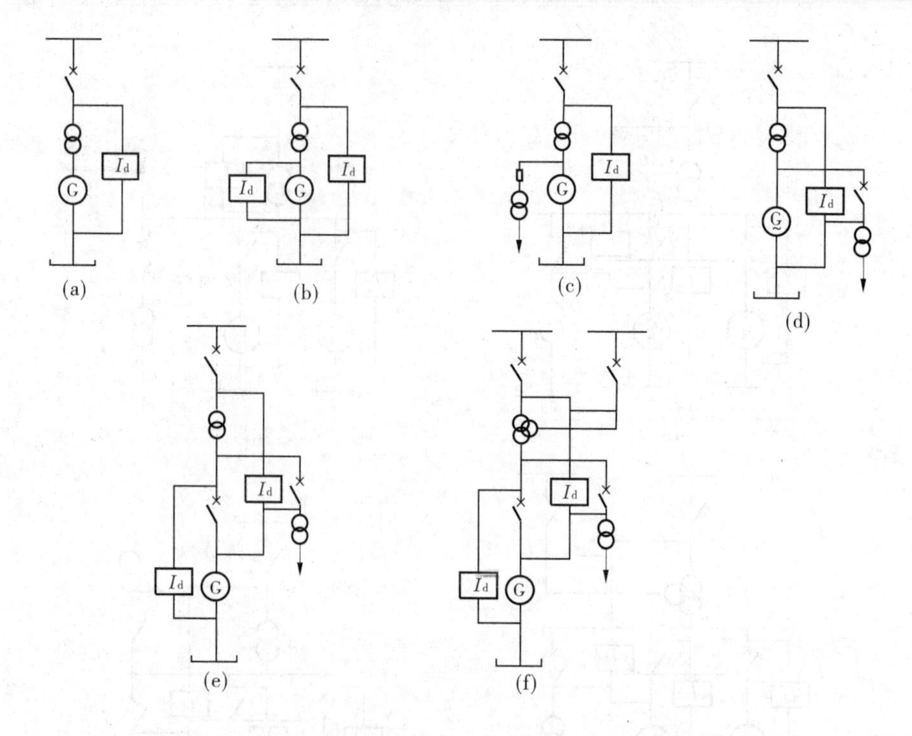

图 8-31　单元接线发电机—变压器组的纵联差动保护配置方案

电分支上应另设设备保护，作为厂用变压器的近后备保护，以及厂用低压馈线的远后备保护。

复合电压启动过电流保护作为发电机—变压器组的后备保护，其电流元件接在发电机中性点的电流互感器上，电压元件接在发电机出口端的电压互感器上。在发电机—变压器组上，根据情况还可装设不带电压启动的过电流保护和负序电流保护。

3. 发电机电压侧接地保护的特点

由于接在发电机电压网络上的元件很少，其中性点一般不接地，接地故障时的电容电流很小，因此只需要在发电机与主变压器之间装设一套零序电压检测和绝缘监视装置，动作于信号。发电机—变压器组之间有断路器时，零序电压应取自主变压器低压侧电压互感器，这样，当发电机的断路器断开时，主变压器仍有零序电压保护。至于发电机在断路器合闸前的单相接地故障可能性很小，只需在发电机端装设测量电压的电压表就可以了。对于大型机组，则应采用保护范围为 100% 的接地保护。

4. 对称过负荷保护的特点

因为主变压器比发电机有较大的过负荷能力，发电机—双绕组变压器组只需在发电机中性点侧装设过负荷保护。主变压器的高、中压侧均无电源的发电机—三绕组变压器组也只需在发电机中性点处装设过负荷保护。

主变压器高、中压侧的一侧或两侧有电源时，应在该两侧各加装一套过负荷保护。主变压器的低压侧一般都不必装设过负荷保护。

5. 高压侧零序保护

升压变压器高压侧与大电流接地系统连接时，其零序保护装置的构成和变压器接地

保护相同。但其中动作于变压器“解列”的保护元件,应同时动作于停机。

当变压器与小电流接地系统连接时,变压器的零序过电压保护装设在母线电压互感器的开口三角侧,一般连同线路单相接地保护一起考虑。

8.3　技能培养

8.3.1　技能评价要点

技能评价要点见表8-1。

表8-1　技能评价要点

序号	技能评价要点	权重
1	能正确说出发电机差动保护的工作原理	15
2	能正确说出发电机定子绕组匝间短路保护的工作原理	10
3	能正确说出发电机定子绕组单相接地保护的工作原理	10
4	能正确说出发电机电流、电压保护的工作原理	10
5	能正确说出励磁回路接地保护及失磁保护的工作原理	10
6	能读懂发电机保护装置技术资料	10
7	能编制发电机保护装置调试方案	10
8	能调试发电机保护装置	20
9	社会与方法能力	5

注:“发电机保护调试”占本门课程权重为15%。

8.3.2　技能实训

8.3.2.1　WFB－820型微机发电机保护装置调试

1.调试目的

(1)学习使用继电保护调试仪。

(2)掌握继电保护调试的基本步骤。

(3)熟悉微机发电机保护装置的调试方法。

2.保护功能测试

1)发电机(纵差)差动保护调试

(1)采用“三取二”方式时。

a.机端、机尾分别施加三相交流电流正相序通流,检查实时采样电流的大小及相序的正确性。

b.最小动作电流及时间测试:在同侧施加一相电流,大于最小动作电流整定值,同时加进另一相电流,小于最小动作电流,然后升高该电流至保护动作,该值即为实际测试最小动作电流值;在同侧施加一相电流,远大于最小动作电流整定值,同时施加1.2倍的最小动作电流到另一相，在微机测试仪时间测试功能菜单中记录动作时间，其值应不大于30 ms。

c. 斜率 K 值测试：在不同侧同名相分别施加大小相同方向相反的电流 I_1（如：I_{as}、I_{an}），同时任加一电流于其他相（该值大于最小动作电流，以满足"三取二"要求，如：I_b），然后升高该同名相电流中任一相电流至保护动作（此时同名相的另一侧电流保持不变），记下该动作值 I_2。同理，改变 I_1 大小为 I_3，做出对应电流 I_4。最后按照说明书上的计算公式算出 K 值（和由斜线上两点求该斜线的斜率同理）。（注：该处分别利用 I_1、I_2，I_3、I_4 计算出的最小制动电流要尽量大于最小制动电流定值，不能过于接近。小于时是无制动的。）

d. TA 断线现场不要求测试。该功能在出厂时已经测试过。

e. TA 断线闭锁差动检查（仅供参考"三取一"方式时）。

（2）采用"三取一"方式时。

方法同"三取二"时，只是不用另外加一相电流，大于最小动作电流整定值，只需加单相电流即可。做制动的时候则只需在两侧加同名相电流即可。

（3）采用"循环闭锁"方式时：保护同时计算负序电压，如果负序电压值没有大于启动值，则按照"三取二"来做，如果负序电压值大于启动值，则按照"三取一"来做。

负序电压启动值的测试：在机端或者机尾加入单相电流，大于差动最小动作电流，同时加入机端电压，改变机端电压使负序电压增大到保护动作，则此时的负序电压就是负序电压启动值，误差应符合技术要求。

（4）发电机 TA 断线测试。

交流接线：将机端电流输入端子 104、105 短接，将机尾电流输入端子 110、111 短接，112、113 短接。然后将一相电流 $I_1 = 2.4\text{A}\angle 0°$ 加至机端电流输入端子 101、102，一相电流 $I_2 = 2.4\text{A}\angle 0°$ 加至机端电流输入端子 103、106，一相电流 $I_3 = 2.4\text{A}\angle 180°$ 加至机尾电流输入端子 109、114。

操作步骤及现象：

单相 TA 断线：将 I_1 电流突然降为 0，此时观察面板信号灯点亮，同时液晶弹出"CPU1、CPU2 机端 TA 断线动作"信息。

注意：此时发电机比率制动式差动保护不应动作。

两相 TA 断线：将 I_2 电流突然降为 0，此时观察面板信号灯点亮，同时液晶弹出"CPU1、CPU2 机端 TA 断线动作"信息。

注意：此时发电机比率制动式差动保护不应动作。

将交流接线机端与机尾互换后，以上述同样方法做机尾。

2）发电机匝间保护调试

保护（以 P 加零序电压为例）逻辑图见图 8-32。

（1）分别施加三相电流、电压正相序检查实时采样电流、电压的大小及相序的正确性，并且注意检查电压、电流之间的角度差与所加的电压、电流的角度差一致；施加一相电压到零序电压，检查实时采样电压的大小及相序正确性。

（2）零序动作电压及时间检查：将匝间保护零序电压延时时间定值改为 0 s。施加一

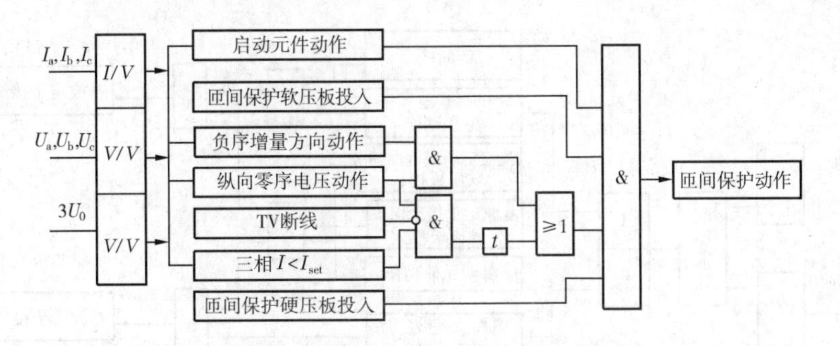

图8-32　发电机匝间保护逻辑图

相电压到零序电压，然后逐渐升高该电压至匝间保护动作，记录此时的电压值，误差应满足定值的±2.5%要求。装置液晶应弹出动作报告"CPU1、CPU2 匝间保护动作"，面板启动灯、信号灯及跳闸灯点亮；将匝间保护零序电压延时时间定值改为整定值，施加1.2倍零序电压整定值，在微机测试仪时间测试功能菜单中记录此时动作时间。

(3)闭锁电流检查：施加1.2倍的零序电压整定值，然后逐渐升高A相电流至面板启动灯返回且面板信号灯及跳闸灯可复归，记录此时的电流值(应为0.3～0.4 A)。

以上述同样方法可对B相、C相电流进行测试。

(4)TV断线闭锁检查：施加交流量使TV断线保护动作，此时机端零序电压端子施加1.2倍的零序电压整定值，匝间保护不动作。

(5)三次谐波抑制检查：将匝间保护零序动作电压定值改为0.5 V，零序电压延时定值改为0 s。在机端零序电压端子施加交流150 Hz电压量50 V，匝间保护不动作。

(6)故障分量负序方向判据检查(以A相为例)：将一相电流接入机端A相电流端子，一相电压接入机端零序电压端子，一相电压接入机端A相电压端子。将匝间保护零序电压延时时间定值改为最大。固定输入机端零序电压为1.2倍的零序电压整定值，突然施加机端A相电压100 V，机端A相电流5 A，改变电压、电流角度差，观察面板启动灯点亮然后立即熄灭，同时面板信号灯及跳闸灯点亮。复归掉面板信号及跳闸灯，重复上述操作十次，观察每次均能可靠点亮启动灯、信号灯及跳闸灯，找出动作边界，记录此时电压与电流的角度差θ_1与θ_2(θ_1与θ_2为电压超前电流的角度)。计算$|\theta_1-\theta_2|$的值应满足160°±5°的要求，计算$(\theta_1+\theta_2)/2$的值应满足60°±5°的要求。

(7)动作时间检查：在机端零序电压端子施加1.2倍的零序电压整定值，突然施加机端A相电压100 V∠60°，机端A相电流5 A∠0°。在微机测试仪时间测试功能菜单中记录此时动作时间。

(8)电压、电流潜动检查：在机端零序电压端子施加1.2倍的零序电压整定值，突然施加机端A相电压100 V，匝间保护不动作；在机端零序电压端子施加1.2倍的零序电压整定值，突然施加机端A相电流5 A，匝间保护不动作。

3)定子接地保护调试

(1)定子接地基波保护。保护逻辑图见图8-33。

按实际基波电压取向(一般取中性点电压，特殊时取机端，但在取机端电压时带机端TV断线闭锁功能)施加单相基波电压，检查实时采样电压的大小。

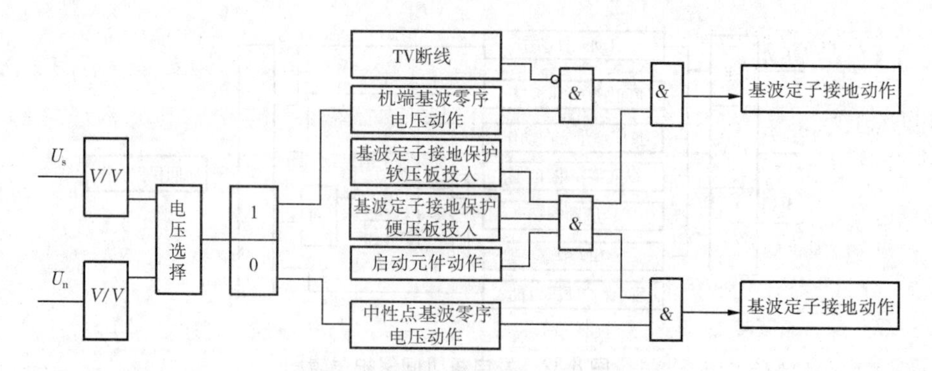

图 8-33　定子接地基波保护逻辑图

(2)动作值及时间测试。延时整定为最小,施加小于定值的基波电压,然后升高电压至保护动作,记录该数值即为基波电压动作值,误差应满足定值的 ±2.5% 要求。整定延时,施加大于定值的基波电压(一般为 $1.2U_{zd}$),在微机测试仪时间测试功能菜单中记录此时动作时间,即为基波电压动作时间值。

(3)TV 断线闭锁检查。电压选择为 1,施加交流量能够使 TV 断线保护动作,同时机端零序电压端子施加 1.2 倍的机端电压整定值,基波定子接地保护不动作。

(4)三次谐波定子接地保护。保护逻辑图见图 8-34。

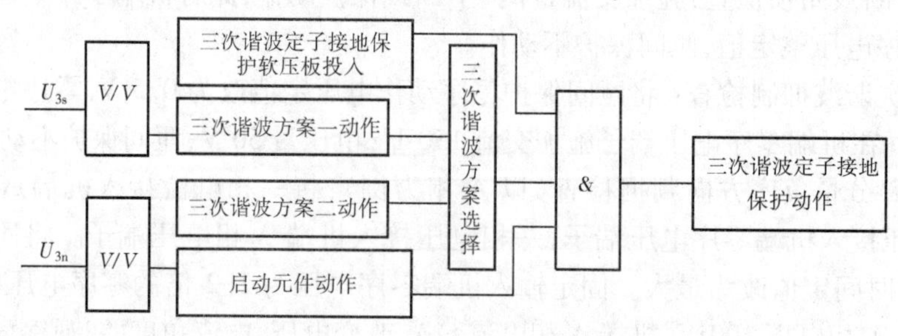

图 8-34　三次谐波定子接地保护逻辑图

变比平衡系数 K_p 检查:将三次谐波定子接地保护变比平衡系数定值改为"X"。在中性点零序电压端子施加 150 Hz 交流电压量 $U_{3n}=10$ V,则在浏览菜单中应看到中性点零序电压采样实时显示为 $10X$ V。

三次谐波方案选择:为"0"时性能检查(此时变比平衡系数定值 K_p 为"X"):

三次谐波比例系数 K 检查:延时整定为最小,在中性点零序电压端子施加 150 Hz 交流电压量 $U_{3n}=U_1/X$ V,机端零序电压端子施加 150 Hz 交流电压量 $U_{3s}=U_2$。逐渐升高 U_{3s} 至三次谐波定子接地保护动作,记录此时电压值 U_2'。由公式 $K=U_{3s}/U_{3n}\times K_p$,计算得 K 值,应满足定值的 ±5% 要求。装置液晶应弹出"CPU1、CPU2 三次谐波定子接地保护动作"信息,面板信号灯点亮。

延时时间检查:整定三次谐波定子接地保护延时时间,然后在中性点零序电压端子施加 150 Hz 交流电压量 $U_{3s}=U_1/\ K_p$,机端零序电压端子施加 150 Hz 交流电压量 $U_{3s}>U_1\times K$,在微机测试仪时间测试功能菜单中记录此时动作时间,即为三次谐波定子接地保护动作时间,误差应满足整定值的 ±5% 要求。

三次谐波方案选择：为“1”时性能检查（此时变比平衡系数定值 K_p 为“X”）：

三次谐波比例系数 K 检查：延时整定为最小，在中性点零序电压端子施加 150 Hz 交流电压量 $U_{3n} = U_1/K_p \angle 180°$，机端零序电压端子施加 150 Hz 交流电压量 $U_{3s} = U_2 \angle 0°$。逐渐升高 U_2 至三次谐波定子接地保护动作，记录此时电压值 U'_2。由公式 $K = (U'_2 - U_1)/U_1$，计算得 K 值，应满足整定值的 ±5% 要求。

延时时间检查：整定三次谐波定子接地保护延时时间，然后在中性点零序电压端子施加 150 Hz 交流电压量 $U_{3s} = U_1/K_p \angle 180°$，机端零序电压端子施加 150 Hz 交流电压量 $U_{3s} > (U_1 \times K + U_1) \angle 0°$，在微机测试仪时间测试功能菜单中记录此时动作时间，即为三次谐波定子接地保护动作时间，误差应满足整定值的 ±5% 要求。

4）负序反时限过电流保护调试

保护逻辑图见图 8-35。

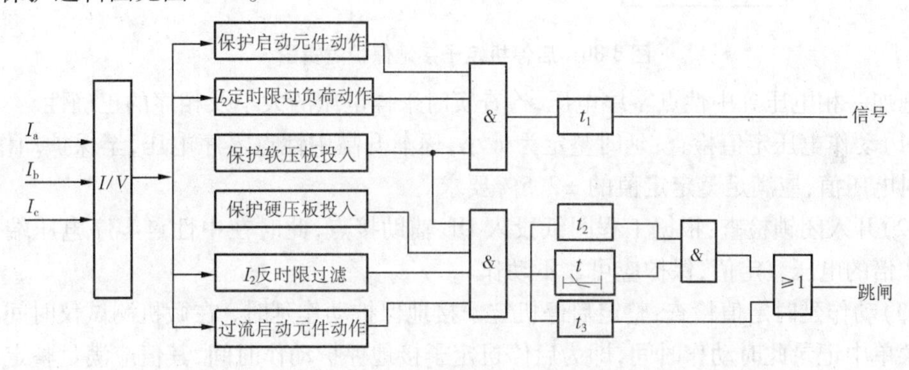

图 8-35　负序反时限过电流保护逻辑图

施加三相电流正相序，检查实时采样电流的大小及相序的正确性。

（1）预告信号启动定值检查。延时整定为最小，施加三相电流负相序，逐渐同时升高三相电流幅值，至保护动作，记录此时电流值应满足整定值的 ±2.5% 要求。

（2）预告信号延时检查。整定负序反时限过电流保护预告信号动作延时，同时施加三组电流，幅值为 1.2 倍的整定值，在微机测试仪时间测试功能菜单中记录此时动作时间，即为负序反时限过电流保护预告信号动作时间，误差应满足整定值的 ±5% 要求。

（3）反时限启动定值检查：退出预告信号启动保护（退出该保护软压板就可以），施加三相电流负相序，逐渐同时升高三相电流幅值至启动灯点亮，记录此时电流值，即为负序电流启动值，误差应满足整定值的 ±2.5% 要求。

（4）反时限延时上限定值检查：整定负序反时限过电流保护上限动作延时，同时施加由公式计算得到的大于上限时间的负序电流，在微机测试仪时间测试功能菜单中记录此时动作时间，即为负序反时限过电流保护动作时间，误差应满足整定值的 ±5% 要求。

（5）反时限延时下限定值检查：整定负序反时限过电流保护下限动作延时，同时施加由公式计算得到的小于下限时间的负序电流。在微机测试仪时间测试功能菜单中记录此时动作时间，即为负序反时限过电流保护动作时间下限，误差应满足整定值的 ±5% 要求。

（6）反时限特性曲线检查：同时施加由公式计算得到的位于上限、下限时间之间的负序电流。在微机测试仪时间测试功能菜单中记录此时动作时间,即为负序反时限过电流保护动作时间,计算值与动作值误差应满足整定值的 ±5% 要求。

5) 启停机定子接地保护调试

保护逻辑图见图 8-36。

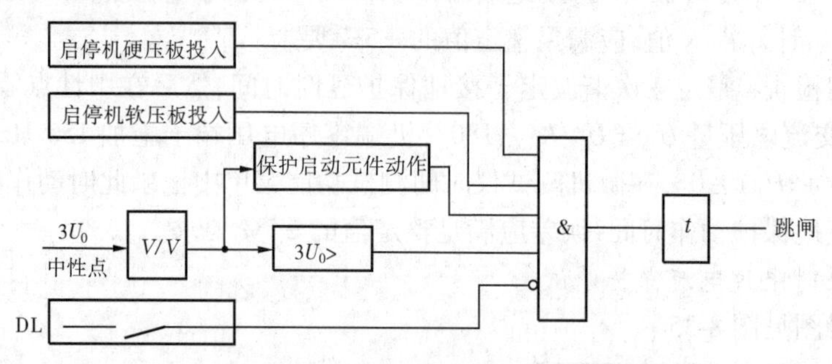

图 8-36　启停机定子接地保护逻辑图

施加一相电压到中性点零序电压,检查实时采样电压的大小及相序的正确性。

(1) 动作电压定值检查:延时整定为最小,逐渐升高中性点零序电压,至保护动作,记录此时电压值,应满足整定定值的 ±2.5% 要求。

(2) 开入闭锁检查:根据工程图纸投入 DL 辅助接点,此时在中性点零序电压端子施加 1.2 倍的电压整定值,保护应可靠不动作。

(3) 动作延时定值检查:整定启停机定子接地保护动作延时,在微机测试仪时间测试功能菜单中记录此时动作时间,即为启停机定子接地保护动作时间,其值应满足整定值的 ±5% 要求。

6) TV 断线保护调试

TV 断线保护逻辑图见图 8-37。

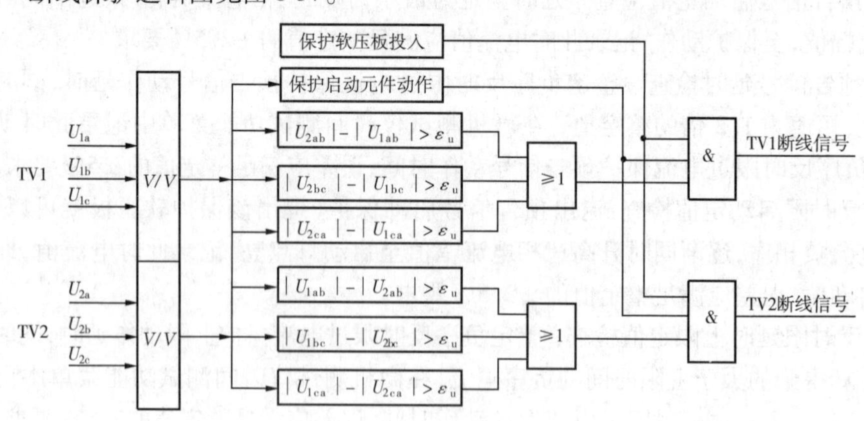

图 8-37　TV 断线保护逻辑图

施加三相电压到机端 TV1,检查实时采样电压的大小及相序的正确性。施加三相电压到机端 TV2,检查实时采样电压的大小及相序的正确性。

动作电压定值检查:在机端 TV1 与机端 TV2 分别施加同名同相电压 U_1、U_2,固定机端 TV1 电压 U_1,逐渐升高机端 TV2 电压 U_2 至保护动作,记录此时机端 TV2 电压 U_2',U_2' -

U_1 的差值应满足整定值的 ±2.5% 要求。装置液晶应弹出动作报告"CPU1、CPU2 TV1 断线保护动作"信息，面板信号灯点亮。

在机端 TV1 与机端 TV2 分别施加同名同相电压 U_1、U_2，固定机端 TV2 电压 U_2，逐渐升高机端 TV1 电压 U_1 至保护动作。记录此时机端 TV1 电压 U_1'，$U_1' - U_2$ 的差值应满足整定值的 ±2.5% 要求。装置液晶应弹出动作报告"CPU1、CPU2 TV2 断线保护动作"信息，面板信号灯点亮。

7）突加电压保护调试

突加电压保护逻辑图如图 8-38 所示。

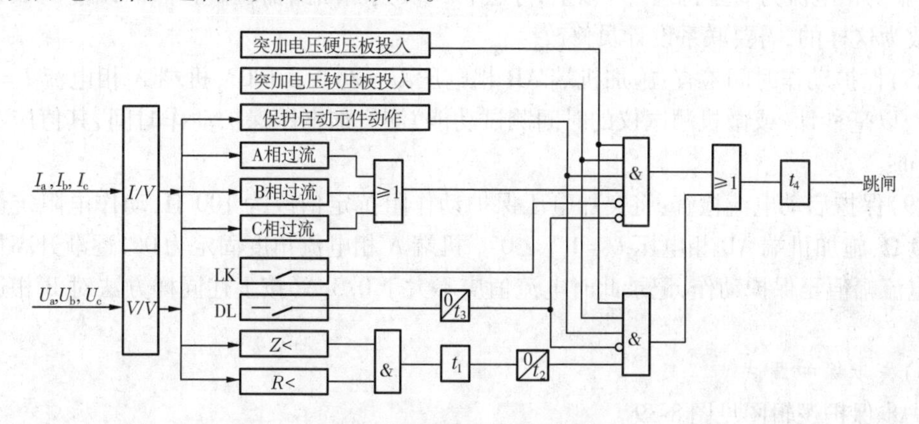

图 8-38　突加电压保护逻辑图

机端 A 相电流输入端子为 101、102。

（1）最小动作电流检查：施加机端 AB 相电压 U = 50 V，逐渐升高机端 A 相电流 I 至保护动作，记录此时电流值，应满足定值的 ±2.5% 要求，装置液晶应弹出动作报告"CPU1、CPU2 突加电压保护动作"信息，面板启动灯、信号灯及跳闸灯点亮（按上述同样方法对 B 相、C 相电流进行测试）。

（2）励磁开关开入闭锁检查：根据工程图纸投入励磁开关，施加机端 AB 相电压 U = 50 V，机端 A 相电流大于最小动作电流。突加电压保护应可靠不动作。

（3）动作阻抗检查；将突加电压保护最小动作电流定值改为 10 A，动作阻抗定值改为 10 Ω，动作电阻定值改为 5 Ω，施加机端 AB 相电压 U = 20 V∠180°，机端 A 相电流角度固定为 0°，逐渐升高机端 A 相电流幅值至保护动作，记录此时电流值 I，计算 U/I 应满足定值 10 Ω 的 ±2.5% 要求。

（4）动作电阻检查：施加机端 AB 相电压 U = 20 V∠0°，机端 A 相电流角度固定为 0°，逐渐升高机端 A 相电流幅值至保护动作，记录此时电流值 I，计算 U/I 应满足定值 5 Ω 的 ±2.5% 要求。

（5）阻抗保持时间检查：施加机端 AB 相电压 U = 20 V∠180°，机端 A 相电流 I = 2.4 A∠0°，使突加电压保护动作，撤去施加电流、电压量，以毫秒计（或微机测试仪的时间测试功能）测突加电压保护返回时间，其值应满足定值 5 s 的 ±5% 要求。

（6）TV 断线闭锁检查：施加机端 AB 相电压 U = 20 V∠180°，机端 A 相电流 I = 2.4A∠0°，突加电压保护应可靠不动作；将突加电压保护 TV 断线闭锁投退定值改为 0，重复上述 TV 断线闭锁检查步骤，突加电压保护应可靠出口。

(7)断路器保持时间检查：将突加电压保护最小动作电流定值改为 5 A，施加机端 AB 相电压 $U=20\ \text{V}\angle180°$，机端 A 相电流 $I=2.4\ \text{A}\angle0°$，使突加电压保护可靠动作，然后根据工程图纸投入断路器，以毫秒计（或微机测试仪的时间测试功能）测突加电压保护返回时间，其值应满足定值 10 s 的 ±5% 要求。

注意：最新版本的突加电压保护在投入断路器位置接点闭锁保护以后，返回条件是三相电流消失 5 s 以上，即断路器位置接点一旦闭锁保护以后，接点返回也不开放保护出口，除非三相电流为 0 且持续 5 s 以上，才会再一次判断断路器位置接点。以前的如果没有修改为这样的，需要联系设计员修改。

(8)保护动作时间检查：施加机端 AB 相电压 $U=20\ \text{V}\angle180°$，机端 A 相电流 $I=2.4\ \text{A}\angle0°$，以毫秒计（或微机测试仪的时间测试功能）测突加电压保护动作时间，其值应不大于 40 ms。

(9)保护启动电流检查：将突加电压保护动作阻抗定值改为 100 Ω，动作电阻定值改为 100 Ω，施加机端 AB 相电压 $U=1\ \text{V}\angle0°$，机端 A 相电流角度固定为 0°，逐渐升高机端 A 相电流幅值至保护动作，记录此时电流值应不大于 0.3 A（按上述同样方法对 B 相进行测试）。

8)失步保护调试

失步保护逻辑图见图 8-39。

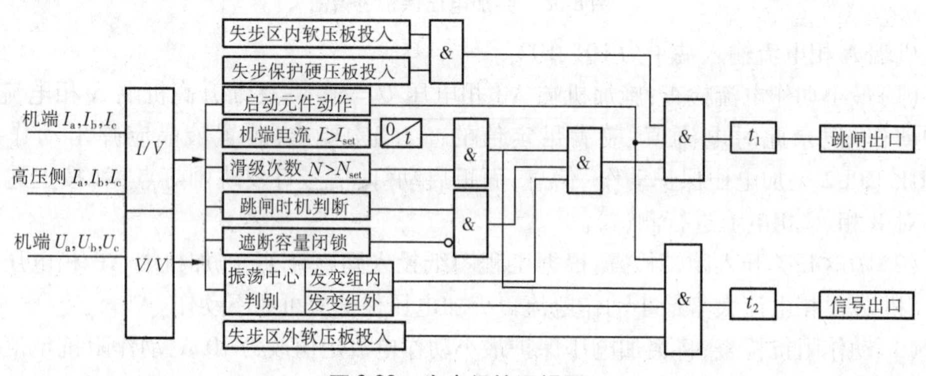

图 8-39　失步保护逻辑图

(1)启动电流检查：施加机端 AB 相电压 $U=50$ V，进入装置菜单“厂家”→“浏览”，选择“失步保护”，逐渐升高机端 A 相电流 I 至可观察到阻抗平面实时参数不为 0，记录此时电流值，应满足整定值的 ±2.5% 要求。按上述同样方法对 B 相电流进行测试。

(2)区内动作特性检查：施加机端 AB 相电压 $U=40\ \text{V}\angle0°$，机端 A 相电流 $I=5\ \text{A}\angle0°$（快速变换机端 AB 相电压幅值及角度）→$U=30\ \text{V}\angle0°$，$I=5\ \text{A}\angle0°$→$U=30\ \text{V}\angle180°$，$I=5\ \text{A}\angle0°$→$U=40\ \text{V}\angle180°$，$I=5\ \text{A}\angle0°$→$U=40\ \text{V}\angle0°$，$I=5\ \text{A}\angle0°$→$U=30\ \text{V}\angle0°$，$I=5\ \text{A}\angle0°$→$U=30\ \text{V}\angle180°$，$I=5\ \text{A}\angle0°$→$U=40\ \text{V}\angle180°$，$I=5\ \text{A}\angle0°$，此时装置液晶应弹出动作报告“CPU1、CPU2 失步保护区内动作”信息，面板启动灯、信号灯及跳闸灯点亮。

(3)跳闸闭锁电流检查：施加机端 AB 相电压 $U=88\ \text{V}\angle0°$，机端 A 相电流 $I=11$ A

$\angle 0°$(快速变换机端 AB 相电压幅值及角度)$\rightarrow U=66$ V$\angle 0°$, $I=11$ A$\angle 0°\rightarrow U=66$ V$\angle 180°$,$I=11$ A$\angle 0°\rightarrow U=88$ V$\angle 180°$,$I=11$ A$\angle 0°\rightarrow U=88$ V$\angle 0°$,$I=11$ A$\angle 0°\rightarrow U=66$ V$\angle 0°$,$I=11$ A$\angle 0°\rightarrow U=66$ V$\angle 180°$, $I=11$ A$\angle 0°\rightarrow U=88$ V$\angle 180°$,$I=11$ A$\angle 0°$,保护应可靠不动作。

(4)区外动作特性检查:将失步保护启动电流定值改为 0.5 A,系统联系电抗定值改为 20 Ω,施加机端 AB 相电压 $U=30$ V$\angle 70°$,机端 A 相电流 $I=1$ A$\angle 0°$(快速变换机端 AB 相电压幅值及角度)$\rightarrow U=10$ V$\angle 0°$,$I=1$ A$\angle 0°\rightarrow U=10$ V$\angle 110°$, $I=1$ A$\angle 0°\rightarrow U=30$ V$\angle 110°$,$I=1$ A$\angle 0°$,此时装置液晶应弹出动作报告"CPU1、CPU2 失步保护区外动作"信息,面板启动灯及信号灯点亮。

9)转子一点(两点)接地保护调试

将直流励磁电压 220 V(或 110 V)的"+"接励磁电压的正极,直流励磁电压 220 V(或 110 V)的"-"接入励磁电压的负极;将滑线变阻器的两固定端分别接入励磁电压的正、负极,其滑动端接变阻箱的一端,变阻箱的另一端接入大轴。按照工程图纸将 CPU1 转子一点、两点接地开入的出口整定好(一般在保护的开入回路中,使用出口 25 和 26)。

操作步骤及现象:

(1)接地电阻定值检查:将变阻箱电阻调整为大于一点接地定值,然后给上励磁电压,缓慢调整变阻箱电阻,使其阻值下降,至转子一点接地动作,记录此时的变阻箱阻值,应满足定值的 ±10% 要求。装置液晶应弹出动作报告"CPU1 转子一点接地保护动作"信息,面板信号指示灯点亮。

(2)接地位置变化定值检查:转子一点接地保护动作后,记录此时接地点位置 a_1;缓慢滑动滑线变阻器的滑动端,至转子两点接地保护动作,此时记录接地点位置 a_2,装置液晶应弹出动作报告"CPU1 转子两点接地保护动作"信息,面板启动灯、信号灯及跳闸灯点亮,计算 $\Delta a=|a_1-a_2|$,Δa 应满足整定值的 ±10% 要求。

(3)延时时间检查。

①一点延时检查:将变阻箱电阻调整为 6K,然后给上励磁电压,突然改变变阻箱电阻值为 4K,以毫秒计(或微机测试仪的时间测试功能)测转子一点接地保护动作时间,误差满足定值加 1 s 的 ±5% 要求(因为程序计算需要 1 s 左右的时间)。

②两点延时检查:转子一点接地保护动作后,滑动滑线变阻器滑动端,使满足 Δa, 以毫秒计(或微机测试仪的时间测试功能)测转子两点接地保护动作时间,误差应满足整定值的 ±5% 要求。

注意:CPU2 转子一、两点接地保护是靠 CPU1 动作后出口开入 CPU2 实现的,保护性能检查需投入相应开入(按照图纸在 CPU1 中整定出口,一般转子一点接地开入为出口 25,转子两点接地开入为出口 26),转子一点接地保护动作时会点亮信号灯,转子两点接地保护动作时会点亮启动灯、信号灯和跳闸灯。

学习情境9 发电机保护设计

9.1 学习目标

【知识目标】 掌握发电机故障、不正常运行状态及保护配置;掌握发电机相间短路保护;掌握发电机定子绕组匝间短路保护;掌握发电机定子绕组单相接地保护;了解低励失磁保护;掌握励磁回路接地保护;掌握后备保护;了解转子表层过负荷保护;了解发电机其他异常工况保护。

【专业能力】 培养学生根据技术资料和现场情况拟订调试方案的能力、使用继电保护测试仪和电工工具的能力、调试发电机保护装置的能力、编制调试报告的能力。

【方法能力】 培养学生自主学习的能力、分析问题与解决问题的能力、组织与实施的能力、自我管理能力和沉着应变能力。

【社会能力】 热爱本职工作,刻苦钻研技术,遵守劳动纪律,爱护工具、设备,安全文明生产,诚实团结协作,艰苦朴素,尊师爱徒。

9.2 基础理论

9.2.1 发电机差动保护的整定计算

9.2.1.1 发电机比率制动式差动保护的整定计算

1. 计算发电机二次额定电流

发电机的一次额定电流 I_{gn}、二次额定电流 I_{gn2} 的表示式为

$$I_{gn}=\frac{P_{gn}}{\sqrt{3}U_{gn}\cos\varphi}$$

$$I_{gn2}=\frac{I_{gn}}{n_{TA}}$$

式中 P_{gn}——发电机的额定功率;

U_{gn}——发电机的额定相间电压;

$\cos\varphi$——发电机的额定功率因数。

2. 确定最小动作电流 I_s

按外部短路故障时保护不误动条件整定,此时发电机周期分量电流可以认为仍是额定电流 I_{gn},但含有非周期分量,所以 I_s 应满足:

$$I_{s} \geqslant K_{rel}(K_{unp}K_{st}K_{T} + \Delta_{m})I_{gn} \tag{9-1}$$

式中 K_{rel}——可靠系数，取1.5~2；

K_{unp}——非周期分量系数，取1.5~2，TP级TA取1；

K_{st}——TA同型系数，取0.5；

K_{T}——TA综合误差，取0.10；

Δ_{m}——装置通道调整误差引起的不平衡电流系数，可取0.02。

当取 $K_{rel}=2$、$K_{unp}=2$ 时，$I_{s} \geqslant 0.24I_{gn}$。

一般可取 $I_{s}=(0.25\sim0.3)I_{gn}$，对于正常工作情况下差动回路不平衡电流较大的情况，应查明原因；当无法减小不平衡电流时，可适当提高 I_{s} 值以躲过不平衡电流的影响。

3. 确定拐点电流 I_{t}

拐点电流取 $I_{t}=(0.5\sim0.8)I_{gn}$，建议取 $0.7I_{gn}$。

4. 确定制动特性曲线的斜率 S

按区外短路故障最大穿越性短路电流作用下保护可靠不误动条件整定，计算步骤如下。

(1)计算机端保护区外三相短路时流过发电机的最大短路电流 $I_{k.max}^{(3)}$，表达式为

$$I_{k.max}^{(3)} = \frac{1}{X''_{d}}\frac{S_{B}}{\sqrt{3}U_{gn}} \tag{9-2}$$

式中 X''_{d}——折算到基准容量(S_{B})的发电机饱和暂态同步电抗标幺值；

S_{B}——基准容量，通常取 $S_{B}=100$ MVA或1 000 MVA；

U_{gn}——发电机额定相间电压。

(2)计算差动回路最大不平衡电流 $I_{unb.max}$，其表达式为

$$I_{unb.max} = (K_{unp}K_{st}K_{T} + \Delta_{m})\frac{I_{k.max}^{(3)}}{n_{TA}} \tag{9-3}$$

因最大制动电流 $I_{unb.max}=\frac{I_{k.max}^{(3)}}{n_{TA}}$，所以制动特性斜率 S 应满足

$$S \geqslant \frac{K_{rel}I_{unb.max} - I_{s}}{I_{res.max} - I_{t}} \tag{9-4}$$

式中 K_{rel}——可靠系数，取2。

一般取 $S=0.3\sim0.5$。

5. 灵敏度计算

考虑不利于发电机差动保护动作的情况，按发电机与系统断开且机端保护区内两相短路电流校核。灵敏系数应不低于2。

先计算流入差动回路的电流 I_{k}，表达式为

$$I_{k} = \sqrt{3}\frac{1}{X''_{d}+X_{2}}\frac{S_{B}}{\sqrt{3}U_{gn}} \times \frac{1}{n_{TA}} \tag{9-5}$$

式中 X_{2}——折算到基准容量(S_{B})的发电机饱和负序电抗标幺值。

因为此时的制动电流 I_{res} 为

$$I_{res} = \frac{1}{2}I_k = \frac{\sqrt{3}}{2}\frac{1}{X''_d + X_2}\frac{S_B}{\sqrt{3}U_{gn}}\frac{1}{n_{TA}} \tag{9-6}$$

相应的动作电流 I_{op} 为

$$I_{op} = I_s + S(I_{res} - I_t) \tag{9-7}$$

所以灵敏系数为 $K_{sen} = \frac{I_k}{I_{op}}$。

要求 $K_{sen} \geqslant 2$。实际上，按上述计算的整定值，灵敏系数一般都能满足要求，可以不进行灵敏系数计算。

6. 差动速断动作电流 I_i

按躲过机组非同期合闸产生的最大不平衡电流整定。大型机组一般取$I_i = (3 \sim 5)I_{gn2}$，建议取 $4I_{gn2}$。

当系统处于最小运行方式时，机端保护区两相短路时的灵敏系数不低于 1.2。

9.2.1.2 发电机标积制动式完全纵联差动保护

1. 基本工作原理

标积制动式完全纵联差动保护的动作电流 I_{op}、制动电流I_{res}的表达式为

$$I_{op} = \frac{1}{n_{TA}}|\dot{I}_{\mathrm{I}} + \dot{I}_{\mathrm{II}}|$$

$$I_{res} = \frac{1}{n_{TA}}\sqrt{KI_{\mathrm{I}}I_{\mathrm{II}}\cos(180° - \varphi)} \tag{9-8}$$

式中 K——标积制动系数，一般取 1；

φ——角度，$\varphi = \arg(\dot{I}_{\mathrm{II}}/\dot{I}_{\mathrm{I}})$，当 $-90° \leqslant \varphi \leqslant 90°$时，$I_{res}$取 0，当 $90° \leqslant \varphi \leqslant 270°$时，$I_{res}$取实际值。

发电机发生外部相间短路故障时，$\dot{I}_{\mathrm{II}}$反向，于是 $\varphi \approx 180°$，此时 $I_{op} = I_{nub}$、$I_{res} = I_k/n_{TA}$，与比率制动式纵联差动保护相同，差动继电器不动作；而发电机发生内部相间短路故障时，$\varphi = 0°$，此时 $I_{op} = I_k/n_{TA}$，$I_{res} = 0$，差动继电器动作。

可见发电机外部短路时无制动电流，因此差动保护有较高灵敏度，这正是发电机标积制动式纵联差动保护的优点。

2. 制动特性与动作方程

发电机标积制动特性与双折比率制动式纵联差动保护制动特性相同。

发电机标积制动动作方程与比率制动特性纵差保护动作方程式(9-2)相同，只是制动电流I_{res}的表达式不同。

3. 整定计算

与比率制动式差动保护整定计算相同，只是在计算灵敏系数时因$I_{res} = 0$，所以实际动作电流为最小动作电流，因此标积保护具有较高灵敏度。

9.2.2 复合电压启动过电流保护的整定计算

复合电压启动过电流保护，在不对称短路时，电压元件有较高的灵敏度。在 Y,d 接

线的变压器后的不对称故障，电压元件的灵敏度与变压器的接线方式无关，因此这种保护在容量为1 000 kW以上及50 000 kW以下的发电机上可广泛使用。各保护的整定计算方法同变压器相应的保护，唯应考虑的是保护的安装位置不同。在发电机后备保护中，电流元件应安装在发电机中性点，电压元件应安装在发电机出口侧。其整定计算方法如下。

9.2.2.1　过电流继电器的动作电流及灵敏系数

过电流继电器的动作电流 $I_{op.r}$ 及灵敏系数 K_{sen} 分别为

$$I_{op.r} = \frac{K_{rel}}{K_{re}} I_N / n_{TA} \tag{9-9}$$

$$K_{sen} = \frac{I_{k.min}^{(2)}}{n_{TA} I_{op.r}} \tag{9-10}$$

式中　K_{rel}——可靠系数，取为1.2；

K_{re}——返回系数，取为0.85；

n_{TA}——电流互感器的变比；

I_N——发电机额定电流；

$I_{k.min}^{(2)}$——后备保护区末端金属性短路时，流过保护的最小短路电流，近后备时取发电机出口短路电流，要求 $K_{sen} \geqslant 1.3 \sim 1.5$，远后备时取主变压器高压侧短路电流，要求 $K_{sen} \geqslant 1.2$。

9.2.2.2　负序电压继电器的动作电压及灵敏系数

负序电压继电器的动作电压为

$$U_{op.r2} = (0.06 \sim 0.12) U_N / n_{TV} \tag{9-11}$$

式中　U_N——发电机额定线电压；

n_{TV}——电压互感器的变比。

负序电压继电器的灵敏系数为

$$K_{sen} = \frac{U_{k.min}^{(2)}}{n_{TV} U_{op.r2}} \tag{9-12}$$

式中　$U_{k.min}^{(2)}$——后备保护范围末端金属性不对称短路时，保护安装处的最小负序电压。

灵敏度校验点的取法和灵敏系数的要求同电流元件。

9.2.2.3　低电压继电器的动作电压及灵敏系数

$$U_{op.r} = \frac{0.7 U_N}{n_{TV}} \tag{9-13}$$

$$K_{sen} = \frac{U_{op.r} n_{TV}}{U_{k.max}^{(3)}} \tag{9-14}$$

式中　$U_{k.max}^{(3)}$——后备保护区末端三相金属性短路时，保护安装处的最大残余相间电压。

灵敏度校验点的取法和灵敏系数的要求同电流元件。

9.2.2.4　装置的动作时限

装置的动作时限应比发电机电压母线上所连接元件中的最大保护动作时限大1~2个时限级差。

$$t = t_{max} + (1 \sim 2) \Delta t \tag{9-15}$$

9.2.3* 发电机失磁保护的整定计算

9.2.3.1 阻抗元件整定计算

(1)按异步边界圆整定:

$$\begin{cases} X_a = -\frac{1}{2}X'_d\frac{U_N^2}{S_N}\times\frac{n_{TA}}{n_{TV}} \\ X_b = -K_{rel}X_d\frac{U_N^2}{S_N}\times\frac{n_{TA}}{n_{TV}} \end{cases} \tag{9-16}$$

式中 S_N——发电机额定容量;

U_N——发电机额定电压;

n_{TA}——发电机电流互感器变比;

n_{TV}——发电机电压互感器变比;

K_{rel}——可靠系数,取1.2;

X'_d——发电机暂态电抗;

X_d——发电机同步电抗。

(2)按静稳边界圆整定:

$$\begin{cases} X_a = X_s\frac{U_N^2}{S_N}\times\frac{n_{TA}}{n_{TV}} \\ X_b = -K_{rel}X_b\frac{U_N^2}{S_N}\times\frac{n_{TA}}{n_{TV}} \end{cases} \tag{9-17}$$

式中 X_s——发电机与系统最大联系电抗。

9.2.3.2 电压元件整定

(1)系统低电压动作值:

$$U_{set.h} = (0.7 \sim 0.8)U_{Nh}\frac{1}{n_{TV}} \tag{9-18}$$

式中 U_{Nh}——高压侧母线额定电压;

n_{TV}——高压侧母线电压互感器变比。

(2)机端低电压动作值:

$$U_{set.G} = (0.7 \sim 0.8)U_N\frac{1}{n_{TV}} \tag{9-19}$$

式中 U_N——发电机额定电压;

n_{TV}——发电机端电压互感器变比。

9.2.3.3 励磁低电压闭锁元件的整定

由空载到强行励磁,发电机的励磁电压的变化幅度可达空载励磁电压的6~8倍,甚至更高。励磁低电压元件的动作电压不能过高,否则在正常运行而励磁电压较低时,元件可能误动作,使保护装置失去闭锁,但其动作电压又不能太低,否则在重负荷下低励时,励磁低电压元件可能不动作,从而导致低励、失磁时保护装置拒绝动作。

1. 定励磁低电压元件

励磁低电压元件定值不随发电机所带负荷变化。对于大型发电机，由于X_d较大，空载励磁电压U_{fd0}比较小，若按一般中小型发电机的整定原则，取0.8倍空载励磁电压来作为励磁低电压元件的动作值，则在重负荷情况下发生低励故障时，如果励磁电压还比较高，则励磁低电压元件不启动，保护将处于闭锁状态。因此，对于大机组，励磁低电压元件的动作电压可按给定的有功功率在静稳边界上所对应的励磁电压整定，以尽量提高动作电压的整定值。一般可取

$$U_{set.f1} = P_x X_{d\Sigma} U_{fd0} \tag{9-20}$$

式中 $U_{set.f1}$——励磁低电压元件动作电压整定值；

P_x——给定有功功率，可取$P_x = 0.5$ W；

$X_{d\Sigma}$——综合电抗，$X_{d\Sigma} = X_d + X_s$，其中X_d为发电机同步电抗标幺值，X_s为系统阻抗标幺值；

U_{fd0}——空载励磁电压。

延时元件用于防止失磁保护在系统振荡时的误动作。按静稳边界整定时，可取延时为1.0~1.5 s；按异步边界整定时，可取延时为0.5~1.0 s。

2. 变励磁低电压元件

对于大机组，定值不变的转子低电压元件不能很好地实现失磁保护功能，采用变励磁低电压元件则可以根据发电机所带负荷大小自动调整定值$U_{set}(\rho)$（自适应定值调整），在微机保护中这种原理很容易实现。$U_{set.f1}$（P0判据）直接反映励磁电压，可以直接反映一切低励磁和失磁故障。

9.2.3.4 负序电流（或电压）封闭元件的整定

负序电流元件动作电流

$$I_{set.2} = (0.05 \sim 0.06) I_{N.G} \tag{9-21}$$

负序电压元件动作电压

$$U_{set.2} = (0.05 \sim 0.06) U_{N.G} \tag{9-22}$$

式中 $I_{set.2}(U_{set.2})$——负序电流（负序电压）动作值；

$I_{N.G}(U_{N.G})$——发电机的额定电流（额定电压）。

延时元件延时返回时间为8~10 s。

9.2.3.5 保护动作时间整定

阻抗元件和母线低电压元件均动作时，经$t_1 = 0.5$ s动作于解列灭磁。

阻抗元件动作，发出失磁信号，并经t_2动作于励磁切换或减出力，经t_3动作于解列灭磁。t_3按发电机允许的异步运行时间整定。

9.3　技能培养

9.3.1　技能评价要点

技能评价要点见表9-1。

表9-1　技能评价要点

序号	技能评价要点	权重
1	能进行短路电流计算	5
2	能正确配置发电机保护	20
3	能进行发电机保护整定计算	30
4	能绘制发电机保护原理接线图和安装接线图	20
5	能编制发电机保护计算书和说明书	10
6	社会与方法能力	15

注:“发电机保护设计”占本课程权重为5%。

9.3.2　技能实训

9.3.2.1　发电机保护设计步骤

(1)搜集、分析原始资料。

(2)短路电流计算。

(3)配置保护。

(4)整定计算。

(5)绘制保护配置图及原理图。

(6)绘制平面布置图、安装接线图及设备表。

(7)编制计算书和说明书。

9.3.2.2　发电机保护设计案例

(1)良坝水电站发电机保护设计(良坝水电站主接线图见附图2-1)。

(2)石门水电站发电机保护设计(石门水电站主接线图见附图2-2)。

(3)金河二级水电站发电机保护设计(金河二级水电站主接线图见附图2-3)。

(4)模拟电站发电机保护设计(模拟电站主接线图见附图2-4)。

附 录

附录1 微机保护装置人机界面及操作

一、人机界面及其特点

微机保护的界面与 PC 机几乎相同甚至更简单，它包括小型液晶显示屏、键盘和打印机。它把操作内容菜单结合在一起，使微机保护的调试和检验比常规保护更加简单明确。

液晶显示屏在正常运行时可显示时间、实时负荷电流、电压及电压超前电流的相角、保护整定值等，在保护动作时，液晶屏幕将自动显示最新一次的跳闸报告。

二、人机界面的操作

键盘与液晶屏幕配合可选择命令菜单和修改定值。微机保护的键盘多数已被简化为 7～9 个键：+、-、→、←、↑、↓、RST（复位）、SET（确认）、Q（退出）。各个键的功能大致如下：

(1)→、←、↑、↓键：该四个键分别用于左、右、上、下移动光标，移动显示信息。如故障报告或保护动作事件内容较多时，可以用↑、↓键翻阅。在修改定值时，用→、←键将光标移在所要修改的数字上。

(2)+和-键：在修改定值时，用+、-键对数字进行增减。在有的保护中没有+和-键而用↑和↓代替，从而节省了两个键。

(3)SET（确认）键：用于修改定值时，确认所修改的数字正确并退回上一级菜单或在翻阅菜单时确认某一命令。

(4)RST（复位）键：用于整组保护复位。在运行中整定拨轮切换定值时，选择了所需定值整定页号后，再按 RST 键，使程序运行在新定值区。除上述两种功能外，平时一般不应使用该键。

三、定值、控制字与定值清单

微机保护的定值都有两种类型，一类是数值型定值，即模拟量，如电流、电压、时间、角度、比例系数、调整系数等。另一类是保护功能的投入、退出控制字，称为开关型定值。

四、保护菜单的使用

利用菜单可以查询定值、开关量的动作情况、保护各 CPU 的交流采样值、相角、相序、时钟，CRC 循环冗余码自检。

修改定值时，首先使人机接口插件进入修改状态，即将修改允许开关打在修改位置，并进入根状态、调试状态，再将各保护 CPU 插件的运行—调试小开关打至调试位，然后在菜单中选择要修改的 CPU 进入子菜单，显示保护 CPU 的整定值。

在多定值区修改时，定值的拷贝可节省修改定值时间。先从原始定值区进入调试状态，再将定值小拨轮打到所需定值区并进行定值修改、固化。这样原本要修改全部内容，现在只需进行某些内容的修改即可。

五、人机界面操作举例

下面以 WXH－811 微机线路保护装置的人机界面操作为例进行说明。

（一）键盘与正常显示

WXH－811 单元管理机人机接口采用大屏幕 320×240 彩色液晶显示屏，显示屏下方有一个 8 键键盘，显示屏右侧还有一个复归键。

键盘中各键功能如下：

↑键：命令菜单选择，显示换行，或光标上移。

↓键：命令菜单选择，显示换行，或光标下移。

→键：光标右移。

←键：光标左移。

＋ 键：数字增加选择。

－ 键：数字减小选择。

退出键：命令退出，返回上级菜单或取消操作。

确认键：菜单执行及数据确认。

复归键：复归告警及动作信号。

在装置上电或复位后，单元管理机将自动搜寻各个保护模块，并自动登记各模块中的保护定值配置信息及自检信息，在单元管理机内部建立全套保护配置表。

（二）初始画面

在装置上电或复位后，单元管理机将自动搜寻各个保护模块，并自动登记各模块中的保护定值配置信息及自检信息，在单元管理机内部建立全套保护配置表。

（三）主菜单

在初始画面下按下确认键，显示如附图 1-1 所示。

在每一级菜单中，当前选中的选项的图标及其下面的简短文字说明的背景色都变成高亮的蓝色，并且文字说明的下方多加一个白色的下划线，按“↑”、“↓”、“→”、“←”键可以改变当前选项，而在显示屏最下方的显示区则显示当前选项的解释说明，例如：

[浏览]：查看实时参数。

主菜单采用树形目录结构，如附图 1-2 所示。

在树形结构的每一级菜单中，按下“退出”键可以返回上一级父菜单，按下“确认”键可以进入下一级子菜单。

在菜单选项可显示数据过多的情况下将采用滚动显示的方法，显示屏的最右侧将出

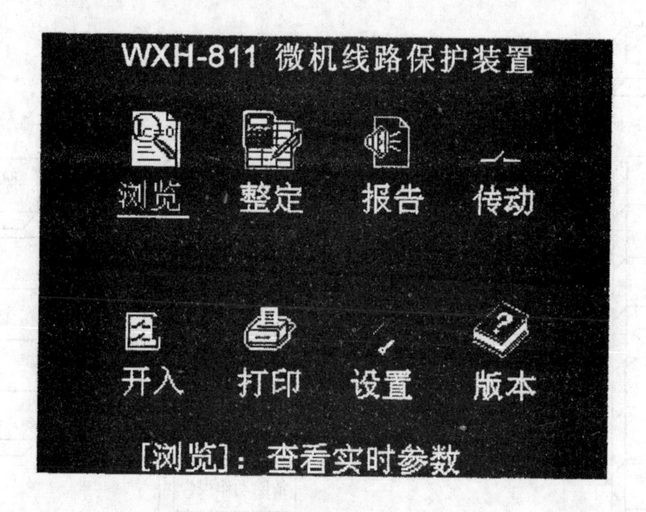

附图 1-1

现“↑”和“↓”两个图标，按“↑”键及“↓”键使屏幕分别向上或向下滚动。如果屏幕右侧只出现“↓”图标，则表示本屏为滚动显示的第一屏，如只出现“↑”则表示本屏为滚动显示的最后一屏。

全部主菜单共有 8 个选项，说明如下：

浏览：查看实时运行参数。

整定：查看及修改保护参数，包括定值区号设置、定值修改、保护软压板投退及出口矩阵的设置等。

报告：事件报告处理，其中包括查看、清除动作报告及装置记录。

传动：保护出口传动，其中包括按保护传动和按通道传动。

开入：查看开入量状态，包括按硬压板查看和按开入位查看。

打印：打印保护定值、保护软压板、保护实时运行参数、保护动作报告、装置记录、保护硬压板状态及出口矩阵等。

设置：装置参数设置，包括设置密码、时钟、模块号、通信参数及通道系数等。

版本：装置版本说明。

（四）主菜单功能使用说明

（1）浏览。查看实时参数用“↑”、“↓”键移动光标到“浏览”处，如附图 1-3 所示，按确认键后，首先应选择要查看的模块号，如附图 1-4 所示，按 +/- 键选择需查看实时参数的模块号，确定模块号后按 ENTER 键，选择查看保护的参数，如附图 1-5 所示。

（2）整定。选定“整定”图标，如附图 1-6 所示，按确认键，进入整定子菜单，然后可选查看和修改。

查看和修改保护参数下面各有四个选项，进入到修改保护参数的各个子菜单内时需要密码确认，显示如附图 1-7 所示。

先用“←”、“→”键将光标移到想要修改的数字上，再按“+”或“-”键增加或减小原数值，直至输入正确密码，按确认键确定密码正确后方可进入，否则提示密码错误信息。

其中“区号”选项是选择某个保护模块具体一个定值区投入使用，每个保护模块一共

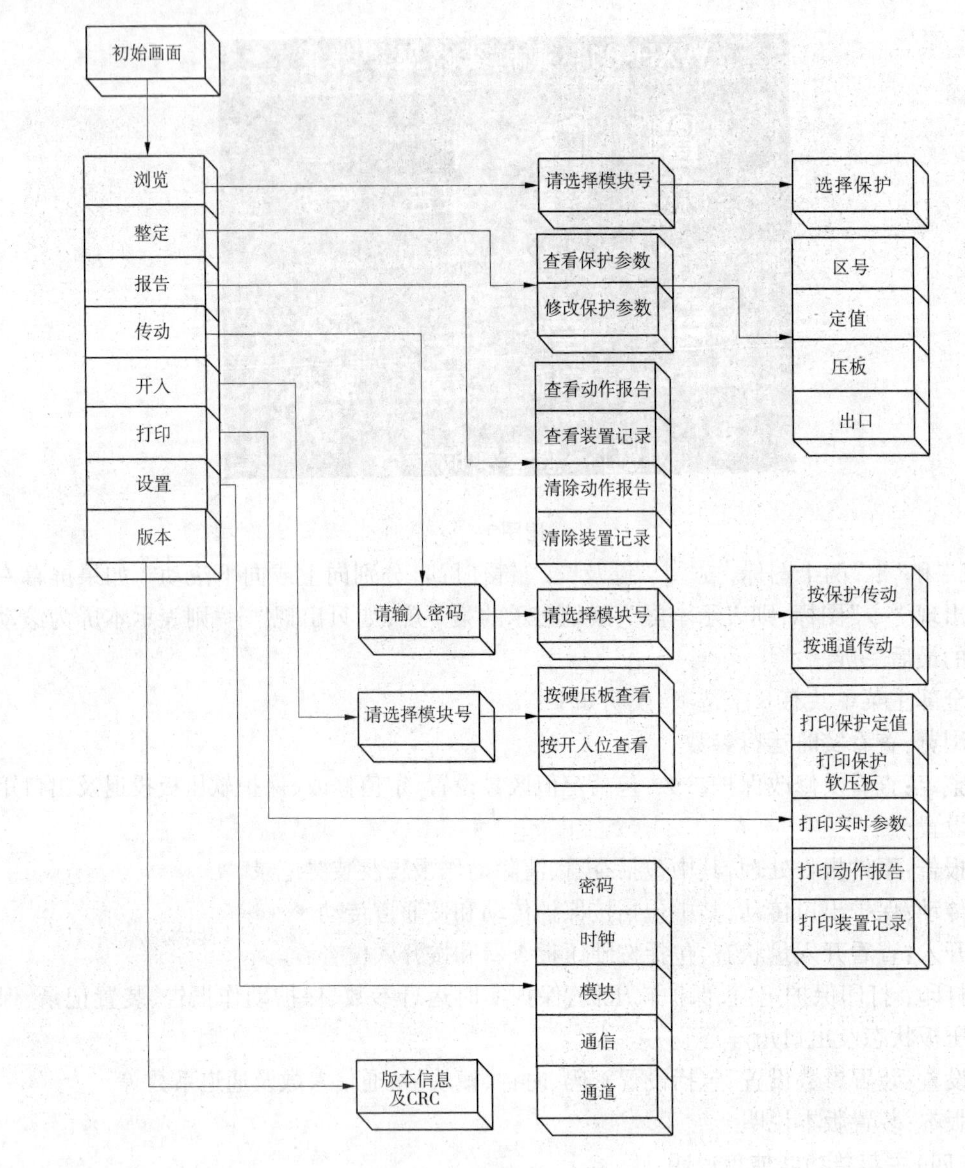

附图 1-2

有 0 ~ 7 共 8 个定值区可供切换。选定模块后,显示如附图 1-8 所示。

按 +/ - 键选择需切换的定值区号,按确认键会出现“OK,区号已修改!”的提示信息。

“定值”选项用来查看或修改某一个保护模块的某个定值区的某个保护具体某一项定值。首先需要选择模块,然后选择定值区,再选择保护。例如距离保护的所有定值如附图 1-9 所示。

定值整定的基本思想是对单个位上的数值进行修改,即先用“←”、“→”键将光标移到想要修改的数字上,再按“ + ”或“ - ”键增加或减小原数值,直至出现你需要的数值。任何一个数值都可以修改为 0 ~ 9 中任一个数字。例如:将上述电抗补偿系数由 0.00 整定为 2.35,整定步骤如下:

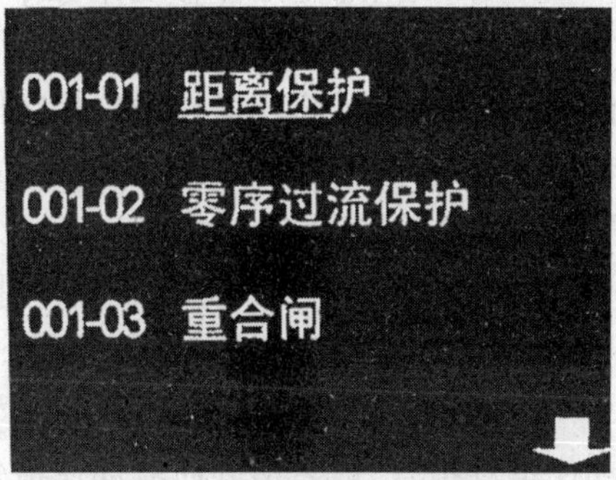

001-01 距离保护
001-02 零序过流保护
001-03 重合闸

附图 1-3

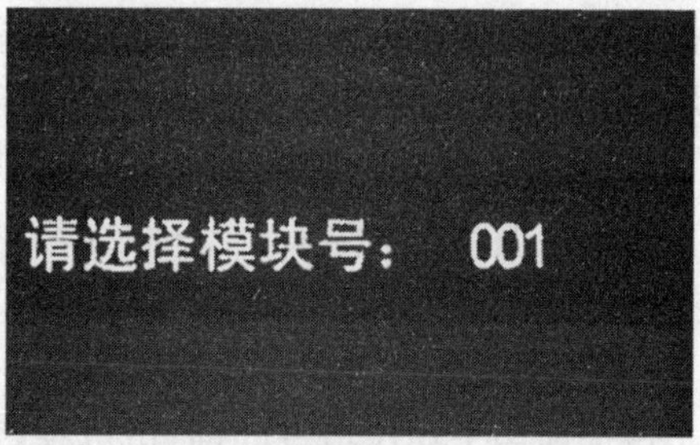

请选择模块号： 001

附图 1-4

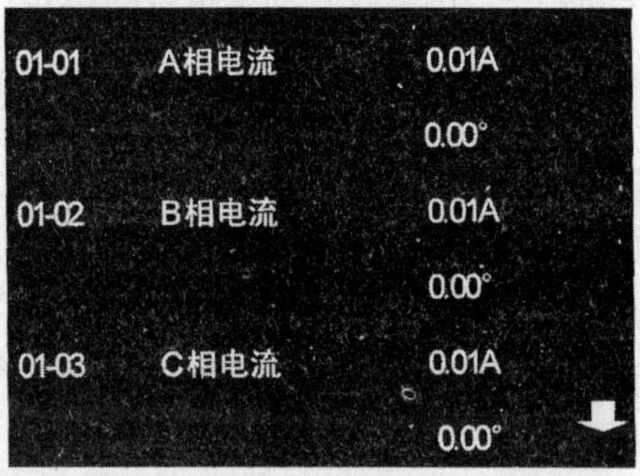

01-01 A相电流 0.01A
0.00°
01-02 B相电流 0.01A
0.00°
01-03 C相电流 0.01A
0.00°

附图 1-5

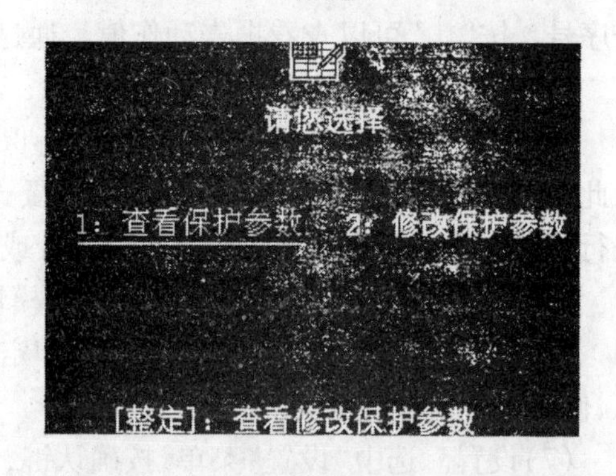

请您选择
1：查看保护参数 2：修改保护参数
[整定]：查看修改保护参数

附图 1-6

请输入密码： 000

附图 1-7

请修改
当前定值区号： 06

附图 1-8

01 电抗补偿系数 0.00
02 电阻补偿系数 0.00
03 正序阻抗角 80.00°

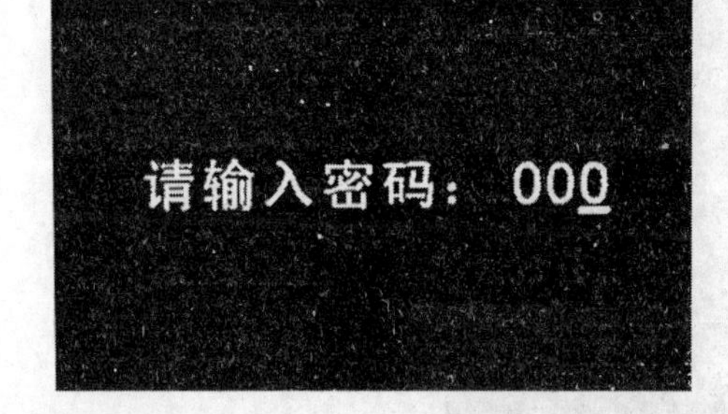

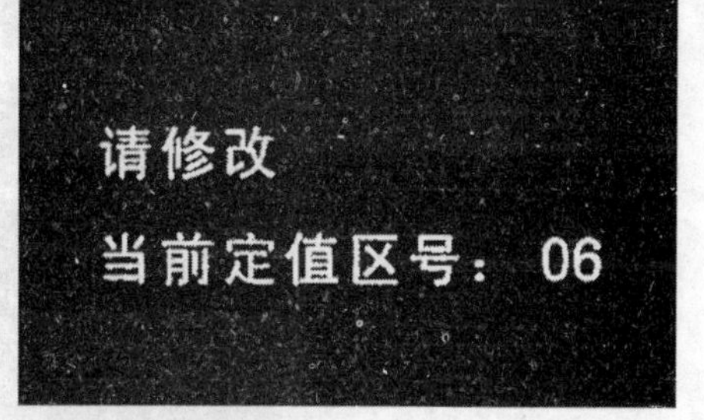

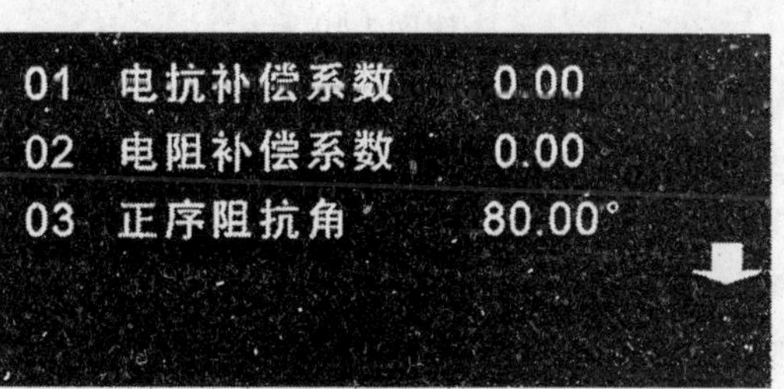

附图 1-9

用“→”键将光标移到第一个“0”处，按“＋”键 2 次，“0”变为“2”；再用“→”键将光标移至第二个“0”处，按“＋”键3次，“0”变为“3”；再用“→”键将光标移至第三个“0”处，按“＋”键5次，“0”变为“5”，定值修改完毕。按“↓”键移至下一定值进行整定，待该保护全部定值整定完后，按确定键结束操作，此时单元管理机自动将定值发送到相应保护模块，显示定值已固化的提示信息。然后继续整定修改其他保护的定值。

“压板”选项用来查看或修改每个保护的软压板投退状态。

压板投退状态的显示：“2＝投入”，“1＝退出”。通过“＋”或“－”可以对压板的投退状态进行修改。

(3)报告。

该选项用于动作报告处理，可以查看每一项动作事件报告，或者清除所有动作报告。

查看报告时首先选定要查看的“CPU号”，选定后按“确定”，屏幕显示最后动作的报告序号。按“↓”可以查看报告动作值。通过“＋”或“－”可以改变动作报告的序列号。

(4)传动。

此菜单项可在装置调试时方便地进行保护传动实验。为确保保护装置安全运行，进入此菜单需要密码确认。密码通过后，需要选择具体的保护模块号及保护出口通道，才能进行传动实验。进行传动的出口通道的开或闭的状态显示屏幕上都有相应的提示信息。

(5)开入。此菜单用于查看某个保护模块开入量输入状态。

(6)打印。“打印”菜单主要用于打印定值清单、自检告警、动作报告、实时参数等信息，便于查看及存档。

(7)设置。选中“设置”菜单，按确认键，出现如附图1-10所示子菜单。

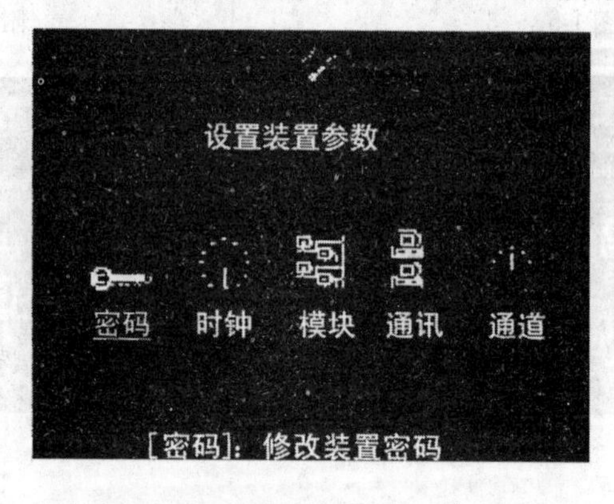

附图1-10

“密码”选项用来修改保护装置的密码，首先需要输入原有密码，如原有密码输入错误，则不能修改密码。如原有密码输入正确，则可以输入修改后的新密码，输入完新密码，按确认键，装置会出现密码修改成功的提示。

“时钟”选项用来修改装置的实时时钟。用“←”、“→”、“↑”、“↓”键移动光标到年－月－日或时－分－秒，用“＋、－”键改变数字，按退出键返回上一级菜单。

“模块”选项用来设定保护模块的模块号，此选项需要密码确认方可进入。

例如只有一个保护模块在运行，则进入此选项后，如附图1-11所示。

模块号表示的是一个保护模块的标识，在不和其他保护模块重复的前提下可以自行

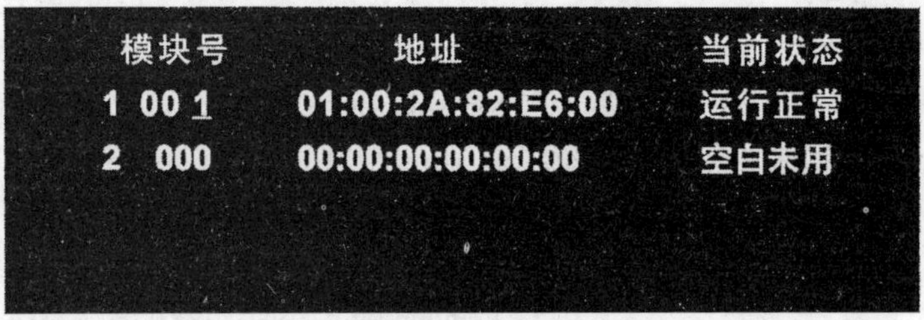

模块号	地址	当前状态
1 001	01:00:2A:82:E6:00	运行正常
2 000	00:00:00:00:00:00	空白未用

附图 1-11

设定 0 ~ 8 之间的任何值。地址是一个保护模块的物理地址,是唯一的且不能更改。地址值全为 0 则表示没有保护模块在运行。当前状态一共有四种:“正常运行”、“尚未设置”、“通信中断”、“空白未用”。

设定好模块号后按确认键,可以看到模块号已存储的提示信息。

通信菜单有密码保护,需确认后方可进入。此菜单主要用于设置装置子站地址,用于和监控系统相联时设定多机通信地址,如附图 1-12 所示。

先用“←”、“→”键将光标移到想要修改的数字上,再按“ + ”或“ - ”键增加或减小原数值,直至输入完成,按确认键可以看到地址已修改的提示信息。

(8)版本。选择“版本”,按确认键,显示装置型号、软件版本及软件编制日期,如附图 1-13 所示。

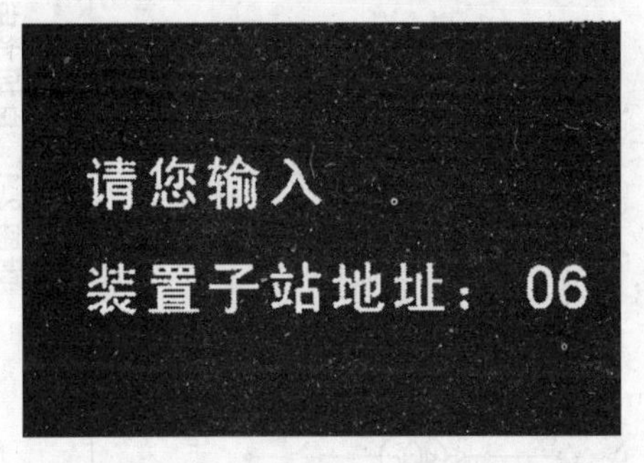

附图 1-12

附图 1-13

附录 2　继电保护设计案例接线图

继电保护设计案例接线图见附图 2-1 ~ 附图 2-4。

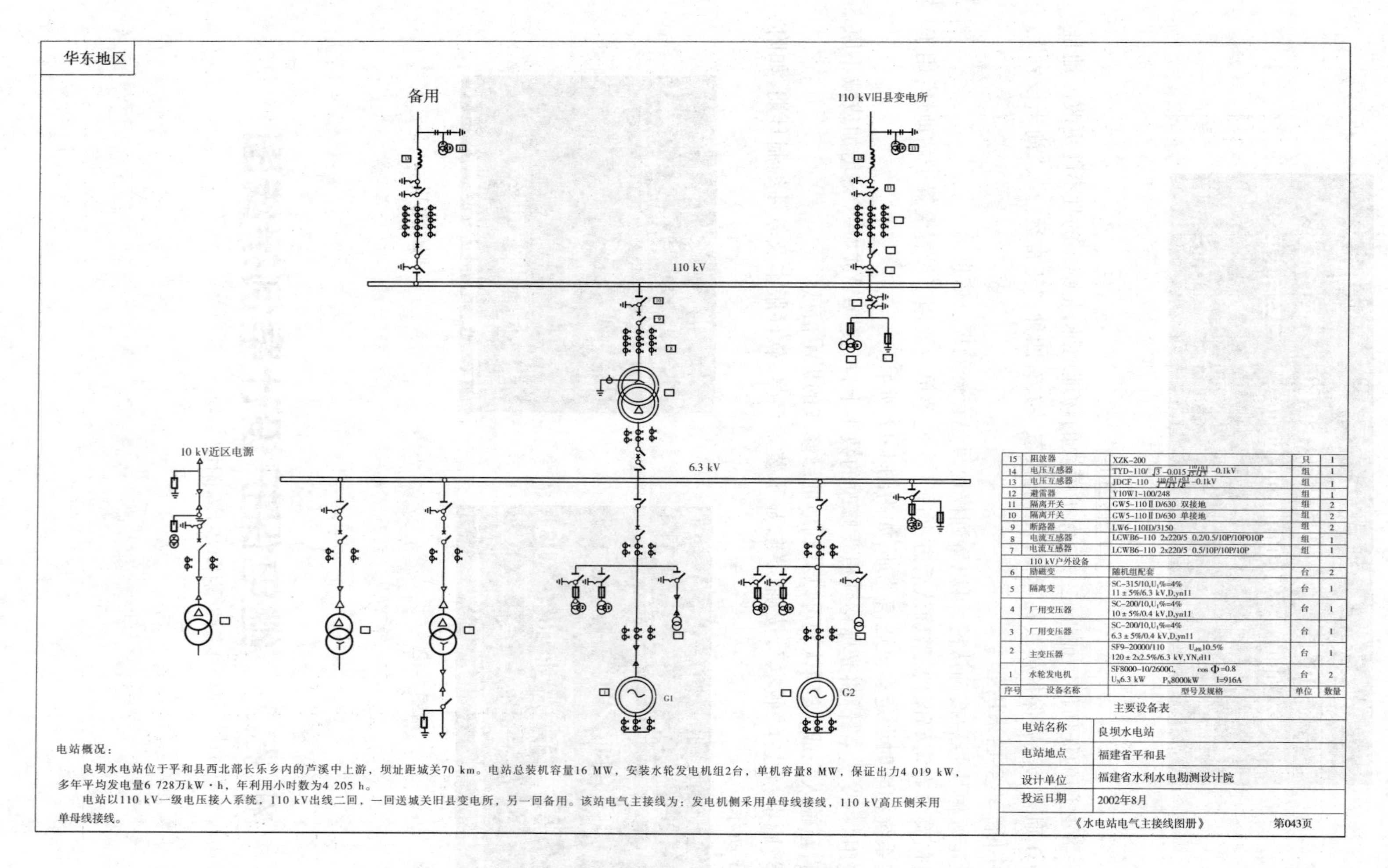

序号	设备名称	型号及规格	单位	数量
15	阻波器	XZK-200	只	1
14	电压互感器	TYD-110/ $\sqrt{3}$-0.015 $\frac{110}{\sqrt{3}}/\frac{0.1}{\sqrt{3}}$ -0.1kV	组	1
13	电压互感器	JDCF-110 $\frac{110}{\sqrt{3}}/\frac{0.1}{\sqrt{3}}/\frac{0.1}{\sqrt{3}}$ -0.1kV	组	1
12	避雷器	Y10W1-100/248	组	1
11	隔离开关	GW5-110Ⅱ D/630 双接地	组	2
10	隔离开关	GW5-110Ⅱ D/630 单接地	组	2
9	断路器	LW6-110ID/3150	组	2
8	电流互感器	LCWB6-110 2x220/5 0.2/0.5/10P/10P010P	组	1
7	电流互感器	LCWB6-110 2x220/5 0.5/10P/10P/10P	组	1
	110 kV户外设备			
6	励磁变	随机组配套	台	2
5	隔离变	SC-315/10, U_1%=4% 11±5%/6.3 kV,D,yn11	台	1
4	厂用变压器	SC-200/10, U_1%=4% 10±5%/0.4 kV,D,yn11	台	1
3	厂用变压器	SC-200/10, U_1%=4% 6.3±5%/0.4 kV,D,yn11	台	1
2	主变压器	SF9-20000/110 $U_{d\%}$10.5% 120±2x2.5%/6.3 kV,YN,d11	台	1
1	水轮发电机	SF8000-10/2600C, cos Φ=0.8 U_N6.3 kW P_N8000kW I=916A	台	2

主要设备表

电站名称	良坝水电站
电站地点	福建省平和县
设计单位	福建省水利水电勘测设计院
投运日期	2002年8月

附图 2-1　良坝水电站主接线图

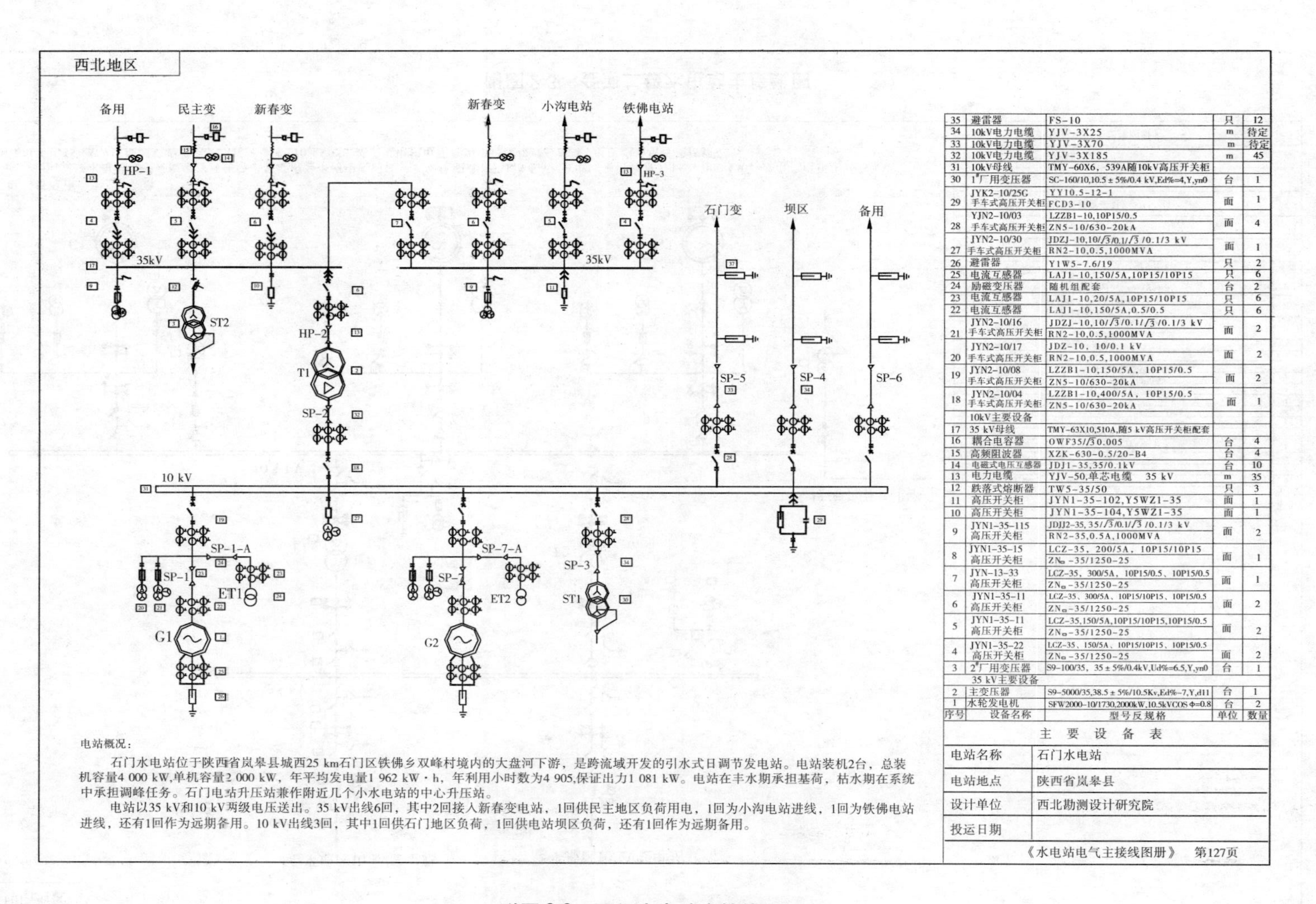

序号	设备名称	型号反规格	单位	数量
35	避雷器	FS-10	只	12
34	10kV电力电缆	YJV-3X25	m	待定
33	10kV电力电缆	YJV-3X70	m	待定
32	10kV电力电缆	YJV-3X185	m	45
31	10kV母线	TMY-60X6，539A随10kV高压开关柜		
30	1#厂用变压器	SC-160/10,10.5±5%/0.4 kV,Ed%=4,Y,yn0	台	1
29	JYK2-10/25G 手车式高压开关柜	YY10.5-12-1 FCD3-10	面	1
28	YJN2-10/03 手车式高压开关柜	LZZB1-10,10P15/0.5 ZN5-10/630-20kA	面	4
27	JYN2-10/30 手车式高压开关柜	JDZJ-10,10/$\sqrt{3}$/0.1/$\sqrt{3}$/0.1/3 kV RN2-10,0.5,1000MVA	面	1
26	避雷器	Y1W5-7.6/19	只	2
25	电流互感器	LAJ1-10,150/5A,10P15/10P15	只	6
24	励磁变压器	随机组配套	台	2
23	电流互感器	LAJ1-10,20/5A,10P15/10P15	只	6
22	电流互感器	LAJ1-10,150/5A,0.5/0.5	只	6
21	JYN2-10/16 手车式高压开关柜	JDZJ-10,10/$\sqrt{3}$/0.1/$\sqrt{3}$/0.1/3 kV RN2-10,0.5,1000MVA	面	2
20	JYN2-10/17 手车式高压开关柜	JDZ-10，10/0.1 kV RN2-10,0.5,1000MVA	面	2
19	JYN2-10/08 手车式高压开关柜	LZZB1-10,150/5A，10P15/0.5 ZN5-10/630-20kA	面	2
18	JYN2-10/04 手车式高压开关柜	LZZB1-10,400/5A，10P15/0.5 ZN5-10/630-20kA	面	1
	10kV主要设备			
17	35 kV母线	TMY-63X10,510A,随5 kV高压开关柜配套		
16	耦合电容器	OWF35/$\sqrt{3}$0.005	台	4
15	高频阻波器	XZK-630-0.5/20-B4	台	4
14	电磁式电压互感器	JDJ1-35,35/0.1kV	台	10
13	电力电缆	YJV-50,单芯电缆　35 kV	m	35
12	跌落式熔断器	TW5-35/50	只	3
11	高压开关柜	JYN1-35-102,Y5WZ1-35	面	1
10	高压开关柜	JYN1-35-104,Y5WZ1-35	面	1
9	JYN1-35-115 高压开关柜	JDJJ2-35, 35/$\sqrt{3}$/0.1/$\sqrt{3}$/0.1/3 kV RN2-35,0.5A,1000MVA	面	2
8	JYN1-35-15 高压开关柜	LCZ-35，200/5A，10P15/10P15 ZN▫-35/1250-25	面	1
7	JYN-13-33 高压开关柜	LCZ-35，300/5A，10P15/0.5、10P15/0.5 ZN▫-35/1250-25	面	1
6	JYN1-35-11 高压开关柜	LCZ-35、300/5A、10P15/10P15、10P15/0.5 ZN▫-35/1250-25	面	2
5	JYN1-35-11 高压开关柜	LCZ-35,150/5A,10P15/10P15,10P15/0.5 ZN▫-35/1250-25	面	2
4	JYN1-35-22 高压开关柜	LCZ-35、150/5A、10P15/10P15、10P15/0.5 ZN▫-35/1250-25	面	2
3	2#厂用变压器	S9-100/35，35±5%/0.4kV,Ud%=6.5,Y,yn0	台	1
	35 kV主要设备			
2	主变压器	S9-5000/35,38.5±5%/10.5Kv,Ed%-7,Y,d11	台	1
1	水轮发电机	SFW2000-10/1730,2000kW,10.5kVCOS Φ=0.8	台	2

主 要 设 备 表

电站名称	石门水电站
电站地点	陕西省岚皋县
设计单位	西北勘测设计研究院
投运日期	

《水电站电气主接线图册》　第127页

电站概况：

石门水电站位于陕西省岚皋县城西25 km石门区铁佛乡双峰村境内的大盘河下游，是跨流域开发的引水式日调节发电站。电站装机2台，总装机容量4 000 kW,单机容量2 000 kW，年平均发电量1 962 kW·h，年利用小时数为4 905,保证出力1 081 kW。电站在丰水期承担基荷，枯水期在系统中承担调峰任务。石门电站升压站兼作附近几个小水电站的中心升压站。

电站以35 kV和10 kV两级电压送出。35 kV出线6回，其中2回接入新春变电站，1回供民主地区负荷用电，1回为小沟电站进线，1回为铁佛电站进线，还有1回作为远期备用。10 kV出线3回，其中1回供石门地区负荷，1回供电站坝区负荷，还有1回作为远期备用。

附图 2-2　石门水电站主接线图

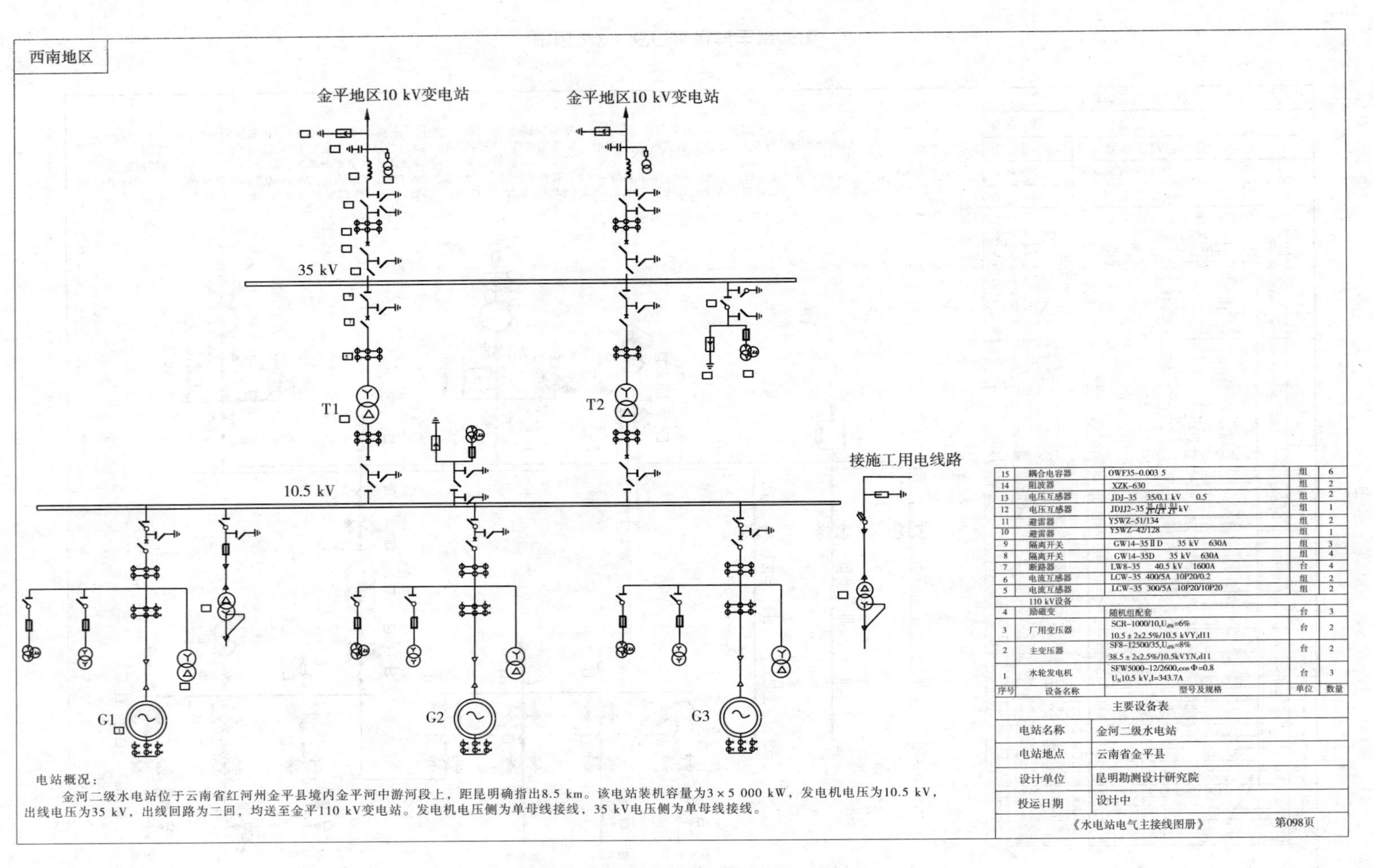
西南地区
金平地区10 kV变电站
金平地区10 kV变电站
35 kV
T1
T2
接施工用电线路
10.5 kV
G1
G2
G3
电站概况：
金河二级水电站位于云南省红河州金平县境内金平河中游河段上，距昆明确指出8.5 km。该电站装机容量为3×5 000 kW，发电机电压为10.5 kV，出线电压为35 kV，出线回路为二回，均送至金平110 kV变电站。发电机电压侧为单母线接线，35 kV电压侧为单母线接线。
《水电站电气主接线图册》
第098页

序号	设备名称	型号及规格	单位	数量
15	耦合电容器	OWF35-0.003 5	组	6
14	阻波器	XZK-630	组	2
13	电压互感器	JDJ-35 35/0.1 kV 0.5	组	2
12	电压互感器	JDJJ2-35 $\frac{35}{\sqrt{3}}/\frac{0.1}{\sqrt{3}}/\frac{0.1}{\sqrt{3}}$ kV	组	1
11	避雷器	Y5WZ-51/134	组	2
10	避雷器	Y5WZ-42/128	组	1
9	隔离开关	GW14-35ⅡD 35 kV 630A	组	3
8	隔离开关	GW14-35D 35 kV 630A	组	4
7	断路器	LW8-35 40.5 kV 1600A	台	4
6	电流互感器	LCW-35 400/5A 10P20/0.2	组	2
5	电流互感器	LCW-35 300/5A 10P20/10P20	组	2
	110 kV设备			
4	励磁变	随机组配套	台	3
3	厂用变压器	SCR-1000/10, $U_{d\%}$=6% 10.5±2x2.5%/10.5 kVY,d11	台	2
2	主变压器	SF8-12500/35, $U_{d\%}$=8% 38.5±2x2.5%/10.5kVYN,d11	台	2
1	水轮发电机	SFW5000-12/2600, cosΦ=0.8 U_N10.5 kV, I=343.7A	台	3

主要设备表

电站名称	金河二级水电站
电站地点	云南省金平县
设计单位	昆明勘测设计研究院
投运日期	设计中

附图 2-3 金河二级水电站主接线图

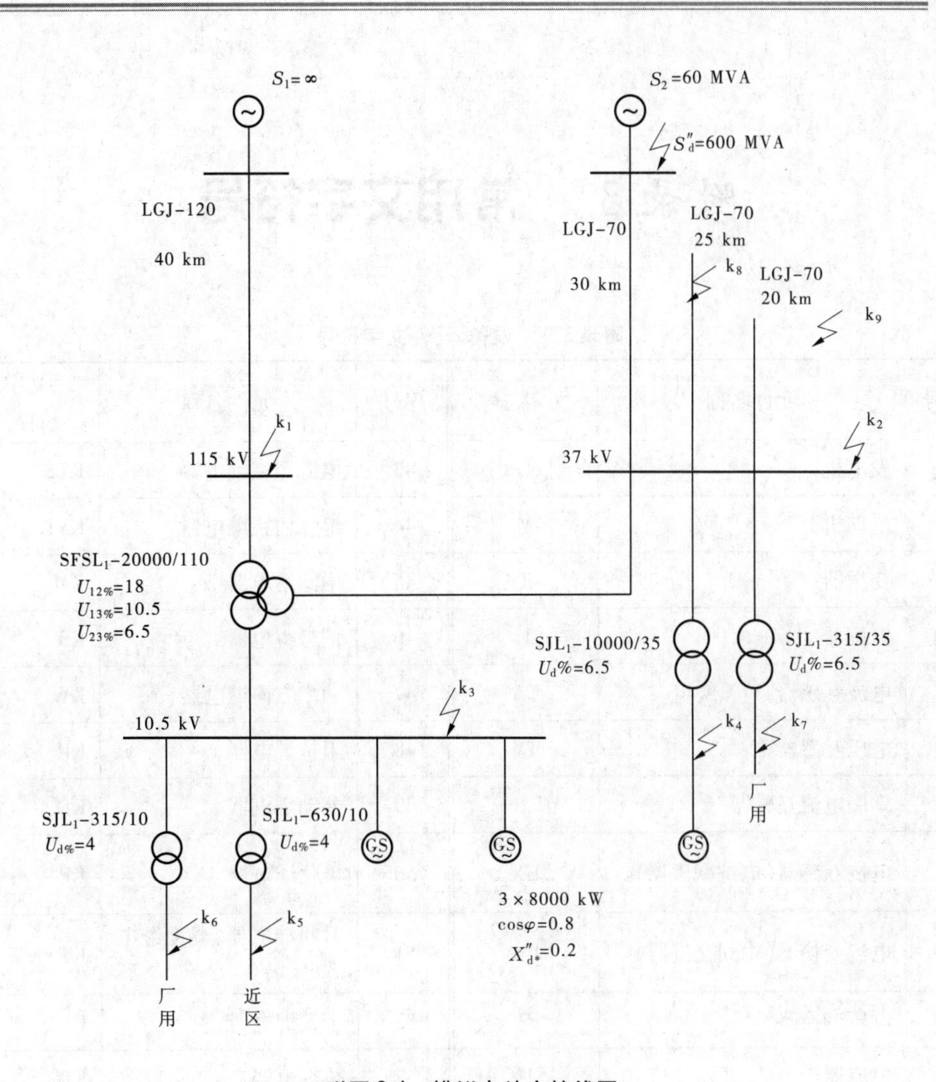

附图 2-4　模拟电站主接线图

附录3 常用文字符号

附录3.1 设备、元件文字符号

序号	元件名称	文字符号	序号	元件名称	文字符号
1	发电机	G	43	电源监视继电器	KVS
2	电动机	M	44	绝缘监视继电器	KVI
3	变压器	T	45	中间继电器	KM
4	电抗器	L	46	信号继电器	KS
5	电流互感器,消弧绕组	TA	47	功率方向继电器	KW
6	电压互感器	TV	48	阻抗继电器	KR
7	零序电流互感器	TAN	49	差动继电器	KD
8	电抗互感器(电抗变压器)	UX	50	极化继电器	KP
9	电流变换器(中间交流器)	UA	51	时间继电器,温度继电器	KT
10	电压变换器	UV	52	干簧继电器	KRD
11	整流器	U	53	热继电器	KH
12	晶体管(二极管,三极管)	V	54	频率器	KF
13	断路器	QF	55	冲击继电器	KSH
14	隔离开关	QS	56	启动继电器	KST
15	负荷开关	QL	57	出口继电器	KCO
16	灭磁开关	SD	58	切换继电器	KCW
17	熔断器	FU	59	闭锁继电器	KL
18	避雷器	F	60	重动继电器	KCE
19	连接片(切换片)	XB	61	合闸位置继电器	KCC

续附录3.1

序号	元件名称	文字符号	序号	元件名称	文字符号
20	指示灯(光字牌)	HL	62	跳闸位置继电器	KCT
21	红灯	HR	63	防跳继电器	KFJ
22	绿灯	HG	64	零序功率方向继电器	KWD
23	电铃	HA	65	负序功率方向继电器	KWH
24	蜂鸣器	HA	66	加速继电器	KAC
25	控制开关	SA	67	自动重合闸继电器	AAR
26	按钮开关	SB	68	重合闸继电器	KRC
27	导线,母线,线路	W,WB,WL	69	重合闸后加速继电器	KCP
28	信号回路电源小母线	WS	70	停信继电器	KSS
29	控制回路电源小母线	WC	71	收信继电器	KSR
30	闪光电源小母线	WF	72	气体继电器	KG
31	复位与掉牌小母线	WR,WP	73	失磁继电器	KLM
32	预报信号小母线	WFS	74	固定继电器	KCX
33	合闸绕组	YO	75	匝间短路保护继电器	KZB
34	跳闸绕组	YR	76	接地继电器	KE
35	继电器	K	77	检查同频元件	TJJ
36	电流继电器	KA	78	合闸接触器	KO
37	零序电流继电器	KAZ			
38	负序电流继电器	KAN			
39	正序电流继电器	KAP			
40	电压继电器	KV			
41	零序电压继电器	KVZ			
42	负序电压继电器	KVN			

附录 3-2　物理量下标文字符号

文字符号	中文名称	文字符号	中文名称
exs	励磁涌流	op	动作
φ	额相	set	整定
N	额定	sen	灵敏
in	输入	unf	非故障
out	输出	unb	不平衡
max	最大	unc	非全相
min	最小	ac	精确
Loa 或 L	负荷	m	励磁
sat	饱和	err	误差
re	返回	p	保护
A,B,C	三相(一次侧)	d	差动
a,b,c	三相(二次侧)	np	非周期
qb	速断	s	系统或延时
res	制动	a	有功
rel	可靠	r	无功
f	故障	w	接线或工作
[0]	故障前瞬间	k	短路
TR	热脱扣器	0	中性线或零序
Σ	总和	rem	残余
con	接线		

附录 3.3　常用系数

K_{re}——返回系数	K_{TV}——电压互感器电压变比
K_{rel}——可靠系数	K_{st}——同型系数
K_b——分支系数	K_{np}——非周期分量系数
$K_{s.min}$——最小灵敏系数	Δf_s——整定匝数相对误差系数
K_{ss}——自启动系数	K_{err}——10%误差系数
K_{TA}——电流互感器电流变比	K_{co}——配合系数
K_{res}——制动系数	K_{con}——接线系数

参考文献

[1] 李付亮,周宏伟.水电站继电保护[M].郑州:黄河水利出版社,2008.
[2] 陈延枫.电力系统继电保护技术[M].北京:中国电力出版社,2010.
[3] 陈根永.电力系统继电保护整定计算原理与算例[M].2版.北京:化学工业出版社,2013.
[4] 张保会,尹项根.电力系统继电保护[M].北京:中国电力出版社,2005.
[5] 许建安.水电站继电保护[M].北京:中国水利水电出版社,2000.
[6] 许建安,连晶晶.继电保护技术[M].北京:中国水利水电出版社,2004.
[7] 马永翔,王世荣.电力系统继电保护[M].北京:中国林业出版社,北京大学出版社,2006.
[8] 杨奇逊,黄少锋.微机型继电保护[M].3版.北京:中国电力出版社,2007.
[9] 贺家李,宋从矩.电力系统继电保护原理[M].3版.北京:中国电力出版社,1994.
[10] 林军.电力系统微机保护[M].北京:中国水利水电出版社,2006.
[11] 许建安.电力系统微机保护[M].北京:中国水利水电出版社,2003.
[12] 陈德树.计算机继电保护原理与技术[M].北京:中国水利电力出版社,1992.